新坐标大学本科电子信息类专业系列教材

浙江省高等教育重点建设教材

电子系统设计与实践
（第2版）

贾立新 王涌 等 编著

U0133819

清华大学出版社

北京

内 容 简 介

本书是浙江省高等教育重点建设立项教材。教材内容围绕电子系统的设计与实现方法来安排。全书由四部分组成：第一部分"模拟电子系统设计与实践"，主要介绍放大电路、滤波电路和直流稳压电源等典型模拟电路的设计原理和方法。第二部分"数字电子系统的设计与实践"，主要介绍 CPLD/FPGA 的结构和原理、面向综合的 VHDL 语言、基于 Quartus Ⅱ 软件和 VHDL 语言的数字系统设计。第三部分"SoC 单片机系统设计与实践"，主要介绍 SoC 单片机 C8051F360 的结构及片内资源、并行总线单片机系统和串行总线单片机系统设计、单片机数据通信技术。第四部分"综合电子系统设计与实践"，以数字化语音存储与回放、DDS 信号发生器、高速数据采集系统等三个典型综合电子系统为实例，从方案设计、理论分析计算、软硬件设计、系统调试等方面详细介绍了综合电子系统的设计方法。

本书突出了理论与实践相结合。书中介绍的电子系统大多采用当前主流芯片，硬件电路和软件都经过实际反复调试验证，每一章安排相应的设计训练题。为了便于实践，书中给出了 FPGA 最小系统、SoC 单片机最小系统等电子系统核心实验模块的设计制作方法。

本书适合作为高等学校电子信息类专业学生电子系统设计、电子技术综合提高型实验、大学生电子设计竞赛赛前训练等教学环节的教材或参考书，也可作为相关工程技术人员的参考书。

图书在版编目（CIP）数据

电子系统设计与实践/贾立新等编著. —2 版. —北京：清华大学出版社，2011.2
（新坐标大学本科电子信息类专业系列教材）
ISBN 978-7-302-24274-1

Ⅰ. ①电…　Ⅱ. ①贾…　Ⅲ. ①电子系统－系统设计－高等学校－教材　Ⅳ. ①TN02

中国版本图书馆 CIP 数据核字（2010）第 244583 号

责任编辑：文　怡
责任校对：李建庄
责任印制：王秀菊

出版发行：清华大学出版社		地　　　址：北京清华大学学研大厦 A 座	
http://www.tup.com.cn		邮　　　编：100084	
社　总　机：010-62770175		邮　　　购：010-62786544	
投稿与读者服务：010-62795954，jsjjc@tup.tsinghua.edu.cn			
质　量　反　馈：010-62772015，zhiliang@tup.tsinghua.edu.cn			

印　装　者：北京鑫海金澳胶印有限公司
经　　　销：全国新华书店
开　　　本：185×260　印　张：23.5　字　数：582 千字
版　　　次：2011 年 2 月第 2 版　印　　　次：2012 年 1 月第 2 次印刷
印　　　数：3001～6000
定　　　价：39.00 元

产品编号：037712-01

编委会名单

顾问（按姓氏音序排列）：

李衍达	清华大学信息科学技术学院
邬贺铨	中国工程院
姚建铨	天津大学激光与光电子研究所

主任：

董在望	清华大学电子工程系

编委会委员（按姓氏音序排列）：

鲍长春	北京工业大学电子信息与控制工程学院
陈 怡	东南大学高教所
戴瑜兴	湖南大学电气与信息工程学院
方达伟	中国计量学院信息工程学院
甘良才	武汉大学电子信息学院通信工程系
郭树旭	吉林大学电子科学与工程学院
胡学钢	合肥工业大学计算机与信息学院
金伟其	北京理工大学信息科技学院光电工程系
孔 力	华中科技大学控制系
刘振安	中国科学技术大学自动化系
陆大绘	清华大学电子工程系
马建国	西南科技大学信息与控制工程学院
彭启琮	电子科技大学通信与信息工程学院
仇佩亮	浙江大学信电系
沈伯弘	北京大学电子学系

童家榕　　　复旦大学信息科学与技术学院微电子研究院

汪一鸣(女)　苏州大学电子信息学院

王福源　　　郑州大学信息工程学院

王华奎　　　太原理工大学信息与通信工程系

王　瑶(女)　美国纽约 Polytechnic 大学

王毓银　　　北京联合大学

王子华　　　上海大学通信学院

吴建华　　　南昌大学电子信息工程学院

徐金平　　　东南大学无线电系

阎鸿森　　　西安交通大学电子与信息工程学院

袁占亭　　　甘肃工业大学

乐光新　　　北京邮电大学电信工程学院

翟建设　　　解放军理工大学气象学院 4 系

赵圣之　　　山东大学信息科学与工程学院

张邦宁　　　解放军理工大学通信工程学院无线通信系

张宏科　　　北京交通大学电子信息工程学院

张　泽　　　内蒙古大学自动化系

郑宝玉　　　南京邮电学院

郑继禹　　　桂林电子工业学院二系

周　杰　　　清华大学自动化系

朱茂镒　　　北京信息工程学院

序言

"新坐标大学本科电子信息类专业系列教材"是清华大学出版社"新坐标高等理工教材与教学资源体系创新与服务计划"的一个重要项目。进入 21 世纪以来,信息技术和产业迅速发展,加速了技术进步和市场的拓展,对人才的需求出现了层次化和多样化的变化,这个变化必然反映到高等学校的定位和教学要求中,也必然反映到对适用教材的需求。本项目是针对这种需求,为培养层次化和多样化的电子信息类人才提供系列教材。

"新坐标大学本科电子信息类专业系列教材"面向全国教学研究型和教学主导型普通高等学校电子信息类专业的本科教学,覆盖专业基础课和专业课,体现培养知识面宽、知识结构新、适应性强、动手能力强的人才的需要。编写的基本指导思想可概括为:

1. 教材的类型、选题和大纲的确定尽可能符合教学需要,以提高适用性。教材类型初步确定为专业基础课和专业课,专业基础课拟按电子信息大类编写,以体现宽口径;专业课包括本专业和非本专业两种,以利于兼顾专业能力的培养与扩展知识面的需要。选题首先从目前没有或虽有但不符合教学要求的教材开始,逐步扩大。

2. 重视基础知识和基础知识的提炼与更新,反映技术发展的现状和趋势,让学生既有扎实的基础,又了解科学技术发展的现状。

3. 重视工程性内容的引入,理论和实际相结合,培养学生的工程概念和能力。工程教育是多方面的,从教材的角度,要充分利用计算机的普及和多媒体手段的发展,为学生建立工程概念、进行工程实验和设计训练提供条件。

4. 将分析和设计工具与教材内容有机结合,培养学生使用工具的能力。

5. 教材的结构上要符合学生的认识规律,由浅入深,由特殊到一般。叙述上要易读易懂,适合自学。配合教材出版多种形式的教学辅助资料,包括教师手册、学生手册、习题集和习题解答、电子课件等。

本系列教材已经陆续出版了,希望能被更多的教师和学生使用,并热忱地期望将使用中发现的问题和改进的建议告诉我们,通过作者和读者之间的互动,必然会形成一批精品教材,为我国的高等教育作出贡献。欢迎对编委会的工作提出宝贵意见。

"新坐标大学本科电子信息类专业系列教材"编委会

前言

"创新来源于实践",研究型、创新型实验是培养学生工程实践能力、创新能力与团队协作精神的重要载体。以全国大学生电子设计竞赛和电工电子实验教学示范中心建设为背景,越来越多的高校开设了以培养学生综合能力为主要目标的电子系统设计与实践方面的课程。编写本书的目的就是为电子信息类专业学生在学完模电、数电、单片机等基础课程后开展电子系统设计、电子技术综合提高型实验、电子设计竞赛赛前训练、毕业设计等实践教学提供一本合适的教材或参考书。

本书是在 2007 年 4 月出版的浙江省高等教育重点建设教材《电子系统设计与实践》基础上重新编写出版的。本书具有以下特色:

1. 面向教学需要。为了便于教学,本书在内容编排上与现有相关课程(如模电、数电、单片机等)相衔接,具有高起点、综合性的特点。全书由模拟电子系统设计、数字电子系统设计、单片机电子系统设计、综合电子系统设计四部分组成,各部分相对独立、循序渐进,教学过程中可以根据实际情况取舍。

2. 突出学生工程实践能力培养。本书以电子系统设计为主线,在内容设计上注重以下能力培养:对电子系统的理论分析、设计、计算能力,常用开发工具的使用能力,集成电路应用能力,电子系统调测能力,技术创新能力等。通过对上述能力的培养,弥补传统理论课教学的不足。

3. 理论与实践相结合。作为一本实践类教材,为了便于学生课后动手实践,本书在编写中作了如下安排:每一章节后面均安排设计训练题;提供了电子系统中常用核心模块的制作方法,包括元器件选择、PCB 板的布局和布线、电路的调试等内容,便于自行制作;与本教材相配套,作者研制开发了一套综合电子系统实验板,书中所有设计实例和大部分设计训练题均可在实验板上验证。

在第一版教材的使用过程中,电子系统设计领域发生了快速发展,同时,兄弟学校在使用本教材的过程中也提出了许多宝贵的意见。作者在第一版的基础上,对本书的内容作了较大修改和更新。对本书各部分的内容说明如下:

第一部分 模拟电子系统设计。实际的电子产品大多为数模混合的综合电子系统,虽然模拟电路所占的比例可能很少,但模拟电路或许是整个电子系统设计和实现中最具挑战性的部分,而且往往在系统性能上起到关键的作用。该部分内容主要介绍基于集成运算放大器的放大电路和有源滤波电路设计,较深入地介绍了集成运算放大器主要参数的含义及其与设计目标的关系。考虑到稳压电源是各种电子系统中必不可少的组成部分,为了使设计者掌握基本的稳压电源设计技术,本部分内容增加了线性稳压电源和开关稳压电源的基本原理和设计方法的内容。

第二部分 数字电子系统设计。随着微电子技术的发展,电子系统朝着更低成本、更快、更小、更复杂的趋势发展。实现数字系统的两种主流设计方法为:用 HDL 语言编程,采用 CPLD/FPGA 实现特定的功能;用软件编程语言编程,采用微控制器实现特定的功能。本部分内容和第三部分内容将分别介绍这两种主流的数字系统设计方法。与第一版教材相比,本部分内容改用 Quartus Ⅱ 软件代替已很少使用的 Maxplus Ⅱ 软件,用 Altera 公司的 Cyclone Ⅱ 系列 FPGA 代替了 Cyclone 系列 FPGA。考虑到嵌入式存储器、PLL 已是 FPGA 的标准配置,本书增加了嵌入式存储器、PLL 工作原理和使用方法的介绍。本部分内容还增加了设计复用技术、FPGA 最小系统设计等内容。

第三部分 单片机电子系统设计。为了避免与单片机课程内容重复,删除了第一版教材中有关 MCS-51 单片机内容,直接介绍 SoC 单片机 C8051F360。通过对 C8051F360 单片机内部集成的 A/D 转换器、D/A 转换器、SMBus 接口、SPI 接口应用的介绍,展示了 SoC 单片机在电子系统设计中的魅力。在这一部分内容编写中,作者摆脱了传统单片机系统设计方法的束缚,提出了以下两方面的改革思路:一方面将单片机系统扩展分为并行总线扩展和串行总线扩展两条主线;另一方面将 CPLD/FPGA 引入单片机系统设计中,发挥单片机和 CPLD/FPGA 各自的优势,提高单片机系统的集成度和实现单片机系统的硬件可重构功能。

第四部分 综合电子系统设计。该部分内容选取了数字化语音存储与回放、DDS 信号发生器、高速数据采集三个典型的综合电子系统设计实例。这三个电子系统综合性强,都包含模拟、数字、单片机子系统,软硬件相结合,同时可很好地与本书前面三部分内容相衔接,更重要的是,这些电子系统中所包含的技术应用范围很广,能起到举一反三的作用。

参加本书编写工作的有贾立新、王涌、周文委、朱金芳等。第2章由朱金芳编写,第3章由周文委编写,第13章由王涌编写,其余各章由贾立新编写。贾立新任本书主编,负责全书的整体规划、统稿与定稿工作。

本书在编写过程中得到了浙江工业大学信息工程学院省级电工电子实验教学示范中心各位老师的热情支持。在本书出版之际,谨向他们致以最诚挚的谢意。

清华大学出版社多位编辑为本书的出版做了卓有成效的工作,在此深表谢意。

本书的出版得到了浙江省信息处理与自动化技术重中之重学科资助。

与本书配套的部分教学资源已上网,具体网址:http://kczy.zjut.edu.cn/szdl(单击"电子设计与科技创新"标题)。由于我们水平有限,书中难免有错误和不妥之处。如果您在阅读本书的过程中发现错误或是有改进本书的建议,请您通过 jlx@zjut.edu.cn 与作者联系。

编 者
2010 年 11 月于杭州浙江工业大学

目录

第一部分　模拟电子系统设计与实践

第二部分　数字电子系统设计与实践

第一部分 模拟电子系统设计与实践

导读：

虽然近十年来，由于数字电子技术的发展，许多传统上隶属于模拟电子学领域的功能，现在都用数字的形式实现了，但模拟电路的重要性并没有降低。这是因为从自然现象中获得的电信号基本上都是模拟信号，需要模拟电路对其进行处理。当今许多实际应用的电子系统都是由数字子系统和模拟子系统相结合的综合电子系统。虽然模拟子系统在整个电子系统中所占的比重并不大，但往往是设计中极具挑战性的部分，而且对整个电子系统的性能指标起到关键的作用。

由于运算放大器和各种模拟集成电路的广泛应用，由分立元件构成的模拟电路已很少使用了。在进行模拟电子系统设计时，已经不再需要精心设计功能单元电路(因为各种功能模拟电路芯片应有尽有)，而是把注意力放在如何将性能优良的集成电路连接成系统，满足设计要求。

本部分主要介绍最常用的放大电路、滤波器、稳压电源3种模拟子系统的基本设计方法。第1章主要介绍由运算放大器构成的典型放大电路，分析运算放大器主要参数的含义，以及如何正确选择和使用运算放大器。第2章介绍模拟有源滤波器的设计和开关电容滤波器的原理及应用。第3章主要介绍线性稳压电源和开关稳压电源的基本工作原理和设计方法。

第1章

基于集成运放的放大电路设计

1.1 运算放大器的模型

运算放大器最早应用于模拟计算机中,它可以完成诸如加法、减法、微分、积分等各种数学运算。随着集成电路技术的不断发展,运算放大器的应用日益广泛,可以实现信号的产生、信号的变换、信号处理等各种各样功能,已成为构成模拟系统最基本的集成电路。

运算放大器是由多级基本放大电路直接耦合而组成的高增益放大器。通常由高阻输入级、中间放大级、低阻输出级和偏置电路组成,其内部结构框图如图 1-1-1 所示。

图 1-1-1 运算放大器的内部结构框图

当运算放大器与外部电路连接组成各种功能电路时,从系统角度看,无需关心其复杂的内部电路,而是着重研究其外特性。具体地讲,人们利用厂商提供的运放参数构成表征外特性的简化运算模型。常用的有理想运算放大器模型和实际运算放大器模型。

1. 理想运算放大器模型

理想运算放大器的模型如图 1-1-2 所示。理想运算放大器具有以下特性:

① 开环电压增益 $A_{vo} = \infty$;

② 输入电阻 $r_i = \infty$;

③ 输出电阻 $r_o = 0$;

④ 上限截止频率 $f_H = \infty$;

⑤ 共模抑制比 $K_{CMR} = \infty$;

⑥ 失调电压、失调电流和内部噪声均为 0。

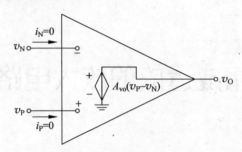

图 1-1-2　理想运算放大器模型

从理想运算放大器的这些条件可以导出理想运放线性运用时具有的两个重要特性:

① 理想运算放大器的同相输入端和反相输入端的电流近似为 0,即 $i_N = i_P = 0$。这一结论是由理想运放输入电阻 $r_i = \infty$ 而得到的。

② 理想运算放大器的两输入端电压差趋于 0,即 $v_N = v_P$,这一结论是由理想运放的电压增益 $A_{vo} = \infty$ 时输出电压为有限值而得到的。

对于理想运算放大器的前三条特性,通用运算放大器一般可以近似满足,后三条特性一般通用运算放大器不易达到,但对某些功能电路非常重要,实际使用时,可选用专用运算放大器来近似满足。如可选用宽带运算放大器获得一定的频带宽度,选用精密运算放大器使失调漂移、内部噪声趋于 0。

2. 实际运算放大器模型

实际运算放大器的模型如图 1-1-3 所示。实际运算放大器的模型包括以下主要参数:

① 差分输入电阻 r_i;

② 开环电压增益 A_{vo};

③ 输出电阻 r_o;

④ 差分输入电压 $v_{id} = v_P - v_N$。

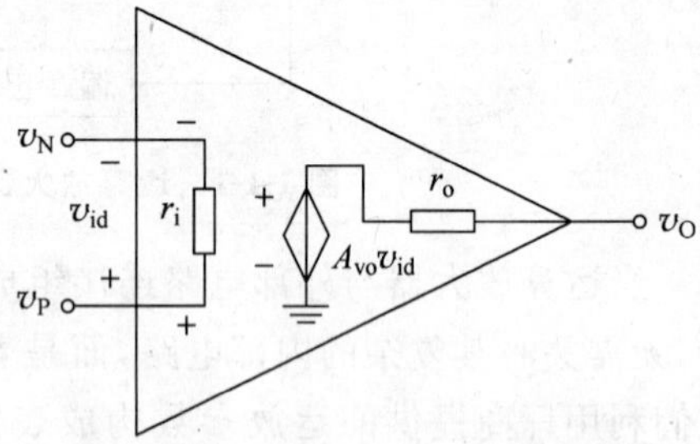

其中,增益 A_{vo} 又称开环差模增益,因为在输出不加负载时有:

$$v_O = A_{vo} v_{id} = A_{vo}(v_P - v_N) \quad (1\text{-}1\text{-}1)$$

$$v_{id} = \frac{v_O}{A_{vo}} \quad (1\text{-}1\text{-}2)$$

图 1-1-3　实际运算放大器的模型

实际运算放大器的主要参数一般在器件的数据手册中给出。如 741 运算放大器的 $r_i = 2M\Omega, A_{vo} = 200V/mV, r_o = 75\Omega$。由于运算放大器的开环增益都非常大,对于一个有限的输出,只需要非常小的差分输入电压。譬如,要维持 $v_O = 6V$,一个空载 741 运算放大器需要 $v_{id} = 6/200000 = 30\mu V$,是非常小的电压。一个空载 OP77 运算放大器只需 $v_{id} = 6/(12 \times 10^6) = 0.5\mu V$。

1.2 用集成运放构成的基本放大电路

1. 比例运算放大电路

比例运算放大电路分反相放大器和同相放大器。反相放大器的基本电路结构如图 1-2-1 所示。

闭环电压放大倍数为

$$A_{vf} = v_O/v_I = -R_2/R_1 \qquad (1\text{-}2\text{-}1)$$

用上述反相放大器就可以轻而易举地实现各种增益的放大电路，而且要想改变放大电路的电压增益，也无需改变运放本身，只需调整电路中 R_1 和 R_2 的比值即可。如将一个幅值较小的电信号（假设 $v_I = 0.1\text{V}$）放大为幅值较大的信号（假设 $v_O = 3\text{V}$），这就要求反相放大器具有 30 倍的电压增益，上述放大器中 R_1 取 $1\text{k}\Omega$、R_2 取 $30\text{k}\Omega$ 就可实现。按照理想运放的条件，反相放大器的输入电阻约等于 R_1。在实际使用时，R_1 既不能取得太小，也不能取得太大。R_1 取得太小，则使放大电路的输入电阻太小不能满足设计要求；R_1 取得太大，则在相同电压增益时，势必 R_2 也要增加，引起放大电路工作不稳定。

如果要求放大电路有较大的输入电阻，就应采用同相放大器的结构。同相放大器的电路如图 1-2-2 所示。在同相放大电路中，输入信号 v_I 直接加到运放的"+"端，输出电压 v_O 通过 R_2 送回"一"端，形成电压串联负反馈。同相电压放大器的闭环电压放大倍数为

$$A_{vf} = \frac{v_O}{v_I} = 1 + \frac{R_2}{R_1} \qquad (1\text{-}2\text{-}2)$$

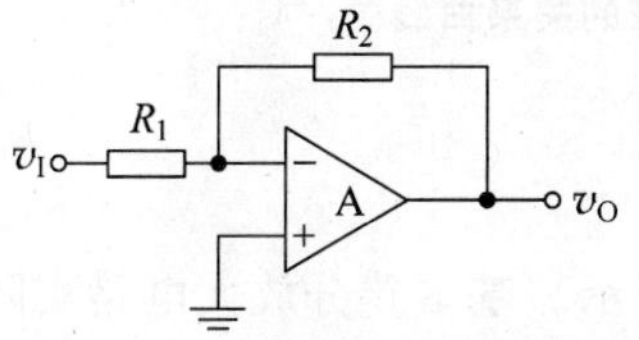

图 1-2-1 反相放大器原理图 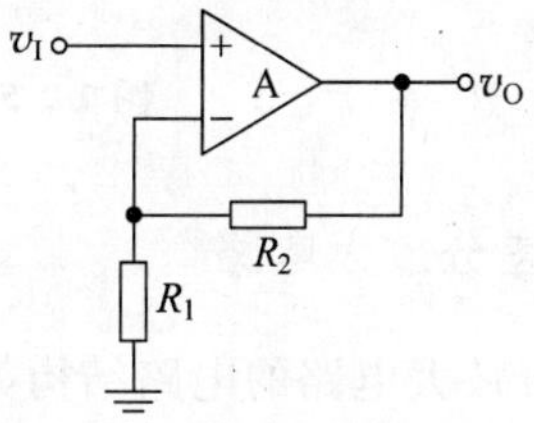　　　　　**图 1-2-2 同相放大器原理图**

同相放大电路的重要特点是输入电阻大，根据理想运放的重要特性，$i_P = 0$，所以其输入电阻 $r_i = v_I/i_P = \infty$。同相放大器的一个特例是电压跟随器，在模拟放大电路中，电压跟随器常用作缓冲级。

2. 加法电路

加法电路的原理图如图 1-2-3 所示。

加法电路的输出表达式为

$$v_O = -\left(\frac{v_1}{R_1} + \frac{v_2}{R_2}\right) \times R_f \qquad (1\text{-}2\text{-}3)$$

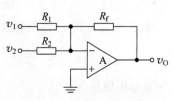

图 1-2-3 加法电路原理图

加法电路常用于混合前置放大器,如磁带放音机的音乐信号与语音放大器的声音信号进行混合放大。加法电路也用于电平平移电路,如在 D/A 转换电路中,将单极性输出的模拟信号转换为双极性输出的模拟信号。图 1-2-4 所示为 D/A 转换器双极性输出的原理图。

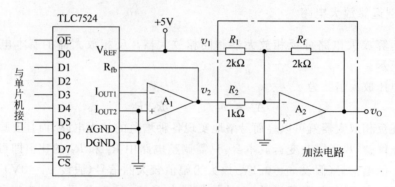

图 1-2-4 D/A 转换器双极性输出的原理图

将图中参数代入式(1-2-3)得

$$v_O = -5 - 2 \times v_2 \tag{1-2-4}$$

当 D/A 转换器输出为正弦信号时,v_O 和 v_2 对应的关系曲线如图 1-2-5 所示。

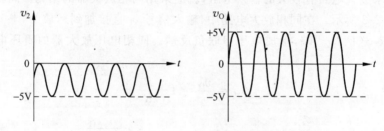

图 1-2-5 v_O 和 v_2 对应的关系曲线

3. 基本差分放大电路

基本差分放大电路的电路结构如图 1-2-6 所示。基本差分放大电路实际上是减法电路的特例。

由于差分放大电路工作在线性状态,对其分析可以采用叠加原理。

令 $v_2 = 0$,只有 v_1 作用时的电路输出电压 v_{O1} 为

$$v_{O1} = -\frac{R_f}{R_1} \times v_1 \tag{1-2-5}$$

令 $v_1 = 0$,只有 v_2 作用时的电路输出电压 v_{O2} 为

$$v_{O2} = \frac{R_F}{R_2 + R_F}\left(1 + \frac{R_f}{R_1}\right)v_2 \tag{1-2-6}$$

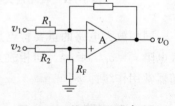

图 1-2-6 基本差分放大电路
的电路结构

总输出电压为

$$v_O = v_{O1} + v_{O2} = -\frac{R_f}{R_1}v_1 + \frac{R_F}{R_2 + R_F}\left(1 + \frac{R_f}{R_1}\right)v_2 \tag{1-2-7}$$

实际使用时,往往满足$R_f = R_F$,$R_1 = R_2$,所以,上式可简化为

$$v_O = -\frac{R_f}{R_1}(v_1 - v_2) = -A_{vf}(v_1 - v_2) \qquad (1\text{-}2\text{-}8)$$

差分放大电路的重要特点是能抑制输入信号中的共模信号,但在实际使用中会由于电阻参数很难完全匹配而导致共模抑制能力下降。

为了获得良好的共模抑制比,可采用专用的差分放大器。专用差分放大器将运放和电阻网络制作在同一硅衬底上,它们所处的温度环境是一致的,并且其内部的电阻是用激光调整技术制成,电阻间的比例误差可减少至0.01%。图1-2-7所示就是TI公司推出的一款专用差分放大器INA132的引脚排列和内部电路。

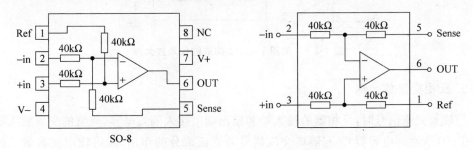

图 1-2-7　INA132 引脚排列和内部电路

4. 仪表放大器

不少传感器本身是电桥电路(如压力传感器)或接成电桥测量电路(如应变片传感器、温度传感器、气敏传感器等),如图1-2-8所示。接成电桥测量电路可消除传感器的温度误差,而温度传感器接成电桥电路则是为了在测量温度最低值时,使输出为零。

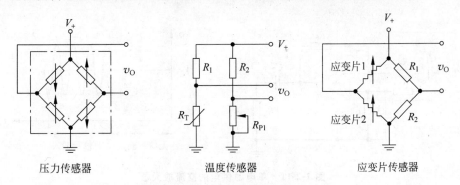

图 1-2-8　传感器电桥测量电路

电桥测量电路输出信号的特点是有较小(微伏级到毫伏级)的差模信号而有较大(几伏)的共模信号。图1-2-6所示的基本差分电路虽然可以达到放大差模信号并抑制共模信号的目的,但存在输入电阻较低、增益调节不便的缺点。这时,一般采用仪表放大器。

采用INA132构成的仪表放大器如图1-2-9所示。上述仪表放大器的倍数为

$$v_O = \left(1 + 2 \times \frac{R_2}{R_1}\right)(v_2 - v_1) \qquad (1\text{-}2\text{-}9)$$

抑制共模分量是使用仪表放大器的唯一原因。理想的仪表放大器应该放大输入端两

信号的差值,任何共模分量必须被抑制。高共模抑制比的关键是电阻网络,因此,电阻比和相对应的漂移都要很好地匹配,而电阻的绝对值和绝对漂移并不重要。采用专用的差分放大器可有效地提高共模抑制比。

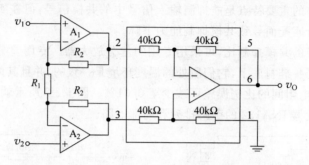

图 1-2-9 采用 INA132 构成的仪表放大器

5. 反相交流放大器

当放大交流信号时,反相器的输入端和输出端应接入隔直电容,典型的交流放大器如图 1-2-10 所示。电容器 C_i 起隔离交流信号源直流成分的作用,能将输出交流信号的失真减至最小。此放大器电路可代替晶体管进行交流放大,如用于扩音机前置放大等。

大部分运算放大器要求双电源(正负电源)供电,但有少部分运算放大器可以在单电源供电的条件下工作。采用单电源供电的交流放大器如图 1-2-11 所示。

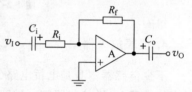

图 1-2-10 反相交流放大器原理图

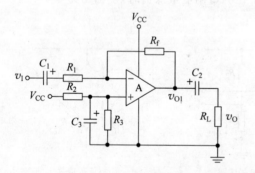
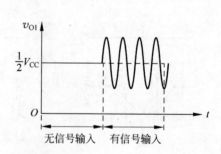

图 1-2-11 单电源供电的交流放大器

放大器采用单电源供电,由 R_2、R_3 组成直流偏置电路,C_3 是消振电容。一般来说,$R_2 = R_3 = 2R_f$,此时,静态直流输出电压为电源电压的一半:$v_{O1(DC)} = 1/2V_{CC}$。C_1 和 C_2 为耦合电容,其值由所需的低频响应和电路的输入阻抗或负载来确定。对图 1-2-11 所示电路,C_1 和 C_2 可由下式来确定:

$$C_1 = 1000/2\pi f_0 R_1 (\mu F) \tag{1-2-10}$$

$$C_2 = 1000/2\pi f_0 R_L (\mu F) \tag{1-2-11}$$

式中,f_0 是放大电路所要求的最低输入频率。若 R_1、R_L 单位用 $k\Omega$,f_0 单位用 Hz,则求

得的 C_1、C_2 单位为 μF。

1.3 集成运放的主要参数

运算放大器只有工作在恰当的频段和适度的直流增益下,其工作特性才能与理想运算放大器的模型特性相当地一致。随着频率或增益增长,特性会逐渐变差。评价运算放大器特性的参数很多,其中最常用的几种参数是输入偏置电流 I_B、输入失调电流 I_{OS}、输入失调电压 V_{OS}、开环带宽 BW、单位增益带宽 GBW 和转换速率 SR 等。

1. 输入偏置电流和输入失调电流

实际运算放大器在它们的输入引脚都会吸收少量的电流,同相输入端吸收的电流用 I_P 表示,反相输入端吸收的电流用 I_N 表示。一般来说,若输入晶体管是 NPN BJT 或 P 沟道 JEFT 时,I_P 和 I_N 流入运算放大器,而对输入晶体管是 PNP BJT 或 N 沟道 JEFT 时,I_P 和 I_N 流出运算放大器。I_P 和 I_N 的平均值称为输入偏置电流,即

$$I_B = \frac{I_P + I_N}{2} \tag{1-3-1}$$

将 I_P 和 I_N 的差称为输入失调电流,即

$$I_{OS} = I_P - I_N \tag{1-3-2}$$

I_{OS} 的幅度量级通常比 I_B 小。I_B 的极性取决于输入晶体管类型,而 I_{OS} 的极性则取决于失配方向。有些运算放大器 $I_{OS} > 0$,有些运算放大器 $I_{OS} < 0$。

运算放大器的芯片数据手册中一般给出 I_B 的典型值和最大值。对于不同的运算放大器,I_B 值的范围是纳安(10^{-9}A,nA)到飞安(10^{-15}A)之间。如 NE5532 室温下的参数为:I_B 的典型值为 200nA,最大值为 800nA;I_{OS} 的典型值为 10nA,最大值为 150nA。

为了分析输入偏置电流和失调电流对放大电路的影响,采用了如图 1-3-1 所示的电路模型,即将放大电路所有输入信号置零。

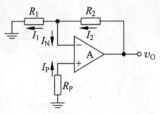

图 1-3-1 由输入偏置电流引起的输出误差

假设运算放大器除了存在 I_P 和 I_N 之外都是理想的,利用电路知识分析如下:

$$V_P = -I_P R_P \tag{1-3-3}$$

$$I_1 = \frac{V_P}{R_1} = -\frac{I_P R_P}{R_1} \tag{1-3-4}$$

$$I_2 = I_1 + I_N = -\frac{I_P R_P}{R_1} + I_N \tag{1-3-5}$$

$$v_O = I_2 R_2 - I_P R_P = \left(-\frac{I_P R_P}{R_1} + I_N \right) R_2 - I_P R_P$$

$$= (-I_P R_P + I_N R_1)\frac{R_2}{R_1} - I_P R_P = -\left(1 + \frac{R_2}{R_1} \right) R_P I_P + R_2 I_N \tag{1-3-6}$$

v_O 是由于输入偏置电流和失调电流产生的误差信号,因此用 E_o 表示,上式可转化为

$$E_0 = \left(1 + \frac{R_2}{R_1}\right)\left[(R_1//R_2)I_N - R_P I_P\right] \tag{1-3-7}$$

通过以上分析可知,尽管电路没有任何输入信号,电路仍能产生某个输出 E_0,这个由输入偏置电流和失调电流产生的输出常称为输出直流噪声。在实际设计放大电路时,应尽可能地减少输出直流噪声。那么,如何有效地减少输出直流噪声呢?将式(1-3-7)表示成

$$E_0 = \left(1 + \frac{R_2}{R_1}\right)\{[(R_1//R_2) - R_P]I_B - [(R_1//R_2) + R_P]I_{OS}/2\} \tag{1-3-8}$$

只要令 $R_P = R_1//R_2$,就可以消去含有 I_B 的项,上式变为

$$E_0 = \left(1 + \frac{R_2}{R_1}\right)(-R_1//R_2)I_{OS} \tag{1-3-9}$$

通过减小所有的电阻或者选择一款具有更低 I_{OS} 值的运算放大器可以进一步降低 E_0。

2. 输入失调电压

对于理想运算放大器,将同相输入端和反相输入端短接,可得

$$v_O = A_{vo}(v_P - v_N) = A_{vo} \times 0 = 0\text{V} \tag{1-3-10}$$

但是,对于实际运算放大器来说,由于输入级电路参数的固有失配,其输出电压 $v_O \neq 0$。为使运放输出电压为零,必须在两输入端之间加一补偿电压,该电压称为输入失调电压 V_{OS}。具有输入失调电压 V_{OS} 的运算放大器的传输特性和电路模型如图 1-3-2 所示。

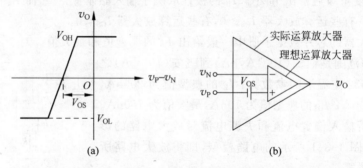

(a)　　　　　　　　　(b)

图 1-3-2　具有输入失调电压 V_{OS} 的运算放大器的传输特性和电路模型

下面分析 V_{OS} 对如图 1-3-3 所示的电阻反馈运算放大器电路的影响。

在图 1-3-3 所示电路中,无失调运算放大器对于 V_{OS} 来说相当于一个同相放大器,其输出误差为

$$E_0 = \left(1 + \frac{R_2}{R_1}\right)V_{OS} \tag{1-3-11}$$

式中,$(1 + R_2/R_1)$ 为直流噪声增益,噪声增益越大,误差也就越大。

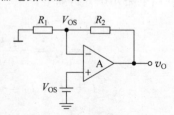

图 1-3-3　V_{OS} 产生的输出误差

如果同时考虑 I_{OS} 和 V_{OS} 的影响,总的输出失调电压为

$$E_0 = \left(1 + \frac{R_2}{R_1}\right)[V_{OS} - (R_1//R_2)I_{OS}] \tag{1-3-12}$$

虽然式(1-3-12)中由 I_{OS} 和 V_{OS} 产生的两项误差似乎是相减的,但由于 I_{OS} 和 V_{OS} 极性是任

意的,在设计时应考虑最严重的情况,即两者是相加时的情况。

输出失调电压在有些场合对电路性能没有太大的影响,如对电容耦合的放大器设计中,很少关注失调电压。但在一些微弱信号检测或高分辨率数据转换中,必须认真考虑失调电压的影响。

输出失调电压可以通过内部失调调零和外部失调调零来补偿。内部失调调零和外部失调调零的原理如图 1-3-4 所示。

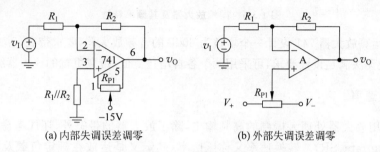

(a) 内部失调误差调零   (b) 外部失调误差调零

图 1-3-4   内部失调误差调零和外部失调误差调零

在设计误差调零电路时,应注意两点:

① 不同运算放大器的内部调零电路不尽相同,设计时应参考芯片的数据资料推荐的调零电路。一般来说,双运放和四运放集成电路不提供内部调零电路。

② 调零电路增加了电路成本,并会随温度和时间而漂移,因此,应尽可能采用其他措施(如选择合适的运算放大器或减小电阻等)来减少失调误差。

3. 开环带宽和单位增益带宽

开环带宽 BW 和单位增益带宽 GBW 反映运算放大器的频率特性。运算放大器的开环响应可以近似地表示成:

$$A(jf) = \frac{A_0}{1 + jf/f_b} \tag{1-3-13}$$

其幅频特性如图 1-3-5 所示。

在开环幅频特性上,开环电压增益从开环直流增益 A_0 下降 3dB 时所对应的频宽称为开环带宽 BW。从开环直流增益到 0dB 时所对应的频宽称为单位增益带宽 GBW。f_b 称为开环-3dB 频率,f_t 称为单位增益频率。从图 1-3-5 所示的运算放大器幅频特性可以看出,f_t 和 f_b 满足以下关系:

$$f_t = A_0 f_b \tag{1-3-14}$$

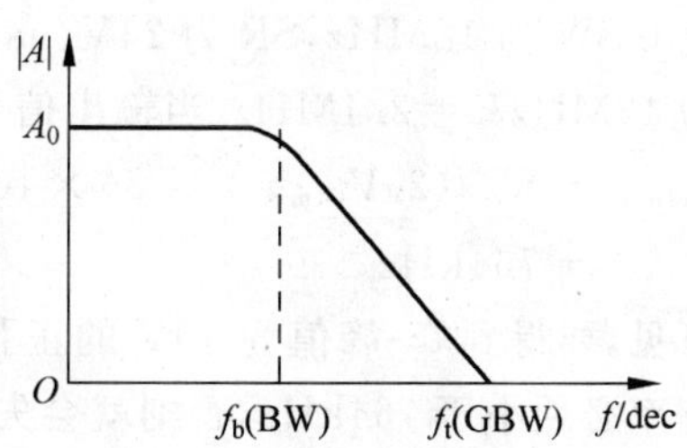

图 1-3-5   运算放大器开环响应

根据芯片数据手册,741 运放的典型值 $f_b = 5\text{Hz}$,$f_t = 200000 \times 5\text{Hz} = 1\text{MHz}$。

由于增益与带宽的乘积基本上是恒定的,因此,降低增益可以增加带宽。通过负反馈,可以扩展放大器的带宽。图 1-3-6 所示为同相放大器及其频率响应。同相放大器通过负反馈,将增益从运算放大器的开环增益 A_0 降到了 A_F,但是其带宽却从 f_b 扩展到 f_B。电压跟随器虽然增益为 1,却有最宽的带宽。

在设计高增益放大器的时候,为了获得一定的带宽,可以采用多级放大电路级连的形

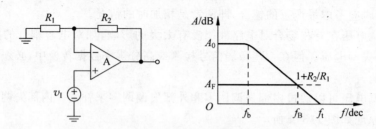

图 1-3-6 同相放大器及其频率特性

式。如利用运算放大器 741 设计一个增益为 60dB 的音频放大器,要求带宽 $f_B \geqslant 20\text{kHz}$。显然,单个运放无法满足设计要求,可采用两个各自增益更低、带宽更宽的放大器级连在一起。

4. 转换速率

如果要用放大器处理大振幅的高频输出,除了放大器的带宽外,还应考虑运放的转换速率(slewing rate,SR)。转换速率又称压摆率,其定义是运放在额定负载及输入阶跃大信号时输出电压的最大变化率,即

$$SR = \frac{\Delta V_O}{\Delta t} \tag{1-3-15}$$

SR 越大越好,不同运放的 SR 差别很大,普通运放的 SR 值约为几伏每微秒,而一些高速运放的 SR 值可达几千伏每微秒。

如前所述,由运算放大器构成的反馈放大器增益越小,带宽越宽。以开环放大倍数为 100dB 的运算放大器为例,构成放大倍数为 1 的闭环放大器,其实际带宽量级可以达到 5 位数,但转换速率却维持不变。因此,当放大器输出大振幅的高频信号时,转换速率对实际的带宽起到主要的约束。假设运算放大器的转换速率为 SR,欲输出信号的振幅为 $V_{O(max)}$,那么大振幅的频率带宽可用下式换算:

$$f_{p(max)} = SR/(2\pi V_{O(max)}) \tag{1-3-16}$$

用一款高电流、高电压输出运算放大器 OPA552 来计算一下,OPA552 的单位增益带宽 GBW 为 12MHz,SR 为 24V/μs,用其构成放大倍数为 5 的反相放大器,其小信号带宽为 12MHz/5=2.4MHz,当输出信号的峰-峰值为 10V 时,其

$$f_{p(max)} = SR/(2\pi V_{O(max)}) = 24 \times 10^6/(2\pi \times 5)\text{Hz}$$
$$= 764\text{kHz}$$

可见,要得到峰-峰值为 10V 的正弦信号,其信号频率必须小于 764kHz,否则就会失真。本来放大器应输出正弦波,但实际的波形却是如图 1-3-7 所示的三角波。

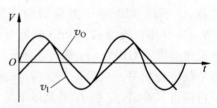

图 1-3-7 受压摆率的影响输出三角波

5. 几种典型的运算放大器

(1) JFET 输入运算放大器——TL082

TL082 是低成本、高速、双 JFET 输入运算放大器,适用于高速积分电路、D/A 转换电路、采样保持电路以及低输入失调电压、低输入偏置失调电流、高输入阻抗等应用场合。

表 1-3-1 所示为 TL082 主要参数。

表 1-3-1 TL082 主要参数

符号	参 数	测 试 条 件	最小	典型	最大	单位
V_{OS}	输入失调电压	$R_S=10\text{k}\Omega, T_A=25℃$		5	15	mV
I_{OS}	输入失调电流	$T_J=25℃$		25	200	pA
I_B	输入偏置电流	$T_J=25℃$		50	4000	pA
V_{CM}	输入共模电压范围	$V_S=\pm15\text{V}$	±11	$-12\sim+15$		V
R_{IN}	输入电阻	$T_J=25℃$		10^{12}		Ω
V_{OM}	最大输出电压摆幅	$V_S=\pm15\text{V}, R_L=10\text{k}\Omega$	±12	±13.5		V
SR	压摆率	$V_S=\pm15\text{V}, T_A=25℃$	8	13		$\text{V}/\mu\text{s}$
GBW	单位增益带宽	$V_S=\pm15\text{V}, T_A=25℃$		4		MHz

（2）超低失调电压运算放大器——OP07

OP07 具有非常低的失调电压、非常低的偏置电流和很高的开环增益。OP07 具有很宽的电源电压范围（$\pm3\sim\pm15\text{V}$）。表 1-3-2 所示为 OP07 主要参数。

表 1-3-2 OP07 主要参数

符号	参 数	测 试 条 件	最小	典型	最大	单位
V_{OS}	输入失调电压	$V_S=\pm15\text{V}, T_A=25℃$		30	75	μV
I_{OS}	输入失调电流	$T_A=25℃$		0.4	2.8	nA
I_B	输入偏置电流	$T_A=25℃$		±1.0	±3.0	nA
V_{CM}	输入共模电压范围	$V_S=\pm15\text{V}$	±11	$-12\sim+15$		V
R_{IN}	输入电阻	$T_J=25℃$	20	60		$\text{M}\Omega$
IVR	输入电压范围		±13	±14		V
K_{CMR}	共模抑制比	$V_{CM}=\pm13\text{V}$	110	126		dB
V_{OM}	最大输出电压摆幅	$V_S=\pm15\text{V}, R_L=10\text{k}\Omega$	±12.5	±13		V
SR	压摆率	$V_S=\pm15\text{V}, T_A=25℃$	0.1	0.3		$\text{V}/\mu\text{s}$
GBW	单位增益带宽	$V_S=\pm15\text{V}, T_A=25℃$	0.4	0.6		MHz

（3）低成本、轨对轨输出、单电源供电高速运算放大器——MAX4016

MAX4016 是高速、轨对轨（rail to rail）输出双运放。该运放可以采用 $3.3\sim10\text{V}$ 的单电源供电，也可以采用 $\pm1.65\sim\pm5\text{V}$ 双电源供电。MAX4016 只需要 5.5mA 的静态电流，就可以达到 150MHz 的单位增益带宽、600V/μs 的压摆率和 ±120mA 的输出电流。表 1-3-3 所示为 MAX4016 主要参数。

表 1-3-3 MAX4016 主要参数

符号	参 数	测 试 条 件	最小	典型	最大	单位
V_{OS}	输入失调电压	$V_S=\pm15\text{V}, T_A=25℃$		4	20	mV
I_{OS}	输入失调电流	$T_A=25℃$		0.1	20	μA
I_B	输入偏置电流	$T_A=25℃$		5.4	20	μA
R_{IN}	输入电阻	差分模式$-1\text{V}\leqslant V_{IN}\leqslant+1\text{V}$		70		$\text{k}\Omega$
		共模模式$-0.2\text{V}\leqslant V_{CM}\leqslant+2.75\text{V}$		3		$\text{M}\Omega$

续表

符号	参　　数	测　试　条　件		最小	典型	最大	单位
K_{CMR}	共模抑制比	$V_{EE}-0.2V \leqslant V_{CM} \leqslant V_{CC}-2.25V$		70	100		dB
V_{OM}	最大输出电压摆幅	$R_L=150\Omega$	$V_{CC}-V_{OH}$		0.3		V
			$V_{OL}-V_{EE}$		0.3		
SR	压摆率	$V_{OUT}=2V$,阶跃			600		$V/\mu s$
GBW	小信号－3dB带宽	$V_{OUT,P-P}=20mV$			150		MHz

（4）高电压、低失真电流反馈运算放大器——THS3092

THS3092属于电流反馈运算放大器,具有高电压、低失真、高速的特点,电源电压范围从±5～±15V。THS3092的主要参数如表1-3-4所示。

表 1-3-4　THS3092 主要参数

符号	参　　数	测　试　条　件	最小	典型	最大	单位
	小信号－3dB带宽	$G=2,R_F=1.21k\Omega,V_{OUT,P-P}=200mV$		210		MHz
	大信号带宽	$G=5,R_F=1k\Omega,V_{OUT,P-P}=4V$		135		MHz
SR	压摆率	$G=5,V_{OUT}=20V$,阶跃,$R_F=1k\Omega$		7300		$V/\mu s$
V_{OS}	输入失调电压	$V_{CM}=0V$		4		mV
I_{OS}	输入失调电流	$V_{CM}=0V$		20		μA
I_B	输入偏置电流	$V_{CM}=0V$		20		μA
R_{IN}	输入电阻			1.3		$M\Omega$
K_{CMR}	共模抑制比		65			dB
V_{OM}	最大输出电压摆幅	$R_L=100\Omega$	±11.8			V

1.4　正确使用集成运算放大器

1. 集成运放的选择

在选择运算放大器时,如果无特殊要求,一般选用通用型运算放大器。这类器件直流性能好,种类齐全,选择余地大,价格低廉。通用运放又分为单运算放大器、双运算放大器和四运算放大器。如果一个电路中包含两个以上运算放大器(如信号放大器、有源滤波器等),则可以考虑选择双运算放大器、四运算放大器,这样将有助于简化电路,缩小体积,降低成本,提高系统可靠性。特别要求电路对称时,多运算放大器更显示出其优越性。

如果系统使用中对功耗有较严格的限制,则可选用低功耗的运算放大器,如 CMOS 运算放大器。

如果系统要求运放有很高的输入阻抗,如采样/保持电路、峰值检波电路、优质的对数放大器、优质的积分器、高阻抗信号源电路、生物医学电信号的放大与提取、测量放大器等,均可采用高输入阻抗集成运放。

如果系统要求比较精密、漂移比较小、噪声低,例如微弱信号检测、精密模拟计算、自动控制仪表、高精度稳压源、高增益直流放大器等,则应选用高精密、低漂移、低噪声的运算放大器。

当系统的工作频率较高时,如高速采样/保持电路、A/D 和 D/A 转换电路、视频放大器、较高频率的振荡及其他波形发生器、锁相电路等,应选用高速及宽带运算放大器。

当系统的工作电压很高而要求运放的输出电压也很高时应选用高压型运算放大器。

当电路要求驱动较大的负载时,应选用功率运放。

2. 使用集成运放应注意的问题

(1) 正确使用性能参数

运算放大器的各种性能参数都是在一定的外部条件(如环境温度、直流供电电压、负载条件、信号大小和频率)下测定的。当外部环境或条件变化时,其性能参数将会发生变化,使用时应考虑到这种情况。

在使用运算放大器时,领会参数含义,注意参数测试条件。设计时要对参数留有一定余量,使用时一定要查阅相关器件的数据手册。

(2) 输入保护电路

当输入的差模电压或共模电压超过规定值时,会造成内部输入级工作不正常,甚至损坏输入级。图 1-4-1 所示是利用二极管 D_1、D_2 和电阻 R_1 构成的双向限幅电路来进行输入保护。

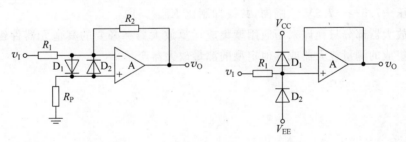

图 1-4-1　运算放大器的输入保护电路

(3) 供电电源的去耦

如果多个运放共用一个直流电源,则通过电源内阻的耦合有时会产生低频振荡。采用电源去耦的方法可以有效抑制低频振荡。使用时,在每个运算放大器的电源输入端并联电容滤波电路。一般的接法是在紧靠运放的供电端与电源地之间用容量为 $6.8\mu F$ 和 $0.1\mu F$ 的电容并联连接,如图 1-4-2 所示。$0.1\mu F$ 的电容采用陶瓷电容,$6.8\mu F$ 的电容采用钽电容。大容量的电容用作低频滤波,小容量的电容因其对高频信号形成低阻抗通路,从而起到高频滤波作用。

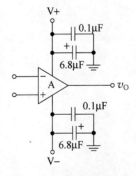

图 1-4-2　运放供电电源的去耦

地线连接也有讲究,总的原则是地线应短而粗并且在同一个点连接,数字地和模拟地分开。

1.5 设计训练题

设计训练题一：增益可调放大器设计

采用集成运算放大器设计一个宽带放大器,输入为正弦信号,电压峰-峰值为 0.4V,频率范围 100Hz～10MHz,设计要求如下：

① 电压放大倍数 1～20 可调；

② 输入阻抗≥10kΩ；

③ 输出信号直流偏移量可调,范围－2～＋2V；

④ 增加稳幅输出功能,当负载变化时,输出电压幅度变化不大于±3％(负载电阻变化范围：100Ω～∞)。

设计训练题二：可编程仪表放大器设计

设计一个总增益为 1V/V,10V/V,100V/V 的数字可编程仪表放大器。输入信号 V_I 取自桥式测量电路的输出。当 $R_1=R_2=R_3=R_4$ 时,$V_I=0$。R_2 改变时,产生 $V_I\neq 0$ 的电压信号。测量电路与放大器之间有长 1m 的连接线。最大输出电压为 ±10V,非线性误差＜0.5％；仪表放大器的差模输入电阻≥2MΩ(可不测试,由电路设计予以保证)；在输入共模电压＋7.5～－7.5V 范围内,共模抑制比 $K_{CMR}＞10^5$。

仪表放大器部分只允许采用通用型集成运算放大器和必要的其他元器件组成,不能使用单片集成的测量放大器或其他定型的测量放大器产品。

第2章

模拟滤波器的设计

2.1 模拟有源滤波器设计

2.1.1 概述

在实际电子系统中,模拟信号中往往包含一些不需要的信号成分,必须设法将其衰减到足够小的程度,或者把有用的信号挑选出来。模拟滤波器就是使特定频率范围内的信号顺利通过,而阻止其他频率信号通过的电路。模拟滤波器分无源滤波器和有源滤波器两种。无源滤波器由无源器件 R、C 和 L 组成,它的缺点是在较低频率下工作时,电感 L 的体积和重量较大,而且滤波效果不理想。有源滤波由 R、C 和运算放大器构成,在减小体积和减轻重量方面得到显著改善,尤其是运放具有的高输入阻抗和低输出阻抗的特点可使有源滤波器提供一定的信号增益,因此,有源滤波器得到广泛的应用。

有源滤波器是建立在频率基础上处理信号的一种电路。有源滤波器随频率变化的这种特性行为称为频率响应,并以传递函数 $H(j\omega)$ 表示。图 2-1-1 所示为有源滤波器的传递函数模型。

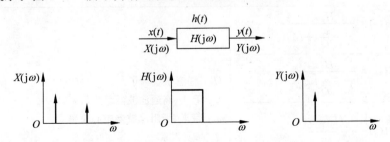

图 2-1-1 有源滤波器的传递函数模型

有源滤波器的动态特性用三种形式来描述:

(1)单位冲激响应

$$x(t) = \delta(t), \quad y(t) = h(t) \qquad (2\text{-}1\text{-}1)$$

(2) 传递函数

$$H(s) = \frac{Y(s)}{X(s)} \tag{2-1-2}$$

(3) 频率特性

$$H(j\omega) = \frac{Y(j\omega)}{X(j\omega)} \tag{2-1-3}$$

有源滤波器按幅频特性可分为低通、高通、带通和带阻四种类型。其理想幅频特性分别如图 2-1-2 所示。

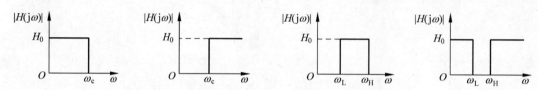

图 2-1-2 低通、高通、带通和带阻滤波器的理想幅频特性

① 低通滤波器(lowpass filter)：低于截止频率 f_c 的频率可以通过,高频成分被滤掉。

② 高通滤波器(highpass filter)：高于截止频率 f_c 的频率可以通过,低频成分被滤掉。

③ 带通滤波器(bandpass filter)：只有高于 f_L 低于 f_H 的频率可以通过,其他成分均被滤掉。

④ 带阻滤波器(bandreject filter)：在 f_L 与 f_H 之间的频率被滤掉,其他成分均可以通过。作为特例,只有特定频率成分可以通过的滤波器被称为陷波滤波器(notch filter)。

有源滤波器的传递函数的一般表达式为

$$H(s) = \frac{a_n s^n + a_{n-1} s^{n-1} + \cdots + a_0}{s^n + b_{n-1} s^{n-1} + \cdots + b_0} \tag{2-1-4}$$

根据滤波器的一般表达式,可以得到二阶 RC 滤波器的传递函数如表 2-1-1 所示。

表 2-1-1 二阶 RC 滤波器的传递函数

类 型	传 递 函 数	性 能 参 数
低通	$H(s) = \dfrac{H_0 \omega_c^2}{s^2 + \dfrac{\omega_c}{Q}s + \omega_c^2}$	
高通	$H(s) = \dfrac{H_0 s^2}{s^2 + \dfrac{\omega_c}{Q}s + \omega_c^2}$	H_0：任意增益因子 ω_c：低通、高通滤波器截止角频率 ω_0：带通、带阻滤波器中心频率 Q：品质因素
带通	$H(s) = \dfrac{H_0 \omega_0 \dfrac{s}{Q}}{s^2 + \dfrac{\omega_0}{Q}s + \omega_0^2}$	
带阻	$H(s) = \dfrac{H_0 (\omega_0^2 + s^2)}{s^2 + \dfrac{\omega_0}{Q}s + \omega_0^2}$	

　　同样是低通滤波器,在截止频率 f_c 附近的截止特性也有所不同,既有锐利的,也有倾斜度小而长的。滤波器的截止特性是由它本身的阶数和各级常量的选择方法所决定的。

　　有源滤波器的阶数是由时间常数要素的数目来区分的。在阶数相同的情况下,滤波器时间常数设定不同,也会使滤波器的特性不同。滤波器的品质因素 Q 也称为滤波器的截止特性系数,其值决定了滤波器在 $f=f_0$ 附近的频率特性。按照 $f=f_0$ 附近频率特性特点,可将滤波器分为巴特沃斯(Butterworth)型、切比雪夫(Chebyshev)型、贝塞尔(Bessel)型三种类型。

　　巴特沃斯滤波器的输出信号幅度随频率增高单调下降,具有最平坦的通带幅频特性,但相移与频率的关系不是很线性,阶跃响应有过冲。

　　贝塞尔滤波器在通带内具有与巴特沃斯滤波器一样的最大平坦特性,相移和频率之间有良好的线性关系,阶跃响应过冲小,但幅频曲线的下降较缓慢。

　　切比雪夫滤波器通带内增益有起伏(纹波),与巴特沃斯滤波器和贝塞尔滤波器相比过渡带曲线下降较快。

　　在设计滤波器时,可根据实际需要,选择不同特性的滤波器。例如,如果滤波器响应曲线的锐截止比最大平坦更为重要,则可采用切比雪夫滤波器。

　　有源滤波器常用的电路结构有无限增益多重反馈型(MFB)滤波器电路和压控电压源型(VCVS)滤波器电路两种。集成运放在有源 RC 滤波器中作为高增益有源器件使用时,可组成无限增益多重反馈型滤波器,而当作有限增益有源器件使用时,则可组成压控电压源型滤波器。

　　图 2-1-3 所示为二阶无限增益多重反馈滤波器基本电路。该电路的优点是电路有倒相作用,使用元件较少,但增益调节对其性能参数会有影响。

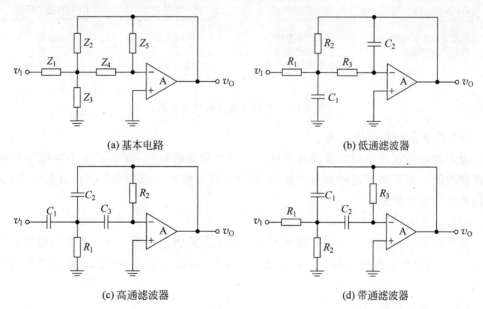

(a) 基本电路　　　　　　　　　　　　　　(b) 低通滤波器

(c) 高通滤波器　　　　　　　　　　　　　(d) 带通滤波器

图 2-1-3　二阶无限增益多重反馈滤波器电路

　　图 2-1-4 所示为二阶电压控制电压源型滤波器电路。该电路的优点是电路性能稳定,增益容易调节。

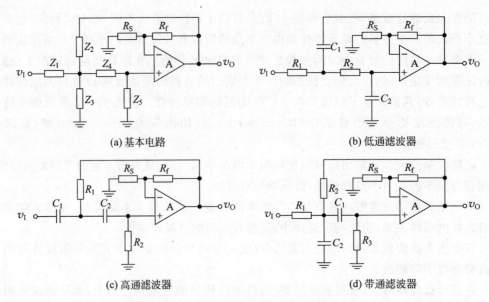

(a) 基本电路   (b) 低通滤波器

(c) 高通滤波器   (d) 带通滤波器

图 2-1-4　二阶电压控制电压源滤波器电路

2.1.2　有源低通滤波器和高通滤波器设计

根据前面分析,有源滤波器有四大要素,如图 2-1-5 所示。下面简要介绍设计中的考虑原则。

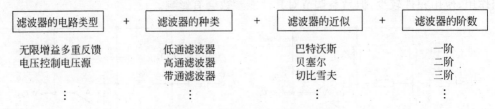

| 滤波器的电路类型 | + | 滤波器的种类 | + | 滤波器的近似 | + | 滤波器的阶数 |

无限增益多重反馈　　低通滤波器　　巴特沃斯　　一阶
电压控制电压源　　高通滤波器　　贝塞尔　　二阶
　　　　带通滤波器　　切比雪夫　　三阶

图 2-1-5　有源滤波器的四大要素

（1）关于电路类型的选择

无限增益多重反馈型滤波器的特性对参数变化比较敏感,在这点上不如电压控制电压源滤波器。当要求带通滤波器的通带较宽时,可用低通滤波器和高通滤波器合成,这比单纯用带通滤波器要好。

（2）阶数选择

滤波器的阶数主要根据对带外衰减特性的要求来确定。每一阶低通或高通滤波器可获得 -20dB 每十倍频程衰减。多级滤波器串接时,传输函数总特性的阶数等于各级阶数之和。

（3）运放的要求

一般情况下可选用通用型运算放大器。为了获得足够深的反馈以保证所需滤波特性,运放的开环增益应在 80dB 以上。对运放的频率特性要求,由其工作频率的上限确定。如果滤波器输入信号较小,例如在 10mV 以下,应选用低漂移运放。

有源滤波器给定参数包括截止频率 f_c、带内增益 A_0 和品质因素 Q。在设计滤波器时，如果仅由 f_c、A_0 和 Q 这三个参数求出电路中所有 R、C 元件的值，是十分困难的。通常是先设定一个或几个元件的值，再由一些计算公式算出其他元件值。下面通过两个设计实例来说明有源滤波器的设计方法和步骤。

例 2-1-1 二阶无限增益多重反馈低通滤波器的设计。假设滤波器的通带增益 $A_0=1$，截止频率 $f_c=3.4\text{kHz}$，Q 为 0.707。

解 二阶无限增益多重反馈低通滤波器的电路结构如图 2-1-3(b)所示。该滤波器电路是由 R_1、C_1 低通级以及 R_3、C_2 积分器级所组成，这两级电路表现出低通特性。通过 R_2 的正反馈对 Q 进行控制。根据对电路的交流分析，求得传递函数为

$$H(s) = \frac{-1/R_1R_3C_1C_2}{s^2 + \dfrac{s}{C_1}\left(\dfrac{1}{R_1}+\dfrac{1}{R_2}+\dfrac{1}{R_3}\right) + \dfrac{1}{R_3R_2C_1C_2}}$$

将上式与表 2-1-1 中的二阶低通滤波器传递函数 $H(s) = \dfrac{H_0\omega_c^2}{s^2 + \dfrac{\omega_c}{Q}s + \omega_c^2}$ 比较得

$$\omega_c = \frac{1}{\sqrt{R_2R_3C_1C_2}} \quad H_0 = -\frac{R_2}{R_1} \quad Q = \frac{\sqrt{C_1/C_2}}{\sqrt{R_2R_3/R_1^2}+\sqrt{R_3/R_2}+\sqrt{R_2/R_3}}$$

直接采用这三个公式来计算 C_1、C_2、R_1、R_2、R_3 的值是非常困难的。为了简化运算步骤，先给 C_2 确定一个合适的值，然后令 $C_1=nC_2$，式中 n 是电容扩展比，A_0 为滤波器直流增益幅度（即 H_0 的绝对值）。可以从上述三个公式推得各电阻值的计算公式：

$$R_1 = \frac{1+\sqrt{1-4Q^2(1+A_0)/n}}{2\omega_cQC_2A_0} \quad R_2 = R_1A_0 \quad R_3 = \frac{1}{\omega_c^2R_2C_1C_2}$$

取 $n=4Q^2(1+A_0)$（注意，必须满足 $n\geqslant 4Q^2(1+A_0)$），上式可进一步简化为

$$R_1 = \frac{1}{2\omega_cQC_2A_0} \quad R_2 = R_1A_0 \quad R_3 = \frac{1}{\omega_c^2R_2C_1C_2}$$

令 $R_0 = \dfrac{1}{\omega_cC_2}$，可得到滤波器中各项参数的计算公式为

$$C_1 = 4Q^2(1+A_0)C_2 \quad R_1 = R_0/(2QA_0) \quad R_2 = A_0\times R_1 \quad R_3 = R_0/[2Q(1+A_0)]$$

由此可见，只要确定 C_2 的值，其余的参数可随之确定。

滤波器中各项参数的具体计算步骤是：

① 决定 C_2 的容量，再用 $R_0 = 1/2\pi f_cC_2$ 公式计算基准电阻 R_0。选取 C_2 值为 2200pF，则基准电阻 $R_0 = 1/2\pi f_cC_2 = 21.29\text{k}\Omega$。

② 计算 C_1 的电容值，$C_1 = 4Q^2(1+A_0)C_2 = 8797\text{pF}$。

③ 计算 R_1 的电容值，$R_1 = R_0/(2QA_0) = 15.05\text{k}\Omega$。

④ 计算 R_2 的电容值，$R_2 = A_0\times R_1 = 15.05\text{k}\Omega$。

⑤ 计算 R_3 的电容值，$R_3 = R_0/[2Q(1+A_0)] = 7.53\text{k}\Omega$。

将计算的电阻、电容值取标称值，得到如图 2-1-6 所示的滤波器原理图。

由于实际电路中电阻和电容为标称值，因此与

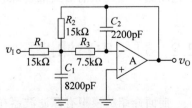

图 2-1-6 二阶多重反馈低通滤波器

计算值会有一定的误差。需要注意的是,当滤波器的增益比较高时,电阻或电容的误差会使电路特性发生变化。因此,增益 A_0 的取值范围一般在 $1\sim10$ 之间为宜。

上述设计的二阶低通滤波器采用 Multisim 软件仿真,得到的幅频特性如图 2-1-7 所示。仿真结果表明,该滤波器符合设计要求。

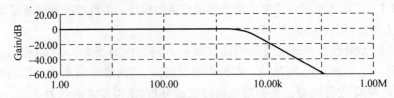

图 2-1-7 二阶低通滤波器幅频特性仿真结果

例 2-1-2 二阶无限增益多重反馈高通滤波器的设计。设滤波器通带增益 $A_0=1$,截止频率 $f_c=300\,\text{Hz}$,Q 为 0.707。

解 多重反馈高通滤波器的电路结构如图 2-1-3(c)所示。利用例 2-1-1 相同的分析方法可得到各元件参数的计算公式,取基准电容 $C_0=0.033\mu\text{F}$,则基准电阻 $R_0=1/(2\pi f_c C_0)=16.076\,\text{k}\Omega$,各元件的参数计算如下:

$$C_1 = C_2 = C_0 = 0.033\mu\text{F}$$
$$C_3 = C_0/A_0 = 0.033\mu\text{F}$$
$$R_1 = R_0/[Q(2+1/A_0)] = 7.58\,\text{k}\Omega$$
$$R_2 = R_0[Q(1+2A_0)] = 34.097\,\text{k}\Omega$$

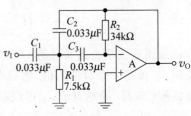

图 2-1-8 二阶多重反馈高通滤波器

将各元件参数取标称值,得到图 2-1-8 所示的二阶高通滤波器原理图。

上述设计的二阶高通滤波器采用 Multisim 软件仿真,得到的幅频特性如图 2-1-9 所示。仿真结果表明,该滤波器符合设计要求。

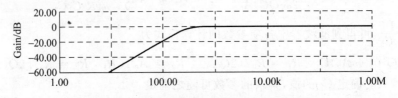

图 2-1-9 二阶高通滤波器幅频特性仿真结果

如果需要抑制的信号和需要通过的信号在频率上非常接近,那么,在这种情况下二阶滤波器的截止特性可能就不够陡峭,此时,就需要采用高阶滤波器。高阶滤波器一种常用的设计方法是将低阶滤波器级联而成。这种方法是基于可以将传递函数 $H(s)$ 因式分解后化成低阶项乘积的形式来实现的。

2.2 开关电容滤波器

前面介绍的模拟有源滤波器在使用中存在以下不足之处:

① 由于元件参数的容差和运算放大器非理想性的影响,实际滤波器的响应很有可能

偏离理论上预期的响应。

② 滤波器参数易受环境温度影响。从有源滤波器的参数公式可知，H_0 和 Q 通常与元件的比值有关，而 ω_c 则与元件的乘积有关。虽然可以采用对温度和时间有良好跟踪能力的元件使比值保持恒定，却很难保持乘积恒定。

③ 滤波器的带宽不易调整。如在数据采集系统中，为了提高信号的频率分辨率，要求抗混叠滤波器(低通滤波器)的带宽是可变的。

④ 滤波器外围元件多、体积大。对于一些要求空间紧凑的电子系统，往往难以满足设计要求。

开关电容滤波器是利用开关电容网络和运放构成的滤波器。由于开关电容网络通过 MOSFET 开关周期性地作用于 MOS 电容来模拟电阻，使得开关电容滤波器的时间常数取决于电容的比值而不是 RC 乘积，因此，开关电容滤波器可以提供稳定的截止频率或中心频率。随着 MOS 工艺的迅速发展，单片集成开关电容滤波器尺寸越来越小，使用越来越简单，在电子系统中获得了广泛应用。

2.2.1 开关电容滤波器的基本原理

1. 开关电容电路

开关电容(Switched-Capacitor，SC)电路是根据电荷存储和转移原理而构成的电路，其原理图如图 2-2-1 所示。开关电容电路由受时钟控制的 MOS 开关和 MOS 电容组成。

开关电容电路的基本电路元件是 MOS 电容开关。MOS 电容量约为 $1\sim40\mathrm{pF}$，其绝对精度约为 5%，相对精度可高达 0.01%，其温度系数可小到 $20\sim50\mathrm{ppm/V}$。

开关电容电路可以模拟电阻，它是一种"电容对电荷的存储和释放来实现信号传输"的等效电阻。现以图 2-2-2 为例加说明开关电容电路的工作原理。

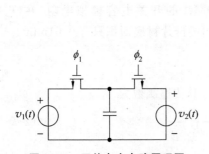

图 2-2-1 开关电容电路原理图

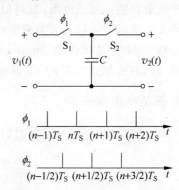

图 2-2-2 开关电容单元及其等效电阻

图 2-2-2 中 S_1 和 S_2 是两个 MOS 开关，ϕ_1 和 ϕ_2 是不重叠的两相时钟脉冲，该时钟脉冲的频率 f_s 通常是输入信号 $v_1(t)$ 最高频率的 $50\sim150$ 倍。由于 S_1 和 S_2 的通和断是受 ϕ_1 和 ϕ_2 控制的，故 S_1 和 S_2 这两个 MOS 开关不会同时接通。

在 $t=(n-1)T_S$ 时刻，S_1 接通而 S_2 截止，此时，输入信号 $v_1(t)$ 向电容 C 充电，其充电量为

$$q_C(t) = Cv_1\big[(n-1)T_s\big] \tag{2-2-1}$$

在 $t=(n-1)T_s$ 到 $(n-1/2)T_s$ 期间,由于两个 MOS 开关均断开,故电容器 C 上的电压 $v_C(t)$ 和电荷 $q_C(t)$ 保持不变。

在 $(n-1/2)T_s$ 时刻,S_2 接通而 S_1 截止,于是电容 C 上将建立起电压和电量分别为

$$v_C(t) = v_C[(n-1/2)T_s] = v_2[(n-1/2)T_s] \tag{2-2-2}$$

$$q_C(t) = q_C[(n-1/2)T_s] = Cv_2[(n-1/2)T_s] \tag{2-2-3}$$

可见,在每一个时钟周期 T_s 内,$v_C(t)$ 和 $q_C(t)$ 仅变化一次,电荷的变化量为

$$\Delta q_C(t) = C\{v_1[(n-1)T_s] - v_2[(n-1/2)T_s]\} \tag{2-2-4}$$

上式说明,在从 $(n-1/2)T_s$ 到 $(n-1)T_s$ 期间,开关电容从 $v_1(t)$ 端向 $v_2(t)$ 端转移的电荷量与 C 的大小、$(n-1)T_s$ 时刻的 $v_1(t)$ 值、$(n-1/2)T_s$ 时刻的 $v_2(t)$ 值有关。分析指出,在开关电容两端口之间流动的是电荷而非电流;开关电容转移的电荷量取决于两端口不同时刻的电压值,而不是两端口在同一时刻的电压值;因此,开关电容电路能传输信号的本质是在时钟驱动下,由开关电容对电荷的存储和释放。

因为时钟脉冲周期 T_s 远远小于 $v_1(t)$ 和 $v_2(t)$ 的周期,故在 T_s 内可认为 $v_1(t)$ 和 $v_2(t)$ 是恒值,从近似平均的角度看,可以把一个 T_s 内由 $v_1(t)$ 送往 $v_2(t)$ 的 $\Delta q_C(t)$ 等效为一个平均电流 $i_C(t)$,它从 $v_1(t)$ 流向 $v_2(t)$,即

$$i_C(t) = \frac{\Delta q_C(t)}{T_s} = \frac{C}{T_s}\left\{v_1[(n-1)T_s] - v_2\left[\left(n-\frac{1}{2}\right)T_s\right]\right\}$$

$$= \frac{C}{T_s}[v_1(t) - v_2(t)] = \frac{1}{R_{SC}}[v_1(t) - v_2(t)] \tag{2-2-5}$$

其中

$$R_{SC} = \frac{T_s}{C} = \frac{1}{Cf_s} \tag{2-2-6}$$

R_{SC} 即为开关电容模拟电阻(或开关电容等效电阻)。

开关电容能模拟成电阻,就可以将以往讨论的各种模拟电路演变成开关电容电路。采用开关电容电阻可以大大节省集成电路的衬底面积。例如,制造一个 $10M\Omega$ 的集成电阻所占硅片衬底面积约为 $1mm^2$,而制造一个 $10M\Omega$ 的开关电容模拟电阻,在 $f_s = 100kHz$ 时,只要制造 $1pF$ 的 MOS 电容,该电容占用的硅片衬底面积只有 $0.01mm^2$。

2. 开关电容积分器

现有一模拟积分器,其原理图如图 2-2-3 所示。其传递函数为

$$\frac{v_O}{v_I} = -\frac{1}{sR_1C_2} = -\frac{1}{j\omega R_1C_2} \tag{2-2-7}$$

$$\omega_0 = \frac{1}{R_1C_2} \tag{2-2-8}$$

用开关电容代替积分器中的电阻,可得到如图 2-2-4 所示的开关电容积分器。

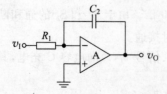

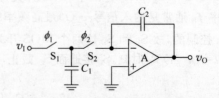

图 2-2-3　模拟积分器原理图　　　图 2-2-4　开关电容积分器原理图

将式(2-2-6)代入式(2-2-8)可得

$$\omega_0 = \frac{C_1}{C_2} f_s \qquad (2\text{-}2\text{-}9)$$

从上式可以知道,特征频率 ω_0 取决于电容比值。采用现有的技术,很容易就可以达到低至 0.1% 的比值容差,从而获得稳定的特征频率。同时,特征频率 ω_0 与时钟频率 f_s 成比例,改变 f_s 就可以改变特征频率,表明开关电容积分器的特征频率必然是可编程的,而且,如果需要一个稳定的特征频率 ω_0,则可用一石英晶体振荡器来产生 f_s。

3. 开关电容滤波器(SCF)

图 2-2-5 是一阶 RC 有源低通滤波器电路。电路的传输函数为

$$A(s) = \frac{v_O(s)}{v_I(s)} = -\frac{R_f}{R_1} \frac{1}{1 + sR_f C} \qquad (2\text{-}2\text{-}10)$$

图 2-2-6 是用开关电容模拟电阻取代后得到的相应的一阶 SCF 电路。

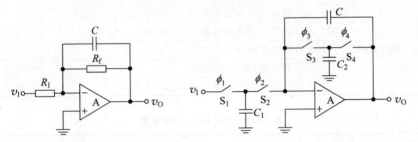

图 2-2-5　一阶有源低通滤波器　　　　图 2-2-6　一阶 SCF 电路

用开关电容模拟电阻 T_s/C_1 和 T_s/C_2 分别取代电阻 R_1 和 R_f 后,可得图 2-2-6 所示 SCF 电路的传输函数为

$$A(s) = \frac{v_O(s)}{v_I(s)} = -\frac{C_1}{C_2} \cdot \frac{1}{1 + sT_s C/C_2} \qquad (2\text{-}2\text{-}11)$$

2.2.2　单片集成开关电容滤波器及其使用

目前,世界上有多家半导体公司推出了品种丰富的集成开关电容滤波器产品,已大量应用于通讯系统和其他数字化系统。随着集成电路工艺的发展,集成开关电容滤波器尺寸越来越小,使用越来越简单,开关电容滤波器工作频率正向着高频方向发展,而宽带噪声比 20 世纪 80 年代初的开关电容滤波器约小两个数量级,某些型号的产品已能对微伏数量级的有用信号进行滤波。表 2-2-1 列出了典型的开关电容滤波器产品。

开关电容滤波器使用时基本不需要外接元件,频率响应函数是固定的,只需要确定其截止频率。由于滤波器截止频率与时钟频率有一定的比例关系,因此,滤波器的设计任务已简化到仅仅是对时钟频率的选择。下面以低通滤波器 TLC14 为例,说明单片集成开关电容滤波器的使用方法。

TLC14 是 TI 公司生产的巴特沃斯四阶低通开关电容滤波器,具有低成本、易用的特点。滤波器的截止频率取决于外部时钟频率,其调节范围从 0.1Hz 至 30kHz。TLC14 的引脚排列和功能框图如图 2-2-7 所示,TLC14 的引脚说明如表 2-2-2 所示。

表 2-2-1　典型的集成开关电容滤波器

型　号	说　　明	厂　商
LTC1064	通用型(可组合为低通、高通、带通等),8 阶,$f_0 = 0.1 \sim$ 140kHz,高速 $f_{CP,max} = 7MHz$	Linear Technology 公司
LTC1068	内含四个二阶滤波器	
LTC1164	通用型,$f_0 = 0.1 \sim 20kHz$,低功耗,$f_{CP,max} = 500kHz$	
LTC1069	通用型,$f_0 = 0.1 \sim 40kHz$,	
LTC1062	五阶低通滤波器	
LTC1069	八阶低通滤波器	
MAX260/261/262	由微处理器编程的通用型滤波器。	Maxim 公司
MAX265/266	由电阻或引脚编程的通用滤波器。	
MAX280/281	五阶低通滤波器,$0 \sim 20kHz$。	
MAX291/295	八阶巴特沃斯低通滤波器,$0.1 \sim 25kHz$、$0.1 \sim 50kHz$	
MAX292/296	八阶贝塞尔低通滤波器,$0.1 \sim 25kHz$,$0.1 \sim 50kHz$	
MAX293/294/297	八阶椭圆形低通滤波器,$0.1 \sim 25kHz$,$0.1 \sim 50kHz$	
MAX7400/7403/7404/7407	八阶椭圆形低通滤波器,$1 \sim 10kHz$	
MAX7418～MAX7425	五阶低通滤波器,$1 \sim 30kHz$	
S3528/S3529	可编程低通/高通滤波器	AMI 公司
TLC14	四阶巴特沃斯低通滤波器,$0.1 \sim 30kHz$	TI 公司

表 2-2-2　TLC14 引脚说明表

引 脚 名	功　　能
FILTER IN	滤波器模拟信号输入引脚
FILTER OUT	滤波器模拟信号输出引脚
CLKIN	CMOS 兼容时钟输入端或自身产生时钟输入端
CLKR	TTL 兼容的时钟输入端
LS	电平位移控制端,对 CMOS 兼容的时钟或芯片自身产生的时钟,LS 接负电源 (V_-),对于 TTL 兼容的时钟,LS 加电源电压中间值
V_+	正电源输入端
V_-	负电源输入端
AGND	模拟地

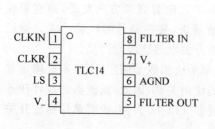
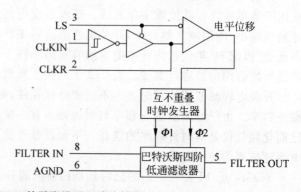

图 2-2-7　TLC14 的引脚排列和功能框图

TLC14 低通滤波器的截止频率 f_c 取决于其时钟频率 f_{CLK}，其关系为 $f_c = f_{CLK}/100$。时钟信号可由 TLC14 内部振荡器产生，也可由外部时钟源提供。图 2-2-8 给出了采用内部时钟和采用外部时钟连接图。

在图 2-2-8(a)中，f_{CLK} 取决于 1、2 脚外接的 R、C 值。由 TLC14 数据手册给出的 f_{CLK} 与 R、C 值的关系为

$$f_{CLK} \approx \frac{1}{1.69RC} \tag{2-2-12}$$

假设 $C = 1000\text{pF}$，$R = 750\Omega$，则根据式(2-2-12)可计算得到 $f_{CLK} = 789\text{kHz}$，因此低通滤波器的截止频率 f_c 为 7.89kHz。

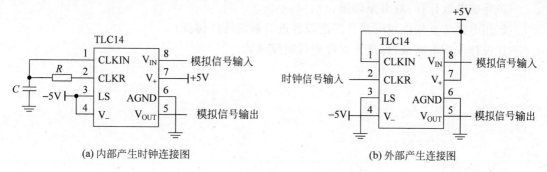

(a) 内部产生时钟连接图 (b) 外部产生连接图

图 2-2-8 TLC14 典型连接图

在图 2-2-8(b)中，TLC14 的时钟信号从外部输入。外部时钟可由外部振荡器产生，也可由单片机 I/O 引脚或 FPGA I/O 引脚产生。

假设外部时钟频率为 3.1MHz，输入模拟信号为幅度不变的正弦波(峰-峰值 2.3V)，频率从 200Hz 逐渐提高到 3.6kHz，记录下输出模拟信号的幅度(峰-峰值)如表 2-2-3 所示。实测表明，由 TLC14 构成的低通滤波器的幅频特性与设计要求基本一致。只需改变外部时钟的频率就可以调节滤波器的截止频率，使用十分方便。

表 2-2-3 由 TLC14 实现的低通滤波器测试参数表

f/Hz	200	400	600	800	1000	1200	1400	1600	1800	2000	2200	2400
$V_{OUT,P-P}$/V	2.32	2.32	2.32	2.32	2.32	2.32	2.32	2.32	2.32	2.32	2.32	2.32
f/Hz	2500	2600	2700	2800	2900	3000	3100	3200	3300	3400	3500	3600
$V_{OUT,P-P}$/V	2.16	2.08	2.00	1.92	1.84	1.76	1.60	1.52	1.44	1.28	1.20	1.12

TLC14 主要用于 D/A 转换器的输出信号的平滑滤波和 A/D 转换器的抗混叠滤波，如图 2-2-9 所示。

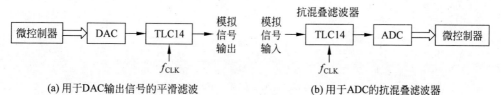

(a) 用于DAC输出信号的平滑滤波 (b) 用于ADC的抗混叠滤波器

图 2-2-9 TLC14 的应用

2.3 设计训练题

设计训练题:四阶低通滤波器的设计

根据 2.1 节所介绍的有源滤波器设计方法设计一四阶有源低通滤波器,该四阶滤波器采用两个二阶低通滤波器级联而成。各级的参数设定如下:$f_{c1}=15\text{kHz},Q_1=0.541$,$A_1=1$;$f_{c2}=15\text{kHz},Q_2=1.306,A_2=1$。要求:

① 完成参数计算,画出原理图;

② 用电路仿真软件对所设计的滤波器进行幅频特性仿真;

③ 设计印刷电路板,焊接元器件进行实际调试。

第3章

直流稳压电源设计

3.1 概述

直流稳压电源将交流电网电压转换成直流电压,为电子系统提供工作电源,是各种电子系统的重要组成部分。直流稳压电源的基本组成如图 3-1-1 所示,由变压器、整流电路、滤波电路、稳压电路几部分组成。

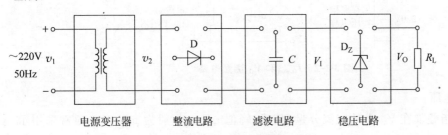

图 3-1-1 直流稳压电源的组成

整流电路的功能是利用二极管的单向导电性,将正弦交流电压转换成单向脉动电压。常见的整流电路有半波整流、全波整流和桥式整流几种类型。

滤波电路的作用是滤除整流电压中的纹波。常用的滤波电路有电容滤波电路、电感电容滤波电路、Ⅱ型滤波电路等。

稳压电路是直流稳压电源中最关键的一部分,它的性能好坏对整个电源的影响很大。常用的稳压电路有四种类型:并联型稳压电路、串联型稳压电路、线性集成稳压电路和开关型集成稳压电路。并联型稳压电路和串联型稳压电路属于分立元件构成的稳压电路,体积大、成本高、使用不方便。线性集成稳压电路和开关型集成稳压电路采用了集成稳压器,很好地克服了前两种稳压电路的缺点。线性集成稳压电路最常用的是三端固定式集成稳压器,如 7800 系列和 7900 系列等。7800 系列和 7900 系列集成稳压电器只有输入端、输出端和公共端三个引脚,从而使设计和应用都得到了极大简化。为了使稳压电源的输出电压可调,又推出了可调式三端线性集成稳压器,如 LM317、LM337 等。可调式集成稳压器只需要外接两只电阻即可在相当大的范围内调节输出电压。20 世纪 80 年代后期出现了多功能的开关集成稳压器,如 MC34063 等。开关集成稳压器不但效率高,而且能方便地实现降压、升压和反转极性等多种功能。

直流稳压电源主要有以下技术指标:

(1) 最大输出电流

指稳压电源在正常工作情况下能输出的最大电流,用 $I_{O,max}$ 表示。稳压电源正常工作时的工作电流 $I_O < I_{O,max}$。为了防止 $I_O > I_{O,max}$ 时或输出与地短路时损坏稳压电源,稳压电源应设有过流保护电路。

(2) 输出电压

稳压电源正常工作时的输出电压值,用 V_O 表示。

输出电压和输出电流是稳压电源最主要的参数,它们可以采用图 3-1-2 所示的测试电路来测量。测试方法是:先将滑线变阻器 R_L 设为最大值,电压表测得的电压值即为 V_O。逐渐减小 R_L,直到 V_O 的值下降 5%,此时电流表测得的电流即为 $I_{O,max}$。注意,测得 $I_{O,max}$ 值后,应迅速增大 R_L,以免稳压电源功耗过大。

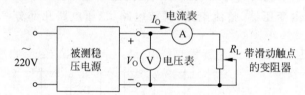

图 3-1-2 $I_{O,max}$ 和 V_O 测量电路

(3) 纹波电压

纹波电压指叠加在 V_O 上的交流分量,其峰-峰值 ΔV_{Op-p} 一般为 mV 级。通常采用示波器观测纹波电压峰-峰值,也可用交流电压表测量其有效值。

(4) 电压调整率和负载调整率

理想稳压电源输出电压应是恒定不变的,但实际上稳压电源的输出电压受交流电网电压波动、负载的变化、温度的变化等因素影响。通常用电压调整率和负载调整率两个参数来表示稳压电源输出电压受输入电压、负载的影响程度。

电压调整率是指在负载和温度恒定的条件下,输入电压变化时,引起输出电压的相对变化,即

$$S_V = \frac{\Delta V_O / V_O}{\Delta V_I} \times 100\% \tag{3-1-1}$$

S_V 表示 V_I 变化时能够维持 V_O 基本不变的能力,直接反映了稳压电源的稳压特性,是一个非常重要的技术指标。有时也以输出电压和输入电压的相对变化之比来表征稳压性能,称为稳压系数,其定义可写为

$$\lambda = \frac{\Delta V_O / V_O}{\Delta V_I / V_I} \times 100\% \tag{3-1-2}$$

负载调整率是指负载电流从零变到最大时,输出电压的相对变化,即

$$S_{\mathrm{I}} = \frac{\Delta V_{\mathrm{O}}}{V_{\mathrm{O}}} \times 100\% \qquad (3\text{-}1\text{-}3)$$

（5）输出电阻

在输入电压不变的情况下，输出电流的变化 ΔI_{O} 引起输出电压的变化 ΔV_{O}，其表达式为

$$R_{\mathrm{O}} = \frac{\Delta V_{\mathrm{O}}}{\Delta I_{\mathrm{O}}} \qquad (3\text{-}1\text{-}4)$$

R_{O} 的大小表示稳压电路带负载能力的强弱。R_{O} 越小带负载能力越强。

3.2 固定式线性直流稳压电源设计

线性直流稳压电源的特点是：输出电压比输入电压低，输出纹波较小，工作产生的噪声低；但发热量大、效率较低、体积大。在电子系统设计中，线性直流稳压电源常常用于模拟系统的稳压电源。本节内容通过一个实例介绍线性直流稳压电源的电路组成、主要元件参数计算。

例 3-2-1 设计一线性直流稳压电源，要求输出 $\pm 5\mathrm{V}$ 的直流电压，输出电流 I_{O} 为 1A。假设交流输入电压为 220V、50Hz，电压波动范围 $+10\% \sim -10\%$。

解 线性直流稳压电源原理图如图 3-2-1 所示。TR 为电源变压器，次级线圈带中间抽头。B1 为四只二极管组成的桥式整流电路。C_1、C_4、C_5、C_8 为滤波电容，C_2、C_3、C_6、C_7 用于旁路高频干扰脉冲及改善纹波。稳压电路采用三端固定式集成稳压器，F_1 和 F_2 为熔断器，起到过流保护作用，实际电路中可选用 PTC 自恢复熔断丝。LED1、LED2 为电源指示二极管。

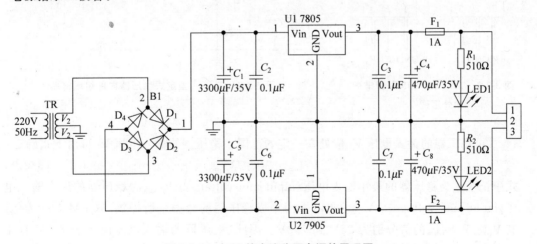

图 3-2-1 $\pm 5\mathrm{V}$ 的直流稳压电源的原理图

本设计的主要任务是根据性能指标要求正确地选定集成稳压器、变压器、整流二极管及滤波电容。

1. 集成稳压器的选择

三端固定式集成稳压器最常用的产品为 78XX 系列和 79XX 系列。78XX 系列为正电压输出,79XX 为负电压输出。型号中最末两位数字表示它们输出电压值,如 7805 表示输出电压为＋5V,7912 表示输出电压为－12V。78XX 系列和 79XX 系列的输出电压有 5V、6V、8V、9V、10V、12V、15V、18V、24V 等九种不同的挡次,输出电压精度在±2%～±4%之间。78XX 系列和 79XX 系列的输出电流也有不同的挡次。经常使用的有输出电流为 100mA 的 78LXX/79LXX、输出电流为 500mA 的 78MXX/79MXX、输出电流为 1A 的 78XX/79XX 和输出电流为 1.5A 的 78HXX/79HXX 四个系列。

根据本设计直流稳压电源输出电压和输出电流的指标,三端集成稳压器的型号应选用 7805 和 7905。7805 和 7905 输出电压分别为＋5V 和－5V,输出电流为 1.0A,满足设计要求。

在使用 7805 和 7905 时要注意以下几点:

① 引脚不能接错。图 3-2-2 为 7805 和 7905 引脚排列和外形图,采用 TO-220 封装。

② 要注意稳压器的散热。图 3-2-3 为三端固定式稳压器内部组成框图。调整管 T 的功耗等于输入输出电压差和输出电流的乘积。T 的功耗几乎全部变成热量,使稳压器温度升高。若发热量比较少时,可以依靠稳压器的封装自行散热。若稳压器输出电流增大,则发热量增大,必须加适当的散热片。

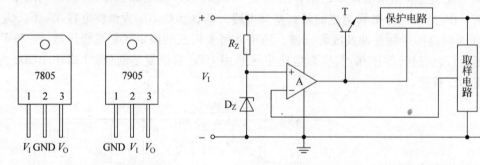

图 3-2-2　7805 和 7905 引脚排列
和外形图

图 3-2-3　三端式固定式稳压器内部组成框图

③ 稳压器的输入电压 V_I 应处在一定的范围。稳压器的输入电压 V_I 可由下式确定:

$$V_{I,min} \leqslant V_I \leqslant V_{I,max} \tag{3-2-1}$$

式中:$V_{I,min}$ 为稳压器的最小输入电压(input min voltage);$V_{I,max}$ 为稳压器的最大输入电压(input max voltage)。$V_{I,max}$ 和 $V_{I,min}$ 由集成稳压器的数据手册提供,以 LM7805 为例,其 $V_{I,max}$ 和 $V_{I,min}$ 的值分别为 35V 和 7.2V。因此,稳压器的输入电压应大于 7.2V 且小于 35V。

2. 电源变压器的选择

通常根据变压器二次(次级)侧输出的功率 P_2 来选择变压器。二次侧输出的功率 P_2 取决于输出电压和输出电流。对于容性负载,变压器二次(次级)侧的输出电压 V_2 与稳

压器输入电压 V_I 的关系为

$$V_2 = V_I/(1.1 \sim 1.2) \tag{3-2-2}$$

由于 V_I 越大，集成稳压器的压差越大，功耗也就越大。V_I 在满足式(3-2-1)的前提下不宜取太大，考虑交流电压的波动，V_I 取 9V 比较适宜。根据式(3-2-2)，变压器二次侧电压 V_2 取 8V。注意该二次侧电压 V_2 是指图 3-2-1 中变压器二次侧中间抽头与两边接线端之间电压，加到二极管整流桥上的电压应为 $2 \times 8V = 16V$。

变压器二次侧输出电流 $I_2 \geqslant I_{Omax} = 1A$，变压器二次侧输出功率 $P_2 = I_2V_2 = 16W$。由表 3-2-1 可得变压器效率 $\eta = 0.7$，则一次侧（次级）输入功率 $P_1 \geqslant P_2/\eta = 16/0.7 = 22.85W$，可选功率为 25W 的变压器。

表 3-2-1　小型变压器效率

二次侧输出功率 P_2/W	<10	$10 \sim 30$	$30 \sim 80$	$80 \sim 200$
效率 η	0.6	0.7	0.8	0.85

3. 滤波电容选取

电容的参数包括耐压值和电容值两项。耐压值比较容易确定，对于稳压器输入侧的电容，其耐压值只要大于 $\sqrt{2}V_2$ 即可；对于稳压器输出侧的滤波电容，其耐压值大于 V_O 即可。对于电容值的选取，可以遵循以下原则：

① C_2、C_3、C_6、C_7 的作用是减少纹波、消振、抑制高频脉冲干扰，可采用 $0.1 \sim 0.47\mu F$ 的陶瓷电容；

② C_4、C_8 为稳压器输出侧滤波电容，起到减少纹波的作用，根据经验，一般电容值选取 $47 \sim 470\mu F$；

③ C_1、C_5 为稳压器输入侧的滤波电容，其作用是将整流桥输出的直流脉动电压转换成纹波较小的直流电压。C_1、C_5 滤波电容在工作中由充电和放电两部分组成。为了取得比较好的滤波效果，要求电容的放电时间常数大于充电周期的($3 \sim 5$)倍。对于桥式整流电路，电容的充电周期为交流电源的半周期(10ms)，而放电时间常数为 R_LC，因此，C_1、C_5滤波电容值可以采用以下方法估算

$$C \geqslant (3 \sim 5)\frac{T}{2R_L} \tag{3-2-3}$$

式中，T 为交流电源的周期；R_L 为等效直流电阻。稳压器的输入电压 V_I 约为 9V，最大输入电流为 1A，等效直流电阻 R_L 为

$$R_L = \frac{9V}{1A} = 9\Omega$$

取电容的放电时间常数等于充电周期的 3 倍，根据式(3-2-3)得到

$$C = 3 \times \frac{0.02s}{2 \times 9\Omega} \approx 3300\mu F$$

从上述估算中也可以看到，滤波电容的取值与稳压电源的输出电流直接相关，输出电流越大，滤波电容的容量也越大。有时直接根据输出电流大小选取滤波电容，其经验数据为 I_O 在 1A 左右，C 选用 $4000\mu F$；I_O 在 100mA 以下时，C 选用 $200 \sim 500\mu F$。

4. 整流二极管选取

整流电路是由四只完全相同的二极管组成的。为了缩小体积,通常选用将四只二极管封装在一起的整流桥堆来构成整流电路。整流桥堆的引脚排列和内部电路如图 3-2-4 所示。整流二极管 $D_1 \sim D_4$ 的反向击穿电压 V_{RM} 应满足 $V_{RM} > 2\sqrt{2}V_2$,额定工作电流应满足 $I_F > I_{O,min}$。

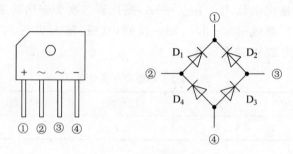

图 3-2-4　二极管整流桥堆

3.3　可调式直流稳压电源设计

可调式三端稳压器输出连续可调的直流电压,如 LM317 稳压器输出连续可调的正电压,LM337 稳压器输出连续可调的负电压,可调范围为 $1.2 \sim 37V$,最大输出电流 $I_{O,max}$ 为 1.5A。LM317 与 LM337 内部含有过流、过热保护电路,具有安全可靠、性能优良、不易损坏、使用方便等优点。LM317 与 LM337 的电压调整率和电流调整率均优于固定集成稳压器构成的可调电压稳压电源。LM317 和 LM337 的引脚排列和使用方法相同,其引脚排列和典型的连接图如图 3-3-1 所示。

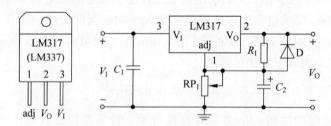

图 3-3-1　LM317 的引脚排列和典型连接图

在忽略调整端电流 I_{adj}(一般为 $0.05 \sim 0.1mA$)的情况下,可写出输出电压 V_O 的表达式为

$$V_O = 1.25\left(1 + \frac{RP_1}{R_1}\right) \tag{3-3-1}$$

式中的 1.25 是集成稳压块输出端和调整端之间的固有参考电压 V_{REF},此电压加于给定电阻 R_1 两端,将产生一个恒定电流通过输出电压调节器 RP_1。电阻 R_1 常取值 $120 \sim 240\Omega$,RP_1 一般使用精密电位器,与其并联的电容 C_2 可进一步减小输出电压的纹波。二

极管 D 的作用是防止输出端短路时，C_2 上的电压损坏稳压块。

例 3-3-1　试设计一可调式集成稳压电源，其性能要求指标为 $V_O = +3 \sim +9V$，$I_{O,max} = 800mA$。

解　(1) 确定电路形式

可调式集成稳压电源的电路如图 3-3-2 所示。

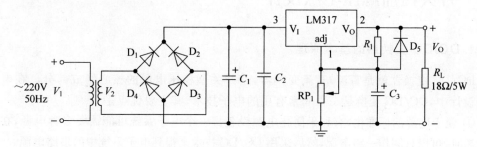

图 3-3-2　例 3-3-1 设计原理图

(2) 选集成稳压器

选用可调式三端稳压器 LM317，其特性参数为 $V_O = 1.2 \sim 37V$，$I_{O,max} = 1.5A$，最小输入输出压差 $(V_O - V_I)_{min} = 3V$，最大输入输出压差 $(V_I - V_O)_{max} = 40V$，均满足性能指标要求。

(3) 选电源变压器

通常根据变压器的二次输出功率 P_2 来选择变压器。由式(3-2-1)可得 LM317 的输入电压 V_I 的范围为

$$V_{O,max} + (V_I - V_O)_{min} \leqslant V_I \leqslant V_{O,min} + (V_I - V_O)_{max}$$

则

$$9V + 3V \leqslant V_I \leqslant 3V + 40V$$
$$12V \leqslant V_I \leqslant 43V$$

由式(3-2-2)得

$$V_2 \geqslant V_{Imin}/1.1 = 12/1.1V = 11V$$

$I_2 \geqslant I_{O,max} = 0.8A$，取 $I_2 = 1A$。

变压器副边输出功率 $P_2 \geqslant I_1 V_2 = 11W$。

由表 3-2-1 可得变压器效率 $\eta = 0.7$，则原边输入功率 $P_1 \geqslant P_2/\eta = 15.7W$。为留有余地，一般选功率为 20W 的变压器。

(4) 选整流二极管

整流二极管 $D_1 \sim D_4$ 选 1N4001，其极限参数为 $V_{RM} \geqslant 50V$，而 $\sqrt{2} V_2 = 15.6V$，所以 V_{RM} 满足要求。$I_F = 1A$，而 $I_{O,max} = 0.8A$，故 I_F 也满足要求。

(5) 选滤波电容

稳压器的输入电压 V_I 最小值为 12V，工作电流为 800mA，等效直流电阻为

$$R_L = \frac{12V}{0.8A} = 15\Omega$$

根据式(3-2-3)有

$$C_1 = 5 \times \frac{0.02\text{s}}{2 \times 15\Omega} \approx 3300\mu\text{F}$$

电容 C_1 的耐压应大于 $\sqrt{2}V_2 = 15.6\text{V}$。

3.4 开关直流稳压电源设计

1. DC/DC 变换器的基本原理

DC/DC 变换器就是直流/直流变换器,是开关型稳压电源的核心组成部分。在电子系统设计中,DC/DC 变换是一种非常有用的电子技术,其主要优点是:

① 便于电源的标准化,有利于简化电源设备。一个电子系统可能需要多种电源,在制作电源时,可以只制作一路电源,然后采用 DC/DC 技术来得到电子系统中的多路电源。

② 实现浮地供电。当有些场合需要浮地供电时,就用变压器隔离的 DC/DC 变换器来实现浮地供电。

DC/DC 变换器的基本类型有降压型(Buck 变换器)、升压型(Boost 变换器)、极性反转型(Buck-Boost 变换器)。

降压型 DC/DC 变换器原理图如图 3-4-1 所示。该电路由两部分组成,第一部分是由功率开关管 T 组成的逆变器,在脉冲信号 v_B 的控制下,将输入直流电压 V_I 变成脉冲信号。第二部分是由 L、C 组成的低通滤波器。当 v_B 为高电平时,T 饱和导通,输入电压 V_I 经 T 加到二极管 D 两端,此时,二极管 D 承受反向电压而截止,负载中有电流 i_O 流过,电感 L 储存能量,同时向电容 C 充电。当 v_B 为低电平时,T 由导通变为截止,滤波电感产生自感电势,使二极管 D 导通,于是电感中储存的能量通过 D 向负载 R_L 释放,使负载 R_L 继续有电流流过,因而,D 也常称为续流二极管。由此可见,虽然调整管处于开关工作状态,但由于二极管 D 的续流作用和 L、C 的滤波作用,输出电压是比较平稳的。假设 t_{on} 是调整管 T 的导通时间,t_{off} 是调整管 T 的截止时间,不难分析得到,在忽略滤波电感 L 的直流压降的情况下,输出电压的平均值为

$$V_O \approx V_I \frac{t_{on}}{t_{on} + t_{off}} = qV_I \tag{3-4-1}$$

式中,q 为 v_B 的占空比。由式可见,对于一定的 V_I 值,在开关转换周期 T 不变时,通过调节占空比即可调节输出电压 V_O。由于 $q \leqslant 1$,因此,$V_O \leqslant V_I$,称此电路为降压型 DC/DC 变换电路。

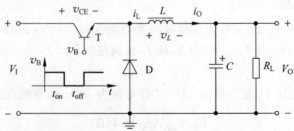

图 3-4-1 降压型 DC/DC 变换器原理电路

升压型 DC/DC 变换器原理图如图 3-4-2 所示。当 v_B 为高电平时，T 饱和导通，输入电压 V_I 直接加到电感 L 两端，i_L 线性增加，电感产生反电势，电感两端电压方向为左正右负，L 储存能量，二极管 D 反偏而截止，此时，电容 C 向负载提供电流，并维持 V_O 不变；当 v_B 为低电平时，T 截止，i_L 不能突变，电感产生反电势，左负右正，此时，v_L 与 V_I 相加，因而输入侧的电感常称升压电感，当 $V_I + v_L > V_O$ 时，D 导通，$V_I + v_L$ 给负载提供电流，同时又向 C 充电，显然输出电压 $V_O > V_I$，称此电路为升压型开关稳压电路。

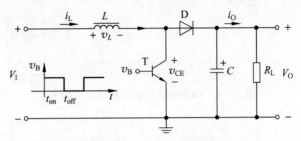

图 3-4-2　升压型 DC/DC 变换器原理电路

极性反转型 DC/DC 变换器原理图如图 3-4-3 所示。当 v_B 为高电平时，调整管 T 导通，V_I 加在线圈 L 两端，L 两端感应的电压 v_L 上正下负，D 截止，L 开始储能，i_L 线性增大。当 v_B 为低电平时，调整管 T 截止，L 两端的反电动势 V_I 为上负下正，二极管 D 导通，负载 R_L 上得到经过电容 C 滤波、与反电动势 v_L 极性相同的直流输出电压 V_O。由于反电动势 v_L 为上负下正，与输入电压 V_I 极性相反，而输出电压 V_O 与反电动势 v_L 的极性相同，所以 V_O 与 V_I 的极性总是相反，故称其为极性反转型变换器。

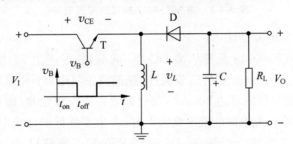

图 3-4-3　极性反转型 DC/DC 变换器原理电路

2. 实用 DC/DC 电源设计

(1) 降压 DC/DC 电源设计

MC34063 是一种微功耗集成开关式稳压块，其引脚排列和内部框图如图 3-4-4 所示。MC34063 内部包含了 DC/DC 变换器所需要的主要电路：内部温度补偿参考电压源，电压比较器，振荡器，PWM 控制器，驱动电路，大电流输出的开关等。MC34063 可通过外接电感器、电容器和续流二极管的不同连接方法来实现升压功能、降压功能和反转极性功能，应用十分广泛。

当需要从较高的直流电压取出较低的直流电压时，可采用 MC34063 构成的直流降压电路，其原理图如图 3-4-5 所示。输入电压为 24V，经直流变换降压以后，直接降至 5V 输出，且变换效率高达 80%～85%。该电路的输出电流为 300mA。

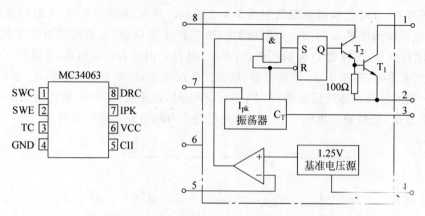

图 3-4-4 MC34063 引脚排列和原理框图

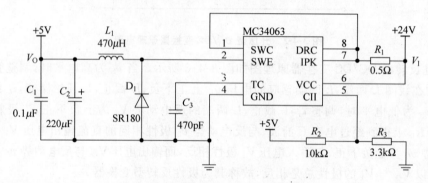

图 3-4-5 由 MC34063 构成的降压电路

（2）升压 DC/DC 电源设计

TI 公司生产的 TPS60110 是升压型 DC-DC 电荷泵，可产生 $5(1\pm4\%)$ V 的输出电压，输入电压的范围为 $2.7\sim5.4$ V（三节碱性、镍镉或镍氢电池；一节锂或锂离子电池），当输入 3V 电压时，输出电流可达 300mA，仅仅需要四个外接电容，即可构成一个完整的低噪声 DC-DC 转换器。为确保电流连续输出时，产生非常低的输出电压纹波，两个单端电荷泵采用推挽工作模式。当输入 3V 时，TPS60110 满载启动，负载电阻为 16Ω，TPS60110 典型连接图如图 3-4-6 所示。

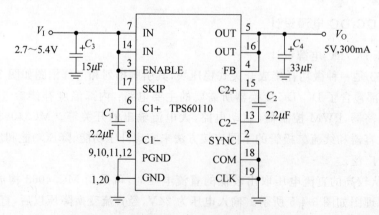

图 3-4-6 由 TPS60110 组成的 DC/DC 升压电路

TPS60110采用恒定的开关频率,使产生的噪声和输出的电压纹波最小;同时还采用节电脉冲跳过模式来延长轻负载下电池的使用寿命。TPS60110的开关频率为300kHz,逻辑关闭功能使供电电流小至 $1\mu A$(最大值)并且负载从输入端断开。特殊的电流控制电路可防止启动时从电池吸收过多的电流。该DC/DC转换器无需外接电感,并且电磁干扰非常低。

（3）极性反转DC/DC电路设计

在实际电子系统设计中,常需将一组正电源转换成正、负两组电源。TPS6735能够将$+5V$的电源转化为$-5V$电源,TPS6735典型的连接图如图3-4-7所示。TPS6735只需要少量的外部元件:电感、输出滤波电容、输入滤波电容、参考源滤波电容、肖特基二极管。TPS6735有一使能输入端EN,不需要$-5V$电压输出时可以关断DC/DC变换器。当EN为低电平时,TPS6735的空载电流由 $1.9mA$ 降为 $1\mu A$。

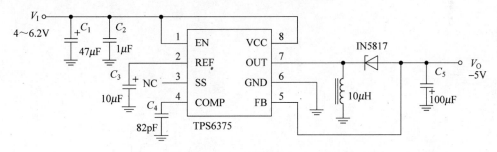

图 3-4-7　由 TPS6735 组成的 +5V/−5V DC/DC 电路

3.5　设计训练题

设计训练题一：线性直流稳压电源设计

设计一线性直流稳压电源,假设交流输入电压为220V、50Hz,电压变化范围$+10\%\sim-10\%$。要求输出$\pm15V$的直流电压,输出电流 I_O 为500mA。

设计训练题二：升压电路及极性反转电路设计

利用DC/DC变换器MC34063完成如下设计:

① 设计升压电路。已知输入电压 $V_I=12V$,要求输出电压 $V_O=24V$,$I_O=175mA$。

② 设计极性反转电路。已知输入电压 $V_I=5V$,要求输出电压 $V_O=-5V$,$I_O=300mA$。

第二部分 数字电子系统设计与实践

导读:

由于采用数字方法实现的系统有许多优越性,现代大多数的电子系统的主体部分都属于数字系统。数字系统的常用设计方法有三种:方法之一是采用标准的中小规模集成电路(如 74HC 系列)来设计数字系统,该设计方法采用手工设计,设计周期长,只适用于不要求修改的小型数字系统;方法之二是采用可编程逻辑器件(如 CPLD 和 FPGA)来设计数字系统,该方法采用硬件描述语言(HDL)编程,借助 EDA 工具开发,具有设计效率高,实现的数字系统具有速度快、体积小、功耗低、工作可靠等优点,是目前数字系统的主流设计方法;方法之三是采用微控制器(如单片机和 DSP)来设计数字系统,该方法采用软件编程语言编程,通过运行软件程序来实现所需功能,广泛应用于一些没有严格速度限制的数字系统设计。

本部分介绍基于可编程逻辑器件和 VHDL 语言的数字系统设计方法。第 4 章介绍 Altera 公司主流 CPLD 和 FPGA 器件的基本结构、工作原理以及编程配置技术;第 5 章介绍教育界和工业界广泛采用的 VHDL 语言,力求将 VHDL 的编程与相应的硬件联系起来;第 6 章通过两个完整的数字系统设计实例,介绍数字系统的基本概念、数字系统"自顶向下"设计方法、Quartus II 软件的使用方法以及 VHDL 语言在数字系统设计中的应用。

第4章

CPLD和FPGA的基本结构和原理

在数字电路课程中,我们学习了如何使用标准集成电路来构建数字电路,其设计方法通常采用逻辑代数和卡诺图等工具手工设计,设计的任何改变都要求重新设计电路和布线,因此,这种设计方法一般只适用于不需修改的小型数字系统设计。可编程逻辑器件将逻辑门、触发器、存储器等一些数字电路标准模块都放在一个集成芯片上,用户可以根据不同的应用自行配置内部电路。可编程逻辑器件可以实现几乎所有的数字电路。经过近 20 年的发展和创新,可编程逻辑器件的产品从当初集成几百个门电路到现在的几百万门、几千万门,产品种类越来越齐全,从低密度、低成本 CPLD 到高性能的 FPGA。随着半导体和嵌入式系统应用技术的高速发展,可编程逻辑器件已经被广泛地应用于各行各业,包括家用电器、数码产品、通信行业、工业自动化、汽车电子、医疗器械等领域。从目前的技术发展和应用现状来看,可编程逻辑器件主要有复杂可编程逻辑器件(complex programmable logic device,CPLD)和现场可编程门阵列(field programmable gate array,FPGA)两大类。一般地说,基于乘积项技术、E^2PROM 工艺的可编程逻辑器件称为 CPLD;基于查找表技术、SRAM 工艺,要外挂配置用的 FlashROM 的可编程逻辑器件称为 FPGA。CPLD/FPGA 的主要生产厂商有 Altera、Xilinx、Lattice、Actel 和 Atmel。Altera 公司的 CPLD/FPGA 产品品种多、性价比高,具有功能强大的 EDA 软件和丰富的 IP 核支持,已成为当今 CPLD/FPGA 应用领域的主流产品,也是国内高校 EDA 教学领域的首选产品。本章将以 Altera 公司的主流产品 MAX3000A 系列器件和 Cyclone II系列器件为例介绍 CPLD 和 FPGA 的基本结构和工作原理。

4.1 CPLD 的基本结构和工作原理

MAX3000A 系列器件是 Altera 公司典型的低成本、高性能 CPLD 产品,采用 Altera 公司第二代多阵列矩阵(multiple array matrix,

MAX)结构,基于 E^2PROM 工艺,3.3V 供电,支持在系统编程(in system programmable, ISP)技术。表 4-1-1 列出了 MAX3000A 系列器件的性能对照。该系列器件容量从 600 门到 10000 门,引脚之间的延迟为 5ns,工作频率最高可达 227.3MHz。

表 4-1-1　MAX3000A 系列典型器件性能对照表

特　性	EPM3032A	EPM3064A	EPM3128A	EPM3256A	EPM3512A
可用门	600	1250	2500	5000	10000
宏单元	32	64	128	256	512
逻辑阵列块	2	4	8	16	32
最多 I/O 引脚	34	68	98	161	208
f_{CNT}/MHz	227.3	222.2	192.3	126.6	116.3

图 4-1-1 所示为 MAX3000A 系列器件的基本结构。它主要由逻辑阵列块(logic array block,LAB)、可编程内连阵列(programmable interconnect array,PIA)和 I/O 控制块(I/O control block)等几部分构成。MAX3000A 设有 4 根专用输入信号:INPUT/ GCLK1、INPUT/OE2/GCLK2、INPUT/OE1、INPUT/GCLRn,这四根输入信号既可作为通用的输入信号,也可以用于高速、全局的控制信号(如时钟信号、清零信号、输出使能信号)。每个 LAB 包含 16 个宏单元(macrocell)、2 个独立的全局时钟和 1 个全局清除。LAB 接收来自 PIA 的 36 根输入信号作为通用的逻辑输入,有 2~16 条输出信号送到 I/O 控制块。PIA 在芯片的中央,起到信号的中转调度控制作用,它既接收以下信号: 2~16 根来自 I/O 控制块信号、16 根来自逻辑阵列块的信号和全局时钟、清零和使能信号,又可将 36 根信号发送到 LAB 的宏单元的与阵列,6~10 根使能信号发送到 I/O 控制块以控制它的三态输出缓冲器。

1. 宏单元

CPLD 是由多个逻辑阵列块 LAB 组成(不同型号的 CPLD 含有不同数量的 LAB,参见表 4-1-1),每个 LAB 又由 16 个宏单元构成。宏单元是 CPLD 的最小逻辑单元,能单独地组成组合逻辑和时序逻辑。理解宏单元的结构和工作原理是理解 CPLD 结构和工作原理的基础。宏单元原理图如图 4-1-2 所示,由逻辑阵列(包括与门阵列、或门、异或门)、乘积项选择矩阵以及一个可编程触发器组成。每个宏单元的与门阵列可产生 5 个乘积项,乘积项选择矩阵将与门阵列产生的乘积项分配到或门和异或门实现组合逻辑函数。另外,乘积项选择矩阵也可将乘积项送到宏单元内的触发器,为触发器提供时钟、清零、置数、使能等信号。可编程触发器用于实现时序逻辑电路,可根据需要构成 D、JK、T 和 SR 等不同功能的触发器。可编程触发器的时钟信号可来自全局时钟 GCLK1 或 GCLK2(见图 4-1-1),也可来自乘积项输出或 I/O 引脚。当时钟信号来自全局时钟时,触发器输出和时钟之间的延迟最小,因此性能最佳。如果宏单元只用来实现组合逻辑电路,可通过选择开关将触发器旁路。可编程触发器在上电时的默认状态为 0,也可通过 Quartus II 软件将触发器的上电状态设为 1。

从宏单元的原理图可知,每个宏单元的与阵列只有 5 个与门,这意味着一个宏单元只能产生 5 个乘积项。对于乘积项超过 5 项的逻辑函数,MAX3000A 系列 CPLD 通过向处

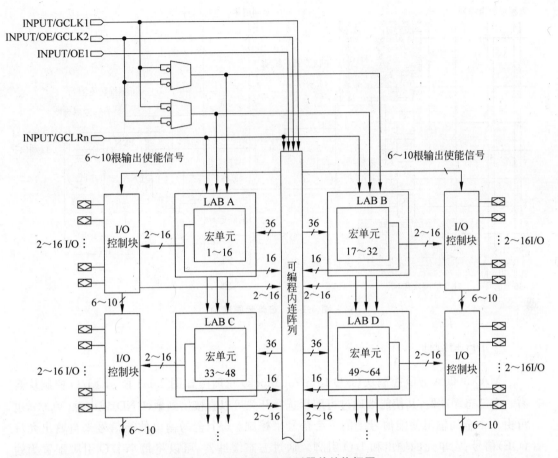

图 4-1-1 MAX3000A 系列器件结构框图

在同一个 LAB 的每个宏单元提供共享扩展乘积项(shareable expander product terms)和并联扩展乘积项(parallel expander product terms)的方法来解决乘积项不够的问题,从而大大提高了逻辑综合时资源利用率,提高工作速度。

共享扩展乘积项就是每个宏单元提供一个未使用的乘积项,反相后回馈到逻辑阵列块中,以便于集中使用。每个逻辑阵列块 LAB 最多有 16 个共享扩展乘积项,这些共享扩展乘积项可被逻辑阵列块 LAB 中的任何一个宏单元使用以实现复杂的逻辑函数。

并联扩展乘积项是宏单元中一些没有被使用的乘积项,加到相邻的宏单元以实现复杂的逻辑函数。并联扩展乘积项最多可达 20 个乘积项馈送到宏单元的或逻辑,其中 5 个乘积项由宏单元本身提供,15 个并联扩展乘积项是由 LAB 中邻近宏单元提供。

2. 可编程连线阵列

通过在可编程连线阵(PIA)上布线,将不同的 LAB 相互连接,构成所需逻辑。MAX3000A 的专用输入、I/O 引脚和宏单元输出都连接到 PIA,而 PIA 把这些信号送到器件内的各个地方。MAX3000A 的 PIA 具有固定延时,从而消除了信号之间的延迟偏移,使时间性能更容易预测。

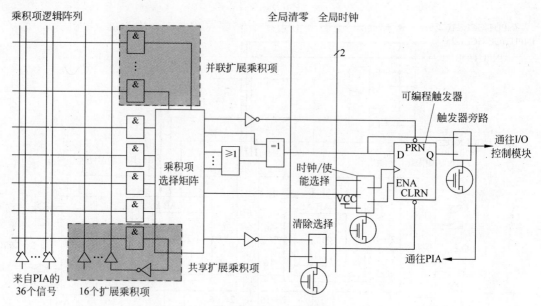

图 4-1-2　宏单元原理图

3. I/O 控制块

MAX3000A I/O 控制块(I/O Control Block)原理图如图 4-1-3 所示。I/O 控制块含有一个三态缓冲器,其使能端通过可编程选择开关可以直接接到地(GND)或电源(VCC),也可由 6 个全局输出使能信号中的一个信号来控制。6 个全局输出使能信号来自输出允许(OE)信号、宏单元的输出和 I/O 引脚。通过三态缓冲器,可以将每个 I/O 引脚配置为输入、输出和双向工作方式。当使能端接地时,三态缓冲器输出高阻态,对应的 I/O 引脚被设置成输入引脚;当使能端接高电平时,三态缓冲器输出有效,对应的 I/O 引脚被设置成输出引脚;当使能端由全局使能信号控制时,对应的 I/O 引脚被设置为输入输出引脚。

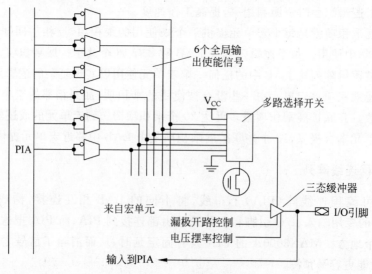

图 4-1-3　I/O 控制块结构

MAX3000A 每个 I/O 引脚都有一个漏极开路（open-drain）输出配置选项,因而可以实现漏极开路输出。MAX3000A 的每个 I/O 引脚的输出缓冲器输出的电压摆率（slew-rate）都可以调整,即可配置成低噪声方式或高速性能方式。当 I/O 引脚驱动外部设备时,由于输出的快速变化可能会引起感应噪声,降低转换速率可以减少噪声。

4. 多电压接口技术

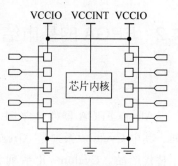

MAX3000A 系列器件支持多电压接口技术（Multivolt I/O Interface）。MAX3000A 系列器件设有两组电源:一组为 VCCINT,用于对芯片内核和输入缓冲器提供电源;另一组为 VCCIO,用于对 I/O 驱动提供电源,如图 4-1-4 所示。VCCINT 的电压范围为 3.0～3.6V,VCCIO 根据需要既可接到＋2.5V 也可接到＋3.3V。如果 VCCIO 接＋2.5V,则芯片的输出电平与 2.5V 系统兼容,如果 VCCIO 接＋3.3V,则芯片输出电平与 3.3V 或 5.0V 系统兼容。

图 4-1-4　MAX3000A 系列芯片多电压接口

5. CPLD 在系统编程

将 EDA 软件产生的编程数据文件下载到可编程逻辑器件中,这一过程称为编程。早期的编程技术是将可编程芯片插在专门的编程器上进行的,其缺点是需要专门的编程设备,增加了投入,效率低下,尤其是目前大多可编程芯片采用表面贴装技术（surface mount technology,SMT）,在使用过程中无法对芯片进行插拔。目前,CPLD 普遍采用在系统编程技术进行编程。

在系统编程技术是 Lattice 半导体公司首先提出来的一种能够在产品设计、制造过程中的每个环节,甚至产品卖给最终用户以后,具有对 CPLD 的逻辑功能进行组态或重组能力的技术。MAX3000A 系列 CPLD 器件的在系统编程是通过 4 脚的 JTAG（joint test action group）接口进行的,原理图如图 4-1-5 所示。JTAG 接口包含 TCK、TDO、TMS 和 TDI 四条信号线。JTAG 接口本来是用来作边界扫描测试（boundary scan test,BST）的,把它用作编程接口可以省去专用的编程接口,节省器件引脚。

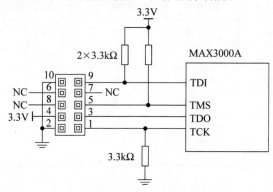

图 4-1-5　MAX3000A 系列 CPLD 器件在系统编程原理图

对 CPLD 器件进行在系统编程不需专门的编程器,只需要计算机和下载电缆,就可以直接在用户的目标系统或印制板上对 CPLD 器件编程。由于采用了在系统编程技术,使待设计系统可先装配后编程,成为正式产品后还可反复编程,打破了先编程后装配的传统做法。由于 CPLD 器件将其编程信息存储于 E^2PROM 内,可以随时进行电编程和电擦除,且掉电时其编程信息不会丢失。

4.2 FPGA 的基本结构和工作原理

1. 概述

Altera FPGA 器件包含 FLEX10K、ACEX、Cyclone、Cyclone II、Cyclone III 等多个系列。其中 Cyclone 系列是 Altera 2002 年推出的第一代低成本 FPGA,是低端 ASIC 的可靠替代产品。Cyclone II 系列是 Altera 2004 年推出的第二代低成本 FPGA,成本比 Cyclone 系列低 30%,是迄今为止成本最低的 FPGA 产品。从性能上来比较,Cyclone II 系列 FPGA 密度比 Cyclone 系列增加了 3 倍,具有更丰富的 I/O 标准,增加了专门的 DSP 功能,专门的内存接口电路。Cyclone II 系列 FPGA 采用 90nm、低 K 值电解质工艺。通过使硅片面积最小化,在单芯片上实现十分复杂的数字系统,而成本可以与 ASIC 相抗衡。本节以 Altera 的 Cyclone II 系列 FPGA 为例,介绍 FPGA 的结构和工作原理。

Cyclone II 系列 FPGA 包括 6 种器件,容量为 4608～68416 个逻辑单元。Cyclone II 器件封装包括扁平四方封装(TQFP)、速率四方封装(PQFP)和 FineLine BGA 封装。其完整信息见表 4-2-1 及表 4-2-2 所示。Cyclone II 系列 FPGA 具体型号的命名包含了芯片规模、封装、速度等信息。以 EP2C8T144C7 为例,EP2C 代表 Cyclone II 系列器件,8 代表芯片内部逻辑单元数,该数字乘 1000 就是芯片内大致的逻辑单元数,T 表示 TQFP 封装,C7 表示速度等级。

表 4-2-1 Cyclone II 系列典型器件性能对照表

特　性	EP2C5	EP2C8	EP2C20	EP2C35	EP2C50	EP2C70
LEs	4608	8256	18752	33216	50528	68416
M4K RAM 块	26	36	52	105	129	250
总比特数	119808	165888	239616	483840	594432	1152000
嵌入式乘法器	13	18	26	35	86	150
PLLs	2	2	4	4	4	4
最多 I/O 引脚	158	182	315	475	450	622

表 4-2-2　Cyclone Ⅱ 系列器件封装和用户 I/O

器　件	144-Pin TQFP	208-Pin PQFP	240-Pin PQFP	256-Pin FineLine BGA	484-Pin FineLine BGA	484-Pin Ultra FineLine BGA	672-Pin FineLine BGA	896-Pin FineLine BGA
EP2C5	89	142		158				
EP2C8	85	138		182				
EP2C20			142	152	315			
EP2C35					222	322	475	
EP2C50					294	294	450	
EP2C70							422	622

Cyclone Ⅱ 系列 FPGA 的内部结构示意图如图 4-2-1 所示,它主要由逻辑阵列块 LAB、嵌入式存储器块 M4K、锁相环 PLL、I/O 单元 IOEs、嵌入式乘法器和配置电路 6 部分组成。逻辑阵列块用于完成通用的逻辑功能,如组合逻辑电路和时序逻辑电路;嵌入式存储器块 M4K 实现通用内部存储器,M4K 存储器块可配置成不同类型、不同规格的存储体,使用十分灵活;嵌入式乘法器实现 DSP 功能,其运行速度可以达到 250MHz,而且其输入输出端可配置成寄存器输入输出;PLL 实现片内和片外的时钟管理;I/O 单元支持单端 I/O 和差分 I/O,支持多种 I/O 标准,支持多电压接口。每个 I/O 单元具有 3 个独立的寄存器:输入寄存器、输出寄存器、输出允许寄存器,具有弱上拉的三态输出和漏极开路输出功能。Cyclone Ⅱ 系列 FPGA 将高性能数字系统设计所必需的模块集成到单个器件中,使得设计者可在单个器件中实现一个完整的系统。

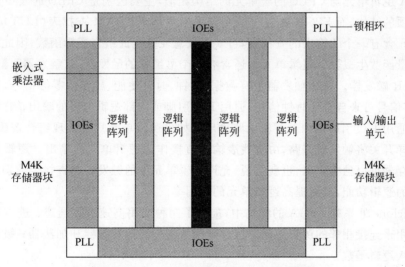

图 4-2-1　Cyclone Ⅱ 系列 FPGA 结构示意图

2. 逻辑单元

Cyclone Ⅱ 系列 FPGA 的逻辑阵列块(logic array block,LAB)由 16 个排列成一组的逻辑单元(LE)构成。逻辑单元是 FPGA 实现有效逻辑功能的最小单元,用于实现组合逻辑电路和时序逻辑电路。FPGA 的逻辑单元结构如图 4-2-2 所示。

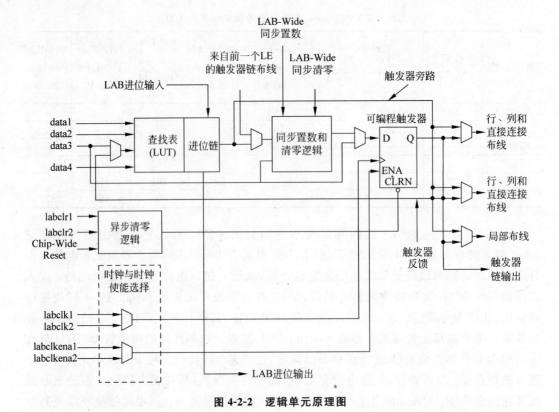

图 4-2-2　逻辑单元原理图

FPGA 逻辑单元与 CPLD 的宏单元的结构相似,主要区别是 CPLD 的宏单元采用了基于乘积项的结构,而 FPGA 的逻辑单元则采用了基于 SRAM 查找表(LUT)结构。每一逻辑单元含有一个 4 输入的查找表,可实现任意 4 变量的组合逻辑函数,因此,LUT 也称为 4 变量函数生成器。逻辑单元中还含有一个可编程的触发器,该触发器可配置成 D、T、JK 或 SR 触发器。每个触发器上有数据、时钟、时钟使能、异步清零等信号,其中时钟信号、清零信号可来自全局时钟信号、通用 I/O 引脚或内部逻辑电路的输出;时钟使能信号可来自通用 I/O 引脚或内部逻辑电路输出。如果逻辑单元只是实现组合逻辑电路,则可通过选择开关将触发器旁路,由查找表输出直接作为逻辑单元的输出。逻辑单元的查找表和寄存器可以独立输出,也就是说,允许逻辑单元中的触发器和查找表分别实现两个互不相关的逻辑功能,从而提高逻辑单元的利用率。

在 Cyclone Ⅱ 系列 FPGA 的结构中,提供了两种专用高速数据通道:进位链和级联链。它们用来连接相邻的逻辑单元。进位链用来支持高速计数器和加法器;级联链可以实现多输入逻辑函数。

逻辑单元可配置成通用和动态算术两种工作模式。通用工作模式主要实现一般的组合或时序逻辑;动态算术逻辑主要实现加法器、计数器、累加器、比较器等功能。两种工作模式由综合工具自动选择,与设计以及设计限制条件有关。

3. 嵌入式存储器块

Cyclone Ⅱ 系列 FPGA 嵌入存储器由 4Kbit(4096 存储位)的 M4K 存储器块组成,是

除逻辑单元之外使用率最高的 FPGA 内部资源。M4K* 存储器块的数据传输率超过
250MHz。每个 M4K RAM 块能够构成不同类型的存储器,包括真双口 RAM、简单双口
RAM、单口 RAM、ROM 和 FIFO。支持混合宽度模式,端口位宽根据需要可配置成
$4K×1$、$2K×2$、$1K×4$、$512×8$、$512×9$、$256×16$、$256×18$、$128×32$、$128×36$ 等多种尺
寸。由 M4K 存储器块构成的存储器属于同步存储器,与常用的异步存储器相比,无论是
结构还是使用方法均有较大的差别。下面以最常用的单口 RAM、简单双口 RAM、ROM
为例,介绍 M4K 存储器块的结构和工作原理。

（1）单口 RAM

单口 RAM 的符号如图 4-2-3 所示,一个地址
口 address[ ]同时用作读写,data[ ]口用于数据
写入,q[ ]口用于数据输出,wren 为读写使能信
号。除此之外,单口 RAM 中还有同步时钟信号
和时钟使能信号。

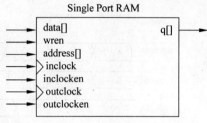

图 4-2-3　单口 RAM 的符号

单口 RAM 的简化原理框图如图 4-2-4 所示。
从原理图中可以看出,存储器的输入端口必须通过寄存器输入,而数据输出端口可以通过
寄存器输出(同步输出),也可直接输出(异步输出)。单口 RAM 的输入时钟 inclock 和输
出时钟 outclock 可以采用独立的时钟,也可以采用统一的时钟。

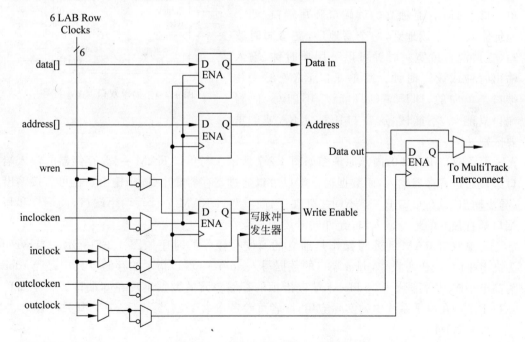

图 4-2-4　单口 RAM 简化原理框图

单口 RAM 的读写时序如图 4-2-5 所示。当 wren 为高电平时,进行写操作,data 端
口的数据写入 address 端口地址所寻址的存储单元中。在写操作的过程中,写入存储单
元的数据同时也在 q 端口输出。当 wren 为低电平时,进行读操作,address 端口地址所寻
址的存储单元的数据出现在 q 端口。读操作时,data 端口未用,输入可以任意。单口

RAM 属于同步存储器,使用时要注意与平时常用的异步存储器的区别。单口 RAM 地址和数据信息必须在同步时钟的作用下才能进入存储体;数据和地址信号在同步时钟的上升沿时刻必须保持稳定。q 端口可以同步输出也可异步输出,同步输出时,数据滞后一个时钟周期。q 端口不能三态输出,与微控制器接口时,应加三态缓冲器。关于单口 RAM 的使用,读者可参考 8.6 节例 8-6-1。

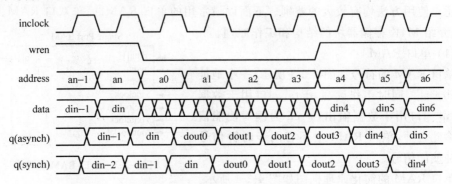

图 4-2-5　单口 RAM 读写时序

(2) 简单双口 RAM

简单双口 RAM 的符号如图 4-2-6 所示。简单双口 RAM 含有独立的读端口和写端口,两个地址输入,一个读地址,一个写地址,支持同时读写,支持混合位宽。时钟可以采用单时钟、输入输出时钟或读写时钟。简单双口 RAM 的读写端口是单向的,即读端口只能读,不能写,而写端口只能写,不能读,这是与真双口 RAM 的重要区别。

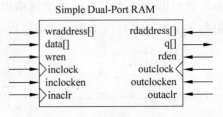

图 4-2-6　简单双口 RAM 符号

简单双口 RAM 的内部原理图如图 4-2-7 所示。与单口 RAM 一样,存储器的输入端口必须通过寄存器输入,而数据输出端口可以通过寄存器输出(同步输出),也可直接输出(异步输出)。与单口 RAM 不同之处在于,简单双口 RAM 分读写两个端口,读端口和写端口都有独立的地址输入口,允许同时读和写操作。

简单双口 RAM 的读写操作是独立的。读写操作的时序如图 4-2-8 所示。当 wren 为高电平时,处于写操作,data 端口的数据写入 address 端口指示的存储单元中。当 rden 为高电平时,进行读操作,address 端口指示的存储单元的数据出现在 q 端口。关于简单双口 RAM 在电子系统中的实际应用,读者可参考本书 12.4.5 节、13.4 节有关内容。

(3) ROM

ROM 可以看成是写禁止的 RAM 块,其符号如图 4-2-9 所示。ROM 可以用 MIF 文件或 HEX 文件初始化,初始化数据包含在配置文件中,在配置时被加载。ROM 的地址输入通过输入寄存器同步,数据输出可以通过寄存器(同步)输出,也可直接(异步)输出。ROM 的读操作与单口 RAM 的操作一致。ROM 的具体应用方法可参考 6.3 节有关内容。

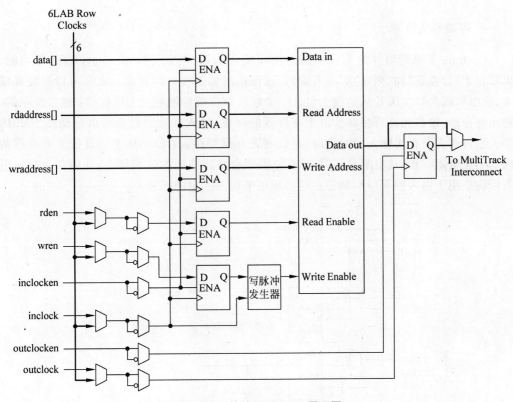

图 4-2-7 简单双口 RAM 原理图

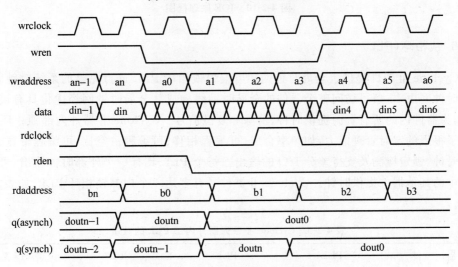

图 4-2-8 简单双口 RAM 读写时序

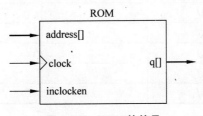

图 4-2-9 ROM 的符号

4. 可编程 I/O 单元

Cyclone Ⅱ系列器件的 I/O 引脚是由可编程 I/O 单元(I/O element,IOE)驱动的。IOE 位于"行互连"和"列互连"的末端,其原理框图如图 4-2-10 所示。IOE 可以配置成输入、输出和双向口。IOE 从结构上包含一个双向 I/O 缓冲器和三个寄存器:输入寄存器、输出寄存器、输出允许寄存器。由于寄存器的存在,输入和输出数据可以存储在 IOE 内部。当我们需要直接输入和输出时,可以将寄存器旁路。I/O 引脚上还设置了可编程的内部上拉电阻,当上拉电阻允许时,上拉电阻就会被连接到 I/O 引脚上,此内部上拉电阻可以防止用于输入的 I/O 引脚悬空时出现电平状态不定的问题。

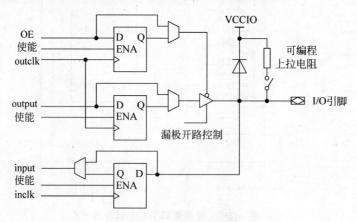

图 4-2-10 IOE 原理框图

5. 锁相环(PLL)

Cyclone Ⅱ器件提供了全局时钟网和可编程锁相环 PLL 进行完整的系统时钟管理。全局时钟网由 16 条可访问整个器件的全局时钟线构成。全局时钟网经优化具有最小的偏移,为器件内的所有资源提供时钟、清除和复位信号。Cyclone Ⅱ器件内部锁相环 PLL 提供了很强的定时管理能力,如频率合成、可编程相移、可编程占空比、可编程带宽、扩频输入时钟、锁定检测及支持差分 I/O 的输出。每个 PLL 具有一个外部时钟输出,可以向系统中的其他器件提供时钟。Cyclone Ⅱ器件具有多达 4 个内部锁相环 PLL,如表 4-2-3 所示。

表 4-2-3 Cyclone Ⅱ系列器件内部 PLL 的数量

器 件	PLL1	PLL2	PLL3	PLL4
EP2C5	√	√		
EP2C8	√	√		
EP2C20	√	√	√	√
EP2C35	√	√	√	√
EP2C50	√	√	√	√
EP2C70	√	√	√	√

　　图 4-2-11 所示为 Cyclone Ⅱ 器件内部锁相环 PLL 的原理框图。CLK0~CLK3 为 PLL 的外部专用时钟输入引脚。注意,在使用 PLL 时,必须用专用时钟输入引脚驱动 PLL,内部产生时钟无法驱动 PLL。不同器件上的专用时钟引脚数量是不一样的。EP2C5 和 EP2C8 有 8 个专用时钟输入引脚(左右各 4 个),EP2C20 以及规模更大的芯片有 16 个专用输入引脚(每边各 4 个)。专用时钟输入引脚除了用于 PLL 的时钟输入之外,还可用于高扇出的控制信号(如 CLK、ENA)、高扇出的数据信号的输入引脚。表 4-2-4 所示为 Cyclone Ⅱ 系列器件内部 PLL 时钟输入。

表 4-2-4　Cyclone Ⅱ 系列器件内部 PLL 时钟输入

器　件	PLL1		PLL2		PLL3		PLL4	
	CLK0 CLK1	CLK2 CLK3	CLK4 CLK5	CLK6 CLK7	CLK8 CLK9	CLK10 CLK11	CLK12 CLK13	CLK14 CLK15
EP2C5	√		√					
EP2C8	√		√					
EP2C20	√		√		√		√	
EP2C35	√		√		√		√	
EP2C50	√		√		√		√	
EP2C70	√		√		√		√	

　　每个 PLL 含有两个比例因子分别为 m 和 n 的分频计数器和三个后比例计数器 $c0$、$c1$ 和 $c2$。每个 PLL 可以输出三路频率不同的时钟信号,其中一路时钟信号还可以送到外部时钟输出引脚,用作系统时钟或用来同步整个板上不同器件。

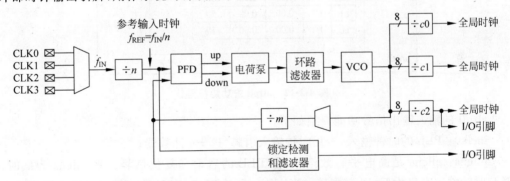

图 4-2-11　Cyclone Ⅱ 器件的 PLL 原理框图

　　PLL 的主要作用是实现时钟合成功能,使实际内部运行的时钟可以不同于输入的时钟频率。其工作原理简述如下。

　　从专用时钟引脚(CLK0~CLK3)输入的频率为 f_{IN} 时钟信号经过预分频计数器 n 分频后得到频率为 $f_{REF}=f_{IN}/n$ 的参考输入时钟,压控振荡器 VCO 的输出时钟信号经过反馈环路中的分频计数器 m 的分频后得到频率为 $f_{FB}=f_{VCO}/m$ 的反馈时钟信号。PLL 通过负反馈的方法确保参考输入时钟和反馈时钟的相位和频率一致。负反馈的基本原理是相位频率检测器 PFD 首先比较参考输入时钟和反馈时钟的相位和频率,然后通过电荷泵和环路滤波器,产生控制电压决定 VCO 是否需要以更高或更低的频率工作。当参考输入时钟和反馈时钟的相位和频率一致时,VCO 的输出频率为

$$f_{\text{VCO}} = f_{\text{IN}} \frac{m}{n} \qquad\qquad (4\text{-}2\text{-}1)$$

VCO 输出的时钟信号送到三个后分频计数器 $c0$、$c1$ 和 $c2$。经过后分频计数器分频后可以在 PLL 中产生许多谐振频率。各频率之间的关系如下：

$$f_{c_0} = \frac{f_{\text{VCO}}}{c0} = f_{\text{IN}} \frac{m}{n \times c0} \qquad\qquad (4\text{-}2\text{-}2)$$

$$f_{c_1} = \frac{f_{\text{VCO}}}{c1} = f_{\text{IN}} \frac{m}{n \times c1} \qquad\qquad (4\text{-}2\text{-}3)$$

$$f_{c_2} = \frac{f_{\text{VCO}}}{c2} = f_{\text{IN}} \frac{m}{n \times c2} \qquad\qquad (4\text{-}2\text{-}4)$$

根据上述分析，通过改变 n、m、$c0$、$c1$ 和 $c2$ 的取值，就可以得到不同频率的时钟信号。n、m、$c0$、$c1$ 和 $c2$ 的取值范围从 1 至 32。

Cyclone Ⅱ PLL 的使用是通过调用 Quartus Ⅱ 软件中的宏功能模块 altpll 实现的，具体操作见 6.3 节相关内容。图 4-2-12 是 Quartus Ⅱ 软件中的 altpll 宏功能符号。

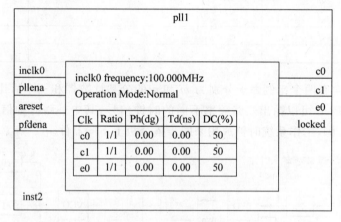

图 4-2-12 altpll 宏功能符号

altpll 的输入输出信号功能介绍如下。

inclk0：PLL 的时钟输入，专用时钟输入引脚，送 $\div n$ 计数器；

pllena：pllena 是高电平有效信号，是 PLL 的启动和复位信号。当 pllena 为低时，PLL 时钟输出端口为低，PLL 失锁。当 pllena 再次变高，PLL 重新锁定和重新同步输入时钟，因此，pllena 是高有效信号。因为在 Cyclone Ⅱ FPGA 中没有专用的 pllena 引脚，内部逻辑或任意通用 I/O 引脚都可以驱动 pllena 端口。pllena 信号是可选的，如果软件中没有启动它，端口内部就连接到 VCC。

areset：areset 信号是每个 PLL 的复位或重新同步输入。当 areset 驱动为高时，PLL 计数器重定，清除 PLL 输出，造成 PLL 失锁。VCO 复位后回到初始设置。当 areset 再次变低，PLL 重新开始锁定，PLL 重新和输入时钟同步。如果目标 VCO 的频率低于标准频率，在锁定过程中 PLL 时钟输出起始频率值比所需值要高。areset 是高有效信号，Cyclone Ⅱ FPGA 可以从内部逻辑或任意通用 I/O 管脚驱动这个 PLL 输入信号。areset 信号是可选的，如果在软件中没有使用它，该端口内部连接到 GND。

pfdena：pfdena 信号用于控制 PLL 中 PFD 输出。如果把 areset 置低禁止 PFD，那么

VCO 将以最后设置的控制电压和频率值工作,长时间会漂移到更低的频率。即使每个输入时钟 PLL 时钟输出也会继续触发,但是 PLL 可能会失锁。当 PLL 失锁或输入时钟禁止时,系统会继续运行。因为在一段时间内最后锁定输出频率不会改变,所以可以用 pfdena 端口作为关机或清除功能。为了维持这一频率,系统在关机之前有时间储存当前的设置。如果 pfdena 信号再次变高,PLL 重新锁定和输入时钟重新同步。因此 pfdena 引脚是高有效信号,可以用任意通用 I/O 引脚或内部逻辑驱动 pfdena 输入信号。该信号是可选的,如果在软件没有使用它,该端口内部连接到 VCC。

c[1..0]:PLL 时钟输出。驱动内部全局时钟网络。

e0:PLL 时钟输出。驱动单端或 LVDS 外部时钟输出引脚。

locked:当 locked 输出是逻辑高电平时,表示具有稳定的 PLL 时钟输出。当 PLL 开始跟踪参考时钟时,locked 端口可能会触发,无需额外电路。PLL 的 locked 端口可以馈入任意通用 I/O 引脚和/或内部逻辑。这个 locked 信号是可选的,在监视 PLL 锁定过程中是非常有用的。

表 4-2-5 是 Cyclone Ⅱ PLL 特性总结。

表 4-2-5　Cyclone Ⅱ PLL 的特性

特　　性	PLL 支持
输入时钟频率	11～311MHz
输出时钟频率	10～400MHz
外部输出引脚时钟频率	10～200MHz
时钟倍频和分频	m、n 除法计数器和后比例计数器
相移	125ps 递增
可编程占空比	支持
可编程带宽	支持
扩频	支持输入时钟的扩频
内部时钟输出数	3
外部时钟输出数	一个差分或单端
输入时钟和外部时钟输出 I/O 标准支持	LVTTL、LVCMOS、2.5/1.8/1.5V、3.3VPCI、SSTL-2Class Ⅰ & Ⅱ SSTL-3Class Ⅰ & Ⅱ、LVDS、HSTL、PCI-X、LVPECL

4.3　FPGA 器件在电路配置技术

Cyclone Ⅱ 系列 FPGA 由于采用 SRAM 存储编程数据,掉电后(或工作电源低于额定值时)将丢失所存储的信息。因此,在接通电源后,首先必须对 FPGA 中的 SRAM 装入编程数据,使 FPGA 具有相应的逻辑功能,这个过程称为配置(reconfigurability)。配置技术与 CPLD 的 ISP 技术相似,也是在用户的目标系统或印制电路板上进行的,故常称为在电路配置技术。

Cyclone Ⅱ 系列 FPGA 具有三种配置模式:主动(AS)配置模式、被动(PS)配置模式、JTAG 配置模式。主动配置模式是事先把编程数据存放于外接低成本专用串行配置器件(根据容量不同分为 EPCS1、EPCS4、EPCS16 和 EPCS64 四种型号)中,上电后由 FPGA 器件本身控制将串行配置器件中的数据装入 FPGA 内。被动配置模式是由 PC 机控制把存放在计算机硬盘内的配置数据经下载电缆装入 FPGA 内,或者由单片机控制存放在只读存储器内的编程数据通过一定的时序写入 FPGA 内。JTAG 配置模式通过 FPGA 的边界扫描接口(JTAG)将编程数据装入 FPGA 中。

Cyclone Ⅱ系列 FPGA 有两根配置模式选择引脚 MSEL0 和 MSEL1。通过将 MSEL0 和 MSEL1 引脚接成高电平或低电平来选择配置模式,具体如表 4-3-1 所示。AS 模式有两种速率,普通 AS 模式采用 20MHz 的时钟速率,快速 AS 模式采用 40MHz 时钟速率。只有 EPCS16 和 EPCS64 两种串行配置器件支持快速 AS 配置模式,而 EPCS1 和 EPCS4 只能支持普通 AS 配置模式。JTAG 配置模式具有最高优先级,当工作在 JTAG 配置模式时,不受 MSEL 引脚电平的影响。

表 4-3-1　MSEL 引脚电平与配置模式的对应关系

配 置 模 式	MSEL1	MSEL0
普通 AS(20MHz)	0	0
PS	0	1
快速 AS(40MHz)	1	0
JTAG	不受电平影响	不受电平影响

1. JTAG 配置模式

图 4-3-1 所示为 JTAG 配置模式原理图。需要注意的是,JTAG 配置模式虽然不受 MSEL 引脚电平影响,但不允许 MSEL 引脚悬空,应与 VCCIO 或地相连。JTAG 配置模式通过下载电缆将. sof 文件(Quartus Ⅱ软件编译后自动产生)下载到 FPGA 内部的 SRAM 中。JTAG 配置模式配置速度快,但掉电后需要重新下载数据,适用于调试阶段。

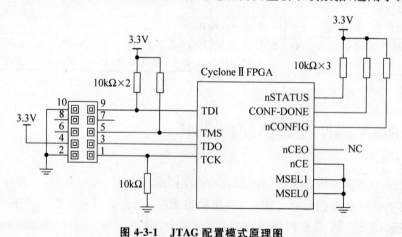

图 4-3-1　JTAG 配置模式原理图

2. AS 配置模式

AS 配置模式的连接图如图 4-3-2 所示。串行配置器件是指由 Altera 公司提供的专用非易失性 Flash 存储器,根据容量大小有 EPCS1、EPCS4、EPCS16 和 EPCS64 四种型号。串行配置芯片采用 4 线串行接口与 Cyclone Ⅱ 器件相连:串行时钟输入(DCLK)、串行数据输出(DATA)、AS 数据输入(ASDI)和低电平有效的片选信号(nCS)。

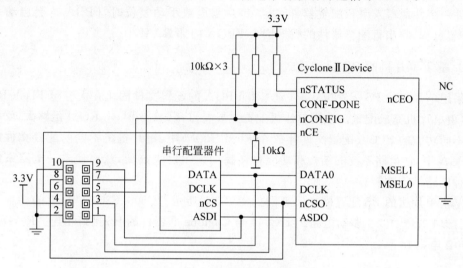

图 4-3-2 AS 配置模式的连接图

在启动 AS 配置之前,应先通过 Altera 下载电缆将 .pof 文件(Quartus Ⅱ 软件编译后自动产生)下载到串行配置器件。下载电缆对串行配置器件进行编程时,通过将 nCE 引脚拉成高电平来禁止 Cyclone Ⅱ 器件访问 AS 接口,同时将 nCONFIG 拉成低电平使 Cyclone Ⅱ 器件处于复位状态。编程完成以后,编程电缆释放 nCE 和 nCONFIG 信号,Cyclone Ⅱ 器件进入 AS 模式配置过程。

AS 模式配置过程分为复位、配置和初始化三个阶段。

在复位阶段,Cyclone Ⅱ 器件将 nSTATUS 和 CONF_DONE 引脚置成低电平,所有的 I/O 脚呈高阻态。大约 100ms 以后复位结束,Cyclone Ⅱ 器件释放 nSTATUS 引脚,该引脚被外部 10kΩ 电阻上拉成高电平,Cyclone Ⅱ 器件进入配置阶段。

在配置阶段中,Cyclone Ⅱ 器件首先将 nCSO 置成低电平选中串行配置器件,然后通过串行时钟(DCLK)和串行数据输出(ASDO)引脚向串行配置器件送出操作命令。串行配置芯片接收到操作命令以后,从数据输出(DATA)引脚向 Cyclone Ⅱ 器件送出配置数据。

Cyclone Ⅱ 器件内部振荡器产生的 DCLK 时钟信号为串行接口提供定时。串行配置芯片在 DCLK 的上升沿锁存来自 Cyclone Ⅱ 器件的操作命令,在 DCLK 的下降沿送出配置数据。Cyclone Ⅱ 器件则在 DCLK 的下降沿送出操作命令或锁存来自串行配置器件的配置数据。

当 Cyclone Ⅱ 器件接收到所有的配置数据以后,释放 CONF_DONE 引脚,外部的 10kΩ 上拉电阻将该引脚拉成高电平,Cyclone Ⅱ 器件停止输出 DCLK 信号。当 CONF_DONE 引脚变为高电平后,Cyclone Ⅱ 器件进入初始化阶段。初始化阶段是在 Cyclone Ⅱ 器件内部自动完成的。当初始化阶段完成以后,整个 AS 配置过程结束,Cyclone Ⅱ 器件进入用户模式。进入用户模式以后,I/O 引脚工作状态由用户定义。

在 AS 模式配置过程中,FPGA 作为主控器将串行配置器件中的配置数据读入 FPGA 内部的 SRAM 中,因此,这种配置模式称为主动配置。

AS 配置模式主要用于 FPGA 系统调试结束后的脱机运行,PC 机通过编程电缆将配置文件一次性地写入串行配置器件,以后每次上电或手动复位时,FPGA 均会启动一次 AS 配置过程,将串行配置器件的数据读入 FPGA 内部 RAM 中。

3. 基于单片机的 PS 配置模式

采用单片机的 PS 配置模式时,应先将 FPGA 的配置文件固化在大容量 Flash ROM 中,再由单片机完成配置。采用单片机配置主要特点是,只要 Flash ROM 足够大,就可将多个不同功能的 FPGA 配置文件存放在 Flash ROM 中,单片机将不同的配置文件加载于 FPGA 中,使电路系统的结构和功能将在瞬间发生巨大改变,从而使单一电路系统具备多种电路结构功能。

基于单片机的 PS 配置模式原理图如图 4-3-3 所示。C8051F360 单片机的 5 根通用 I/O 引脚 P2.0～P2.4 驱动电路 74HC244 与 Cyclone Ⅱ 器件的 PS 接口相连。$R_1 \sim R_{10}$ 均为 100Ω 电阻。

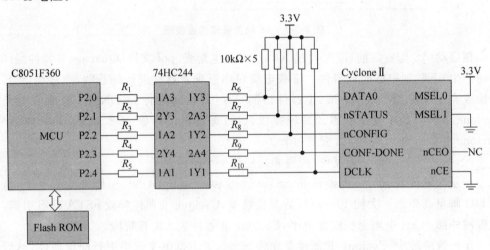

图 4-3-3　C8051F360 单片机配置 FPGA 原理图

与 PS 配置相关的 Cyclone Ⅱ 器件引脚介绍如下:

① MSEL1、MSEL0:配置模式选择输入端。当采用 PS 配置模式时,根据表 4-3-1,MSEL0 接高电平,MSEL1 接地。

② nCE:配置使能输入端。单片配置时,nCE 必须接地。

③ nCEO:输出。用于多片级联配置时,驱动下一片的 nCE 端,只有单片 FPGA 时,该引脚可作为通用 I/O。

④ nSTATUS:状态输出。复位时,该引脚为低电平,复位结束后恢复为高电平。如果配置中发生错误,Cyclone Ⅱ 器件将其拉低。由于该引脚为漏极开路输出,应经过 $10k\Omega$ 电阻上拉到 3.3V。

⑤ nCONFIG:配置控制输入。低电平使 Cyclone Ⅱ 器件复位,在由低到高的跳变过程中启动配置。

⑥ CONF_DONE：状态输出。在配置期间，Cyclone Ⅱ器件将其驱动为低。所有配置数据无误差接收后，Cyclone Ⅱ器件将其置为三态，由于有上拉电阻，所以将变为高电平，表示配置成功。

⑦ DCLK：外部时钟输入。

⑧ DATA0：外部数据输入。

在用单片机进行配置时，首先要获取写入 Flash ROM 的编程文件。对于 FPGA 来说，Quartus Ⅱ对项目进行编译时会产生一个 HEX 编程文件。由于 HEX 文件在各种编程器中都是通用的，因此可以利用通用编程器将 HEX 文件烧录到 Flash ROM 中。

HEX 文件是符合 INTEL 的 HEX 文件格式的 ASCII 文件，其格式如图 4-3-4 所示。HEX 文件由文件头、数据和文件尾等部分组成，而每一行数据又可以分为数据头、数据以及数据尾等三部分。

图 4-3-4 HEX 文件的格式

对于每个确定型号的器件，FPGA 配置文件大小是一定的，无论设计怎样复杂。一旦确定 FPGA 型号，配置数据占用 Flash ROM 的空间也可以在设计中确定。表 4-3-2 所示为 Cyclone Ⅱ器件配置数据的大小。

表 4-3-2 Cyclone Ⅱ 配置数据大小

器　件	数据大小/位	数据大小/字节
EP2C5	1265792	152998
EP2C8	1983536	247974
EP2C20	3892496	486562
EP2C35	6858656	857332
EP2C50	9963392	1245424
EP2C70	14319216	1789902

单片机利用 PS 方式实现对 FPGA 进行配置，其时序如图 4-3-5 所示。在该配置方式下，由一个 nCONFIG 引脚的由低到高的跳变复位 FPGA，然后等待 nSTATUS 引脚变为高电平表示复位完成，接着就在 DCLK 的控制下将配置数据从 DATA0 引脚送给 FPGA。需要注意的是，在给 FPGA 送数据的时候，先传低位，再传高位。数据送完后 CONF_DONE 引脚变为高电平。不过 CONF_DONE 变成高电平后，DCLK 必须多余十个周期供器件初始化，直到 INIT_DOWN 变为高电平时（从第十个 DATA0 开始变低电平），表示初始化结束已经进入 USER_MODE。由于在配置过程中没有握手信号，所以对配置时钟的工作频率做了限制，以确保配置正确无误。

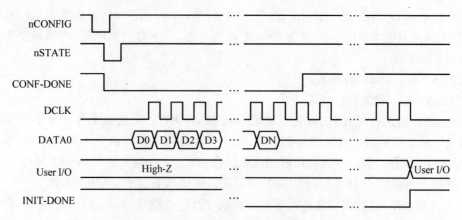

图 4-3-5 FPGA PS 配置时序

根据图 4-3-5 所示的配置时序,配置过程可以分为以下几个步骤:

① nCONFIG="0"、DCLK="0",保持 2μs 以上。

② 检测 nSTATUS,如果为"0",表明 FPGA 已响应配置要求,可开始进行配置;否则报错。正常情况下,nCONFIG="0"后 1μs 内 nSTATUS 将为"0"。

③ nCONFIG="1",并等待 5μs 使 nSTATUS 恢复为高电平。

④ DATA0 上放数据(低位在前),DCLK="1",延时。

⑤ DCLK="0",并检测 nSTATUS,若为"0",则重新开始配置。

⑥ 准备下一位数据,并重复执行 4、5,直到所有数据送出为止。

⑦ 此时,CONF-DONE 应变成"1",表明 FPGA 配置已完成。如果所有数据送出后,CONF-DONE 不变成"1",必须重新配置(从步骤 1 开始)。

⑧ 配置完成后,再送出 10 个周期的 DCLK,以使 FPGA 完成初始化。

假设配置的器件为 EP2C5,其配置数据的大小为 152998 字节,配置数据使用通用编程器写入串行 Flash ROM 中,地址范围 000000H~0255A5H,单片机的配置子程序如下:

```
DATA0        EQU     P2.0
nSTATUS      EQU     P2.1
nCONFIG      EQU     P2.2
CONF_DONE    EQU     P2.3
DCLK         EQU     P2.4
FROMH        EQU     43H              ; 串行 Flash ROM 高字节
FROMM        EQU     44H              ; 串行 Flash ROM 中字节
FROML        EQU     45H              ; 串行 Flash ROM 低字节
PLD_CONFIG:  CLR     nCONFIG          ; 复位 FPGA
             CLR     DCLK
WAIT:        MOV     C,nSTATUS
             JC      WAIT             ; 等待 nSTATUS 引脚变为低电平
             SETB    nCONFIG          ; 启动配置过程
             MOV     FROMH,#00H       ; 置 Flash ROM 首地址
             MOV     FROMM,#00H
             MOV     FROML,#00H
PROGRAME:    LCALL   READ_FROM        ; 从 Flash ROM 读一字节数据
             MOV     R0,#08H
```

```
            CLR     C
CYCLE:      RRC     A
            MOV     DATA0,C
            LCALL   DELAY
            SETB    DCLK
            LCALL   DELAY
            CLR     DCLK
            DJNZ    R0,CYCLE
            MOV     A,FROMH
            CJNE    A,#02H,NOTEND
            MOV     A,FROMM
            CJNE    A,#55H,NOTEND
            MOV     A,FROML
            CJNE    A,#0A6H,NOTEND      ;判断配置数据是否完成
            AJMP    PRO_END
NOTEND:     MOV     C,nSTATUS
            JNC     PLD_CONFIG          ;检测 nSTATUS,若为"0",重新开始配置
            INC     DPTR
            MOV     A,FROML             ; Flash ROM 地址加 1
            ADD     A,#01H
            MOV     FROML,A
            MOV     A,FROMM
            ADDC    A,#00H
            MOV     FROMM,A
            MOV     A,FROMH
            ADDC    A,#00H
            MOV     FROMH,A
            AJMP    PROGRAME
PRO_END:    MOV     C,CONF-DONE
            JNC     PLD_CONFIG
            MOV     R2,#40              ;初始化 FPGA
            CLR     DCLK
INST:       SETB    DCLK
            CLR     DCLK
            DJNZ    R2,INST
            RET
```

在用单片机配置 FPGA 时要注意的一个问题是,单片机启动时,应不依赖 FPGA,即单片机系统应在 FPGA 被配置前可独立运行并访问所需资源。由于单片机的 FPGA 配置程序放在初始化程序中,运行配置程序时不需要 FPGA 内部的任何资源,因此上述要求不难达到。

4.4 CPLD 与 FPGA 的比较

为了在数字系统设计中选择合适的可编程逻辑器件,这里对 CPLD 和 FPGA 在几方面作一比较。

（1）集成度

FPGA 可以达到比 CPLD 更高的集成度,同时也具有更复杂的布线结构和逻辑实

现。FPGA 用于实现复杂设计,CPLD 用于实现简单设计。

（2）适合结构

FPGA 更适合于触发器丰富的结构,而 CPLD 更适合于触发器有限而乘积项丰富的结构。或者说,CPLD 适合用于设计复杂组合逻辑电路,FPGA 适合设计复杂的时序逻辑电路。

（3）编程灵活性

CPLD 通过修改具有固定内连电路的逻辑功能来编程,FPGA 主要通过改变内部连线的布线来编程;FPGA 可在逻辑门下编程,而 CPLD 是在逻辑块下编程;因此,FPGA 比 CPLD 在编程上具有更大的灵活性。

（4）功率消耗

一般情况下,CPLD 功耗要比 FPGA 大,且集成度越高越明显,这是 CPLD 比较突出的缺点。

（5）工作速度

由于 FPGA 是门级编程,且 CLB 之间是采用分布式互连;而 CPLD 是逻辑块级编程,且其逻辑块互连是集总式的。因此,CPLD 比 FPGA 有较高的速度和较大的时间可预测性,产品可以给出引脚到引脚的最大延迟时间。

（6）编程方式

目前的 CPLD 主要是基于 E^2PROM 或 Flash ROM 编程,编程次数达 1 万次,其优点是在系统断电后,编程信息不丢失。FPGA 大部分是基于 SRAM 编程,其缺点是编程数据信息在系统断电时丢失,每次上电时,需从器件的外部存储器或计算机中将编程数据写入 SRAM 中。其优点是可进行任意次数的编程,并可在工作中快速编程,实现板级和系统级的动态配置。

（7）使用方便性

CPLD 的编程工艺采用 E^2PROM 或 Flash ROM 技术,无需外部存储器芯片,使用简单,保密性好。而基于 SRAM 编程的 FPGA,其编程信息需存放在外部存储器上,需外部存储器芯片,且使用方法复杂,保密性差。

尽管 FPGA 与 CPLD 在硬件结构上有一定差异,但对用户而言,它们的设计流程是相似的,使用 EDA 软件的设计方法也没有太大的区别。随着技术的发展,一些厂家推出了一些新的 CPLD 和 FPGA,这些产品模糊了 CPLD 和 FPGA 的区别。例如 Altera 最新的 MAX II 系列 CPLD,是一种基于 FPGA(LUT)结构,集成配置芯片的 CPLD,在本质上它就是一种在内部集成了配置芯片的 FPGA,但由于配置时间极短,上电就可以工作,所以对用户来说,感觉不到配置过程,可以与 CPLD 一样使用,加上容量和 CPLD 类似,所以 Altera 把它归为 CPLD。

4.5 FPGA 最小系统设计

采用 EDA 软件(如 Quartus II)完成数字系统编译、仿真以后,需要将配置数据下载到 FPGA 芯片进行验证,因此需要一块 FPGA 的开发板。虽然在市场上可以买到各种各样的 FPGA 开发板,但是作为硬件设计人员,自己动手设计一块 FPGA 开发板对熟悉硬件系统设计流程是十分必须的。本节内容以 FPGA 最小系统的设计为例,介绍 FPGA 硬件系统的设计流程,包括方案设计、器件选择、原理图绘制、PCB 图设计、元件焊接、系统测试等环节。

所谓 FPGA 最小系统是指只包括 FPGA 芯片、配置芯片、电源电路、时钟电路、串行下载口和 I/O 扩展口的 FPGA 系统。在 FPGA 最小系统的基础上扩展相应的外围电路,就可构成各种应用系统。FPGA 最小系统组成如图 4-5-1 所示,设计方案说明如下。

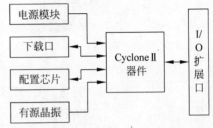

图 4-5-1　FPGA 最小系统组成

① FPGA 器件采用 EP2C5T144,其内部资源丰富,价格适中,TQPF 封装,比较容易焊接。另外,EP2C8T144 与 EP2C5T144 大部分引脚兼容(只有引脚号为 26、27、80、81 的四只引脚不兼容),互相替换十分方便。

② 根据 EP2C5T144 配置数据的大小,串行配置芯片选用 EPCS4。

③ 设置 JTAG 和 AS 下载口,JTAG 下载口用于调试阶段,AS 下载口用于调试结束后对串行配置芯片的编程。

④ 外部时钟采用 50MHz 有源晶振,通过 FPGA 内部的 PLL 得到不同频率的时钟信号。

⑤ 将所有 I/O 引脚连接到四个 I/O 扩展口,以扩展高速 A/D 模块、高速 D/A 模块、MCU 模块等外围电路。

⑥ 电源模块提供 3.3V 和 1.5V 电源,作为 FPGA 芯片的 VCCIO 和 VCCINT。

采用 Protel99 软件绘制的 FPGA 最小系统原理图如图 4-5-2 所示。为了使原理图清晰明了,对于连线比较多的电子系统原理图一般采用命名连线的标号来实现连接。信号线的标号一样,表示线是连在一起的。

图 4-5-2 中 J1 为 5V 开关电源输入接口,采用两片低压差稳压芯片 SP1117-3.3V 和 SP1117-1.5,为 FPGA 芯片提供 3.3V 和 1.5V 电源。R_4 和 D1 作为电源指示电路。FPGA 有 3 种电源输入引脚,VCCIO 与 3.3V 电源相连,VCCINT 与 1.5V 电源相连,PLL 电源 VDP 和 VAP 与 1.5V 电源相连,电源输入引脚应加 $0.1\mu F$ 瓷片去耦电容(原理图中未画出)。

J2 和 J3 分别为 AS 配置接口和 JTAG 配置接口。R_2、T1、D2、R_3 构成配置指示电路,在配置过程中 D2 熄灭,配置成功后 D2 点亮。S1 为 FPGA 复位按钮,通过手动复位可以启动一次 AS 模式配置。

Y1 为外部有源晶体振荡器,从 FPGA 的专用时钟引脚输入,为 FPGA 内部的数字系统提供参考时钟。为了改善时钟信号的波形,晶体振荡器的输出引脚和 FPGA 专用时钟引脚之间串一个 47Ω 的电阻。

J4 为 FPGA 最小系统与 MCU 模块并行接口(具体参见 8.6 节有关内容)。J5 和 J6 用于扩展 8 位高速 A/D 或 D/A 模块。J7 作为通用 I/O 扩展口。

原理图绘制完成以后,就可以着手 PCB 板的设计,分布局和布线两步完成。布局从主芯片开始,按照连线最短的原则安排其他元件的位置,去耦电容可布置在电路板的底层。FPGA 元件布局如图 4-5-3 所示。

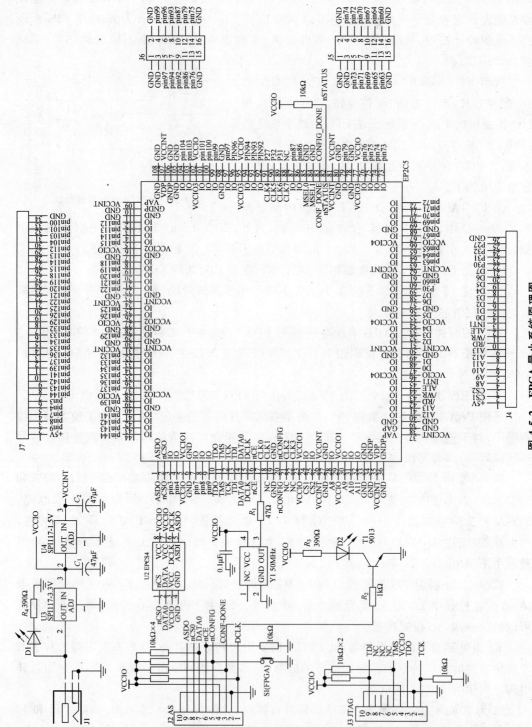

图 4-5-2 FPGA 最小系统原理图

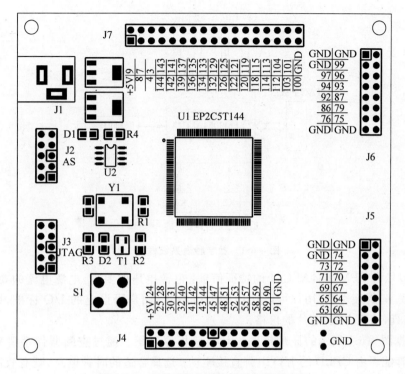

图 4-5-3　FPGA 最小系统板的元器件布局

布线时应注意线尽量短、直,尽量减少过孔,连线不要有 90°转角,注意线的粗细,一般信号线采用 12mil,电源线采用 30～50mil,地线采用覆铜。贴片焊盘上不能有通孔,以免焊膏流失造成元件虚焊。重要信号线不准从插座脚间穿过。

PCB 板加工好以后,由于 FPGA 采用 TQFP 封装,其引脚比较细密,应先观测 PCB 板焊盘之间有没粘连,特别注意电源线和地线之间有没短路(可用万用表测试)。焊接元件时注意顺序,先焊接贴片元件,再焊接直插元件。焊好以后,先用万用表测试电源与地之间有没短路,然后上电测试。上电测试的目的主要是判断 FPGA 模块下载是否正常,FPGA I/O 引脚有无损坏、虚焊。测试方法是,FPGA 模块加上 5V 电源(将开关电源与 J1 口相连),用 USB-blaste 下载电缆将 PC 机与 FPGA 模块的 J3 JTAG 口相连,编写一段能够在各 I/O 引脚产生不同方波的测试程序(用计数器分频即可)下载到 FPGA 中,FPGA 模块上的 D2 指示灯亮表明下载成功。用示波器逐个观测 J4、J5、J6、J7 口 I/O 引脚的信号,正常时应观测到频率不同的方波信号。

4.6　设计训练题

设计训练题:数字秒表实验模块设计

采用 EPM3064ALC44 设计一个数字秒表的实验板,系统框图如图 4-6-1 所示。
① 从生产厂商的网站上下载 Altera MAX3000A 系列器件的数据手册,并从数据手

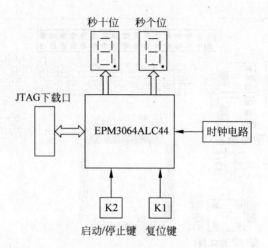

图 4-6-1 数字秒表系统框图

册中查找型号为 EPM3064ALC44 的特征信息：电源电压的要求，电源电流的要求，最大数字时钟频率，封装类型，用户可以使用的 I/O 数量，用户可设定的 I/O 标准，用于开发的 EDA 工具，编程方法，芯片的价格。

② 根据图 4-6-1 所示的原理框图设计实验板原理图。通过查阅器件手册确定七段LED 数码管能否由 CPLD 的 I/O 引脚直接驱动；选择合适的时钟电路，既有较高的计时精度，又使硬件成本尽量低；按键输入低电平有效。

③ 完成 PCB 图设计。

第5章

硬件描述语言VHDL

5.1 概述

1. 什么是 VHDL 语言

硬件描述语言(hardware description language,HDL)是一种用形式化方法描述数字电路和系统的语言。硬件描述语言 HDL 发展至今已有 20 多年的历史,并成功地应用于设计的各个阶段:建模、仿真、验证和综合等。到 20 世纪 80 年代,已出现了上百种硬件描述语言,它们对设计自动化起到了极大的促进和推动作用。用硬件描述语言来进行数字系统设计已成为一种流行趋势。VHDL 和 Verilog HDL 是两种最常用的硬件描述语言。一般认为,VHDL 语言是基于 ADA 语言的,而 Verilog HDL 的语法是基于 C 语言的。这两种语言都可满足数字系统设计的大多数要求,从市场份额来看,两种语言各占一半。只要你掌握了这两种语言中的一种,那么掌握另一种也并不困难。

VHDL(very high speed integrated circuit hardware description language),即超高速集成电路硬件描述语言。VHDL 于 1982 年诞生于美国国防部资助的寻求数字系统统一描述的项目,其目的是使数字系统硬件的描述清晰不含糊。1987 年 VHDL 被 IEEE 采纳,并公布了 VHDL 的标准版本(IEEE-1076),成为工业标准硬件描述语言。1993 年,IEEE 对 VHDL 进行了修订,公布了 VHDL 新版本(IEEE-1164)。

VHDL 主要有三大用途:一是用于建立描述数字系统的标准文档,二是用于数字系统的仿真,三是用于逻辑综合(synthesis)。本章介绍 VHDL 语言的主要目的就是用于逻辑综合。所谓逻辑综合,就是利用 EDA 工具把用 VHDL 描述的数字系统转化为在门电路和触发器层面上实现的逻辑电路。完成逻辑综合的 EDA 工具也称为综合工具。综合工具输出的是网表文件,即给出逻辑门列表和这些门的连接关系表。逻辑综合很像编译器,把高级语言(如C语言)转化为机器语言程序。

与其他硬件描述语言相比,VHDL具有以下特点:

① 设计技术齐全、方法灵活、支持广泛。VHDL可以支持自顶向下和基于库的设计方法,而且还支持同步电路、异步电路以及其他随机电路的设计。目前大多数EDA工具都在不同程度上支持VHDL语言。

② 系统硬件描述能力强。VHDL具有多层次描述系统硬件功能的能力,从系统的数学模型直至门级电路。同时,高层次的行为描述可以与低层次的RTL描述和结构描述混合使用。

③ VHDL具有与器件无关的特性。在用VHDL设计系统硬件时,不需要与器件有关的信息,可移植性好,对于不同的平台也采用相同的描述。

④ VHDL使设计易于共享和复用。VHDL语句的行为描述能力和程序结构决定了它具有支持大规模设计的分解和已有设计的再利用功能。

2. 一个简单的VHDL程序

为了使读者对VHDL语言有初步的了解,先介绍一个简单而完整的VHDL程序。

有一个2选1数据选择器的电路模型如图5-1-1所示。A、B为输入信号,SEL为选择信号,Y为输出信号。当SEL=0时,$Y=A$;当SEL=1时,$Y=B$。其对应的VHDL程序如下表示:

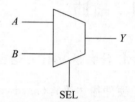

图 5-1-1 2 选 1 数据选择器的电路模型

```
LIBRARY   IEEE;
USE IEEE.STD_LOGIC_1164.ALL;              -- 库说明

ENTITY   mux21   IS                        -- 实体说明
  PORT (A,B,SEL: IN STD_LOGIC;            -- A、B、SEL 为输入信号
        Y: OUT STD_LOGIC);                 -- Z 为输出信号
END   mux21;

ARCHITECTURE one OF mux21 IS               -- 结构体说明
  BEGIN
      Y<=(A AND NOT SEL) OR (B AND SEL);   -- 数据选择器的布尔表达式
  END;
```

从2选1数据选择器的VHDL程序看到,一个完整的VHDL程序一般由库、实体和结构体三部分构成。实体只定义所设计模块的输入输出信号,不涉及内部的逻辑功能如何实现,而结构体则描述设计模块的逻辑功能。VHDL程序把一个设计分成实体和结构体两部分,设计者如想改变模块的逻辑功能,只需改变结构体的描述即可。VHDL语言对大小写不敏感,所以大写字母和小写字母均可用。为了增加可阅读性,VHDL代码中应适当加入代码注释,代码注释写在双折号(--)之后。

3. 学习VHDL应注意的问题

(1) 用硬件设计思想来编写VHDL

VHDL的描述风格及句法十分类似于一般的计算机高级语言,但它是一种硬件描述语言。学好 VHDL 的关键是充分理解 VHDL 语句和硬件电路的关系。编写 VHDL,就是在描述一个电路,我们写完一段程序后,应当对生成的电路做到心中有数,而不能用纯软件的思路来编写 VHDL 程序。要做到这一点,需要我们多实践,多思考,多总结。

(2) 语法掌握贵在精,不在多

30%的基本 VHDL 语句就可以完成 95%以上的电路设计,很多生僻的语句并不能被所有的综合工具所支持,在程序移植或者更换软件平台时容易产生兼容性问题,也不利于其他人阅读和修改。建议多用心钻研常用语句,理解这些语句的硬件含义,这比多掌握几个新语法要有用得多。

(3) VHDL 描述和传统原理图的关系

VHDL 和传统的原理图输入方法的关系就好比是高级语言和汇编语言的关系。VHDL 可移植性好,使用方便,但效率不如原理图;原理图输入的可控性好,效率高,比较直观,但设计大规模 CPLD/FPGA 时显得很烦琐,移植性差。在真正的 CPLD/FPGA 设计中,通常建议采用原理图和 VHDL 结合的方法来设计,适合用原理图的地方就用原理图,适合用 VHDL 的地方就用 VHDL,并没有强制的规定。在短时间内,用自己最熟悉的工具设计出高效、稳定、符合设计要求的电路才是我们的最终目的。

(4) 了解 VHDL 的可综合性问题

如果 VHDL 程序只用于仿真,那么几乎所有的语法和编程方法都可以使用。但如果程序是用于硬件实现,那么就必须保证 VHDL 程序“可综合”。不可综合的 VHDL 语句在软件综合时将被忽略或者报错。应当牢记一点:“所有的 VHDL 描述都可用于仿真,但不是所有的 VHDL 描述都能用硬件实现。”另外,综合是一项十分复杂的工作,不同的 VHDL 综合工具,其综合和优化效率是不一致的。就像 C 语言的编译器既能产生最优化的机器码,也能产生非优化的机器码。这是由于这些综合工具所采用的转化算法和优化技术不同所导致的。

5.2　VHDL 的语言要素

VHDL 的语言要素主要有标识符、数据类型(Data Type,简称 Type)和运算操作符(Operator)等。

1. 标识符

标识符用来定义常数、变量、信号、端口、子程序或参数的名字。VHDL 标识符的命名规则有以下两点:

① 有效字符是 26 个英文字母(不区分大小写)、10 个数字符号 0~9、下划线“_”(下划线“_”不能用于标识符的开头或结尾)。

② 每个标识符必须以英文字母开头,字符串中不能有空格。

2. 数据类型

VHDL 语言中有多个预定义的数据类型,也有用户自定义的数据类型。下面对几种常用的数据类型作简单说明。

(1) 整数数据类型

整数(integer)类型的数代表正整数、负整数和零，范围为 -214783647 到 $214783647(2^{32})$。在使用整数时，VHDL 综合器要求使用 RANGE 子句为所定义的数限定范围，然后根据所限定的范围来决定表示此信号或变量的二进制数的位数。

例如有一信号定义语句"SIGNAL NUM：INTEGER RANGE 0 TO 15；"规定整数 NUM 的取值范围是 0～15 共 16 个值，可用 4 位二进制数来表示，因此，NUM 将被综合成由 4 条信号线构成的信号。

整数常用作循环的指针或常数。

(2) 布尔数据类型

布尔(BOOLEAN)数据类型为二值枚举型数据类型，可取值"TRUE"或"FALSE"。

(3) 位数据类型

位(BIT)数据类型也为二值枚举型数据类型，可取值'1'或'0'。在 VHDL 中，逻辑 0 和 1 表达必须加单引号，否则 VHDL 综合器将 0 和 1 解释为整数数据类型 INTEGER。

(4) 位矢量数据类型

位矢量(BIT_VECTOR)数据类型是基于位数据类型的数组。例如：

SIGNAL dd: BIT_VECTOR(7 DOWNTO 0);

信号 dd 被定义为一个 8 位位宽的矢量，其最左位为 dd(7)，最右位为 dd(0)。

(5) 枚举类型

枚举类型是用户定义的数据类型，它用文字符号来表示一组实际的二进制数类型。如在状态机设计中，为了便于阅读和编译，通常将二进制数表示的状态用文字符号代替。

```
TYPE FSMST IS (S0,S1,S2,S3);
SIGNAL   present_state,next_state: FSMST;
```

综合器在编码过程中自动将枚举元素转换成位矢量，位矢量的长度取决于枚举元素的数量。如上述语句中有 4 个枚举元素，位矢量的长度应为 2，每个枚举元素默认的编码如下：

S0="00"；S1="01"；S2="10",S3="11"

(6) 标准逻辑位数据类型

标准逻辑位(STD_LOGIC)数据类型是 IEEE 1164 中定义的一种工业标准的逻辑类型，它包含 9 种取值，分别为：

'U'	未初始化	用于仿真
'X'	强未知	用于仿真
'0'	强 0	用于综合与仿真
'1'	强 1	用于综合与仿真
'Z'	高阻	用于综合与仿真
'W'	弱未知	用于仿真
'L'	弱 0	用于综合与仿真
'H'	弱 1	用于综合与仿真
'_'	忽略	用于综合与仿真

STD_LOGIC 数据类型增加了 VHDL 编程、综合和仿真的灵活性,在多值逻辑系统中用于取代 BIT 数据类型。若电路中有三态逻辑,必须采用 STD_LOGIC 数据类型。在程序中使用 STD_LOGIC 数据类型前,必须在程序中要有以下库和程序包说明语句:

LIBRARY IEEE;
USE IEEE.STD_LOGIC_1164.ALL;

(7) 标准逻辑矢量数据类型

标准逻辑矢量(STD_LOGIC_VECTOR)数据类型是 STD_LOGIC 数据类型的组合。

3. 运算操作符

VHDL 语言中的运算符有 5 种类型:

(1) 逻辑(Logical)运算符

AND(与)、OR(或)、NAND(与非)、NOR(或非)、XOR(异或)、XNOR(同或)、NOT(非)等。

(2) 关系(Relational)运算符

=(等于)、/=(不等于)、>(大于)、<(小于)、>=(大于等于)、<=(小于等于),其中"<="操作符也用于表示赋值操作,要根据上下文判断。

(3) 算术(Arithmetic)运算符

+(加)、-(减)、*(乘)、/(除)、MOD(取模)、REM(取余)、ABS(取绝对值)、**(乘方)。

(4) 移位(Shift)运算符

SLL(逻辑左移)、SRL(逻辑右移)、SLA(算术左移)、SRA(算术右移)、ROL(逻辑循环左移)、ROR(逻辑循环右移)。

(5) 并置(Concatenation)运算符

在 VHDL 程序中,并置运算符"&"用于位的连接。例如,将 4 个位用并置运算符"&"连接起来就可以构成一个具有 4 位长度的位矢量。

各运算操作符在使用中应注意以下几点:

(1) 操作符之间的优先级别

不用括号时,各操作符之间的优先级别如表 5-2-1 所示。当运算优先级相同时,在表达式中按"从左到右"的顺序依次计算。添加括号可以改变运算顺序。

表 5-2-1　VHDL 操作符优先级

运　算　符	优　先　级
NOT, ABS, **	最高优先级
*, /, MOD, REM	
+(正号), -(负号)	
+, -, &(拼接)	
SLL, SLA, SRL, SRA, ROL, ROR	
=, /=, <, >, <=, >=	最低优先级
AND, OR, NAND, NOR, XOR, XNOR	

例 5-2-1 设 A＝"101"，B＝"011"，C＝"111000"，D＝"101010"，试求取下述表达式的结果：Y＝A& NOT B OR C ROR 2 AND D。

解 根据表 5-2-1 所示的运算符操作优先级，该表达式的运算过程为：

① NOT B＝"100"（按位取反）。

② A& NOT B＝"101100"（拼接）。

③ C ROR 2＝"001110"（循环右移 2 位）。

④ (A& NOT B)OR(C ROR 2)＝"101110"（逻辑或）。

⑤ (A& NOT B OR C ROR 2)AND D＝"101010"。

运算结果为 101010。

（2）运算重载

在标准 VHDL 中，有些操作运算只针对特定的数据类型有效。如果其他数据类型也需要使用这些操作运算，则必须使用函数"重载"构建一个"重载"运算符。例如，如果将A、B、S 定义为 STD_LOGIC_VECTOR 类型时，加法语句 S＜＝A＋B 会引起编译错误。

解决的方法是使用 STD_LOGIC_UNSIGNED 包集合，它是由 Synopsys 公司开发的。此包集合定义了一些针对 STD_LOGIC_VECTOR 的重载算术运算符。这些运算符把 STD_LOGIC_VECTOR 当作无符号数进行操作，当该包集合与 STD_LOGIC_1164 联合使用时，就可以对 STD_LOGIC_VECTOR 进行算术和逻辑操作。具体需要使用以下3 条语句：

```
LIBRARY IEEE;
USE IEEE.STD_LOGIC_1164.ALL;
USE IEEE.STD_LOGIC_UNSIGNED.ALL;
```

5.3 VHDL 程序的基本结构

VHDL 的设计描述包括库(LIBRARY)、实体(ENTITY)和结构体(ARCHITECTURE)。

1. 库

VHDL 库存储和放置了可被其他 VHDL 程序调用的数据定义、器件说明、程序包(Package)等资源。VHDL 库的种类有多种，但最常见的库有 IEEE 标准库、WORK 库。IEEE 标准库主要包括 STD_LOGIC_1164、NUMERIC_BIT 和 NUMERIC_STD，其中STD_LOGIC_1164 是最重要和最常用的程序包。大部分关于数字系统设计的程序包都是以此程序包设定的标准为基础的。每个 VHDL 程序的开头一般都要有如下的 IEEE库使用说明：

```
LIBRARY IEEE;
USE   IEEE.STD_LOGIC_1164.ALL;
```

这是因为下面将要介绍的实体说明中要描述器件的输入、输出端口的数据类型，而这些数据类型在 IEEE.STD_LOGIC_1164.ALL 程序包中已被定义，无须在设计者程序中再定义。

WORK 库用于存放用户设计和定义的一些设计单元和程序包,是用户的 VHDL 设计的现行工作库。设计者正在进行的设计不需要任何说明,经编译后都会自动存放到 WORK 库中。必须注意的是,在计算机上采用 VHDL 进行项目设计,必须为该项目建立一个子目录,用于保存所有此项目的设计文件,VHDL 综合器将此目录默认为 WORK 库。WORK 库不必在 VHDL 程序中预先说明。

2. 实体

实体有点类似于原理图中的一个器件符号(Symbol),用来描述该器件的输入输出端口特征,但并不涉及器件的具体逻辑功能和内部电路结构。实体说明的格式为:

```
ENTITY   实体名   IS
     [PORT(端口说明);]
END   实体名
```

实体名是由设计者自定的,由于实体名实际上表达的是该设计电路的器件名,所以命名时最好能体现相应电路的功能。

端口说明语句用于定义器件每一引脚的输入输出模式和数据类型的定义。其格式如下:

```
PORT (端口名   模式   数据类型;
            ...
          端口名   模式   数据类型);
```

端口名是赋予每个外部引脚的名字,名字的含义要尽量符合惯例,如 D 开头的端口名一般表示数据,A 开头的端口名一般表示地址等。

模式(MODE)表明端口信号的方向,有以下几种类型:

(1) IN 模式

IN 模式表示信号进入实体但并不输出。输入信号的驱动源由外部实体向该设计实体内进行。IN 模式主要用于时钟输入、控制输入(如 CLK,RESET 等)和单向数据(如地址信号)输入。不用的输入一般接地,以免引入干扰噪声。

(2) OUT 模式

OUT 模式表示信号离开实体但并不输入。信号的驱动源是由被设计的实体内部进行的。OUT 模式常用于单向数据输出、被设计实体产生的控制其他实体的信号等。

(3) BUFFER 模式

BUFFER 模式表示信号输出到实体外部,但同时也在实体内部反馈。BUFFER 模式用于在实体内部建立一个可读的输出端口,例如计数器输出,计数器的现态被用来决定计数器的次态。

(4) INOUT 模式

INOUT 模式表示信号是双向的,既可进入实体也可离开实体。INOUT 模式可以代替 IN 模式、OUT 模式和 BUFFER 模式,所以 INOUT 模式是一个完备的端口模式。但并不建议在什么情况下都采用 INOUT 模式,只有双向数据信号,如计算机的 PCI 总线的地址、数据复用总线、DMA 控制器数据总线,才选用而且必须选用 INOUT 模式。这是一个良好的设计习惯。

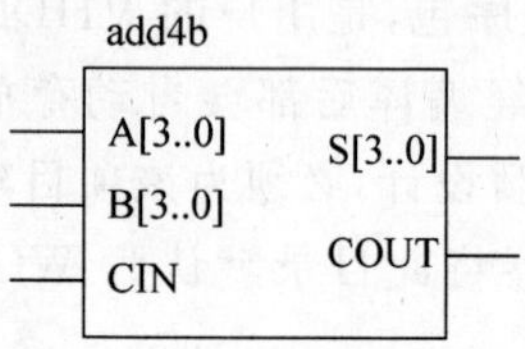

关于端口的数据类型,前面内容中已有阐述。

add4b

A[3..0]   S[3..0]

B[3..0]

CIN   COUT

图 5-3-1 例 5-3-1 电路符号图

例 5-3-1 有一 4 位二进制加法器 add4b,其电路符号如图 5-3-1 所示,其中 A[3..0]、B[3..0]分别为 4 位的加数,CIN 为来自低位的进位,S[3..0]为 4 位的和,COUT 为向高位进位。试写出其实体描述。

解 add4b 实体描述如下:

```
ENTITY add4b IS
    PORT (
          A: IN   STD_LOGIC_VECTOR(3 DOWNTO 0);
          B: IN   STD_LOGIC_VECTOR(3 DOWNTO 0);
        CIN: IN   STD_LOGIC;
          S: OUT  STD_LOGIC_VECTOR(3 DOWNTO 0);
       COUT: OUT  STD_LOGIC
          );
    END   add4b;
```

例 5-3-2 简单组合逻辑电路如图 5-3-2 所示,试给出其实体描述。

解 根据图 5-3-2 所示电路,很容易采用以下描述:

```
ENTITY GATE IS
    PORT(
          A,B,C: IN STD_LOGIC;
          D,E: OUT STD_LOGIC
          );
    END GATE;
```

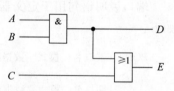

图 5-3-2 例 5-3-2 电路符号图

对上述实体描述编译时往往会指出错误,原因是实体中将 D 端口模式定义为 OUT,这种模式只能输出信号,不能读入信号,但在计算 E 的逻辑值时需要读入 D 的逻辑值。那么把 D 端口模式定义为 INOUT 是否可以呢?尽管编译可以通过,但综合工具会将 D 端口生成一个真正的双向端口,而在实际电路中,D 信号并不需要从外部输入。应该将 D 端口模式定义为 BUFFER 最为合适。改进后的实体定义如下:

```
ENTITY GATE IS
    PORT(
          A,B,C: IN STD_LOGIC;
          D: BUFFER STD_LOGIC;
          E: OUT STD_LOGIC
          );
    END GATE;
```

3. 结构体

结构体用来描述前面定义的实体内部结构和逻辑功能。结构体必须和实体相联系,一个实体可以有多个结构体,结构体的运行是并发的。

结构体的一般语言格式如下:

ARCHITECTURE 结构体名 OF 实体名 IS
　　〔说明语句〕
BEGIN
　　〔功能描述语句〕
END 结构体名;

说明语句用于定义或说明在该结构体中用到的信号、常量、共享变量、元件和数据类型。

功能描述语句用于描述实体的逻辑功能和电路结构,是结构体的主体部分。功能描述语句由一系列并行语句和顺序语句构成。

5.4　VHDL 程序的句法

VHDL 程序的功能描述语句分为并行语句和顺序语句两种类型。

5.4.1　并行语句

一般的计算机程序语句是严格按确定的顺序执行的,程序执行时,在每个时刻程序都处于整个流程的一个特定点。VHDL 语言的并行语句在结构体中的执行是同步进行的,与书写的顺序无关,这一点是 VHDL 语言与传统计算机语言最大的不同。VHDL 语言中的并行语句有多种格式,包括信号赋值语句、进程语句、元件例化语句、块语句、子程序调用语句等。限于篇幅,这里仅介绍几种常用的并行语句。

1. 简单信号赋值语句

简单信号赋值语句的语句格式如下:

信号赋值目标<=表达式;

简单信号赋值语句也称布尔方程,将逻辑函数表达式中的逻辑运算符号用 VHDL 标准逻辑操作符代替即得到布尔方程。

简单信号赋值语句通常用于描述组合逻辑电路,其特点是,在任何时刻,只要语句右边的信号发生变化,语句就执行,语句左边的信号就得到新的计算值。

例 5-4-1　写出 1 位全加器的实体和结构体。全加器的符号如图 5-4-1 所示。

解　全加器的逻辑函数表达式为:

$$S = A \oplus B \oplus CI$$
$$CO = AB + BCI + ACI$$

ENTITY　Fulladder IS

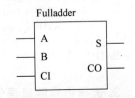

图 5-4-1　例 5-4-1 全加器符号

```
PORT (
    A,B,CI: IN STD_LOGIC;
    S,CO: OUT STD_LOGIC
    );
END  Fulladder;
ARCHITECTURE  one  OF  Fulladder IS
BEGIN
    S<=A XOR B XOR CI;
    CO<=(A AND B)OR(B AND CI)OR(A AND CI);
END;
```

在本例中,结构体中的两条赋值语句的先后顺序对结果没有影响,这是并行语句的一个重要特点。由于在 VHDL 语言中,除了 NOT 运算外没有规定逻辑运算的优先次序,因此在 CO 的赋值语句中使用了括号,例如(A AND B)。

2. 条件信号赋值语句

条件信号赋值语句格式如下:

```
赋值目标<=表达式   WHEN   赋值条件   ELSE
         表达式   WHEN   赋值条件   ELSE
                      ...
         表达式   WHEN   赋值条件   ELSE
         表达式;
```

条件信号赋值语句根据指定条件对信号赋值,条件可以为任意表达式。根据条件出现的先后次序隐含优先权,最后一个 ELSE 子句隐含了所有未列出的条件。每一子句的结尾没有标点,只有最后一句有分号。

例 5-4-2 用条件信号赋值语句描述 4 选 1 数据选择器。

解

```
LIBRARY IEEE;
USE IEEE.STD_LOGIC_1164.ALL;

ENTITY mux4to1 IS
  PORT(a,b,c,d: IN STD_LOGIC;
          sel: IN STD_LOGIC_VECTOR (1 DOWNTO 0);
            y: OUT STD_LOGIC
        );
END mux4to1;

ARCHITECTURE one OF mux4to1 IS
BEGIN
  y<=a   WHEN (sel="00") ELSE
     b   WHEN (sel="01") ELSE
     c   WHEN (sel="10") ELSE
     d;
END;
```

3. 选择信号赋值语句

选择信号赋值语句格式如下:

WITH 选择表达式 SELECT
赋值目标信号 <= 表达式　WHEN　选择值,
　　　　　　　表达式　WHEN　选择值,
　　　　　　　...
　　　　　　　表达式　WHEN　选择值;

所有的"WHEN"子句必须是互斥的,一般用"WHEN Others"来处理未考虑到的情况。每一子句结尾是逗号,最后一句是分号。

例 5-4-3 有一简化的指令译码器,其逻辑符号如图 5-4-2 所示。对应于由 A、B、C 三位构成的不同指令码,对 OP1 和 OP2 输入的两个值进行不同的逻辑操作,并将结果从 DOUT 输出。

解

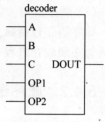

图 5-4-2　例 5-4-3 电路
符号图

```
LIBRARY IEEE;
USE IEEE.STD_LOGIC_1164.ALL;
USE IEEE.STD_LOGIC_UNSIGNED.ALL;

ENTITY decoder IS
PORT(A,B,C: IN STD_LOGIC;
     OP1,OP2: IN STD_LOGIC;
     DOUT: OUT STD_LOGIC);
END decoder;
ARCHITECTURE one OF decoder IS
  SIGNAL instruction: STD_LOGIC_VECTOR(2 DOWNTO 0);
  BEGIN
    instruction<=C&B&A;                    --并置操作
    WITH instruction SELECT
    DOUT<=OP1 AND OP2      WHEN "000",
          OP1 OR OP2       WHEN "001",
          OP1 NAND OP2     WHEN "010",
          OP1 NOR OP2      WHEN "011",
          OP1 XOR OP2      WHEN "100",
          OP1 XNOR OP2     WHEN "101",
                    'Z'    WHEN OTHERS;
    END;
```

4. 进程语句

进程(PROCESS)语句是 VHDL 中最重要的语句。进程具有并行和顺序行为的双重性,即进程和进程语句之间是并行关系,进程内部是一组连续执行的顺序语句。进程语句与结构体中的其余部分进行信息交流是靠信号完成的。进程的基本格式如下:

```
PROCESS (敏感信号表)
  [进程说明部分]
BEGIN
    顺序语句
END PROCESS;
```

进程由三部分组成:

（1）敏感信号表

无论何时，敏感信号表中的任一信号发生变化，该进程就会立即执行，进程内的顺序语句就按顺序依次执行。一般来说，进程中所有的输入信号都应放在敏感表中。

（2）进程说明部分

主要定义一些局部量，可包括数据类型、常数、变量等。注意，在进程说明部分不允许定义信号和共享变量。

（3）顺序语句

顺序语句包括赋值语句、IF 语句、CASE 语句、WAIT 语句等。在 VHDL 语言中，顺序语句必须放在进程中。

5.4.2 顺序语句

顺序语句总是处于进程的内部。顺序语句的执行方式类似于普通软件语言的程序执行方式，都是按照语句的排列次序执行的。

顺序语句的种类较多，常用的有以下几种。

1. 信号和变量赋值语句

变量赋值语句和信号赋值语句的语法格式如下：

```
变量赋值目标：＝赋值源；
信号赋值目标：＜＝赋值源；
```

2. IF 语句

IF 语句的一般表达式为：IF_THEN_ELSE_END IF。IF 语句的结构有以下四种：

结构一：

```
IF 条件句 THEN
    顺序语句
END IF;
```

检验 IF 后的条件表达式的布尔值是否为真，如为真，则顺序执行以下各语句，否则跳过以下顺序语句直接结束 IF 语句的执行。

例 5-4-4 上升沿触发的 D 触发器的 VHDL 语言描述。

解

```
PROCESS(clk)
  BEGIN
    IF (clk'EVENT AND clk＝'1') THEN        -- 检测 clk 上升沿
      Q<＝D;
    END IF;
  END PROCESS;
```

IF 语句用来检测 clk 的上升沿是否到来，当上升沿到来时，Q 值等于 D 的值。表达式 clk'EVENT 使电路具有边沿触发的功能，上述 VHDL 代码综合以后得到 D 触发器。如果改成以下 VHDL 代码段，综合后就得到一个透明 D 锁存器。

```
PROCESS(clk,D)
  BEGIN
    IF clk='1' THEN                        -- 检测 clk 高电平
        Q<=D;
    END IF;
  END PROCESS;
```

　　D 触发器和 D 锁存器的 VHDL 程序基本上是一致的,但有两处不同。首先,在 IF-THEN-ELSE 语句,D 触发器和 D 锁存器采用了不同的条件,D 触发器采用了clk'EVENT AND clk='1'条件,表示只有 clk 出现了上升沿,才执行 Q<=D 语句,而在D 锁存器采用了 clk='1'条件,表示只要 clk 为高电平,就执行 Q<=D 语句。其次,D 触发器的敏感表中只有 clk 信号,这是因为,对 D 触发器来说,D 信号变化不会引起触发器输出的改变;而对于 D 锁存器来说,由于当 clk='1'时,D 的改变会引起 Q 的变化,所以,D 需要和 clk 一起放入进程的敏感信号表中。

　　结构一所示的 IF 语句是一种非完整性条件语句,即条件满足时执行顺序语句,条件不满足时,虽然在语句中没有直接说明,但隐含着电路的输出保持不变。只有具有记忆功能的电路才能使电路输出保持不变,因此,非完整性条件语句通常用于产生时序电路。

　　结构二:

```
IF 条件句 THEN
  顺序语句
ELSE
  顺序语句
END IF;
```

　　结构二所示的 IF 语句是一种完整性条件语句,通常用于产生组合逻辑电路。

　　例 5-4-5　分析下面两段 VHDL 代码的综合结果。

　　程序1:

```
ARCHITECTURE one OF incomplete IS
  BEGIN
    PROCESS(A,B)
      BEGIN
        IF  A='1'  THEN  C <=B;        -- 不完整条件语句
        END IF;
    END PROCESS;
  END;
```

　　程序2:

```
ARCHITECTURE one OF complete IS
  BEGIN
    PROCESS(A,B)
      BEGIN
        IF A='1' THEN C<=B;             -- 完整条件语句
          ELSE C <='0';
        END IF;
    END PROCESS;
  END;
```

解 经过综合以后,上述两段程序分别得到如图 5-4-3 所示的两个电路图。

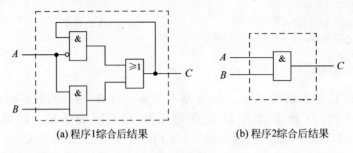

(a) 程序1综合后结果   (b) 程序2综合后结果

图   5-4-3

从图 5-4-3 可见,由于程序 1 采用了不完整的条件语句,综合后得到的电路产生了锁存效应(实际上综合成锁存器),而程序 2 采用完整的条件语句,综合后得到组合逻辑电路(与门)。

结构三:

```
IF 条件句 THEN
    IF 条件句 THEN
    ...
    END IF;
END IF;
```

结构三 IF 语句是一种多重嵌套式 IF 语句,既可以产生时序电路,也可以产生组合电路。注意,END IF 语句应该与嵌入条件句数量一致。

结构四:

```
IF 条件句 THEN
    顺序语句
ELSIF 条件句 THEN
    ...
ELSE
    顺序语句
END IF
```

结构四 IF 语句通过关键词 ELSIF 设定多个判定条件,以使顺序语句的分支可以超过两个。这一类型的语句有一个重要特点,就是其任一分支顺序语句的执行条件是以上各分支所确定条件的相与(即相关条件同时成立),有时逻辑设计恰好需要这种功能。

例 5-4-6 采用上述 IF 语句描述 4 线-2 线优先编码器。

解 代码如下:

```
LIBRARY IEEE;
USE IEEE.STD_LOGIC_1164.ALL;
USE IEEE.STD_LOGIC_unsigned.ALL;

ENTITY encode IS
    PORT(I0,I1,I2,I3: IN STD_LOGIC;
            y: OUT STD_LOGIC-VECTOR (1 DOWNTO 0));
END Encode;

ARCHITECTURE one OF encode IS
```

```
       BEGIN
          PROCESS(I0,I1,I2,I3)
             BEGIN
                IF (I0='0')   THEN   y<="00";
                   ELSIF (I1='0')   THEN   y<="01";
                      ELSIF (I2='0')   THEN   y<="10";
                         ELSE   y<="11";
                   END IF;
             END PROCESS;
          END encode;
```

上述 VHDL 程序中,首先判断 I0 的逻辑状态,最后判断 I3 的逻辑状态,因此,I0 的优先级最高,I3 的优先级最低。

3. CASE 语句

CASE 语句的结构如下:

```
CASE 表达式   IS
WHEN 选择值=>顺序语句;
...
WHEN 选择值=>顺序语句;
[WHEN OTHERS=>顺序语句;]
END CASE;
```

当执行到 CASE 语句时,首先计算表达式的值,然后根据条件句中与之相同的选择值,执行对应的顺序语句,最后结束 CASE 语句。使用 CASE 语句应注意以下几点:

表达式可以是一个整数类型或枚举类型的值,也可以是由这些数据类型的值构成的数组。条件句中的选择值必在表达式的取值范围内。条件句中的"=>"不是操作符,它只相当于"THEN"的作用。除非所有条件句中的选择值能完整覆盖 CASE 语句中表达式的取值,否则最末一个条件句中的选择必须用"OTHERS"表示。CASE 语句中每一条件句的选择值只能出现一次,不能有相同选择值的条件语句出现。CASE 语句执行中必须选中,且只能选中所列条件语句中的一条。

例 5-4-7   用 CASE 语句描述 4 选 1 多路数据选择器。

解   代码如下:

```
PROCESS (a,b,c,d,sel)
   BEGIN
      CASE sel IS
          WHEN "00"=>   x <=a;
          WHEN "01"=>   x <=b;
          WHEN "10"=>   x <=c;
          WHEN OTHERS=>   x <=d;
      END CASE;
   END PROCESS;
```

4. 等待(WAIT)语句

进程的另一种形式是使用 WAIT 语句,而不使用敏感信号表。WAIT 语句的基本格式如下:

WAIT UNTIL 条件表达式;

如例 5-4-4 中的上升沿触发的 D 触发器可采用以下语句描述:

```
PROCESS
    BEGIN
        WAIT UNTIL clk'EVENT AND clk='1';
            Q<=D;
END PROCESS;
```

在进程中,当执行到 WAIT 等待语句时,运行程序将被挂起,直到满足结束挂起条件后,才开始执行进程中的程序。

至此,已介绍了两种进程的表示方法,一种是带敏感信号表的进程表示方法,一种是采用 WAIT 语句的进程表示方法。值得指出的是,一个进程必须有敏感信号表或 WAIT 语句,但不能既有敏感信号表又有 WAIT 语句。

5.5 常量、变量与信号

在 VHDL 语言中,凡是可以赋予一个值的客体叫数据对象(Data Object,Object),包括常量、变量与信号。

1. 常量

常量(CONSTANT)是指在设计中不会变的值。常量的设置主要是为了程序更容易阅读和修改。常量必须在程序包、实体、构造体或进程的说明区域加以说明。常量一般要赋一初始值,且只能被赋值一次。

常量定义的一般表述如下:

CONSTANT 常量名: 数据类型: =表达式;

例如

CONSTANT WIDTH: INTEGER: =8;

2. 变量

变量(VARIABLE)是一个局部量,只能在进程和子程序中使用。变量的主要作用是在进程中作为临时的数据存储单元。变量的赋值是立即发生的,不存在任何延时。

变量定义的一般表述如下:

VARIABLE 变量名: 数据类型: [=初始值];

例如,

VARIABLE temp: BIT;

与常量不同,变量可以多次赋值。变量赋值的一般表述如下:

目标变量名: =表达式;

变量的赋值语句有以下几种类型：

（1）整体赋值

temp:＝"01011100";

temp:＝X"5C";

（2）逐位赋值

temp(6):＝'1';

（3）多位赋值

temp(6 DOWNTO 3):＝"1011";

3. 信号

信号（SIGNAL）是描述硬件系统的基本数据对象，与硬件中的"连线"相对应。在一个设计中，信号用于连接模块和承载信息。一般而言，信号是全局量，使用范围是实体、结构体和程序包。

信号定义的一般表述如下：

SIGNAL 信号名：数据类型：[＝初始值];

与变量一样，信号可以多次赋值，信号赋值的一般表述如下：

目标信号名 ＜＝表达式;

信号的作用主要有两个：一是在进程间传递信息，完成进程间通信；二是在结构设计中用来连接元件，实现元件间的通信。下面通过两个例子来说明。

例 5-5-1　用 VHDL 描述如图 5-5-1 所示逻辑电路。

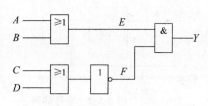

图 5-5-1　例 5-5-1 逻辑图

解　代码如下：

```
LIBRARY   IEEE;
USE   IEEE.STD_LOGIC_1165.ALL;
ENTITY  zuhe  IS
PORT   (A,B,C,D: IN STD_LOGIC;
           Y: OUT   STD_LOGIC);
END  zuhe;
ARCHITECTURE  one  OF  zuhe  IS
SIGNAL   E,F: STD_LOGIC;                    --信号定义
BEGIN
    E＜＝A OR B;
    F＜＝NOT(C OR D);
    Y＜＝E AND F;
END;
```

例 5-5-2　分析以下两 VHDL 代码的综合结果。

程序 1：

```
ARCHITECTURE  one  OF  zuhe  IS
  SIGNAL  F: STD_LOGIC;                    -- 信号定义
     PROCESS (clk)
        BEGIN
        IF clk'EVENT AND clk='1' THEN
          F <=A AND B;
          Q <=F OR C;
        END IF;
     END PROCESS;
```

程序 2：

```
     PROCESS (clk)
     VARIABLE F: STD_LOGIC;                -- 变量定义
        BEGIN
        IF clk'EVENT AND clk='1' THEN
          F := A AND B;
          Q  <=F OR C;
        END IF;
     END PROCESS;
```

代码段 1 中，F 定义为信号，信号的赋值必须经过一段时间的延时后才能成为当前值。第 1 条赋值语句给信号 F 赋值，在第 2 个赋值语句中涉及 F，新的 F 值还未生效，所以利用旧的 F 值。F 的表现如同它的数值存储在触发器中一样，综合的结果如图 5-5-2 所示。

代码段 2 中，F 定义为变量。由于变量的赋值立即生效，所以综合的结果如图 5-5-3 所示。

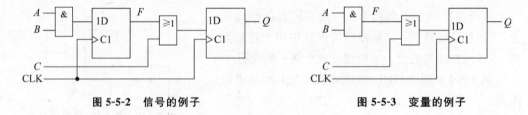

图 5-5-2 信号的例子   图 5-5-3 变量的例子

综上所述，信号和变量的区别可归纳为如表 5-5-1 所示。

表 5-5-1 信号和变量的区别

	信　号	变　量
赋值符号	<=	:=
功能	电路的内部连接	内部数据交换
作用范围	全局，进程和进程之间的通信	进程的内部
行为	延迟一定时间后才赋值	立即赋值

5.6 VHDL 结构体的三种描述方法

任何电路或系统都可以在不同抽象层面上描述。VHDL 语言也允许我们在不同抽象层面上进行设计描述。VHDL 语言通常有三种不同风格的描述方法：行为描述方法、结构描述方法和数据流描述方法。

1. 行为描述方法

行为描述方法是在较高抽象层面对电路或系统进行描述,它只对电路的整体行为进行描述,而不涉及任何特定的结构或实现技术。如例 5-4-7 所示的 4 选 1 数据选择器的 VHDL 程序就采用了行为描述方法。VHDL 具有很强的行为描述能力,通过综合工具进行逻辑综合和优化,就可得到相应的门级网表。行为描述方法可以用一句通俗的话来形容:"告诉我你想要电路做什么,我给你提供能实现这个功能的硬件电路"。

2. 结构描述法

结构描述法必须清楚地描述所用的元件以及元件之间的互连关系。结构描述法是抽象层面比较低的描述方法,要求设计者具有较好的硬件基础。在结构描述法中,元件的互连通过端口界面的定义来实现,采用的基本语句是元件例化语句或生成语句。

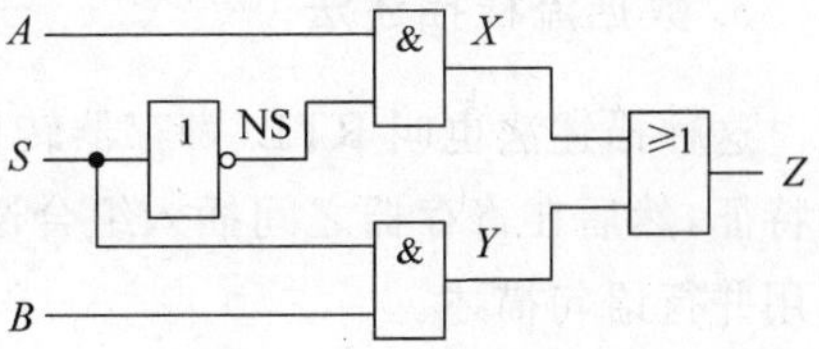

例 5-6-1 试用 VHDL 语言的结构描述法描述如图 5-6-1 所示的 2 选 1 数据选择器。

解 采用结构描述法的 VHDL 程序如下:

图 5-6-1 例 5-6-1 逻辑图

```
LIBRARY  IEEE;
USE IEEE.STD_LOGIC_1165.ALL;

ENTITY  mux21  IS
  PORT (A,B,S: IN STD_LOGIC;
          Z: OUT STD_LOGIC);
END  mux21;

ARCHITECTURE one OF mux21 IS
  COMPONENT andl PORT(a1,b1: IN STD_LOGIC;    --元件定义语句
                   f1: OUT STD_LOGIC);
  END COMPONENT;
  COMPONENT orl PORT (a2,b2: IN STD_LOGIC;
                   f2: OUT STD_LOGIC);
  END COMPONENT;
  COMPONENT notl PORT (a3: IN STD_LOGIC;
                   f3: OUT STD_LOGIC);
  END COMPONENT;

SIGNAL x,y,ns: STD_LOGIC;
  BEGIN
    u1: notl PORT MAP (s,ns);            --元件例化语句
    u2: andl PORT MAP (a,ns,x);
    u3: andl PORT MAP (b,s,y);
    u4: orl  PORT MAP (x,y,z);
  END;
```

该 VHDL 程序的特点是与图 5-6-1 所示逻辑图的结构完全对应。程序中要用到二输入与门 andl、二输入或门 orl 和非门 notl,必须预先设计好,通过编译后放入用户工作

库。例如,二输入与门 andl 的 VHDL 程序为:

```
LIBRARY IEEE;
USE IEEE.STD_LOGIC_1165.ALL;

ENTITY andl IS
PORT(a1,b1: IN STD_LOGIC;
        f1: OUT STD_LOGIC);
END andl;

ARCHITECTURE one OF andl IS
  BEGIN
  f1<=a1 AND b1;
  END;
```

3. 数据流程描述法

这种描述法也叫 RTL(寄存器转换层次)描述法,它以规定设计中的各种寄存器形式为特征,然后在寄存器之间插入组合逻辑。这种描述对于时序电路、组合电路都适用,多采用并行语句描述。

5.7 常用组合逻辑电路的 VHDL 描述

在 VHDL 中,没有相应的关键词来规定一个模块是组合的还是时序的,所以,用 VHDL 语言描述一个逻辑模块时,应确保由综合工具产生的硬件是真正所预期的。

组合逻辑电路由布尔逻辑表达式定义,由基本逻辑门构造而成。前面 5.4 节有关 VHDL 语言句法的内容中已介绍了 1 位全加器、数据选择器、优先编码器等组合逻辑电路的 VHDL 描述方法。本节内容将继续介绍其他功能组合逻辑电路的 VHDL 语言描述方法。

1. 4 位二进制加法器的 VHDL 语言描述

4 位二进制加法器完成两个无符号二进制数相加,并考虑低位进位,同时产生进位输出。4 位加法器的符号可参见图 5-3-1,4 位二进制加法器的 VHDL 源程序如下。

4 位加法器的 VHDL 语言源程序如下:

```
LIBRARY IEEE;
USE IEEE.STD_LOGIC_1164.ALL;
USE IEEE.STD_LOGIC_SIGNED.ALL;

ENTITY  ADD4B  IS
    PORT(A: IN STD_LOGIC_VECTOR(3 DOWNTO 0);
        B: IN STD_LOGIC_VECTOR(3 DOWNTO 0);
        CIN: IN STD_LOGIC;
        S: OUT STD_LOGIC_VECTOR(3 DOWNTO 0);
```

```
        COUT: OUT STD_LOGIC);
END;

ARCHITECTURE one OF   ADD4B  IS
    SIGNAL CRLT: STD_LOGIC_VECTOR(4 DOWNTO 0);
    SIGNAL AA,BB: STD_LOGIC_VECTOR(4 DOWNTO 0);
  BEGIN
      AA<='0'&A;
      BB<='0'&B;
      CRLT<=AA+BB+CIN;
      S<=CRLT(3 DOWNTO 0);
      COUT<=CRLT(4);
END;
```

4 位二进制加法器从硬件电路的角度有两种设计实现方案,一种是串行进位加法器,由 4 个 1 位全加器级联而成,电路简单,但速度较慢;另一种是超前进位加法器,根据输入信号提前计算进位信号,工作速度快,但电路结构复杂,特别是当位数超过 4 位时,进位逻辑会变得十分复杂。上述 4 位二进制加法器的 VHDL 语言代码采用行为描述方法。当综合工具对此代码进行综合时,设计者使用的工具和技术决定此加法器是串行进位加法器还是超前进位加法器。不同的拓扑结构有不同的面积、功率和延迟特性。

2. 4 位数值比较器的 VHDL 语言描述

4 位数值比较器完成对两个 4 位无符号二进制数的比较,输出比较结果。其逻辑符号如图 5-7-1 所示。当 $A>B$ 时,AgtB 输出高电平;当 $A<B$ 时,AltB 输出高电平;当 $A=B$ 时,AeqB 输出高电平。

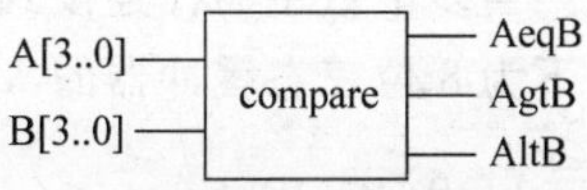

图 5-7-1 数值比较器符号

4 位数值比较器的 VHDL 语言源程序如下:

```
LIBRARY IEEE;
USE IEEE.STD_LOGIC_1164.ALL;
USE IEEE.STD_LOGIC_unsigned.ALL;

ENTITY compare IS
PORT (
    A,B: IN STD_LOGIC_VECTOR(3 DOWNTO 0);
    AeqB,AgtB,AltB: OUT STD_LOGIC);
END compare;

ARCHITECTURE one OF compare IS
  BEGIN
    AeqB <='1'  WHEN  A=B  ELSE '0';
    AgtB <='1'  WHEN  A>B  ELSE '0';
    AltB <='1'  WHEN  A<B  ELSE '0';
END;
```

3. 2 线-4 线译码器的 VHDL 语言描述

2 线-4 线译码器输入 2 位二进制码,输出为低电平有效的译码信号。采用完整 IF 语

句实现,其源程序如下:

```
LIBRARY IEEE;
USE    IEEE.STD_LOGIC_1164.ALL;
USE    IEEE.STD_LOGIC_unsigned.ALL;

ENTITY    decoder IS
  PORT (
        a: IN STD_LOGIC_VECTOR (1 DOWNTO 0);
        y: OUT STD_LOGIC_VECTOR (3 DOWNTO 0)
        );
END decoder;
ARCHITECTURE one OF decoder IS
  BEGIN
    PROCESS(a)
      BEGIN
        IF(a=0) THEN   y(0)<='0'; ELSE   y(0)<='1'; END IF;
        IF(a=1) THEN   y(1)<='0'; ELSE   y(1)<='1'; END IF;
        IF(a=2) THEN   y(2)<='0'; ELSE   y(2)<='1'; END IF;
        IF(a=3) THEN   y(3)<='0'; ELSE   y(3)<='1'; END IF;
      END PROCESS;
  END;
```

4. 三态电路的 VHDL 语言描述

当多个数字器件连接到计算机总线上时,数字器件的输出端必须具有三态输出功能。以下为 8 位三态缓冲器的 VHDL 语言程序。

```
LIBRARY IEEE;
USE IEEE.STD_LOGIC_1164.ALL;

ENTITY   TS8 IS
  GENERIC (N: INTEGER:=8);
  PORT(A: IN STD_LOGIC_VECTOR(N−1 DOWNTO 0)
      OE: IN   STD_LOGIC;
        Y: OUT STD_LOGIC_VECTOR(N−1 DOWNTO 0));
  END TS8;
ARCHITECTURE one OF TS8 IS
  BEGIN
      Y<=(OTHERS=>'Z') WHEN OE='0'   ELSE A;
  END;
```

5.8   常用时序逻辑电路的 VHDL 描述

1. 具有异步清零功能的 4 位并行寄存器

在数字系统设计中,经常要用到不同位数的寄存器。图 5-8-1 所示是具有异步清零功能的并行寄存器,当 CLR='1'时,寄存器清零。当 CLK 上升沿到来时,D 输入的值被置入寄存器中。

下述为用 VHDL 程序描述的 4 位寄存器。将 CLR 信号放入敏感信号表中,是因为寄存器要求异步清零,只要 CLR='1',寄存器立即清零。

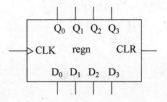

图 5-8-1　4 位并行寄存器符号

```
LIBRARY IEEE;
USE IEEE.STD_LOGIC_1164.ALL;

ENTITY  regn  IS
  PORT ( D: IN STD_LOGIC_VECTOR(3 DOWNTO 0);
      CLR,CLK: IN STD_LOGIC;
       Q: OUT STD_LOGIC_VECTOR(3 DOWNTO 0)
);
  END regn;

ARCHITECTURE one OF regn IS
  BEGIN
    PROCESS (CLR,CLK)
      BEGIN
      IF  CLR='0'  THEN
        Q<="0000";
        ELSIF CLK'EVENT AND CLK='1' THEN
        Q<=D;
      END IF;
    END PROCESS;
  END;
```

2. 具有同步置数功能的 4 位左移寄存器的设计

```
LIBRARY IEEE;
USE IEEE.STD_LOGIC_1164.ALL;

ENTITY  shiftn  IS
GENERIC(N: INTEGER:=4);
PORT(D: IN   STD_LOGIC_VECTOR (N-1 DOWNTO 0);
      CLK: IN   STD_LOGIC;
      LD,DIL: IN STD_LOGIC;
      Q: BUFFER STD_LOGIC_VECTOR (N-1 DOWNTO 0));
END shiftn;

ARCHITECTURE one OF shiftn IS
  BEGIN
    PROCESS                                  --进程中没有敏感信号
    BEGIN
      WAIT UNTIL CLK'EVENT AND CLK='1';   --WAIT 语句
      IF LD='1'  THEN
        Q<=D;
        ELSE
        Q<=Q(N-2 DOWNTO 0)& DIL;
```

```
        END IF;
     END PROCESS;
END;
```

3. 加减计数器

```
LIBRARY IEEE;
USE IEEE.STD_LOGIC_1164.ALL;
USE IEEE.STD_LOGIC_UNSIGNED.ALL;

ENTITY   count  IS
  PORT (clr,clk,updn: IN STD_LOGIC;
             q: BUFFER   STD_LOGIC_VECTOR(3 DOWNTO 0)
         );
  END count;

ARCHITECTURE one OF count IS
  BEGIN
    PROCESS(clr, clk)
      BEGIN
        IFclr='0' THEN q <="0000";
            ELSIF (clk'EVENT AND clk='1') THEN
               IF updn='1' THEN
                 q<=q + 1;
               ELSE
                 q<=q − 1;
               END IF;
          END IF;
      END PROCESS;
END;
```

5.9   有限状态机(FSM)的 VHDL 描述

　　有限状态机(FSM)是由寄存器组和组合逻辑构成的硬件同步时序电路。有限状态机分为米里(mealy)型和摩尔(moore)型。米里型状态机的输出信号是当前状态和所有输入信号的函数,其通用模型可用图 5-9-1 表示。而摩尔型状态机的输出仅是当前状态的函数,其模型如图 5-9-2 所示。摩尔型状态机在时钟跳变后的有限个门延迟之后,输出达到稳定值。输出会在一个完整的时钟周期内保持其稳定,即使在该时钟周期内输入信号有变化,输出也不会变化。输入对输出的影响要到下一个时钟周期才能反映出来。把输入与输出隔离开来是摩尔型状态机的一个重要特点。米里型状态机的输出是在输入变化后立即发生变化,且输入变化可能出现在时钟周期内的任何时候,因而米里型状态机对输入的响应比摩尔型状态机对输入的响应早一个时钟周期。

　　在传统的数字系统设计中,往往是通过设计原始状态图,进行状态化简得到最小状态图,在通过状态分配和确定激励函数与输出函数后实现状态机。对于小规模的简单数字

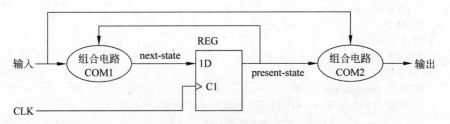

图 5-9-1　米里型状态机模型

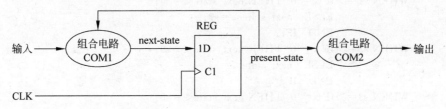

图 5-9-2　摩尔型状态机模型

系统而言这样的设计是可行的、有效的,但是在应用于大型复杂的系统时,工作量和复杂度都是超乎想象的。用 VHDL 语言来描述状态机,符合人的逻辑思维,简单明了,对实现复杂的设计是很有帮助的。以下用两个简单的例子,说明状态机的 VHDL 语言描述方法。

例 5-9-1　已知有一摩尔型电路的状态转换图如图 5-9-3 所示,X 为状态机的输入信号,Y 为输出信号。其功能是 X 连续输入 3 个 1,Y 输出 1。试给出其 VHDL 描述。

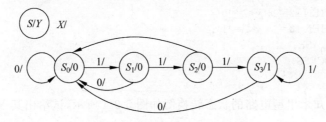

图 5-9-3　例 5-9-1 状态转换图

解　VHDL 语言描述如下:

```
LIBRARY  IEEE;
USE IEEE.STD_LOGIC_1164.ALL;

ENTITY  moore  IS
  PORT  (x,clk: IN STD_LOGIC;
          y: OUT STD_LOGIC);
  END  moore;

ARCHITECTURE   one  OF  moore  IS
    type  FSMST  IS  (s0,s1,s2,s3);
    SIGNAL  present_state,next_state: FSMST;
    BEGIN
reg: PROCESS (clk)
    BEGIN
      IF clk='1' AND clk'EVENT THEN
```

```
            present_state <= next_state;
          END IF;
       END PROCESS;
com1: PROCESS(present_state, x)
    BEGIN
      CASE  present_state  IS
        WHEN s0=>IF x='0' THEN next_state<=s0;
                    ELSE   next_state<=s1;
                    END IF;
        WHEN s1=>IF x='0' THEN next_state<=s0;
                    ELSE   next_state<=s2;
                    END  IF;
        WHEN s2=>IF x='0' THEN next_state<=s0;
                    ELSE   next_state<=s3;
                    END  IF;
        WHEN s3=>IF x='0' THEN next_state<=s0;
                    ELSE   next_state<=s3;
                    END  IF;
      END  CASE;
    END PROCESS;
com2: PROCESS(present_state)
    BEGIN
      CASE  present_state  IS
        WHEN s0=>  y<='0';
        WHEN s1=>  y<='0';
        WHEN s2=>  y<='0';
        WHEN s3=>  y<='1';
      END  CASE;
    END PROCESS;
  END;
```

例 5-9-2 已知米里型电路的状态转换图如图 5-9-4 所示,试给出其 VHDL 描述。

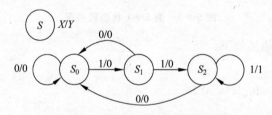

图 5-9-4 例 5-9-2 状态转换图

解 该电路有一个输入信号 X 和一个输出信号 Y 以及三个状态,因此在描述时需定义一个仅含 S_0、S_1 和 S_2 三种状态的枚举类型,并定义一个信号表示电路状态,该电路的 VHDL 描述如下:

```
LIBRARY   IEEE;
USE IEEE.STD_LOGIC_1164.ALL;
ENTITY   mealy  IS
  PORT  (x, clk: IN BIT;
          y: OUT BIT);
```

```
        END   mealy;
ARCHITECTURE behave OF mealy IS
      TYPE  fmst  IS  (s0,s1,s2);
      SIGNAL state: fmst;
BEGIN
comreg:PROCESS(clk)
      BEGIN
       IF   clk'EVENT AND clk='1'   THEN
         CASE   state  IS
           WHEN   s0=>IF   x='0'   THEN state<=s0;
           ELSE state<=s1;
           END   IF;
           WHEN   s1=>IF   x='0'   THEN state<=s0;
           ELSE state<=s2;
           END   IF;
           WHEN   s2=>IF   x='0'   THEN state<=s0;
           ELSE state<=s2;
           END IF;
          END   CASE;
        END IF;
      END   PROCESS;
    com: PROCESS(state,x)
    BEGIN
      CASE   x  IS
         WHEN '0'=>y<='0';
         WHEN '1'=>IF   state=s2   THEN y<='1';
         ELSE y<='0';
      END IF;
      END   CASE;
    END   PROCESS;
END   behave;
```

以上编写的 VHDL 语言程序将模型中的 COM1 和 REG 合为一个进程,请读者注意。

5.10 设计训练题

1. 编写如图 5-10-1 所示包含以下内容的实体代码:

端口 d 为 12 位输入总线;
端口 oe 和 clk 都是 1 位输入;
端口 ad 为 12 位双向总线;
端口 a 为 12 位输出总线;
端口 int 是 1 位输出;
端口 as 是 1 位输出同时被用作内部反馈。

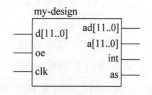

图 5-10-1   题 1 实体符号

2. 下面是一个简单的 VHDL 描述,请画出其实体(ENTITY)所对应的原理图符号和构造体(ARCHITECTURE)所对应的电路原理图:

```
ENTITY  nand  IS
  PORT( a: IN  STD_LOGIC;
          b: IN  STD_LOGIC;
          c: IN  STD_LOGIC;
          q1: OUT  STD_LOGIC;
          q2: OUT  STD_LOGIC);
END   nand;

ARCHITECTURE  one  OF  nand  IS
BEGIN
    q1 <=NOT(a  AND  b);
    q2 <=NOT(c  AND  b);
END  one;
```

3. 一个逻辑器件 VHDL 程序如下所示,试指出这是什么逻辑器件,并写出其真值表。

```
LIBRARY  IEEE;
USE IEEE.STD_LOGIC_1164.ALL;

ENTITY encode IS
  PORT (d: IN STD_LOGIC_VECTOR(7 DOWNTO 0);
          z: OUT STD_LOGIC_VECTOR(2 DOWNTO 0));
  END ENTITY;

ARCHITECTURE one OF encode IS
  BEGIN
    PROCESS(d)
      BEGIN
        IF (d(7)='0')  THEN  z<="000";
        ELSIF(d(6)='0')THEN  z<="001";
        ELSIF(d(5)='0')THEN  z<="010";
        ELSIF(d(4)='0')THEN  z<="011";
        ELSIF(d(3)='0')THEN  z<="100";
        ELSIF(d(2)='0')THEN  z<="101";
        ELSIF(d(1)='0')THEN  z<="110";
        ELSE  z<="111";
        END IF;
      END PROCESS;
    END;
```

4. 8 位右移寄存器 SHREG 如图 5-10-2 所示,CLK 为移位时钟信号,上升沿触发;DIN 是串行数据输入端口;QB 为移位寄存器并行输出端。写出其 VHDL 语言程序。

5. 写出如图 5-10-3 所示十进制加法计数器 CNT10 的 VHDL 语言源程序。要求具有如下功能:

① 实现十进制加法计数,计到 9 时产生低电平进位输出,CLK 上升沿触发。

② 具有使能控制功能,当 CS＝0 时,禁止计数；当 CS＝1 时,允许计数。

③ 具有异步清零功能。

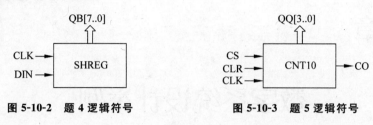

图 5-10-2　题 4 逻辑符号　　　　　图 5-10-3　题 5 逻辑符号

6. 用 VHDL 语言设计一个 3 分频电路,要求输出信号的占空比为 50％。

第6章

数字系统设计举例

6.1 概述

数字系统是指对数字信息进行存储、传输、处理的电子系统。它的输入输出都是数字量。数字系统既可以是一个逻辑部件,也可以是一个独立的实用装置,就其组成而言,都是由许多能够进行各种操作的功能部件组成。

数字系统一般可划分为控制单元和数据处理单元,其系统方框图如图 6-1-1 所示。数据处理单元完成数据处理,产生系统的输出信号,并产生数据运算状态信息。数据处理单元主要由寄存(存储)器、运算器、数据选择器等部件组成。控制单元根据外部控制信号,并从数据单元得到状态信号,产生控制信号序列,以决定何时进行何种数据运算。控制单元属于时序逻辑电路,一般由同步状态机实现。

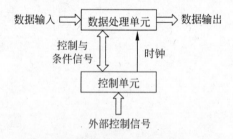

图 6-1-1 数字系统的基本组成

值得指出的是,一些规模庞大的数字电路如半导体存储器,并不是一个系统,只是一个功能部件。而由几片 MSI 构成的数字电路,只要包括控制单元和数据处理单元就称为数字系统。

传统的数字系统设计方法的基本思路是选用标准集成电路"自底向上"地构造出一个新的系统。采用这种方法必须首先确定使用器件的类别和规格,同时解决这些器件的可获得性。在设计过程中,如果出现某些技术参数不满足要求或者由于缺货更换器件,都将可能使前面的设计工作前功尽弃。因此这种设计方法不仅效率低、成本高而且容易出错。这种传统的设计方法在新的数字系统设计中很少采用。

现代的数字系统设计方法是一种"自顶向下"(from top to down)的设计方法。这种设计方法首先从系统设计入手,在顶层将整个系统划分成几个子系统,然后逐级向下,再将每个子系统分为若干功能模块,每个功能模块还可以继续向下划分成子模块,直至分成许多最基本模块实现。从上到下的划分过程中,最重要的是将系统或子系统划分成控制单元和数据处理单元。数据处理单元中的功能模块通常为设计者熟悉的各种功能电路,无论是取用现成模块还是自行设计,无需花费很多精力。设计者的主要任务是控制单元的设计,而控制单元实际上是一个状态机。"自顶向下"设计方法将一个复杂的数字系统设计转化为一些较为简单的状态机设计和基本电路模块的设计,从而大大简化了设计难度。

6.2 EDA 软件 Quartus Ⅱ 的基本操作——以 4 位数字频率计设计为例

6.2.1 设计题目

设计一个 4 位数字频率计,测量范围为 $0 \sim 9999\,\mathrm{Hz}$,假设被测信号为标准的方波信号。

6.2.2 数字频率计的工作原理

频率就是周期性信号在单位时间(1s)内的变化次数。若在 1s 的时间间隔内测得这个周期性信号的重复变化次数为 N,则其频率 f 可表示为

$$f = N$$

由此可见,只要将被测信号作为计数器的时钟输入端,让计数器从零开始计数,计数器计数 1s 后得到的计数值就是被测信号的频率值。数字频率计的原理框图如图 6-2-1 所示。当闸门信号(宽度为 1s 的正脉冲)到来时,闸门开通,被测信号通过闸门送到计数器,计数器开始计数,当闸门信号结束时,计数器停止计数。为了使测得的频率值准确,在闸门开通之前,计数器必须清零。由于闸门开通的时间为 1s,计数器的计数值就是被测信号频率。为了使显示电路稳定地显示频率值,在计数器和显示电路之间加了锁存器,当闸门关闭,计数器停止计数,控制电路送出锁存信号将计数值存入锁存器,显示电路的显示值刷新。控制电路需要产生三个控制信号:闸门信号、锁存信号和清零信号。三个控制信号需要满足如图 6-2-2 所示的时序关系。

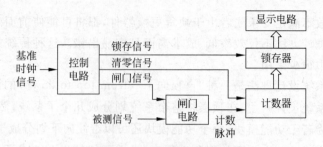

图 6-2-1 数字频率计原理框图

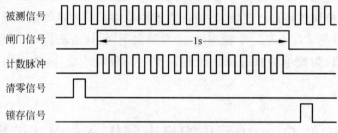

图 6-2-2 频率计控制信号时序图

6.2.3 数字频率计的硬件电路设计

数字频率计硬件电路设计方案如图 6-2-3 所示。硬件电路包括 FPGA 芯片、显示电路、时钟产生电路。FPGA 的芯片型号采用 EP2C5T144,用于实现数字频率计的主要逻辑电路。由于数字频率计的测频范围为 0～9999Hz,因此显示电路采用 4 位 LED 数码管。时钟产生电路由晶体振荡器和分频电路构成。采用时钟电路目的有二:一是为频率计的控制电路提供基准时钟信号 CLK1,以产生频率计所需要的控制信号。需要说明的是,一般实验板上的 FPGA 都设有外部时钟源(有源晶振),因此频率计基准时钟信号原则上可以通过外部时钟源分频得到,但由于基准时钟信号频率很低(因为需要产生 1s 的闸门信

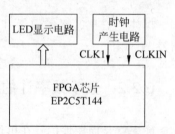

图 6-2-3 频率计硬件原理框图

号),而有源晶振产生的时钟信号频率很高,使分频电路复杂;二是为数字频率计提供频率可变的被测信号 CLKIN。对数字频率计进行测试时,一般需要用函数信号发生器提供频率可变的时钟信号。本设计考虑测试的方便性,由时钟产生电路产生频率可变的被测信号。

LED 数码管显示电路有以下两种设计方案:方案一原理图如图 6-2-4 所示。FPGA 通过 BCD-七段显示码译码器 CD4511 驱动共阴数码管,FPGA 将 8421BCD 码表示的频率值送 CD4511,为了控制显示亮度,数码管的每根输入引脚加了限流电阻。方案二原理图如图 6-2-5 所示。FPGA 直接驱动共阴数码管,通过电阻调节数码管的电流,实现数码管的显示亮度控制,同时防止 FPGA I/O 引脚的输出电流过大。注意,图 6-2-4 和图 6-2-5 中 LED 数码管由于采用不同的封装,因此引脚排列并不相同。两种方案比较可知,方案二不需要显示译码驱动电路,电路简单,通过 FPGA 内部设置二进制码-七段显示码译码器模块,LED 数码管不但可以显示 0～9 数字,还可以显示 A～F 字母,方案二的不足之处是需要占用较多的 I/O 引脚。由于 FPGA 芯片有足够的 I/O 引脚,本设计采用方案二。

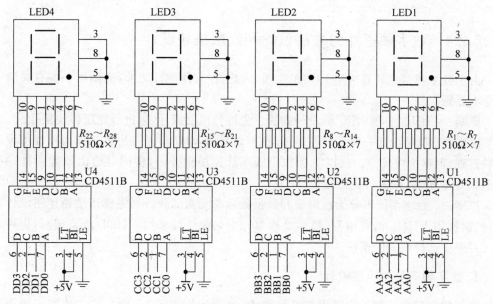

图 6-2-4　方案一显示电路原理图

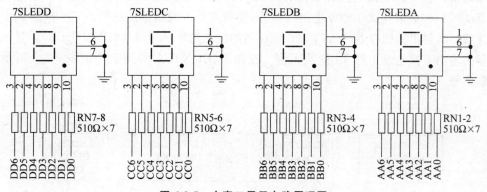

图 6-2-5　方案二显示电路原理图

时钟产生电路选用 CD4060 来构成晶体振荡电路和分频电路,原理图如图 6-2-6 所示。CD4060 由一振荡器和 14 级二进制串行计数器构成。振荡电路产生的时钟信号频率为 32768Hz,经分频以后可产生多种频率的时钟信号。将 Q12 引脚输出的 8Hz 时钟信号作为频率计基准时钟信号 CLK1,通过短路块选择 Q13、Q10、Q8、Q6、Q4 中的一路输出,作为频率计的被测信号 CLKIN。

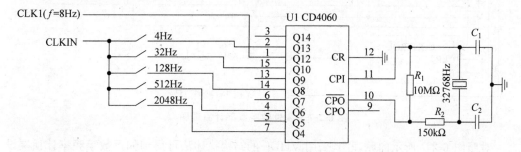

图 6-2-6　时钟产生电路原理图

6.2.4 数字频率计的顶层设计和底层模块设计

由于数字频率计最后采用 FPGA 实现,因此,在具体设计之前,先给出一些有关设计的基本原则。

原则一:采用"自顶向下"的设计方法。先进行顶层设计,再进行底层模块设计。

原则二:顶层设计一般采用原理图,也可以采用 VHDL 语言描述。采用原理图设计比较直观,但移植性较差。在以下的数字频率计顶层设计中,将同时给出原理图描述和 VHDL 语言描述,读者可自行比较。

原则三:数字系统可分为控制器和数据处理单元两部分。当完成顶层原理图设计以后,控制器用 VHDL 语言编写,数据处理单元中的模块可采用 VHDL 语言编写,也可以在元件库中选择现成的模块。

1. 数字频率计的顶层设计

根据数字频率计的工作原理和设计要求,可得到如图 6-2-7 所示的 4 位数字频率计的原理图。整个原理图包括计数器、锁存器、显示译码器、控制器四部分。4 个十进制计数器(CNT10)级联构成 10000 进制计数器,使频率计的测量范围达到 0～9999Hz。十进制计数器的输出送锁存器(LATCH),锁存器的输出送显示译码器(DECODER)。显示译码器的输出直接驱动七段 LED 数码管。控制器(CONTROL)用于产生图 6-2-2 所示的控制信号。

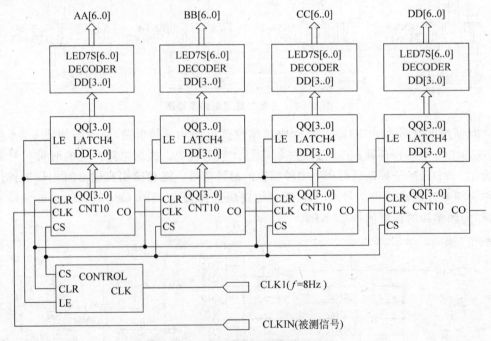

图 6-2-7　4 位数字频率计原理图

对照图 6-2-7 所示的原理图,采用 VHDL 的结构描述法可得到如下数字频率计顶层设计 VHDL 代码。在代码中使用了 4 个元件:CNT10、LATCH 4、DECODER、CONTROL。这些元件在另外的 VHDL 代码中定义。

```vhdl
LIBRARY IEEE;
USE IEEE.STD_LOGIC_1164.ALL;
USE IEEE.STD_LOGIC_UNSIGNED.ALL;

ENTITY FMETER IS
PORT(CLK1,CLKIN: IN STD_LOGIC;
      AA,BB,CC,DD: OUT STD_LOGIC_VECTOR(6 DOWNTO 0));
END FMETER;

ARCHITECTURE one OF FMETER IS
SIGNAL QQ0,QQ1,QQ2,QQ3: STD_LOGIC_VECTOR(3 DOWNTO 0);
SIGNAL DIN0,DIN1,DIN2,DIN3: STD_LOGIC_VECTOR(3 DOWNTO 0);
SIGNAL CS,CLR,LE: STD_LOGIC;
SIGNAL CO0,CO1,CO2,CO3: STD_LOGIC;

COMPONENT CONTROL
PORT(CLK: IN STD_LOGIC;
      CS,CLR,LE: OUT STD_LOGIC);
END COMPONENT;

COMPONENT CNT10
PORT(CLK,CLR,CS: IN STD_LOGIC;
      QQ: BUFFER STD_LOGIC_VECTOR(3 DOWNTO 0);
      CO: OUT STD_LOGIC);
END COMPONENT;

COMPONENT LATCH4
PORT(LE: IN STD_LOGIC;
      DD: IN STD_LOGIC_VECTOR(3 DOWNTO 0);
      QQ: OUT STD_LOGIC_VECTOR(3 DOWNTO 0));
END COMPONENT;

COMPONENT DECODER
PORT(DIN: IN STD_LOGIC_VECTOR(3 DOWNTO 0);
    LED7S: OUT STD_LOGIC_VECTOR(6 DOWNTO 0));
END COMPONENT;

BEGIN
U1: CONTROL PORT MAP(CLK1,CS,CLR,LE);
U2: CNT10 PORT MAP(CLKIN,CLR,CS,QQ0,CO0);
U3: CNT10 PORT MAP(CO0,CLR,CS,QQ1,CO1);
U4: CNT10 PORT MAP(CO1,CLR,CS,QQ2,CO2);
U5: CNT10 PORT MAP(CO2,CLR,CS,QQ3,CO3);
U6: LATCH4 PORT MAP(LE,QQ0,DIN0);
U7: LATCH4 PORT MAP(LE,QQ1,DIN1);
U8: LATCH4 PORT MAP(LE,QQ2,DIN2);
U9: LATCH4 PORT MAP(LE,QQ3,DIN3);
U10: DECODER PORT MAP(DIN0,AA);
U11: DECODER PORT MAP(DIN1,BB);
```

```
U12: DECODER PORT MAP(DIN2,CC);
U13: DECODER PORT MAP(DIN3,DD);
END;
```

2. 数字频率计底层模块设计

在数字频率计的顶层设计中使用了 4 个不同功能的底层模块：CNT10 模块、LATCH 模块、DECODER 模块和 CONTROL 模块。

（1）十进制计数器模块 CNT10 的 VHDL 语言描述

CNT10 模块为十进制加法计数器模块，该计数器模块设置了计数、异步清零、计数使能、进位输出等多种功能。异步清零功能是为了闸门开通之时计数器从零开始计数。计数使能信号实际上就是闸门信号，高电平时允许计数，低电平时停止计数（保持状态）。进位输出是用于计数器之间的级联，即前级计数器的进位输出作为后级计数器的时钟输入。由于计数器采用时钟的上升沿触发，当计数器计到 9 时，进位输出端输出一个时钟周期宽度的负脉冲，在负脉冲的上升沿使后级计数器加 1。如果计数器模块的进位输出设为高电平有效，则会出现后级计数器提前进位的问题。

根据 CNT10 模块的功能定义，其 VHDL 语言源程序编写如下：

```
LIBRARY IEEE;
USE IEEE.STD_LOGIC_1164.ALL;
USE IEEE.STD_LOGIC_UNSIGNED.ALL;

ENTITY CNT10 IS
PORT(clk: IN STD_LOGIC;
    clr: IN STD_LOGIC;
    cs: IN STD_LOGIC;
    qq: BUFFER STD_LOGIC_VECTOR(3 DOWNTO 0);
    co: OUT STD_LOGIC
    );
END CNT10;

ARCHITECTURE one OF CNT10 IS
  BEGIN
    PROCESS(clk,clr,cs)
      BEGIN
        IF (clr='1') THEN
          qq<="0000";
        ELSIF (clk'EVENT AND clk='1') THEN
          IF (cs='1') THEN
            IF (qq=9) THEN
              qq<="0000";
            ELSE
              qq<=qq+1;
          END IF;
        END IF;
      END IF;
    END PROCESS;
```

```
        PROCESS(qq)
        BEGIN
            IF (qq=9) THEN
                co<='0';
            ELSE
                co<='1';
            END IF;
          END PROCESS;
        END one;
```

(2) LATCH4 模块的设计

LATCH4 模块为 4 位锁存器模块,其功能比较简单。在锁存信号的高电平期间,锁存器输出跟随输入变化,在锁存信号的下降沿,将输入值锁存,输出值保持不变。其 VHDL 语言源程序为:

```
LIBRARY IEEE;
USE IEEE.STD_LOGIC_1164.ALL;
USE IEEE.STD_LOGIC_UNSIGNED.ALL;

ENTITY  LATCH4  IS
    PORT(le: IN STD_LOGIC;
            dd: IN STD_LOGIC_VECTOR(3 DOWNTO 0);
            qq: OUT STD_LOGIC_VECTOR(3 DOWNTO 0));
END LATCH4;

ARCHITECTURE one OF LATCH4 IS
    BEGIN
        PROCESS(le,dd)
            BEGIN
                IF (le='1') THEN
                    qq<=dd;
                END IF;
            END PROCESS;
        END one;
```

(3) DECODER 模块的设计

DECODER 模块完成将 LATCH4 模块输出的 8421BCD 转换成七段显示码。频率计的显示器件采用共阴七段数码管,显示字符与对应的段码可参见第 9.3.2 节表 9-3-1。

```
LIBRARY IEEE;
USE IEEE.STD_LOGIC_1164.ALL;

ENTITY DECODER IS
PORT(din: IN STD_LOGIC_VECTOR(3 DOWNTO 0);
        led7s: OUT STD_LOGIC_VECTOR(6 DOWNTO 0)
    );
END;

ARCHITECTURE one OF DECODER IS
BEGIN
```

```
PROCESS(din)
 BEGIN
  CASE din IS
   WHEN  "0000"=>led7s<="0111111";
   WHEN  "0001"=>led7s<="0000110";
   WHEN  "0010"=>led7s<="1011011";
   WHEN  "0011"=>led7s<="1001111";
   WHEN  "0100"=>led7s<="1100110";
   WHEN  "0101"=>led7s<="1101101";
   WHEN  "0110"=>led7s<="1111101";
   WHEN  "0111"=>led7s<="0000111";
   WHEN  "1000"=>led7s<="1111111";
   WHEN  "1001"=>led7s<="1101111";
   WHEN  "1010"=>led7s<="1110111";
   WHEN  "1011"=>led7s<="1111100";
   WHEN  "1100"=>led7s<="0111001";
   WHEN  "1101"=>led7s<="1011110";
   WHEN  "1110"=>led7s<="1111001";
   WHEN  "1111"=>led7s<="1110001";
   WHEN  OTHERS=>led7s<=NULL;
  END CASE;
 END PROCESS;
END;
```

(4) CONTROL 模块

控制模块 CONTROL 用于产生满足如图 6-2-2 所示时序要求的控制信号。CONTROL 模块实际上是一个具有 10 个状态的摩尔(Moore)型状态机。该状态机的时钟信号为 8Hz 的基准时钟信号 CLK1,因此每个状态的维持时间为 0.125s。状态机的状态采用格雷码编码,以消除输出控制信号可能出现的毛刺。通过状态译码产生三个控制信号:第 0 状态时,清零信号(CLR)置为高电平;第 1~8 状态时,闸门信号(CS)置为高电平,由于闸门信号由 8 个状态组成,因此,其脉冲宽度刚好为 1s;第 9 状态时,锁存信号(LE)置为高电平。

```
LIBRARY IEEE;
USE IEEE.STD_LOGIC_1164.ALL;

ENTITY CONTROL IS
    PORT(clk: IN STD_LOGIC;
            cs,clr,le: OUT STD_LOGIC);
END CONTROL;

ARCHITECTURE behav OF CONTROL IS
SIGNAL current_state,next_state:STD_LOGIC_VECTOR(3 DOWNTO 0);
CONSTANT st0: STD_LOGIC_VECTOR:="0011";
CONSTANT st1: STD_LOGIC_VECTOR:="0010";
CONSTANT st2: STD_LOGIC_VECTOR:="0110";
CONSTANT st3: STD_LOGIC_VECTOR:="0111";
CONSTANT st4: STD_LOGIC_VECTOR:="0101";
CONSTANT st5: STD_LOGIC_VECTOR:="0100";
```

```
CONSTANT st6: STD_LOGIC_VECTOR:="1100";
CONSTANT st7: STD_LOGIC_VECTOR:="1101";
CONSTANT st8: STD_LOGIC_VECTOR:="1111";
CONSTANT st9: STD_LOGIC_VECTOR:="1110";
BEGIN
com1: PROCESS(current_state)
    BEGIN
    CASE current_state IS
    WHEN st0=>next_state<=st1; clr<='1'; cs<='0'; le<='0';
    WHEN st1=>next_state<=st2; clr<='0'; cs<='1'; le<='0';
    WHEN st2=>next_state<=st3; clr<='0'; cs<='1'; le<='0';
    WHEN st3=>next_state<=st4; clr<='0'; cs<='1'; le<='0';
    WHEN st4=>next_state<=st5; clr<='0'; cs<='1'; le<='0';
    WHEN st5=>next_state<=st6; clr<='0'; cs<='1'; le<='0';
    WHEN st6=>next_state<=st7; clr<='0'; cs<='1'; le<='0';
    WHEN st7=>next_state<=st8; clr<='0'; cs<='1'; le<='0';
    WHEN st8=>next_state<=st9; clr<='0'; cs<='1'; le<='0';
    WHEN st9=>next_state<=st0; clr<='0'; cs<='0'; le<='1';
    WHEN others=>next_state<=st0; clr<='0'; cs<='0'; le<='0';
END CASE;
END PROCESS com1;

reg: PROCESS(clk)
    BEGIN
    IF (clk'EVENT AND clk='1') THEN
    current_state<=next_state;
    END IF;
    END PROCESS reg;
END behav;
```

至此,数字频率计的顶层设计和低层模块的设计已经完成。在顶层设计中,只需要从系统的功能和工作时序的关系确定各底层模块所必须满足的逻辑功能,由于底层模块采用 VHDL 语言编写,其功能可自行定义,因此,在设计顶层原理图时,无需关心各底层模块所采用的元器件的型号和工艺,这是"自顶向下"设计方法的优点之一。

6.2.5　设计项目的输入、编译、仿真、处理

由于数字频率计采用 FPGA 实现,必须借助 EDA 软件才能将上述设计转换为实际系统。Altera 公司的 Quartus Ⅱ设计软件提供了完整的多平台设计环境,含有 FPGA 和 CPLD 设计所有阶段的解决方案,如图 6-2-8 所示。

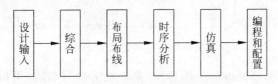

图 6-2-8　Quartus Ⅱ设计流程

数字频率计的设计包含顶层设计和底层模块设计。虽然顶层设计既可采用原理图,也可采用 VHDL 语言,但为了介绍 Quartus Ⅱ 软件的原理图输入法和文本输入法,数字频率计的顶层设计采用原理图描述。需要说明的是,先要将底层模块的 VHDL 程序通过编译生成对应的逻辑符号,才能为顶层原理图所调用。利用 Quartus Ⅱ 软件的数字频率计设计流程可分解为以下步骤。

① 建立工作文件夹和设计项目;

② 底层模块输入(文本输入);

③ 底层模块编译、生成底层模块的符号;

④ 底层模块的仿真;

⑤ 顶层设计的输入(原理图输入);

⑥ 顶层设计的编译;

⑦ 器件选择和管脚锁定、编程下载。

1. 建立工作文件夹和设计项目

Quartus Ⅱ 软件将任何一个设计都视作一项工程(Project),在设计输入之前,必须为工程文件建立一个文件夹,此文件夹将被 Quartus Ⅱ 软件默认为工作库(Work Library)。需要注意的是,文件夹不能用中文字符命名,也不要有空格,只能用英文字母和数字命名,长度最好控制在 8 个字符之内。针对数字频率计的设计实例,可在 E 盘建立一个文件夹,取名为 FMETER,路径为 E:\BOOK\FM。

选择菜单 File→New Project Wizard,出现如图 6-2-9 所示的新建项目对话框。

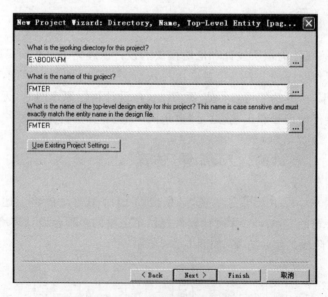

图 6-2-9 创建工程 FMTER

图 6-2-9 中最上面一栏指示工作目录,第二栏为项目名称,可以为任何名字,但推荐以顶层设计名作为项目名,第三栏为顶层设计的实体名。数字频率计的顶层原理图文件名取为 FMETER,设置完成后,单击 Next 按钮,出现一个将设计文件加入工程的对话

框。由于还没有设计文件加入，直接单击 Next 按钮，出现如图 6-2-10 所示的选择目标芯片对话框。首先在 Family 栏中选择 Cyclone Ⅱ 系列，然后在 Target device 选项中选择 Specific device selected in 'Available devices' list。根据 FPGA 所采用的型号，在这里选择 EP2C5T144C8。

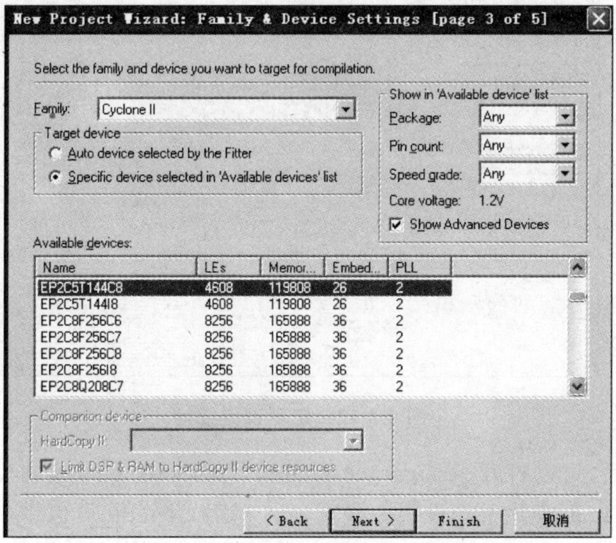

图 6-2-10 选择目标芯片

选定目标器件后，单击 Next 按钮，出现如图 6-2-11 所示的用于选择仿真器和综合器类型的对话框。由于本设计采用 Quartus Ⅱ 自带的仿真器和综合器，不需要选择，直接单击 Next 按钮，出现如图 6-2-12 所示的对话框，列出了此项工程的相关设置情况。最后单击 Finish 按钮结束该工程的设置。

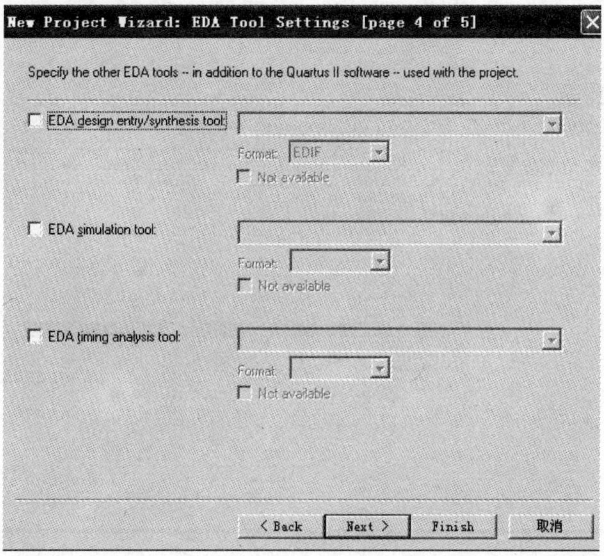

图 6-2-11 选择仿真器和综合器

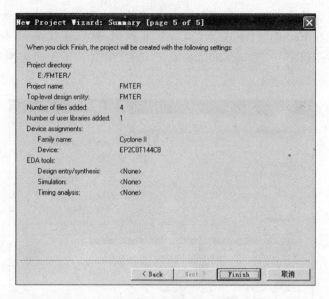

图 6-2-12　工程设置统计

工程建立以后,可以打开 Assignments 菜单下的 Settings 对话框,如图 6-2-13 所示。通过该对话框,可以更改并重新设置一些选项。利用 General 可以重新指定顶层实体,在 File 页面中可以添加和删除文件。在 User Libraries 中可以加入用户自定义库函数。

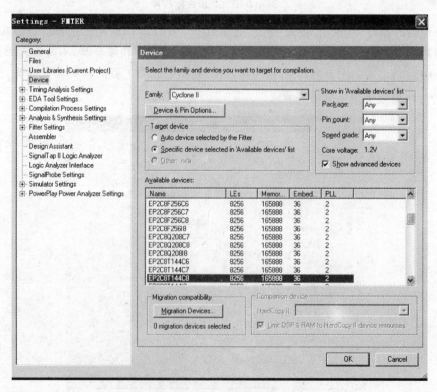

图 6-2-13　更改工程设置对话框

2. 底层模块的设计输入

打开 Quartus Ⅱ 软件,选择菜单 File→New→Device Design Files→VHDL File,单击 OK 按钮在 VHDL 文本编辑窗中输入 CNT10 模块的 VHDL 程序,如图 6-2-14 所示。

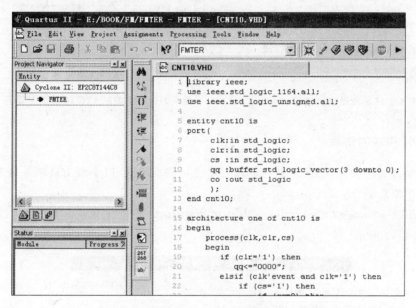

图 6-2-14　设计文件输入

选择 File→Save As 选项,将输入的文件保存到工作文件夹中,保存类型选择 VHDL File(* .vhd),存盘文件名必须与 VHDL 程序中的实体名一致,即 CNT10.vhd。

3. 底层模块的编译和符号创建

Quartus Ⅱ 的编译器由一系列处理模块构成,这些模块完成对设计项目的检错、逻辑综合、结构综合、输出结果的编译配置、时序分析等功能。

选择 File→Open 选项,打开 CNT10 模块的 VHDL 程序。然后选择 Project→Set as top_Level_Entity 选项,将 CNT10 模块的 VHDL 程序置为顶层文件,以便编译操作。

启动编译操作有两种方法,一种方法是通过选择 Processing→Start Compilation 选项;另一种方法是单击工具栏上的快捷方式按钮,如图 6-2-15 所示。编译过程中窗口会显示相关信息,如果出现警告和错误,其信息会以不同颜色显示。警告不影响编译通过,但是错误将阻止编译通过,必须进行修改。只要双击 Process 中错误信息条文,在弹出的 VHDL 文件中,光标就会指示到错误处。修改错误以后再进行编译,直至所有错误排除。

编译通过以后,应对底层模块生成逻辑符号,以便在顶层设计原理图所调用。选择菜单 File→Create/Update→Create Symbol Files for Current File,就可以生成对应 VHDL 程序的逻辑符号。符号生成以后可以打开相关符号文件,如图 6-2-16 所示。

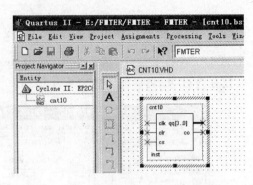

图 6-2-15　编译快捷按钮　　　　　图 6-2-16　生成的 CNT10 模块逻辑符号

4. 底层模块的仿真

模块编译通过以后,必须对其功能和时序进行仿真测试,以了解仿真结果是否满足设计要求的逻辑功能。

选择 File→New→Other Files→Vector Waveform File 菜单,打开空白的波形编辑器,如图 6-2-17 所示。

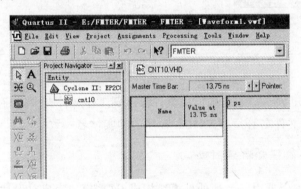

图 6-2-17　打开波形编辑器

在波形编辑器中输入信号节点。选择 View→Utility Windows→Node Finder 菜单,弹出如图 6-2-18 所示对话框。在 Filter 中选择 Pin:all,单击 List 按钮,在 Nodes Found 窗口中列出了 CNT10 模块的所有端口引脚。用鼠标将需要仿真观察的信号拉到波形编辑器窗口。注意,对话框中有些引脚是重复的,如 qq 是 qq[0]、qq[1]、qq[2]、qq[3]的组合,只需将 qq 拉到波形编辑器窗口即可。加入端口引脚后的波形编辑器窗口如图 6-2-19 所示。

设置仿真时间。选择 Edit→End Time…菜单,在弹出的窗口中的 Time 栏处输入"1",单位选择 ms,单击 OK 按钮,结束设置。

设置网格宽度。为了便于对输入信号的赋值,通常还需要设置网格宽度。选择 Edit→Grid Size…菜单,在弹出的窗口中的 Period 栏处输入"40",单位选择"μs",单击 OK 按钮,结束设置。

单击左侧工具栏上的 🔍 按钮,再用鼠标左右键缩放波形,使整个仿真区间处在波形编辑窗口,可以看到仿真区间用一系列的垂直虚线分隔,两条虚线之间的间隔为 40μs

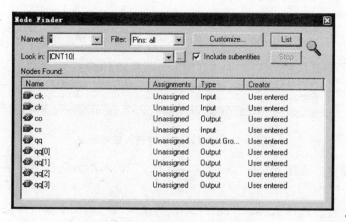

图 6-2-18　选择信号节点对话框

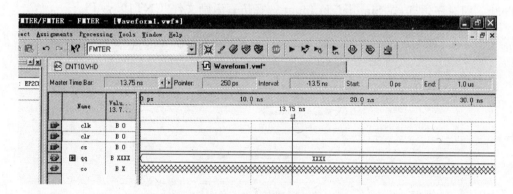

图 6-2-19　加入端口引脚后的波形编辑器窗口

（Grid Size）。

　　编辑输入波形。仿真窗口中的端口引脚,有些是输入引脚,有些是输出引脚。对于输入引脚,仿真前必须对输入信号进行赋值。输入信号的赋值应根据仿真模块的逻辑功能,总的原则是能将模块的所有功能仿真出来。对于 CNT10模块来说,首先是一个十进制计数器,同时具有异步清零功能,计数允许控制功能,因此,在给输入信号赋值时,时钟信号的周期数应该大于 10; CLR 信号可以设置一个窄脉冲;对 CS 信号设置一个宽度大于 10 个时钟周期宽脉冲。时钟信号的赋值方法是,单击选中波形编辑窗口的时钟信号名"clk",使之变成蓝色条,再单击左侧工具栏上的时钟设置键，打开如图 6-2-20 所示的窗口。将周期设为 $40\mu s$,其余参数设为默认值。cs 和 clk 的赋值方法是:用鼠标选定赋值区域(选定后该区域即变成蓝色),单击左侧工具栏上的按钮,选定区域即赋值为高电平;也可以单击左侧按钮后,直接用鼠标拖动相应区间即可。

　　CNT10 模块的输入信号设置如图 6-2-21 所示。

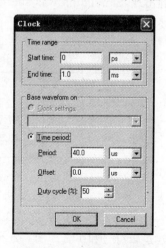

图 6-2-20　设置时钟窗口

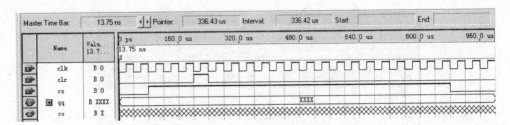

图 6-2-21　CNT10 模块的输入信号设置

波形文件存盘。选择 File→Save 菜单,以 CNT10.vwf 为文件名将波形文件存入工作文件夹中。

仿真参数设置。选择 Assignment→Setting 菜单,在 Setting 窗口中左侧 Category 栏中选择 Simulator 项,打开如图 6-2-22 所示的窗口。在 Simulation Mode 项目下选择 Timing 即时序仿真,在 Simulation Input 选择仿真激励文件"CNT10.vwf"。

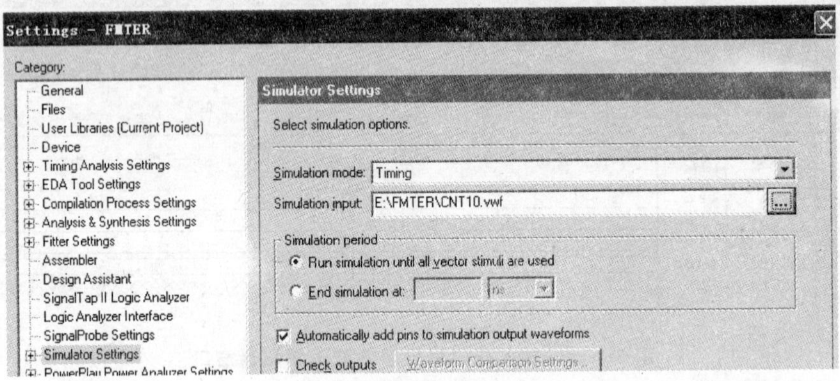

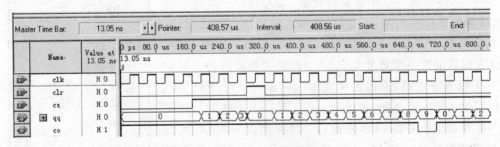

图 6-2-22　仿真器参数设置

选择 Processing→Start Simulation 菜单,或者直接单击工具栏上的快捷方式 ,直到出现"Simulation was successful"。观察仿真结果如图 6-2-23 所示,结果表明符合设计要求。

图 6-2-23　CNT10 的仿真结果

重复 2、3、4 步骤,完成 LATCH4、DECODER、CONTROL 模块的设计输入、编译、创建逻辑符号和仿真。图 6-2-24 为 LATCH4、DECODER、CONTROL 模块的仿真结果,供读者参考。

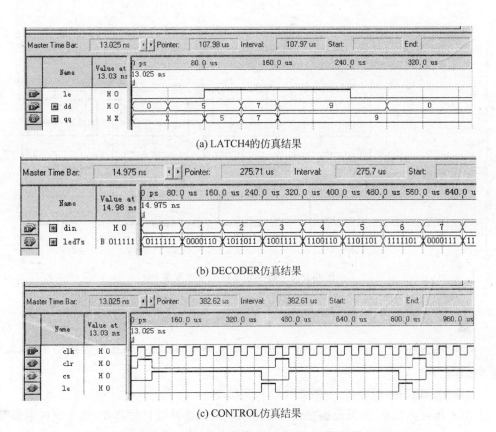

图 6-2-24　**LATCH4、DECODER、CONTROL 模块的仿真结果**

5. 顶层原理图的输入

打开原理图编辑器：选择 File → New → Device Design Files → Block Diagram/ Schematic File 菜单，打开空白的原理图编辑器。

放置元件：单击左侧 ⤵ 按钮，或者双击原理图编辑界面的空白处打开元件库。在弹出的元器件选择页面中，列出了两种元器件库。一种是 Quartus Ⅱ自带元件库（d:/altera/ quartus/libraries），包含基本元件库、宏功能库和其他元件库；一种是项目生成的元件库（Project），前面编译生成的各底层模块的逻辑符号就存放在该库中。

选中元件库中的元件后，单击对话框中的 OK 按钮，元件就出现在原理图编辑器窗口。若要放置相同的元件，只要按住 Ctrl 键，拖动该元件即可。根据图 6-2-7 所示的顶层原理图，将原理图中所有的元件（包括输入输出引脚）从元件库中找出来放入编辑窗口，排列整齐。各元件之间添加连线：连线有两种方式，一种是直接相连，一种是逻辑相连。直接相连是将鼠标移到元件引脚附近，等鼠标光标由箭头变为十字图标，按住鼠标左键拖动即可画出连线；也可以采用左侧工具栏中的 ⤵ 按钮来完成连线。逻辑相连可以通过两个端口相同的命名来实现连接。给输入输出引脚命名：双击输入输出引脚的命名区，变成黑色后输入引脚名即可。连接好以后的原理图如图 6-2-25 所示。

选择 File→Save 菜单，保存原理图文件，将文件（文件名为 FMETER. bdf）存入项目文件夹。

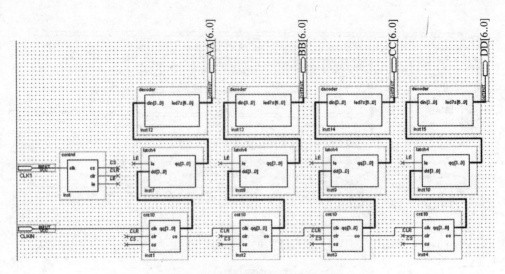

图 6-2-25 数字频率计顶层原理图

6. 顶层原理图的编译

选择 Project→Set as top_Level_Entity 选项,将 FMETER.bdf 置为顶层文件,以便编译操作。

对顶层原理图编译之前,一般要作以下设置:

① 选择目标芯片,如果前面在编译底层模块时已选择过目标芯片,这一步可以省略,因为对同一个项目来说,只需要选择一次目标芯片。

② 选择配置器件的工作方式。选择 Assignments→Device 菜单,单击对话框中的 Device & Pin Options 按钮,进入图 6-2-26 所示的选择窗口。

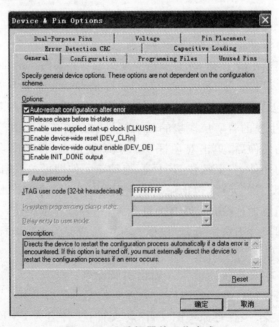

图 6-2-26 选择器件工作方式

首先选择 General 项,在 Options 栏中选择 Auto_restart configuration after error,以便 FPGA 配置失败后能自动重新配置,并加入 JTAG 用户编码。

选择配置器件和编程方式。在图 6-2-26 所示的对话框中选择 Configuration 项,在 Configuration scheme 栏中选择 Active Serial 方式,这种方式用于对专用的 Flash 配置器件(EPCS1、EPCS4 和 EPCS16)进行编程。由于 FPGA 实验板上采用的配置芯片型号为 EPCS4,所以,在 Configuration Device 栏中选择 EPCS4,如图 6-2-27 所示。

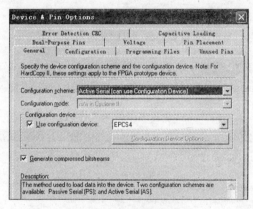

图 6-2-27 选择配置器件

③ 选择输出设置。在图 6-2-27 所示的对话框中选择 Programming Files 项,选中 "Hexadecimal(Intel-Format) output File",在生成下载文件的同时,产生二进制配置文件 FMETER. hexout。此文件可用于 FPGA PS 配置模式。

④ 目标芯片空闲引脚的状态设置。在图 6-2-27 所示的对话框中选择 Unused Pins 项,在 Reserve All unused pins 栏中选择 All input tri-state,这样,就将未用引脚设为输入引脚(高阻态),以免未用引脚对应用系统产生影响。

上述设置完成以后,单击工具栏上的编译快捷方式按钮 ▶ 对顶层原理图编译。

7. 引脚锁定和下载验证

根据附录 A 所示 ESDM-3 实验板的原理图,顶层原理图中输入输出引脚和 FPGA 引脚对应关系如表 6-2-1 所示。选择 Assignments→Pin 菜单,打开引脚锁定窗口,如图 6-2-28 所示。双击 Location 栏中的空白处,在出现的下拉栏中选择对应端口信号名的器件引脚号(例如 AA6 对应的引脚号为 PIN_119)。用相同的方法把所有信号的引脚锁定。引脚锁定完毕以后,必须再编译一次,才能将引脚锁定信息应用到最终下载文件中。

表 6-2-1 数字频率计引脚锁定表

信号名	引脚号	信号名	引脚号	信号名	引脚号	信号名	引脚号
AA0	PIN104	BB0	PIN120	CC0	PIN133	DD0	PIN142
AA1	PIN112	BB1	PIN121	CC1	PIN134	DD1	PIN143
AA2	PIN113	BB2	PIN122	CC2	PIN135	DD2	PIN144
AA3	PIN114	BB3	PIN125	CC3	PIN136	DD3	PIN3
AA4	PIN115	BB4	PIN126	CC4	PIN137	DD4	PIN4
AA5	PIN118	BB5	PIN129	CC5	PIN139	DD5	PIN7
AA6	PIN119	BB6	PIN132	CC6	PIN141	DD6	PIN8
CLK1	PIN101	CLKIN	PIN100	CLK2	PIN9		

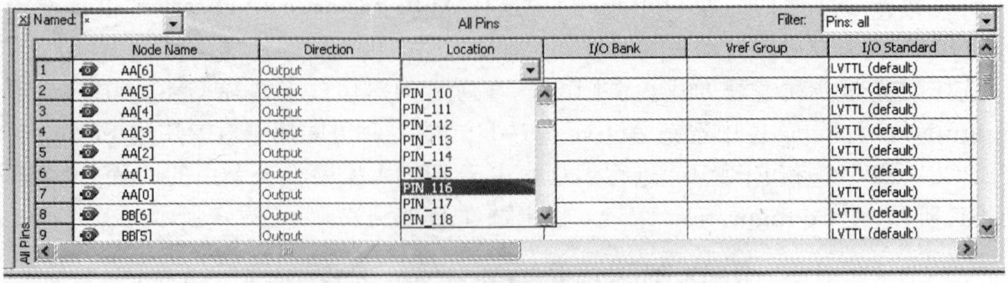

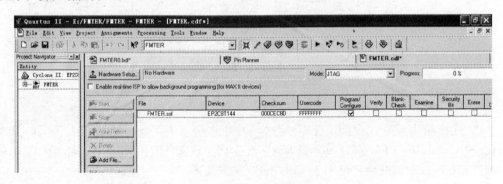

图 6-2-28　引脚锁定窗口

用 USB-Blaster 下载电缆将 PC 机与实验板连接好,打开电源。

选择 Tool→Programmer 菜单或直接单击工具栏上的快捷键，进入如图 6-2-29 所示的下载和编程窗口。

图 6-2-29　下载和编程窗口

在图 6-2-29 所示的编程窗口中单击左上方的 Hardware Setup 按钮,在打开的窗口中选择 USB-Blaster。

在 Mode 栏中有 4 种编程模式可供选择：JTAG、Passive Serial、Active Serial(AS 模式)和 In-Socket。JTAG 下载模式直接将配置数据配置到 FPGA 中,具有下载速度快的优点,但掉电以后配置数据丢失,因此,该下载模式适用于调试阶段。AS 模式先将配置数据编程到专用的配置器件(如 EPCS1、EPCS4 等)中, FPGA 再从配置器件中读入配置数据。由于配置器件属于非易失性器件(实际上是一片大容量的串行 Flash ROM),使 FPGA 系统能脱离计算机独立工作,因此 AS 模式适用于调试结束以后的编程。

JTAG 模式的下载操作。在 Mode 栏中选择 JTAG,并用鼠标选中 Program/Configure 下方的小方框。如果文件没有出现,单击左侧的 Add File 按钮,找到要下载的文件 FMTER.sof。单击 Start 按钮,即开始下载操作,当 Progress 显示 100％时,下载结束。

AS 模式的编程操作。在 Mode 栏中选择 Active Serial,单击左侧的 Add File 按钮,找到要下载的文件 FMTER.pof,并选中 Program/Configure,单击 Start 按钮,即开始下载操作,当 Progress 显示 100％时,编程结束。注意与 JTAG 模式相比,AS 模式的下载需要花较多的时间。

6.3　Quartus Ⅱ宏功能模块 LPM 的使用——以正弦信号发生器设计为例

6.3.1　设计题目

设计一个能产生固定频率的正弦信号发生器。正弦信号发生器由锁相环、地址计数器、波形数据 ROM、D/A 转换器构成。其结构图如图 6-3-1 所示。

图 6-3-1　正弦信号发生器结构图

Quartus Ⅱ包含有许多有用的 LPM(library of parameterized modules)，如存储器、PLL、LVDS 驱动器等，它们是复杂数字系统的重要组成部分，可广泛应用于 SOPC 设计中。这些 LPM 模块针对 Altera 器件的结构作了优化设计，在实际应用系统中，必须使用宏功能模块才可以使用 Altera 器件某些特定的硬件功能。

6.3.2　使用嵌入式锁相环 PLL

Cyclone Ⅱ系列 FPGA 芯片内部含有锁相环 PLL，可以与输入信号同步，并以其作为参考信号实现锁相，从而输出一到多个同步倍频或分频的片内时钟，以供逻辑系统使用。

选择 Tools→MegaWizard Plug-In Manager 菜单，在弹出的窗口中选择 Create a new custom megafunction vaiation，出现如图 6-3-2 所示的窗口。选择左栏 I/O 项中的 ALTPLL，选择器件 Cyclone Ⅱ，选择语言 VHDL，最后选择文件存放的路径和文件名 E:\BOOK\SIN\PLL.vhd。

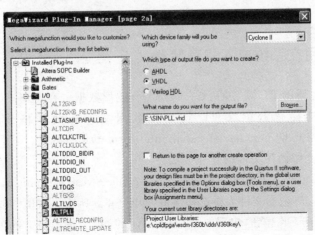

图 6-3-2　建立锁相环功能模块

单击 Next 按钮后,出现如图 6-3-3 所示的窗口。设置输入参考时钟频率为 50MHz。注意输入参考时钟来自附录 A 所示 ESDM-3 实验板上的有源晶振,因此参考时钟的频率应与实验板上有源晶振的频率一致。

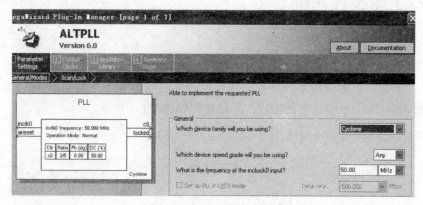

图 6-3-3 选择参考时钟频率

连续单击两次 Next 按钮,出现如图 6-3-4 所示的窗口。为了使 PLL 输出时钟的频率为 40MHz,则分频因子设为 5,倍频因子为 4,时钟相移和时钟占空比不变。单击 Finish 按钮完成设置。

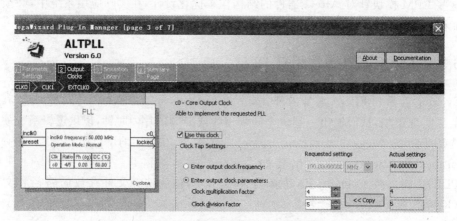

图 6-3-4 设置时钟倍频和分频

6.3.3 使用在系统嵌入式存储器

正弦信号发生器的 ROM 中存放了 256 字节波形数据。在定制 ROM 元件之前,首先得定制 ROM 初始化数据文件。初始化数据文件有两种格式:.mif(memory initialization file)格式和.hex(hexadecimal(intel-format)file)格式。下面以 256 字节正弦波数据为例,分别介绍两种文件的建立方法。

建立.mif 格式文件。选择 File→New→Other File→Memory Initialization File 菜单,单击 OK 按钮产生 ROM 数据文件大小选择窗口,如图 6-3-5 所示。这里 Number 选为 256,数据宽度选 8 位。单击 OK 按钮,出现如图 6-3-6 所示的 mif 数据表格。依次填入 256 字节正弦波数据,完成以后选择 File→Save as 菜单保存此文件,文件名取为 SINDAT.mif。

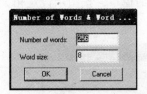

图 6-3-5　ROM 数据文件大小选择窗口

Addr	+0	+1	+2	+3	+4	+5	+6	+7
0	127	130	132	0	0	0	0	0
8	0	0	0	0	0	0	0	0
16	0	0	0	0	0	0	0	0
24	0	0	0	0	0	0	0	0
32	0	0	0	0	0	0	0	0
40	0	0	0	0	0	0	0	0
48	0	0	0	0	0	0	0	0
56	0	0	0	0	0	0	0	0
64	0	0	0	0	0	0	0	0

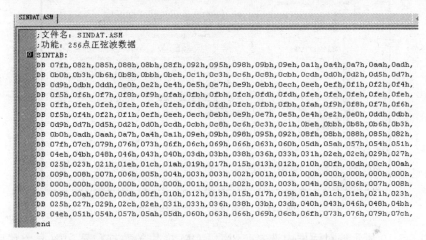

图 6-3-6　mif 数据表格

建立. hex 格式文件。可以用常用的单片机编译器产生. hex 文件。图 6-3-7 所示是采用 WAVE 编辑器输入的 256 字节正弦波数据，编译以后就可以生成 SINDAT. HEX 文件。

SINDAT.ASM

```
;文件名: SINDAT.ASM
;功能: 256点正弦波数据
SINTAB:
DB 07fh,082h,085h,088h,08bh,08fh,092h,095h,098h,09bh,09eh,0a1h,0a4h,0a7h,0aah,0adh,
DB 0b0h,0b3h,0b6h,0b8h,0bbh,0beh,0c1h,0c3h,0c6h,0c8h,0cbh,0cdh,0d0h,0d2h,0d5h,0d7h,
DB 0d9h,0dbh,0ddh,0e0h,0e2h,0e4h,0e5h,0e7h,0e9h,0ebh,0ech,0eeh,0efh,0f1h,0f2h,0f4h,
DB 0f5h,0f6h,0f7h,0f8h,0f9h,0fah,0fbh,0fbh,0fch,0fdh,0fdh,0feh,0feh,0feh,0feh,0feh,
DB 0ffh,0feh,0feh,0feh,0feh,0feh,0fdh,0fdh,0fch,0fbh,0fbh,0fah,0f9h,0f8h,0f7h,0f6h,
DB 0f5h,0f4h,0f2h,0f1h,0efh,0eeh,0ech,0ebh,0e9h,0e7h,0e5h,0e4h,0e2h,0e0h,0ddh,0dbh,
DB 0d9h,0d7h,0d5h,0d2h,0d0h,0cdh,0cbh,0c8h,0c6h,0c3h,0c1h,0beh,0bbh,0b8h,0b6h,0b3h,
DB 0b0h,0adh,0aah,0a7h,0a4h,0a1h,09eh,09bh,098h,095h,092h,08fh,08bh,088h,085h,082h,
DB 07fh,07ch,079h,076h,073h,06fh,06ch,069h,066h,063h,060h,05dh,05ah,057h,054h,051h,
DB 04eh,04bh,048h,046h,043h,040h,03dh,03bh,038h,036h,033h,031h,02eh,02ch,029h,027h,
DB 025h,023h,021h,01eh,01ch,01ah,019h,017h,015h,013h,012h,010h,00fh,00dh,00ch,00ah,
DB 009h,008h,007h,006h,005h,004h,003h,003h,002h,001h,001h,000h,000h,000h,000h,000h,
DB 000h,000h,000h,000h,000h,000h,001h,001h,002h,003h,003h,004h,005h,006h,007h,008h,
DB 009h,00ah,00ch,00dh,00fh,010h,012h,013h,015h,017h,019h,01ah,01ch,01eh,021h,023h,
DB 025h,027h,029h,02ch,02eh,031h,033h,036h,038h,03bh,03dh,040h,043h,046h,048h,04bh,
DB 04eh,051h,054h,057h,05ah,05dh,060h,063h,066h,069h,06ch,06fh,073h,076h,079h,07ch,
end
```

图 6-3-7　通过 WAVE 编译器输入的正弦波数据文件

在 Quartus Ⅱ 中打开 SINDAT. HEX 文件，如图 6-3-8 所示。选择 FILE→SAVE AS 菜单将文件更名为 sindata. hex，保存到 E:\BOOK\SIN 文件夹中。

Addr	+0	+1	+2	+3	+4	+5	+6	+7
00	7F	82	85	88	8B	8F	92	95
08	98	9B	9E	A1	A4	A7	AA	AD
10	B0	B3	B6	B8	BB	BE	C1	C3
18	C6	C8	CB	CD	D0	D2	D5	D7
20	D9	DB	DD	E0	E2	E4	E5	E7
28	E9	EB	EC	EE	EF	F1	F2	F4
30	F5	F6	F7	F8	F9	FA	FB	FB
38	FC	FD	FD	FE	FE	FE	FE	FE
40	FF	FE	FE	FE	FE	FE	FD	FD
48	FC	FB	FB	FA	F9	F8	F7	F6
50	F5	F4	F2	F1	EF	EE	EC	EB
58	E9	E7	E5	E4	E2	E0	DD	DB
60	D9	D7	D5	D2	D0	CD	CB	C8
68	C6	C3	C1	BE	BB	B8	B6	B3
70	B0	AD	AA	A7	A4	A1	9E	9B
78	98	95	92	8F	8B	88	85	82
80	7F	7C	79	76	73	6F	6C	69
88	66	63	60	5D	5A	57	54	51
90	4E	4B	48	46	43	40	3D	3B
98	38	36	33	31	2E	2C	29	27
a0	25	23	21	1E	1C	1A	19	17
a8	15	13	12	10	0F	0D	0C	0A
b0	09	08	07	06	05	04	03	03
b8	02	01	01	00	00	00	00	00

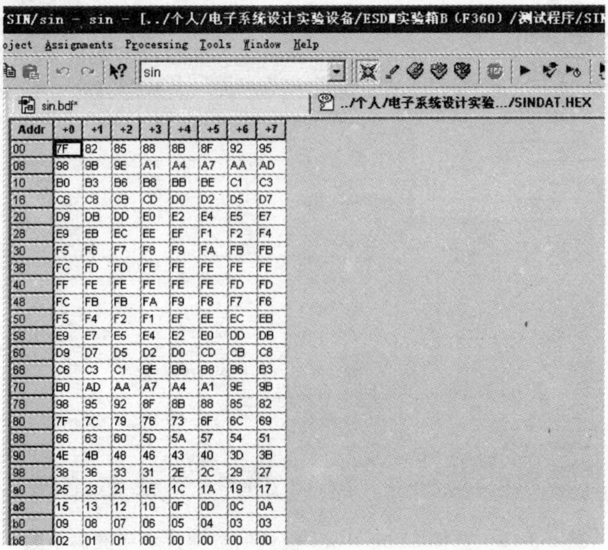

图 6-3-8　用 Quartus Ⅱ 中打开的 SINDAT. HEX 文件

选择 Tools→MegaWizard Plug-In Manager 菜单,在出现的对话框中选择 Create a new custom megafunction vaiation,打开如图 6-3-9 所示的窗口。按图示设定相关选项后单击 Next 按钮,出现如图 6-3-10 所示的对话框。

图 6-3-9　LPM 宏功能模块设定

在图 6-3-10 所示的对话框中选择 LPM_ROM 模块的数据位宽和数据个数后,连续单击两次 Next 按钮,进入如图 6-3-11 所示的对话框。

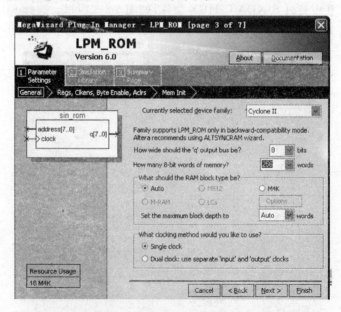

图 6-3-10　选择 LPM_ROM 模块的数据位宽和数据个数

在图 6-3-11 所示的对话框中调入 ROM 初始化文件,单击 Finish 按钮,生成 LPM-ROM. vhd 文件。

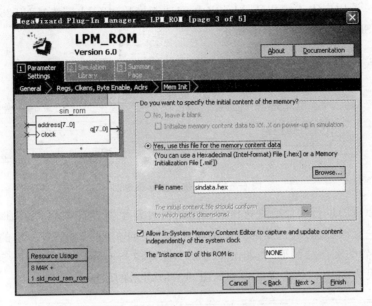

图 6-3-11　调入 ROM 初始化数据文件

6.3.4　正弦信号发生器设计

在正弦信号发生器设计中,还需要设计一个 8 位二进制计数器 CNT256 模块,该模块采用 VHDL 编写,源程序如下:

```
LIBRARY IEEE;
USE IEEE.STD_LOGIC_1164.ALL;
USE IEEE.STD_LOGIC_UNSIGNED.ALL;

ENTITY CNT256 IS
PORT(
        clk: IN STD_LOGIC;
        q: BUFFER STD_LOGIC_VECTOR(7 DOWNTO 0));
END;

ARCHITECTURE one OF CNT256 IS
BEGIN
PROCESS(clk)
BEGIN
    IF clk'EVENT AND clk='1' THEN
        q<=q+1;
    END IF;
END PROCESS;
END;
```

将 CNT256. VHD 编译,并创建逻辑符号。

至此,正弦信号发生器的所有底层模块已经生成,接下来就可以开始原理图输入了。依次选择 File→New→Device Design Files→Block Diagram/Schematic File 菜单,打开原理图编辑器。调用嵌入式锁相环 ALTPLL 宏功能模块、ROM 模块、CNT256 模块,画出顶层原理图 SIN.bdf,如图 6-3-12 所示。

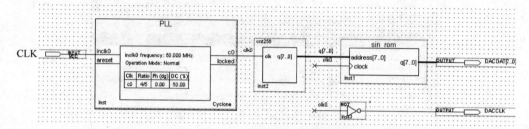

图 6-3-12　正弦发生器原理图

对顶层原理图进行编译后进行仿真。正弦信号发生器设计中包含了锁相环,对锁相环的仿真有一定的特殊性,这是因为锁相环对输入时钟信号的频率有一定的要求。对于本设计,在设置仿真信号波形时,将 clk 的频率设置成与实际频率一致,即 50MHz,另外将仿真时间设为 10μs。仿真以后得到如图 6-3-13 所示的波形。

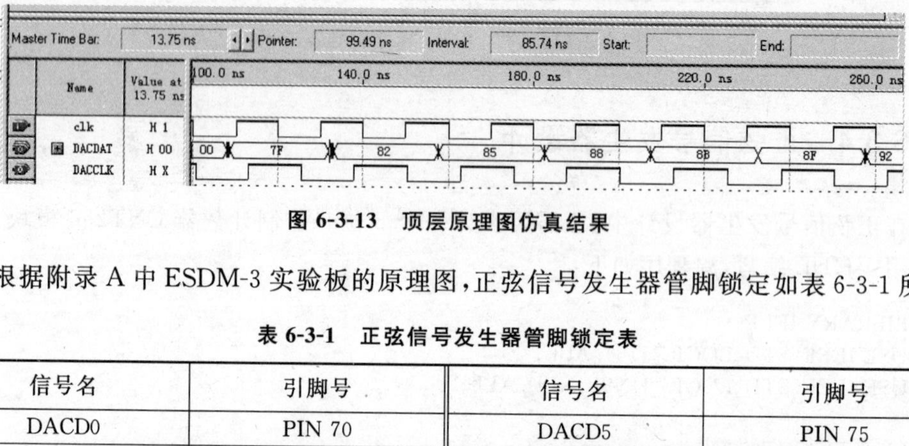

图 6-3-13　顶层原理图仿真结果

根据附录 A 中 ESDM-3 实验板的原理图,正弦信号发生器管脚锁定如表 6-3-1 所示。

表 6-3-1　正弦信号发生器管脚锁定表

信号名	引脚号	信号名	引脚号
DACD0	PIN 70	DACD5	PIN 75
DACD1	PIN 71	DACD6	PIN 76
DACD2	PIN 72	DACD7	PIN 79
DACD3	PIN 73	DACCLK	PIN 80
DACD4	PIN 74	CLK	PIN 17

6.4　设计项目的复用技术

一般来说,对于某种产品市场,第一个进入者在该产品的整个生命周期中占有 70% 的销售份额,第二个占 15% 份额,后来者分享剩余的 15%。市场上最先出现产品也最有前景。来弥补这种生产力差距的方法是重复利用现有的设计。复用技术是指一个设计在不修改或仅作少量修改的情况下可以被新的设计所利用的能力。本节内容的复用技术主要是指在一个设计项目中如何调用另一个已经设计好的项目。

以数字频率计设计为例,如果要在数字频率计设计中增加一个正弦信号发生器的子系统,可以直接调用正弦波信号发生器设计。为了叙述方便,将数字频率计设计称为主设计,正弦波信号发生器称为子设计,其操作步骤说明如下。

1. 打开子设计项目,将顶层设计生成逻辑符号

选择 File 菜单中的 Create/Update,选择 Create Symbol File For Current File,如图 6-4-1 所示。生成符号文件后,关闭项目。

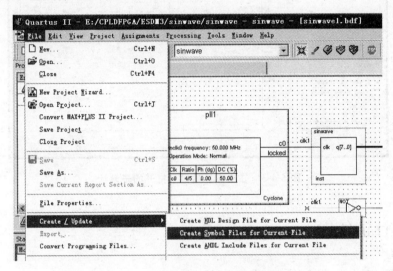

图 6-4-1 将子项目顶层设计生成逻辑符号

2. 打开主设计项目

选择 Assignment 菜单中的 Settings,打开如图 6-4-2 所示对话框。选择左栏下面的 User Libraries,将子设计的文件夹输入 Library name 空白框。设置好以后,单击 OK 按钮。

图 6-4-2 将子设计设为用户库

3. 在主设计顶层图中调入子设计符号

操作完第 2 步后,子设计的所有元件就会加到主设计的元件库中,如图 6-4-3 所示。

这时子设计中的所有元件都可以被主设计所调用。

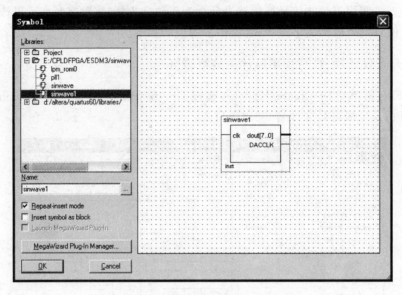

图 6-4-3　在主设计项目中打开的子设计

6.5　设计训练题

设计题目一：数字信号发生器设计

能产生 8 路可预置的循环移位逻辑信号序列,序列时钟频率为 100Hz,并能够重复输出。逻辑信号序列示例如图 6-5-1 所示。

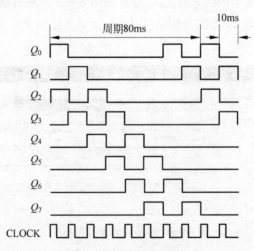

图 6-5-1　重复输出循环移位逻辑序列 00000101

设计题目二：编码式键盘接口设计实验

原理框图如图 6-5-2 所示。

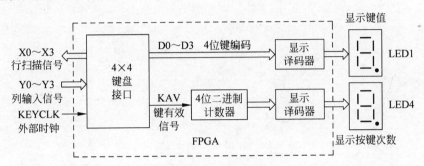

图 6-5-2 原理框图

① 在 FPGA 内部设计 4×4 编码式键盘接口,其功能是将 16 个按键转化为 4 位二进制编码(如按 K0 键输出 0000,K1 键 0001,…,K15 键 1111),同时给出键有效信号,每次键有效时,产生由高到低的跳变。

② 将键值和键有效次数通过 LED 数码管显示。

第三部分 单片机电子系统设计与实践

导读：

　　单片机应用系统根据其所处理信号的频率高低可分为高、中、低三种应用场合。对于低速的应用场合（如温度、压力的检测与控制），可采用串行总线单片机系统；对于中速的应用场合（如声音信号的采集），可采用 SoC 单片机系统；对于高速的应用场合（如高速数据采集），可采用并行总线单片机系统与 FPGA 相结合的形式。本部分内容从 SoC 单片机 C8051F360 入手，介绍单片机电子系统的设计技术。

　　第 7 章主要介绍 C8051F360 单片机的内部结构和工作原理。C8051F360 单片机内部资源十分丰富，本章将介绍 I/O 端口、振荡器、A/D、D/A 和中断系统的工作原理和初始化方法，其他内部资源如增强型 SPI 接口、SMBus(I²C)接口、外部数据存储器(EMIF)接口等则放在第 8、9 章中介绍。C8051F360 单片机指令系统与 MCS51 单片机完全兼容，为了避免与单片机课程内容重复，本章对指令系统将不作专门的介绍。

　　第 8 章主要介绍 C8051F360 单片机的并行总线扩展技术，重点内容有 C8051F360 单片机的外部数据存储器(EMIF)接口，采用 CPLD 实现的 4×4 编码式键盘接口设计，内置汉字字库的点阵型液晶显示模块接口及软件设计，单片机与 FPGA 的联合设计方法，基于 C8051F360 单片机最小系统实验模块的设计制作。

　　第 9 章主要介绍 C8051F360 单片机的串行总线扩展技术。首先介绍 SPI 总线和 I²C 总线，包括总线协议和时序、软件模拟技术、C8051F360 单片机增强型 SPI 接口和 SMBus(I²C)接口的工作原理及编程方法，通过举例的形式介绍了串行 E²PROM(24C04)、串行 D/A(DAC7512)、串行 A/D(ADS1100)等常用外围器件的扩展方法。其次通过一个典型串行总线系统——可校时数字钟的设计示例，介绍 LED 显示接口、非编码式键盘接口、实时时钟 RTC 的设计方法。

　　第 10 章主要介绍 C8051F360 单片机通信技术，重点内容有单片机串行异步通信技术和 CAN 现场总线通信技术。

第7章

SoC单片机C8051F360的基本原理

7.1 C8051F360单片机简介

C8051F360单片机是Silicon Laboratories（美国芯科公司）在2007年推出的100MHz SoC单片机；高性能51内核指令系统与传统51单片机完全兼容。片中含有丰富的模拟和数字资源，是目前功能最全、速度最快的51内核SoC单片机之一。C8051F360单片机的内部框图如图7-1-1所示。

C8051F360单片机主要模拟和数字资源包括：

① 高速8051微控制器内核。C8051F360单片机使用Silabs公司的专利CIP-51微控制器内核。CIP-51与MCS-51指令集完全兼容。CIP-51采用流水线结构，机器周期由标准8051的12个系统时钟周期降为一个系统时钟周期，处理能力大大提高。CIP-51工作在最大系统时钟频率100MHz时，它的峰值速度达到100MIPS。CIP-51内核70%的指令执行时间为1或2个系统时钟周期，只有4条指令的执行时间大于4个系统时钟周期。表7-1-1列出了CIP-51内核指令条数与执行时所需的系统时钟周期数的关系。

② 10位逐次逼近型ADC。转换速率最高可达200ksps；多达21个外部输入，可被编程为单端输入或差分输入；参考电压可来自内部参考电压、外部参考电压或电源VDD；可以有多种转换启动方式。

③ 10位电流输出DAC。其满量程输出电流可由软件设置。

④ 两个模拟电压比较器CP1和CP0。电压比较器的回差电压可软件设置，其输出可用于产生中断，也可以通过交叉开关连接到I/O引脚。

⑤ 片内锁相环PLL。PLL通过对内部振荡器和外部振荡器时钟信号的倍频，使CPU的运行速度可达100MIPS。

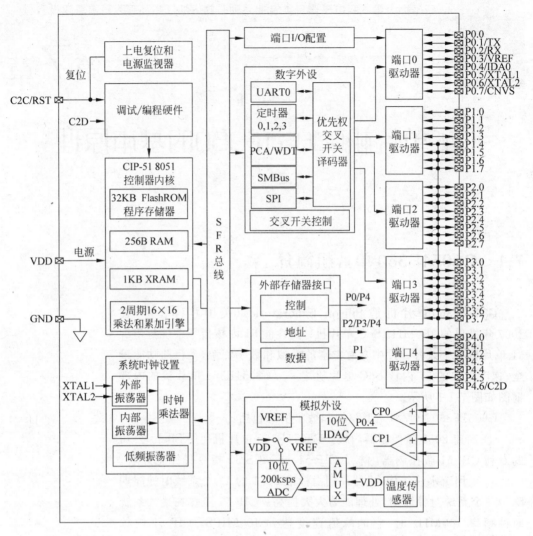

图 7-1-1 C8051F360 单片机内部框图

表 7-1-1 CIP-51 内核指令条数与执行时所需的系统时钟周期数的关系

执行周期数	1	2	2/3	3	3/4	4	4/5	5	8
指令	26	50	5	14	7	3	1	2	1

⑥ 扩充中断处理系统。标准的 8051 单片机只有 7 个中断源,而 C8051F360 具有 17 个中断源,这些扩充的中断源对于构建多任务的实时系统是十分有效的。

⑦ 存储器。256 字节内部 RAM,这部分数据存储器与 MCS-51 单片机内部 RAM 相同;1024 字节 XRAM,这部分数据存储器虽然在单片机内部,但占用 64KB 外部数据存储器空间,用 MOVX 指令访问;32KB 闪速存储器,这部分存储器主要用作程序存储器,具有在系统编程功能,比较特殊的是,允许指令对其读写,因此可以作为非易失性存储器。

⑧ 数字资源。多达 39 个 I/O 引脚,全部为三态双向口,允许与 5V 系统接口。内部数字资源包括增强的 UART、SMBus、SPI 串行接口,4 个通用 16 位计数器/定时器,可编程

的 16 位计数器/定时器阵列(PCA),6 个捕捉/比较模块,外部数据存储器接口(EMIF)。

⑨ 时钟源。2 个内部振荡器:精度为±2%的 24.5MHz 内部高频振荡器,可满足异步串行通信的要求;80kHz 低频低功耗振荡器。具有外部振荡器驱动电路,外部振荡器可以使用外部晶体、RC 电路、电容或外部时钟源产生的系统时钟。

⑩ 片内调试电路。片内调试电路提供全速、非侵入式的在系统调试,支持断点、单步运行,可观察和修改内部存储器和寄存器内容。

C8051F360 单片机为 48 脚 TQFP 封装,其引脚排列如图 7-1-2 所示。

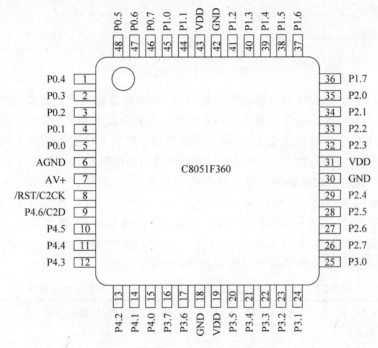

图 7-1-2　C8051F360 单片机引脚排列

7.2　并行 I/O 端口

C8051F360 含有 4 个 8 位并行端口 P0~P3 和一个 7 位并行端口 P4,每个端口引脚都可定义成通用 I/O 引脚(GPIO)或模拟量输入输出引脚。其中 P0.0~P3.7 可通过优先交叉开关配置成内部数字资源的输入输出引脚。

C8051F360 单片机 I/O 端口的单元电路如图 7-2-1 所示。从 I/O 单元电路可知,每个端口引脚可以通过模拟选择(analog select)、推拉(push-pull)、端口输出(port-output)、/弱上拉(/weak-pullup)等控制信号来设置其工作状态。

模拟选择信号选择 I/O 引脚是数字量输入输出还是模拟量输入输出。当模拟选择信号为高电平时,传输门 TG 开通,三态门 G4 输出高阻态,I/O 引脚作为模拟量输入输出;当模拟选择信号低电平时,传输门 TG 关闭,三态门 G4 开通,I/O 引脚作为数字量输入输出。推拉信号用于选择推拉式输出还是漏极开路输出。当推拉信号为低电平时,G2

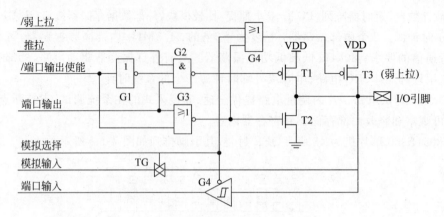

图 7-2-1 I/O 单元电路

输出高电平,T1 截止,I/O 引脚漏极开路输出,如果同时将端口输出置高电平,则 T1、T2 均截止,I/O 引脚可作为数字量输入引脚;当推拉信号为高电平时,T1、T2 开关状态由端口输出决定,I/O 引脚推拉式输出。/弱上拉信号用于控制 I/O 引脚的弱上拉功能,当 T3 管导通时,弱上拉允许(这时 T3 相当于一个阻值很大的电阻)。

模拟选择、推拉、端口输出、/弱上拉等信号均来自 C8051F360 单片机的相关特殊功能寄存器。模拟选择信号由端口输入模式寄存器 PnMDIN 提供,推拉信号由端口输出模式寄存器 PnMDOUT 提供,端口输出信号由端口数据寄存器 Pn 提供,/弱上拉信号由交叉开关寄存器 XBR1 提供。C8051F360 共有 5 个并行 I/O 端口:端口 0、端口 1、端口 2、端口 3 和端口 4,相关特殊功能寄存器如表 7-2-1 所示。

表 7-2-1 C8051F360 单片机端口 0～端口 4 相关特殊功能寄存器

名　称	符　号	地　址	寄存器页	复位值
端口 0 数据寄存器	P0	80H	F	11111111
端口 0 输入模式寄存器	P0MDIN	F1H	F	11111111
端口 0 输出模式寄存器	P0MDOUT	A4H	F	00000000
端口 0 跳过寄存器	P0SKIP	D4H	F	00000000
端口 1 数据寄存器	P1	90H	F	11111111
端口 1 输入模式寄存器	P1MDIN	F2H	F	11111111
端口 1 输出模式寄存器	P1MDOUT	A5H	F	00000000
端口 1 跳过寄存器	P1SKIP	D5H	F	00000000
端口 2 数据寄存器	P2	A0H	F	11111111
端口 2 输入模式寄存器	P2MDIN	F3H	F	11111111
端口 2 输出模式寄存器	P2MDOUT	A6H	F	00000000
端口 2 跳过寄存器	P2SKIP	D6H	F	00000000
端口 3 数据寄存器	P3	B0H	F	11111111
端口 3 输入模式寄存器	P3MDIN	F4H	F	11111111
端口 3 输出模式寄存器	P3MDOUT	AFH	F	00000000
端口 3 跳过寄存器	P3SKIP	D7H	F	00000000
端口 4 数据寄存器	P4	B5H	F	01111111
端口 4 输出模式寄存器	P4MDOUT	AEH	F	00000000

与 MCS-51 的 SFR 不同的是，C8051F360 的 SFR 由图 7-2-2 所示的两页组成，页号为 0 和 F。各个 SFR 分布在不同的页里，像表 7-2-1 中的 SFR 均定位在 F 页里，也有些 SFR 定位在 0 页里。在对各 SFR 进行读写之前，应查看 C8051F360 的数据手册，了解 SFR 处在哪一页，并使用"MOV SFRPAGE,♯页号"指令切换到相应的页。

端口 0～端口 3 的相关 SFR 寄存器的定义完全一致，只有端口 4 的 SFR 定义略有不同，因此这里主要对端口 0 和端口 4 的 SFR 作一介绍。

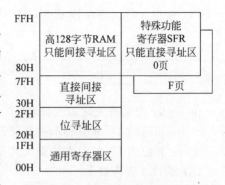

图 7-2-2　C8051F360 单片机的 SFR

（1）端口 0 寄存器 P0

位 7	位 6	位 5	位 4	位 3	位 2	位 1	位 0
P0.7	P0.6	P0.5	P0.4	P0.3	P0.2	P0.1	P0.0

位 7～0：P0[7:0]

- 写——输出出现在 I/O 引脚。
  - ◆ 0：输出低电平；
  - ◆ 1：输出高电平。
- 读——如果是模拟输入引脚，读入值总为'0'，如果是数字输入引脚，读进来是引脚电平。
  - ◆ 0：P0.n 为低电平；
  - ◆ 1：P0.n 为高电平。

（2）端口 0 输入模式寄存器 P0MDIN

位 7	位 6	位 5	位 4	位 3	位 2	位 1	位 0
0/1	0/1	0/1	0/1	0/1	0/1	0/1	0/1

位 7～0：分别表示 P0.7～P0.0 的模拟输入配置位。

- 0：相应的 P0.n 引脚配置成模拟输入引脚；
- 1：相应的 P0.n 引脚配置成数字输入引脚。

（3）端口 0 输出模式寄存器 P0MDOUT

位 7	位 6	位 5	位 4	位 3	位 2	位 1	位 0
0/1	0/1	0/1	0/1	0/1	0/1	0/1	0/1

位 7～0：分别表示 P0.7～P0.0 的输出模式配置位。

- 0：相应的 P0.n 引脚配置成漏极开路输出；
- 1：相应的 P0.n 引脚配置成推拉式输出。

（4）端口 0 跳过寄存器 P0SKIP

位 7	位 6	位 5	位 4	位 3	位 2	位 1	位 0
0/1	0/1	0/1	0/1	0/1	0/1	0/1	0/1

位 7～0：交叉开关跳过允许位。

- 0：相应的 P0.n 引脚不被交叉开关跳过；
- 1：相应的 P0.n 引脚被交叉开关跳过。

（5）端口 4 寄存器 P4

位 7	位 6	位 5	位 4	位 3	位 2	位 1	位 0
—	P0.6	P0.5	P0.4	P0.3	P0.2	P0.1	P0.0

位 7～0：P4[6:0]

- 写——输出出现在 I/O 引脚。
  - ◆ 0：输出低电平；
  - ◆ 1：输出高电平。
- 读——如果是模拟输入引脚，读入值总为'0'，如果是数字输入引脚，读进来是引脚电平。
  - ◆ 0：P4.n 为低电平；
  - ◆ 1：P4.n 为高电平。

（6）端口 P4 输出模式寄存器 P4MDOUT

位 7	位 6	位 5	位 4	位 3	位 2	位 1	位 0
—	0/1	0/1	0/1	0/1	0/1	0/1	0/1

位 6～0：分别表示 P4.6～P4.0 的输出模式配置位。

- 0：相应的 P4.n 引脚配置成漏极开路输出；
- 1：相应的 P4.n 引脚配置成推拉式输出。

MCS-51 系列单片机的 I/O 引脚功能是固定的，即内部数字资源与外部 I/O 引脚具有固定的对应关系，例如，内部定时器/计数器 T0、T1 的外部输入引脚与 P3.4、P3.5 固定连接。对于 C8051F360 单片机来说，由于内部含有较多数字资源，如果采用 I/O 引脚功能固定的模式，内部数字资源将占用大量的 I/O 引脚，而且使用不够灵活。C8051F360 单片机通过交叉开关实现 I/O 引脚灵活配置，其示意图如图 7-2-3 所示。基本原理是通过设置交叉开关控制寄存器将单片机内部的计数器/定时器、串行总线、比较器以及其他数字资源根据系统需要配置在相应的 I/O 引脚上。

优先权交叉开关译码器为 C8051F360 内部的每个数字资源分配了优先权，优先权最高的是 UART0，最低的是定时器 T1，详细情况如图 7-2-4 所示。

优先权交叉开关在将数字资源连接到 I/O 引脚时，遵循以下原则：

① 被 XBR0、XBR1 寄存器选中的内部数字资源被连到 I/O 引脚，没有选中的数字资源则不连到 I/O 引脚。

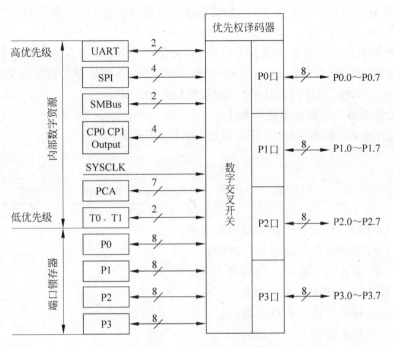

图 7-2-3　交叉开关示意图

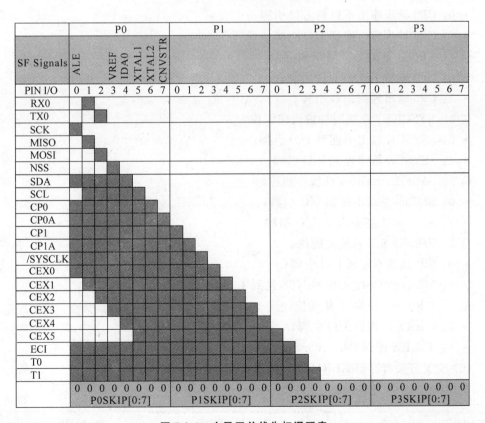

图 7-2-4　交叉开关优先权译码表

② 分配 I/O 引脚时总是从 P0 口的最低位开始依次安排,唯一例外的是,UART0 总是被连接到 P0.1 和 P0.2。

③ 如果在系统中需要使用某些 I/O 引脚,只需将 PnSKIP 寄存器中对应位置1,交叉开关在分配数字资源时会自动跳过这些引脚。例如将 P0SKIP 寄存器设为 FFH,则交叉开关跳过 P0.0~P0.7 引脚,而从 P1 口的最低位开始安排。

与交叉开关相关的寄存器说明如下。

(1) 交叉开关寄存器 XBR0(SFR 地址:E1H,SFR 页:F)

位 7	位 6	位 5	位 4	位 3	位 2	位 1	位 0
CP1AE	CP1E	CP0AE	CP0E	SYSCKE	SMB0E	SPI0E	URT0E

位 7　CP1AE:比较器 1 异步输出使能位。

- 0:CP1 异步输出不连到 I/O 引脚;
- 1:CP1 异步输出连到 I/O 引脚。

位 6　CP1E:比较器 1 输出使能位。

- 0:CP1 输出不连到 I/O 引脚;
- 1:CP1 输出连到 I/O 引脚。

位 5　CP0AE:比较器 0 异步输出使能位。

- 0:CP0 异步输出不连到 I/O 引脚;
- 1:CP0 异步输出连到 I/O 引脚。

位 4　CP0E:比较器 0 输出使能位。

- 0:CP0 输出不连到 I/O 引脚;
- 1:CP0 输出连到 I/O 引脚。

位 3　SYSCKE:系统时钟输出使能位。

- 0:/SYSCK 输出不连到 I/O 引脚;
- 1:/SYSCK 输出连到 I/O 引脚。

位 2　SMB0E:SMBus 总线使能位。

- 0:SMBus 总线不连到 I/O 引脚;
- 1:SDA、SCL 连到 2 个 I/O 引脚。

位 1　SPI0E:SPI 总线使能位。

- 0:SPI 总线不连到 I/O 引脚;
- 1:MISO、MOSI、SCK 和 NSS 连到 4 个 I/O 引脚。

位 0　URT0E:UART 使能位。

- 0:UART 不连到 I/O 引脚;
- 1:TX、RX 连到 P0.1、P0.2。

(2) 交叉开关寄存器 XBR1(SFR 地址:E2H,SFR 页:F)

位 7	位 6	位 5	位 4	位 3	位 2	位 1	位 0
WEAKPUD	XBARE	T1E	T0E	ECIE	PCA0ME		

位 7 WEAKPUD：弱上拉使能位。

- 0：弱上拉使能；
- 1：弱上拉禁止。

位 6 XBARE：交叉开关使能。

- 0：交叉开关禁止；
- 1：交叉开关允许。

位 5 T1E：T1 使能位。

- 0：T1 不连到 I/O 引脚；
- 1：T1 连到 I/O 引脚。

位 4 T0E：T0 使能位。

- 0：T0 不连到 I/O 引脚；
- 1：T0 连到 I/O 引脚。

位 3 ECIE：PCA0 外部计数输入使能位。

- 0：ECI 不连到 I/O 引脚；
- 1：ECI 连到 I/O 引脚。

位 2~0 PCA0ME：PCA 模块 I/O 使能位。

- 000：所有的 PCA I/O 不连到 I/O 引脚；
- 001：CEX0 连到 I/O 引脚；
- 011：CEX0、CEX1 连到 2 个 I/O 引脚；
- 100：CEX0、CEX1、CEX2 连到 3 个 I/O 引脚；
- 101：CEX0、CEX1、CEX2、CEX3 连到 4 个 I/O 引脚；
- 010：CEX0、CEX1、CEX2、CEX3、CEX4 连到 5 个 I/O 引脚；
- 110：保留；
- 111：保留。

I/O 端口的初始化包括以下几个步骤：

① 使用端口输入模式寄存器 PnMDIN，选择所有端口的输入模式（模拟或者数字）；

② 使用端口输出模式寄存器 PnMDOUT，选择所有端口的输出模式（漏极开路还是推拉式输出）；

③ 使用端口跳过寄存器 PnSKIP，选择需要跳过的 I/O 引脚；

④ 使用 XBRn 选择内部数字资源；

⑤ 使能交叉开关（XBRAE＝'1'）。

用于电压比较器、A/D 转换器输入、D/A 转换器输出、外部晶体振荡器的输入对应的 I/O 引脚应设置成模拟输入。当 I/O 引脚设置成模拟输入后，其端口输出模式应设为漏极开路输出。

I/O 引脚的输出驱动特性可以用输出模式寄存器 PnMDOUT 来定义，任何一个 I/O 引脚的输出特性既可配置成漏极开路输出，也可配置成推拉式输出。被 XBRn 选中的数字资源的引脚也需要设定其输出特性，唯一例外的是 SDA 和 SCL 引脚，无论 PnMDOUT 如何设置，其对应的输出引脚总是漏极开路输出。

当 XBR1 寄存器中的 WEAKPUD 位置为'0'时，对于漏极开路输出的 I/O 引脚，弱上拉功能有效,而对于推拉式输出 I/O 引脚,弱上拉不起作用。当 I/O 引脚输出低电平或者作为模拟输入引脚,弱上拉功能关闭,以降低功耗。

具体 I/O 端口初始化实例可参考 8.7.3 节有关内容。

7.3 振荡器

C8051F360 单片机提供了一个完整而先进的时钟系统,内部功能框图如图 7-3-1 所示。片内含有一个可编程内部高频振荡器(H-F)、可编程内部低频振荡器(L-F)和一个外部振荡器驱动电路。内部高频振荡器和低频振荡器的输出频率精度为 2%,如果需要更高的频率精度,可采用由晶体构成的外部振荡器。单片机的系统时钟 SYSCLK 可来自内部振荡器、外部振荡器或片内锁相环。即使程序运行时,系统时钟也可以在内外时钟间切换。系统时钟除供片内使用外,还可以通过交叉开关从随意选择的 I/O 引脚输出。

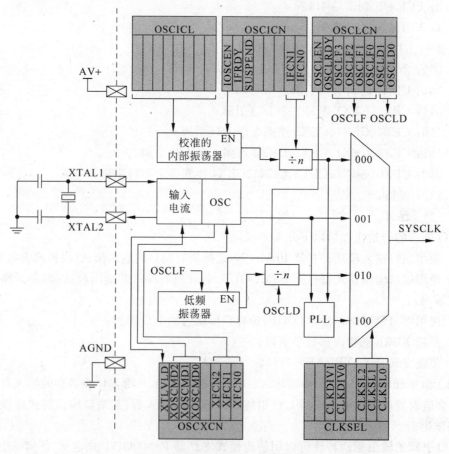

图 7-3-1 C8051F360 振荡器原理图

1. 可编程内部高频振荡器

C8051F360 单片机复位后,内部高频振荡器被默认为系统时钟。内部高频振荡器出厂时的校准频率为 24.5MHz,其输出频率可以通过 OSCICL 寄存器进行微调。内部高频振荡器相关的特殊功能寄存器有内部高频振荡器校准寄存器 OSCICL 和内部高频振荡器控制寄存器 OSCICN。

(1) 内部高频振荡器校准寄存器 OSCICL(SFR 地址:BFH,SFR 页:F)

位 7	位 6	位 5	位 4	位 3	位 2	位 1	位 0
×	×	×	×	×	×	×	×

单片机复位以后,OSCICL 内部有一初始值,该值对应频率为 24.5MHz,编程时先读取寄存器值,然后修改(加或减一个数值),再送回 OSCICL 即可。参考指令如下:

```
MOV      A,OSCICL
ADD      A,#04H          ;加偏移量,将高频振荡器频率调整为 24MHz
MOV      OSCICL,A
```

(2) 内部高频振荡器控制寄存器 OSCICN(SFR 地址:BFH,SFR 页:F)

位 7	位 6	位 5	位 4	位 3	位 2	位 1	位 0
IOSCEN	IFRDY	SUSPEND	Reserved	Reserved	Reserved	IFCN1	IFCN0

位 7　IOSCEN:内部高频振荡器使能位。

- 0:内部高频振荡器禁止;
- 1:内部高频振荡器使能。

位 6　IFRDY:内部高频振荡器频率准备好标志。

- 0:内部高频振荡器未运行在编程频率;
- 1:内部高频振荡器按编程频率运行。

位 5　SUSPEND:内部高频振荡器中止(挂起)使能位。

- 该位置"1"使内部高频振荡器进入中止(挂起)模式。当中止(挂起)模式唤醒事件发生时,内高频振荡器恢复工作。

位 4~2:未用。读=000b,写=忽略。

位 1~0　IFCN1~0:内部高频振荡器频率控制位。

- 00:系统时钟为内部高频振荡器 8 分频;
- 01:系统时钟为内部高频振荡器 4 分频;
- 10:系统时钟为内部高频振荡器 2 分频;
- 11:系统时钟为内部高频振荡器 1 分频。

系统时钟可以从内部振荡器分频得到,分频数由寄存器 OSCICN 中的 IFCN 位设定,可为 1、2、4 或 8。复位后的默认分频数为 8。

2. 可编程内部低频振荡器

可编程内部低频振荡器的标称频率为 80kHz。该低频振荡器电路包含一个分频器,分频数由寄存器 OSCLCN 中的 OSCLD 位设定,可为 1、2、4 或 8。另外,OSCLF 位

（OSCLCN5～2）可用于调节该振荡器的输出频率。

内部低频振荡器控制寄存器 OSCLCN(SFR 地址：ADH，SFR 页：F)

位 7	位 6	位 5	位 4	位 3	位 2	位 1	位 0
OSCLEN	OSCLRDY	OSCLF3	OSCLF2	OSCLF1	OSCLF0	OSCLD1	OSCLD0

位 7　OSCLEN：内部低频振荡器使能位。

- 0：内部低频振荡器禁止；
- 1：内部 L-F 振荡器使能。

位 6　OSCLRDY：内部低频振荡器频率准备好标志。

- 0：内部低频振荡器频率未稳定；
- 1：内部低频振荡器频率已稳定。

位 5～2　OSCLF[3:0]：内部低频振荡器频率控制位。

- 当这些位被设置为 0000B 时，低频振荡器工作在最高频率；当这些位被设置为 1111B 时，低频振荡器工作在最低频率。

位 1～0　OSCLD[1:0]：内部低频振荡器分频位。

- 00：选择 8 分频；
- 01：选择 4 分频；
- 10：选择 2 分频；
- 11：选择 1 分频(不分频)。

3. 外部振荡器

C8051F360 单片机内部含有外部振荡器驱动电路，与外部晶体、电容或 RC 网络相结合，可构成多种形式的外部振荡器。C8051F360 单片机也允许直接由外部 CMOS 时钟提供系统时钟。外部振荡器最常见的是外部晶体振荡器，其连接方式如图 7-3-2 所示。晶体必须并接到 XTAL1 和 XTAL2 引脚，同时在 XTAL1 和 XTAL2 引脚之间并接一个 10MΩ 的电阻。注意晶体振荡器电路对 PCB 布局非常敏感，应将晶体尽可能地靠近器件的 XTAL 引脚，布线应尽可能地短并用地平面屏蔽，以防止其他引线引入噪声或干扰。当使用外部晶体振荡器电路时，端口引脚 P0.5 和 P0.6 分别被用作 XTAL1 和 XTAL2，在对所用端口引脚进行配置时，端口 I/O 交叉开关应被配置为跳过引脚 P0.5 和 P0.6，同时将 P0.5 和 P0.6 引脚配置为模拟输入。

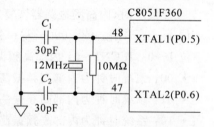

图 7-3-2　外部晶体振荡器连接原理图

外部振荡器的工作方式通过外部振荡器控制寄存器 OSCXCN 来控制。

外部振荡器控制寄存器 OSCXCN(SFR 地址：B6H，SFR 页：F)

位 7	位 6	位 5	位 4	位 3	位 2	位 1	位 0
XTLVLD	XOSCMD2	XOSCMD1	XOSCMD0	保留	XFCN2	XFCN1	XFCN0

位 7　XTLVLD：晶体振荡器有效标志（在 XOSCMD＝11x 时有效）。

- 0：晶体振荡器未用或未稳定；
- 1：晶体振荡器正在运行并且工作稳定。

位 6～4　XOSCMD2～0：外部振荡器方式位。

- 00x：外部振荡器电路关闭；
- 010：外部 CMOS 时钟方式；
- 011：外部 CMOS 时钟方式二分频；
- 100：RC 振荡器方式；
- 101：电容振荡器方式；
- 110：晶体振荡器方式；
- 111：晶体振荡器方式二分频。

位 3　保留。读＝0，写＝忽略。

位 2～0　XFCN2～0：外部振荡器频率控制位。具体取值参考表 7-3-1。

表 7-3-1　OSCXCN 寄存器 XFCN 位选择表

XFCN	晶体（XOSCMD＝11x）	RC（XOSCMD＝100）	C（XOSCMD＝101）
000	$f \leqslant 32\text{kHz}$	$f \leqslant 25\text{kHz}$	K 因子＝0.87
001	$32\text{kHz} < f \leqslant 84\text{kHz}$	$25\text{kHz} < f \leqslant 50\text{kHz}$	K 因子＝2.6
010	$84\text{kHz} < f \leqslant 225\text{kHz}$	$50\text{kHz} < f \leqslant 100\text{kHz}$	K 因子＝7.7
011	$225\text{kHz} < f \leqslant 590\text{kHz}$	$100\text{kHz} < f \leqslant 200\text{kHz}$	K 因子＝22
100	$590\text{kHz} < f \leqslant 1.5\text{MHz}$	$200\text{kHz} < f \leqslant 400\text{kHz}$	K 因子＝65
101	$1.5\text{MHz} < f \leqslant 4\text{MHz}$	$400\text{kHz} < f \leqslant 800\text{kHz}$	K 因子＝180
110	$4\text{MHz} < f \leqslant 10\text{MHz}$	$800\text{kHz} < f \leqslant 1.6\text{MHz}$	K 因子＝664
111	$10\text{MHz} < f \leqslant 30\text{MHz}$	$1.6\text{MHz} < f \leqslant 3.2\text{MHz}$	K 因子＝1590

XFCN 在晶体振荡器被使能时，振荡器幅度检测电路需要一个建立时间来达到合适的偏置。在使能晶体振荡器和检查 XTLVLD 位之间引入 1ms 的延时可以防止提前将系统时钟切换到外部振荡器。在晶体振荡器稳定之前就切换到外部晶体振荡器可能产生不可预见的后果。

程序设置的基本步骤是：

① 写'0'到端口锁存器使 XTAL1 和 XTAL2 引脚为低电平；

② XTAL1 和 XTAL2 引脚配置为模拟输入；

③ 使能外部振荡器；

④ 等待至少 1ms；

⑤ 查询 XTLVLD＝＞'1'；

⑥ 将系统时钟切换到外部振荡器。

外部晶体初始化程序如下：

```
OSC_Init:     MOV  OSCXCN,♯01100111B        ;使能晶体振荡器除1方式
```

```
OSCWAIT1:    MOV    A,OSCXCN
             JNB    ACC.7,OSCWAIT1
             MOV    CLKSEL,#01H              ;选择外部振荡器
             RET
```

4. 系统时钟选择

系统时钟可以在内部振荡器、外部振荡器和锁相环之间自由切换,只要所选择的振荡器被使能并稳定运行。系统时钟的选择由系统时钟选择寄存器 CLKSEL 实现。

系统时钟选择寄存器 CLKSEL(SFR 地址:8FH,SFR 页:F)

位 7	位 6	位 5	位 4	位 3	位 2	位 1	位 0
保留	保留	CLKDIV1	CLKDIV0	保留	CLKSL2	CLKSL1	CLKSL0

位 7~6:未用。读=00B,写=忽略。

位 5~4 CLKDIV1~0:系统时钟输出分频系数。

这些位用在系统时钟通过交叉开关输出到 I/O 引脚之前对系统时钟进行分频。

- 00:输出为系统时钟;
- 01:输出为系统时钟 2 分频;
- 10:输出为系统时钟 4 分频;
- 11:输出为系统时钟 8 分频。

位 3:未用。读=0B,写=忽略。

位 2~0 CLKSL2~0:系统时钟源选择位。

- 000:系统时钟取自内部高频振荡器,分频数由 OSCICN 寄存器中的 IFCN 位决定;
- 001:系统时钟取自外部振荡器;
- 010:系统时钟取自内部低频振荡器,分频数由 OSCLCN 寄存器中的 OSCLD 位决定;
- 011:保留;
- 100:系统时钟取自锁相环;
- 101~11x:保留。

7.4 10 位 ADC

C8051F360 的 ADC 子系统原理框图如图 7-4-1 所示,它是由两个模拟多路选择开关(简称 AMUX0)、10 位逐次逼近 A/D 转换器、跟踪保持电路、窗口检测器等组成。ADC0可以工作在单端方式和差分方式。

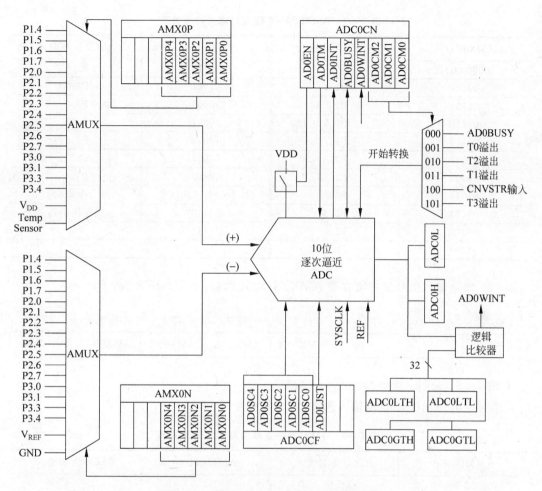

图 7-4-1　C8051F360 ADC 子系统原理框图

1. 模拟多路选择开关

模拟多路选择开关 AMUX0 选择 A/D 转换器的正端和负端输入信号。正端输入信号可来自 I/O 引脚、片内温度传感器(Temp Sensor)或电源电压 V_{DD}，负端输入信号可来自 I/O 引脚、V_{REF} 或地电平。正端和负端输入信号由寄存器 AMX0P 和 AMX0N 选择。当地电平选为负端输入信号时，A/D 转换器工作在单端输入方式，否则，A/D 转换器工作在差分输入方式。

（1）正端输入信号选择寄存器 AMX0P(SFR 地址：BBH，SFR 页：F)

位 7	位 6	位 5	位 4	位 3	位 2	位 1	位 0
—	—	—	AMX0P4	AMX0P3	AMX0P2	AMX0P1	AMX0P0

位 7～5：未用。

位 4～0：AMUX0 正端输入选择，具体参见表 7-4-1。

表 7-4-1　AMX0P4～0 取值与输入信号关系

AMX0P4～0	ADC0 正端输入	AMX0P4～0	ADC0 正端输入
00000-00011	保留	01110	P2.6
00100	P1.4	01111	P2.7
00101	P1.5	10000	P3.0
00110	P1.6	10001	P3.1
00111	P1.7	10010	P3.2
01000	P2.0	10011	P3.3
01001	P2.1	10100	P3.4
01010	P2.2	10101-11101	保留
01011	P2.3	11110	温度传感器
01100	P2.4	11111	V_{DD}
01101	P2.5		

（2）负端输入信号选择寄存器 AMX0N(SFR 地址：BAH,SFR 页：F)

位 7	位 6	位 5	位 4	位 3	位 2	位 1	位 0
—	—	—	AMX0N4	AMX0N3	AMX0N2	AMX0N1	AMX0N0

位 7～5：未用。读＝000b；写＝忽略。

位 4～0：AMUX0 负端输入选择，具体参考表 7-4-2。

表 7-4-2　AMX0N4～0 取值与输入信号关系

AMX0N4～0	ADC0 负端输入	AMX0N4～0	ADC0 负端输入
00000-00011	保留	01110	P2.6
00100	P1.4	01111	P2.7
00101	P1.5	10000	P3.0
00110	P1.6	10001	P3.1
00111	P1.7	10010	P3.2
01000	P2.0	10011	P3.3
01001	P2.1	10100	P3.4
01010	P2.2	10101-11101	保留
01011	P2.3	11110	V_{REF}
01100	P2.4	11111	GND
01101	P2.5		

2. A/D 转换数据输出格式

当 A/D 转换完成以后,得到的 10 位数据分为高、低字节分别存放在寄存器 ADC0H 和 ADC0L 中。单端输入方式时,得到的数据结果为 10 位无符号数,其格式如表 7-4-3 所示。转换数据在 ADC0H:ADC0L 的存放有两种格式:左对齐(left-justified)和右对齐(right-justified)。ADC0H 和 ADC0L 中未用的数据位被置成'0'。

表 7-4-3   单端输入时数据输出格式

输 入 电 压	右对齐 ADC0H：ADC0L	左对齐 ADC0H：ADC0L
$V_{REF} \times 1023/1024$	03FFH	FFC0H
$V_{REF} \times 512/1024$	0200H	8000H
$V_{REF} \times 256/1024$	0100H	4000H
0	0000H	0000H

双端输入方式时,得到的数据结果为 10 位有符号二进制补码,其格式如表 7-4-4 所示。

表 7-4-4   双端输入时数据输出格式

输 入 电 压	右对齐 ADC0H：ADC0L	左对齐 ADC0H：ADC0L
$V_{REF} \times 511/512$	01FFH	7FC0H
$V_{REF} \times 256/512$	0100H	4000H
0	0000H	0000H
$-V_{REF} \times 256/512$	FF00H	C000H
$-V_{REF}$	FE00H	8000H

3. A/D 转换器相关的寄存器

与 A/D 转换器相关的寄存器有配置寄存器 ADC0CF、高字节数据寄存器 ADC0H、低字节数据寄存器 ADC0L 和控制寄存器 ADC0CN,分别介绍如下。

(1) 配置寄存器 ADC0CF(SFR 地址：BCH,SFR 页：所有页)

位 7	位 6	位 5	位 4	位 3	位 2	位 1	位 0
AD0SC4	AD0SC3	AD0SC2	AD0SC1	AD0SC0	AD0LJST	—	—

位 7~3   AD0SC4~0：逐次逼近寄存器(SAR)时钟周期选择位。

- ADC0 的最高转换速度为 200ksps,SAR 时钟信号由系统时钟分频而来,分频值由寄存器中的 AD0SC4~0 决定。假设 SYSCLK 为系统时钟频率,CLK_{SAR} 为 SAR 的时钟频率,则 AD0SC4~0 可由下式决定。

$$AD0SC = \frac{SYSCLK}{CLK_{SAR}} - 1 \qquad (7\text{-}4\text{-}1)$$

位 2   AD0LJST：ADC0 左对齐选择位。

- 0：ADC0H：ADC0L 中的数据为右对齐;
- 1：ADC0H：ADC0L 中的数据为左对齐。

位 1~0：未定义位。

(2) ADC0 高字节数据寄存器 ADC0H(SFR 地址：BEH,SFR 页：所有页)

位 7	位 6	位 5	位 4	位 3	位 2	位 1	位 0
0/1	0/1	0/1	0/1	0/1	0/1	0/1	0/1

位 7～0：ADC0 高字节数据。

（3）ADC0 低字节数据寄存器 ADC0L(SFR 地址：BDH,SFR 页：所有页)

位 7	位 6	位 5	位 4	位 3	位 2	位 1	位 0
0/1	0/1	0/1	0/1	0/1	0/1	0/1	0/1

位 7～0：ADC0 低字节数据。

（4）ADC0 控制寄存器 ADC0CN(SFR 地址：E8H,SFR 页：所有页)

位 7	位 6	位 5	位 4	位 3	位 2	位 1	位 0
AD0EN	AD0TM	AD0INT	AD0BUSY	AD0WINT	AD0CM2	AD0CM1	AD0CM0

位 7　AD0EN：ADC0 使能位。

- 0：ADC0 禁止,ADC0 处于低功耗模式；
- 1：ADC0 使能。

位 6　ADC0TM：ADC0 跟踪模式选择位。

- 0：正常跟踪模式,当 ADC0 使能时,除了转换期间 ADC0 一直处于跟踪状态；
- 1：低功耗跟踪模式,由 AD0M2～0 位定义跟踪方式(见 AD0CM2～0 位说明)。

位 5　AD0INT：ADC0 转换结束中断标志。

- 0：未完成一次 A/D 转换；
- 1：完成一次 A/D 转换。

位 4　AD0BUSY：ADC0 忙标志。

- 读：
  - ◆ 0：ADC0 处于空闲状态；
  - ◆ 1：A/D 转换正在进行中。
- 写：
  - ◆ 0：无作用；
  - ◆ 1：当 AD0CM2～0＝000 时,启动一次 A/D 转换。

位 3　AD0WINT：ADC0 窗口比较中断标志。

- 0：无窗口比较中断产生；
- 1：产生窗口比较匹配。

位 2～0　AD0CM2～0：ADC0 启动方式选择位。

- 当 AD0TM＝0 时：
  - ◆ 000：将"1"写入 AD0BUSY 位启动 A/D 转换；
  - ◆ 001：定时器 0 溢出启动 A/D 转换；
  - ◆ 010：定时器 2 溢出启动 A/D 转换；
  - ◆ 011：定时器 1 溢出启动 A/D 转换；
  - ◆ 100：信号 CNVSTR 的上升沿启动 A/D 转换；
  - ◆ 101：定时器 3 溢出启动 A/D 转换；
  - ◆ 11×：保留。

- 当 AD0TM＝1 时：
  - ◆ 000：将"1"写入 AD0BUSY 位再经过 3 个 SAR 时钟周期启动 A/D 转换；
  - ◆ 001：定时器 0 溢出再经过 3 个 SAR 时钟周期启动 A/D 转换；
  - ◆ 010：定时器 2 溢出再经过 3 个 SAR 时钟周期启动 A/D 转换；
  - ◆ 011：定时器 1 溢出再经过 3 个 SAR 时钟周期启动 A/D 转换；
  - ◆ 100：CNVSTR 低电平时 ADC0 处于跟踪模式，CNVSTR 的上升沿启动 A/D 转换；
  - ◆ 101：定时器 3 溢出再经过 3 个 SAR 时钟周期启动 A/D 转换；
  - ◆ 11×：保留。

向 AD0BUSY 写入"1"启动 A/D 转换属于软件控制 A/D 转换的方法，这种方式允许任何时刻启动 A/D 转换。在 A/D 转换期间，AD0BUSY 位一直为"1"，而当转换结束时被置 0。AD0BUSY 的下降沿触发一个中断，将 ADC0 的中断标志 AD0INT 置"1"。

4. ADC0 参考电压源的选择

ADC0 的参考电压源有三种选择：内部参考电压源、外部参考电压源和电源电压 V_{DD}。由参考电压源控制寄存器 REF0CN 选择。

参考电压源控制寄存器 REF0CN(SFR 地址：D1H，SFR 页：所有页)

位 7	位 6	位 5	位 4	位 3	位 2	位 1	位 0
—	—	—	—	REFSL	TEMPE	BIASE	REFBE

位 7～4：未用。

位 3 REFSL：参考电压源选择位。

- 0：V_{REF}引脚作为参考电压源；
- 1：V_{DD}作为参考电压源。

位 2 TEMPE：温度传感器使能位。

- 0：内部温度传感器禁止；
- 1：内部温度传感器允许。

位 1 BIASE：内部偏置电压发生器使能位。

- 0：内部偏置电压发生器关闭；
- 1：内部偏置电压发生器开启。

位 0 REFBE：内部参考电压缓冲器使能位。

- 0：内部参考电压缓冲器禁止；
- 1：内部参考电压缓冲器允许，内部参考电压送 V_{REF}引脚。

7.5 10 位电流模式 DAC

C8051F360 内部含有一个电流输出的数/模转换器(IDA0)，内部框图如图 7-5-1 所示。用 IDA0 控制寄存器中的 IDA0EN 位来使能或禁止 IDA0。当 IDA0EN 被设置为 0

时,IDA0 引脚(P0.4)作为 GPIO 引脚使用;当 IDA0EN 被置 1 时,IDA0 引脚的数字输出驱动器和弱上拉被自动禁止,该引脚被连到 IDA0 的输出。当 IDA0 被使能时,内部的带隙偏置电压发生器为其提供基准电流。当使用 IDA0 时,P0SKIP 寄存器中的适当位应被置 1,以使交叉开关跳过 IDA0 引脚。

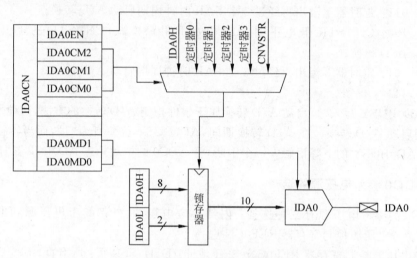

图 7-5-1　IDA0 原理框图

IDA0 有三种刷新模式:写 IDA0H、定时器溢出或外部引脚触发。

采用写 IDA0H 刷新模式时,如果要向 IDA0 的数据寄存器写 10 位的数据字,应先写 IDA0L,再写 IDA0H。

IDA0 的输出也可以用定时器溢出事件触发更新。这一特性在以给定采样频率产生输出波形的系统中非常有用,可以避免中断延迟时间和指令执行时间变化对 IDA0 输出时序的影响。当 IDA0CM 位(IDA0CN.[6:4])被设置为'000'、'001'、'010'或'011'时,写入到两个 IDA0 数据寄存器(IDA0L 和 IDA0H)的数据被保持,直到相应的定时器溢出事件(分别为定时器 0、定时器 1、定时器 2 或定时器 3)发生时,IDA0H:IDA0L 的内容才被复制到 IDA0 输入锁存器,允许 IDA0 输出变为新值。

IDA0 还可以被配置为在外部 CNVSTR 信号的上升沿、下降沿或两个边沿进行输出更新。当 IDA0CM 位(IDA0CN[6:4])被设置为'100'、'101'或'110'时,写入到两个 IDAC 数据寄存器(IDA0L 和 IDA0H)的数据被保持,直到 CNVSTR 输入引脚的边沿发生。IDA0CM 位的具体设置决定 IDA0 输出更新发生在 CNVSTR 的上升沿、下降沿或在两个边沿都发生更新。当相应的边沿发生时,IDA0H:IDA0L 的内容被复制到 IDA0 输入锁存器,允许 IDA0 输出变为所希望的新值。

与 IDA0 相关的特殊功能寄存器有控制寄存器 IDA0CN、数据字高字节寄存器 IDA0H 和数据字低字节寄存器 IDA0L,分别介绍如下。

(1) IDA0 控制寄存器 IDA0CN(SFR 地址:B9H,SFR 页:所有页)

位 7	位 6	位 5	位 4	位 3	位 2	位 1	位 0
IDA0EN		IDA0CM		—	—		IDA0OMD

位7　IDA0EN：IDA0 使能位。

- 0：IDA0 禁止；
- 1：IDA0 使能。

位6～4　IDA0CM[2:0]：IDA0 输出更新源选择位。

- 000：定时器 0 溢出触发 DAC 输出更新；
- 001：定时器 1 溢出触发 DAC 输出更新；
- 010：定时器 2 溢出触发 DAC 输出更新；
- 011：定时器 3 溢出触发 DAC 输出更新；
- 100：CNVSTR 的上升沿触发 DAC 输出更新；
- 101：CNVSTR 的下降沿触发 DAC 输出更新；
- 110：CNVSTR 的两个边沿触发 DAC 输出更新；
- 111：写 IDA0H 触发 DAC 输出更新。

位3～2：未使用。读＝00b。写＝忽略。

位1～0　IDA0OMD[1:0]：IDA0 输出方式选择位。

- 00：0.5mA 满度输出电流；
- 01：1.0mA 满度输出电流；
- 1x：2.0mA 满度输出电流。

（2）IDA0 数据字高字节寄存器 IDA0H（SFR 地址：97H，SFR 页：所有页）

位 7	位 6	位 5	位 4	位 3	位 2	位 1	位 0
0/1	0/1	0/1	0/1	0/1	0/1	0/1	0/1

位7～0：IDA0 数据字高字节，作为 10 位 IDA0 数据字的高 8 位。

（3）IDA0 数据字低字节寄存器 IDA0L（SFR 地址：96H，SFR 页：所有页）

位 7	位 6	位 5	位 4	位 3	位 2	位 1	位 0
0/1	0/1	0	0	0	0	0	0

位7～6：10 位 IDA0 数据字的低 2 位。

位5～0：未使用。读＝000000b。写＝忽略。

IDA0 数据寄存器（IDA0H 和 IDA0L）中的数据是左对齐的，这意味着 IDA0 输出数据字的高 8 位被映射到 IDA0H 的位 7～0，而 IDA0 输出数据字的低 2 位被映射到 IDA0L 的位 7 和位 6。

IDA0 数据字的格式：

IDA0H								IDA0L							
D9	D8	D7	D6	D5	D4	D3	D2	D1	D0	-	-	-	-	-	-

IDA0 的满量程输出电流可分为 3 挡：0.5mA、1mA 和 2mA，由 IDA0CN 寄存器的 IDA0MD 位控制。IDA0 的输入数字量和输出模拟量之间的关系如表 7-5-1 所示。

表 7-5-1　IDA0 输入数字量和输出电流关系表

输入数据字 (D9~D0)	输出电流 IDA0OMD[1:0]='1x'	输出电流 IDA0OMD[1:0]='01'	输出电流 IDA0OMD[1:0]='00'
000H	0mA	0mA	0mA
001H	$1/1024 \times 2$mA	$1/1024 \times 1$mA	$1/1024 \times 0.5$mA
200H	$512/1024 \times 2$mA	$512/1024 \times 1$mA	$512/1024 \times 0.5$mA
3FFH	$1023/1024 \times 2$mA	$1023/1024 \times 1$mA	$1023/1024 \times 0.5$mA

7.6　中断系统

C8051F360 有一个扩展中断系统,支持 16 个中断和两个优先级。每个中断源可以在一个 SFR 中有一个或多个相关的中断标志。当一个外设或外部源满足有效的中断条件时,相应的中断标志被置为逻辑"1"。

如果中断被允许,在中断标志被置位时将产生中断。一旦当前指令执行完,CPU 产生一个 LCALL 指令将程序转到预定地址(中断向量),开始执行中断服务程序(ISR)。

某些中断标志在 CPU 进入 ISR 时被自动清零。但大多数中断标志不是由硬件清除的,必须在 ISR 返回前用软件清除。如果中断标志在 CPU 执行完中断返回(RETI)指令后仍然保持置位状态,则会立即产生一个新的中断请求。CPU 将在执行完下一条指令后再次进入该 ISR。

1. 中断源与中断向量

C8051F360 MCU 支持 16 个中断源。软件可以通过将任何一个中断标志设置为逻辑'1'来模拟中断。如果中断标志被允许,系统将产生中断,CPU 将转向与该中断标志对应的 ISR 地址。C8051F360 的中断源、对应的向量地址和控制位见表 7-6-1。

表 7-6-1　C8051F360 单片机中断源

中　断　源	中断向量	标　志　位	硬件清零	中断允许	优先级控制
外部中断 0	0x0003	IE0(TCON.1)	Y	EX0(IE.0)	PX0(IP.0)
定时器 0 溢出	0x000B	TF0(TCON.5)	Y	ET0(IE.1)	PT0(IP.1)
外部中断 1	0x0013	IE1(TCON.3)	Y	EX1(IE.2)	PX1(IP.2)
定时器 1 溢出	0x001B	TF1(TCON.7)	Y	ET1(IE.3)	PT1(IP.3)
串行通信	0x0023	RI0(SCON0.0) TI0(SCON0.1)	N	ES0(IE.4)	PS0(IP.4)
定时器 2 溢出	0x002B	TF2H(TMR2CN.7) TF2L(TMR2CN.6)	N	ET2(IE.5)	PT2(IP.5)
高速串行口 (SPI0)	0x0033	SPIF(SPI0CN.7) WCOL(SPI0CN.6) MODF(SPI0CN.5) RXOVRN(SPI0CN.4)	N	ESPI0 (IE.6)	PSPI0 (IP.6)

续表

中　断　源	中断向量	标　志　位	硬件清零	中断允许	优先级控制
SMBus 接口	0x003B	SI(SMB0CN.0)	N	ESMB0 (EIE1.0)	PSMB0 (EIP1.0)
保留	0x0043	N/A	N/A	N/A	N/A
ADC0 比较窗口	0x004B	AD0WINT (ADC0CN.5)	N	EWADC0 (EIE1.2)	PWADC0 (EIP1.2)
ADC 转换结束	0x0053	AD0INT(ADC0STA.5)	N	EADC0 (EIE1.3)	PADC0 (EIP1.3)
可编程计数阵列	0x005B	CF(PCA0CN.7) CCFn(PCA0CN.n)	N	EPCA0 (EIE1.4)	PPCA0 (EIP1.4)
比较器 0	0x0063	CP0FIF(CPT0CN.4) CP0RIF(CPT0CN.5)	N	ECP0 (EIE1.5)	PCP0 (EIP1.5)
比较器 1	0x006B	CP1FIF(CPT1CN.4) CP1RIF(CPT1CN.5)	N	ECP1 (EIE1.6)	PCP1 (EIP1.6)
定时器 3 溢出	0x0073	TF3H(TMR3CN.7) TF3L(TMR3CN.6)	N	ET3 (EIE1.7)	PT3 (EIP1.7)
保留	0x007B	N/A	N/A	N/A	N/A
端口匹配	0x0083	N/A	N/A	EMAT (EIE2.1)	PMAT (EIP2.1)

2. 中断系统相关的寄存器

与中断系统相关的寄存器有中断允许寄存器 IE、中断优先级寄存器 IP、扩展中断允许寄存器 EIE1、扩展中断优先级寄存器 EIP1、扩展中断允许寄存器 EIE2 和扩展中断优先级寄存器 EIP2,分别介绍如下。

（1）中断允许寄存器 IE(SFR 地址：A8H,SFR 页：所有页)

位 7	位 6	位 5	位 4	位 3	位 2	位 1	位 0
EA	ESPI0	ET2	ES0	ET1	EX1	ET0	EX0

位 7　EA：全局中断使能控制位,总控全部中断。控制级高于各中断使能控制位。

- 0：全局中断禁止；
- 1：全局中断开启,各个中断由各中断的使能控制位控制。

位 6　ESPI0：串行外设接口(SPI0)中断控制位,控制 SPI0 中断。

- 0：禁止全部 SPI0 中断；
- 1：开启 SPI0 中断。

位 5　ET2：定时器 2 中断使能位,控制定时器 2 中断。

- 0：禁止定时器 2 中断；
- 1：开启定时器 2 中断(中断由标志位 TF2L 或 TF2H 产生)。

位 4　ES0：UART0 中断使能位,控制 UART0 中断。

- 0：禁止 UART0 中断；

- 1：开启 UART0 中断。

位 3　ET1：定时器 1 中断使能位,控制定时器 1 中断。

- 0：禁止全部定时器 1 中断;

- 1：开启定时器 1 中断(中断由标志位 TF1 产生)。

位 2　EX1：外部中断 1 使能位,控制外部中断 1。

- 0：禁止外部中断 1;

- 1：开启外部中断 1(中断由/INT1 输入产生)。

位 1　ET0：定时器 0 中断使能位,控制定时器 0 中断。

- 0：禁止全部定时器 0 中断;

- 1：开启定时器 0 中断(中断由标志位 TF0 产生)。

位 0　EX0：外部中断 0 使能,控制外部中断 0。

- 0：禁止外部中断 0;

- 1：开启外部中断 0(中断由/INT0 输入产生)。

(2) 中断优先级寄存器 IP(SFR 地址：B8H,SFR 页：所有页)

位 7	位 6	位 5	位 4	位 3	位 2	位 1	位 0
—	PSPI0	PT2	PS0	PT1	PX1	PT0	PX0

位 7：未使用,读=1,写=未定义。

位 6　PSPI0：串行外设接口(SPI0)中断优先级控制位,设置 SPI0 中断优先级。

- 0：SPI0 中断设置为低优先级;

- 1：SPI0 中断设置为高优先级。

位 5　PT2：定时器 2 中断优先级控制位,设置定时器 2 中断优先级。

- 0：定时器 2 中断设置为低优先级;

- 1：定时器 2 中断设置为高优先级。

位 4　PS0：UART0 中断优先级控制位,设置 UART0 中断优先级。

- 0：UART0 中断设置为低优先级;

- 1：UART0 中断设置为高优先级。

位 3　PT1：定时器 1 中断优先级控制位,设置定时器 1 中断优先级。

- 0：定时器 1 中断设置为低优先级;

- 1：定时器 1 中断设置为高优先级。

位 2　PX1：外部中断 1 优先级控制位,设置外部中断 1 优先级。

- 0：外部中断 1 设置为低优先级;

- 1：外部中断 1 设置为高优先级。

位 1　PT0：定时器 0 中断优先级控制位,设置定时器 0 中断优先级。

- 0：定时器 0 中断设置为低优先级;

- 1：定时器 0 中断设置为高优先级。

位 0　PX0：外部中断 0 优先级控制位,设置外部中断 0 优先级。

- 0：外部中断 0 设置为低优先级;

- 1：外部中断 0 设置为高优先级。

（3）扩展中断允许寄存器 EIE1（SFR 地址：E6H，SFR 页：所有页）

位 7	位 6	位 5	位 4	位 3	位 2	位 1	位 0
ET3	ECP1	ECP0	EPCA0	EADC0	EWADC0	—	ESMB0

位 7　ET3：定时器 3 中断使能位，控制定时器 3 中断。

- 0：禁止定时器 3 中断；
- 1：开启定时器 3 中断（中断由标志位 TF3L 或 TF3H 产生）。

位 6　ECP1：比较器 1（CP1）中断使能位，控制比较器 1 中断。

- 0：禁止 CP1 中断；
- 1：开启 CP1 中断（中断由标志位 CP1RIF 或 CP1FIF 产生）。

位 5　ECP0：比较器 0（CP0）中断使能位，控制比较器 0 中断。

- 0：禁止 CP0 中断；
- 1：开启 CP0 中断（中断由标志位 CP0RIF 或 CP0FIF 产生）。

位 4　EPCA0：可编程计数器阵列（PCA0）中断控制位，控制 PCA0 中断。

- 0：禁止全部 PCA0 中断；
- 1：开启 PCA0 中断。

位 3　EADC0：ADC0 转换完成中断使能位，控制 ADC0 转换完成中断。

- 0：禁止 ADC0 转换完成中断；
- 1：开启中断（中断由标志位 AD0INT 产生）。

位 2　EWADC0：ADC0 窗口比较中断使能位，控制 ADC0 窗口比较中断。

- 0：禁止 ADC0 窗口比较中断；
- 1：开启中断（中断由标志位 ADC0WINT 产生）。

位 1　未使用。读＝0b，写＝忽略。

位 0　ESMB0：SMBus（SMB0）中断使能位，控制 SMB0 中断。

- 0：禁止全部 SMB0 中断；
- 1：开启 SMB0 中断。

（4）扩展中断优先级寄存器 EIP1（SFR 地址：CEH，SFR 页：所有页）

位 7	位 6	位 5	位 4	位 3	位 2	位 1	位 0
PT3	PCP1	PCP0	PPCA0	PADC0	PWADC0	—	PSMB0

位 7　PT3：定时器 3 中断优先级使能位，设置定时器 3 中断优先级。

- 0：定时器 3 中断设置为低优先级；
- 1：定时器 3 中断设置为高优先级。

位 6　PCP1：比较器 1（CP1）中断优先级使能位，设置 CP1 中断优先级。

- 0：CP1 中断设置为低优先级；
- 1：CP1 中断设置为高优先级。

位 5　PCP0：比较器 0（CP0）中断优先级使能位，设置 CP0 中断优先级。

- 0：CP0 中断设置为低优先级；
- 1：CP0 中断设置为高优先级。

位 4：PPCA0：可编程计数器阵列(PCA0)中断优先级控制位,设置 PCA0 中断优先级。

- 0：PCA0 中断设置为低优先级；
- 1：PCA0 中断设置为高优先级。

位 3　PADC0：ADC0 转换完成中断优先级控制位,设置 ADC0 转换完成中断优先级。

- 0：ADC0 转换完成中断设置为低优先级；
- 1：ADC0 转换完成中断设置为高优先级。

位 2　PWADC0：ADC0 窗口比较中断优先级控制位,设置 ADC0 窗口比较中断优先级。

- 0：ADC0 窗口比较中断设置为低优先级；
- 1：ADC0 窗口比较中断设置为高优先级。

位 1：未使用。读＝1b,写＝忽略。

位 0　PSMB0：SMBus(SMB0)中断优先级控制位,设置 SMB0 中断优先级。

- 0：SMB0 中断设置为低优先级；
- 1：SMB0 中断设置为高优先级。

(5) 扩展中断允许寄存器 EIE2(SFR 地址：E7H,SFR 页：所有页)

位 7	位 6	位 5	位 4	位 3	位 2	位 1	位 0
—	—	—	—	—	—	EMAT	—

位 7～2：未使用。读＝000000b,写＝忽略。

位 1　EMAT：端口匹配中断控制位,控制端口匹配中断。

- 0：禁止端口匹配中断；
- 1：开启端口匹配中断。

位 0：未使用。读＝0b,写＝忽略。

(6) 扩展中断优先级寄存器 EIP2(SFR 地址：CFH,SFR 页：所有页)

位 7	位 6	位 5	位 4	位 3	位 2	位 1	位 0
—	—	—	—	—	—	PMAT	—

位 7～2：未使用。读＝000000b,写＝忽略。

位 1　EMAT：端口匹配中断优先级控制位,设置端口匹配中断优先级。

- 0：端口匹配中断设置为低优先级；
- 1：端口匹配中断设置为高优先级。

位 0：未使用。读＝0b,写＝忽略；

3. 外部中断

两个外部中断源/INT0 和/INT1 可被配置为低电平有效或高电平有效,边沿触发或电平触发。与外部中断相关的特殊功能寄存器介绍如下：

INT0/INT1 配置寄存器 IT01CF(SFR 地址：E4H,SFR 页：所有页)

位 7	位 6	位 5	位 4	位 3	位 2	位 1	位 0
IN1PL	IN1SL2	IN1SL1	INISL0	IN0PL	IN0SL2	IN0SL1	IN0SL0

位 7：IN1PL：/INT1 极性。

- 0：/INT1 为低电平有效；

- 1：/INT1 为高电平有效。

位 6～4：IN1SL2～0：/INT1 端口引脚选择位，IN1SL2～0 取值与端口引脚对应关系如表 7-6-2 所示。

表 7-6-2　IN1SL2～0 取值与端口引脚对应关系表

IN1SL2～0	/INT1 引脚	IN1SL2～0	/INT1 引脚
000	P0.0	100	P0.4
001	P0.1	101	P0.5
010	P0.2	110	P0.6
011	P0.3	111	P0.7

注意，当某一引脚分配给/INT1 时，应通过将寄存器 P0SKIP 中的对应位置"1"来跳过这个引脚。

位 3：IN0PL：/INT0 极性。

- 0：/INT0 为低电平有效；

- 1：/INT0 为高电平有效。

位 2～0：IN0SL2～0：/INT0 端口引脚选择位，IN0SL2～0 取值与端口引脚对应关系如表 7-6-3 所示。

表 7-6-3　IN0SL2～0 取值与端口引脚对应关系表

IN0SL2～0	/INT0 引脚	IN0SL2～0	/INT0 引脚
000	P0.0	100	P0.4
001	P0.1	101	P0.5
010	P0.2	110	P0.6
011	P0.3	111	P0.7

IT01CF 寄存器中的 IN0PL(/INT0 极性)和 IN1PL(/INT1 极性)位用于选择外部中断是高电平有效还是低电平有效，与 TCON 寄存器(该寄存器的定义请参考 C8051F360 单片机数据手册中有关内部定时器的内容)中的 IT0 和 IT1 配合用于选择电平或边沿触发，如表 7-6-4 所示。

表 7-6-4　/INT0 和/INT1 触发方式选择

IT0	IN0PL	/INT0 中断	IT1	IN1PL	/INT1 中断
1	0	下降沿触发	1	0	下降沿触发
1	1	上升沿触发	1	1	上升沿触发
0	0	低电平触发	0	0	低电平触发
0	1	高电平触发	0	1	高电平触发

TCON 寄存器中的 IE0(TCON.1)和 IE1(TCON.3)分别为外部中断/INT0 和/INT1 的中断标志。如果/INT0 或/INT1 外部中断被配置为边沿触发,CPU 在转向中断服务程序时将自动清除相应的中断标志。当被配置为电平触发时,在输入有效期间(根据极性控制位 IN0PL 或 IN1PL 的定义)中断标志将保持在逻辑'1'状态;在输入无效期间该标志保持逻辑'0'状态。电平触发的外部中断源必须一直保持输入有效直到中断请求被响应,在中断服务程序返回前必须使该中断请求无效,否则产生另一个中断请求。

7.7 设计训练题

1. C8051F360 单片机如果要使用 12MHz 的外部晶体振荡器,试问外部晶体与单片机的哪两根 I/O 引脚相连? 应如何初始化相应的 I/O 引脚? 与振荡器相关的寄存器应如何初始化? 从顺序上来说应先初始化 I/O 引脚还是先初始化振荡器?

2. 什么是优先权交叉开关译码器? C8051F360 的片内资源能否到任何一个 I/O 端口?

3. 假设 C8051F360 单片机端口 0～端口 4 的功能定义如表 7-7-1 所示,试写出端口 0～端口 4 的初始化程序。

表 7-7-1 C8051F360 单片机 P0～P4 口的功能设置

引脚名称	信号名	功 能	引脚名称	信号名	功 能
P0.0	ALE	地址锁存信号	P2.0	ADCin	A/D 模拟量输入引脚
P0.1	TX0	异步串行通信	P2.1	P21	
P0.2	RX0		P2.2	P22	
P0.3	V_{REF}	D/A、A/D 参考电压	P2.3	P23	
P0.4	IDA0	D/A 模拟量输出	P2.4	P24	通用 I/O 口
P0.5	INT0	外部中断	P2.5	P25	
P0.6	INT1	外部中断	P2.6	P26	
P0.7	CNVSTR	开关量输入	P2.7	P27	
P1.0	A0/ D0		P3.0	P30	
P1.1	A1/ D1		P3.1	P31	通用 I/O 口
P1.2	A2/ D2		P3.2	P32	
P1.3	A3/ D3	数据线/地址低 8 位	P3.3	P33	
P1.4	A4/ D4		P3.4	A8	
P1.5	A5/ D5		P3.5	A9	地址总线
P1.6	A6/ D6		P3.6	A10	
P1.7	A7/ D7		P3.7	A11	
P4.0	A12		P4.5	/RD	读/写控制信号
P4.1	A13	地址总线	P4.6	/WR	
P4.2	A14				
P4.3	A15				

4. C8051F360 单片机内部 A/D 转换器采用单端输入模式,模拟信号 P2.0 输入,使用内部参考电压,定时器 1 溢出启动 A/D 转换,SAR 时钟频率设为 100kHz。假设系统时钟 SYSCLK 频率为 12MHz。试写出 A/D 转换器的初始化程序。

5. 使用 C8051F360 单片机的 IDA0 产生锯齿波,IDA0 采用定时器 T1 溢出更新输出,满量程输出电流 2mA。试写出 IDA0 的初始化程序。

6. 阅读 C8051F360 单片机数据手册,比较 C8051F360 单片机内部定时器与 MCS51 单片机的相同之处和不同之处。

7. 阅读 C8051F360 单片机数据手册,说明看门狗定时器的使用方法。如果看门狗定时器复位不要使用,该如何禁用?

第8章

基于并行总线的单片机系统设计

C8051F360 内部虽然集成了 ROM、RAM、定时/计数器、A/D、D/A 等数字和模拟功能部件，但在一些实际应用系统中，单片机内部的资源仍然难以满足需要。例如，大多数的单片机应用系统都需要人机接口，因此需要扩展显示电路和键盘电路；又如数字化语音存储与回放系统需要大容量的存储器来存储语音信号；有些系统需要实时时钟，则需要扩展实时时钟芯片。当单片机内部资源无法满足设计要求时，就需要对单片机进行系统扩展。

单片机系统扩展一般可分为并行总线扩展和串行总线扩展两种方法。并行总线扩展方法是指单片机通过由地址总线、数据总线和控制总线组成的并行总线扩展外围器件，具有数据传送速度快的优点，但需要占用单片机较多的 I/O 引脚，硬件连线复杂。串行总线扩展方法就是单片机通过串行总线如 SPI 总线、I^2C 总线等来扩展外围器件，具有硬件连接简单、外围器件体积小的优点，但工作速度较慢。在设计单片机系统时，究竟采用并行扩展方法还是扩展方法需要综合多种因素考虑，基本的原则是在工作速度要求较高的场合，采用并行总线扩展方法，在满足速度要求的前提下，可采用串行总线扩展方法。

8.1　并行总线单片机系统概述

单片机的并行总线通常包括地址总线（address bus，AB）、数据总线（data bus，DB）和控制总线（control bus，CB）。受引脚的限制，C8051F360 单片机没有专门的数据总线、地址总线和控制总线，而是通过通用 I/O 端口实现。图 8-1-1 所示为 C8051F360 单片机的并行总线示意图。

所谓并行总线单片机系统是指单片机通过并行总线扩展外部器件而构成的单片机系统。与此相对应，单片机通过串行总线扩展外部

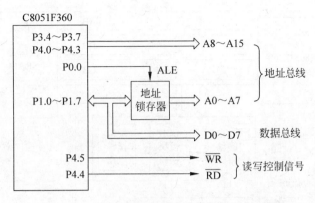

图 8-1-1 C8051F360 单片机的并行总线示意图

器件而构成的单片机系统称为串行总线单片机系统。单片机的外部器件种类很多,如并行 I/O 接口、程序存储器、数据存储器、显示电路、键盘电路、A/D 转换器、D/A 转换器、数据通信接口等。随着单片机技术应用进入 SoC 时代,并行总线单片机系统的内涵也发生了新的变化。首先,由于单片机片内程序存储器容量越来越大,现在已很少有单片机系统需要扩展程序存储器了。实际上从图 8-1-1 也可以看到,在 C8051F360 单片机的并行总线中,已没有传统 MCS-51 单片机所具有的程序存储器选通控制信号$\overline{PSEN}$。其次,SoC 单片机一般都混合集成了模拟和数字部件,如第 7 章所介绍,C8051F360 单片机内部集成了 10 位 A/D 转换器、10 位 D/A 转换器、电压比较器等模拟器件,因此,如果采用 C8051F360 单片机来设计单片机系统,一般不再需要扩展并行 A/D 和 D/A 转换器。另外,CPLD/FPGA 的广泛应用也为单片机系统设计带来深刻的变化,FPGA 几乎能实现任何的单片机数字外设,许多高速电子系统都是单片机和 FPGA 相结合的应用范例。

基于上述分析,本章对并行总线单片机系统设计基于当前两大主流技术:SoC 单片机技术和 CPLD/FPGA 技术,其系统框图如图 8-1-2 所示。虚线框内的 C8051F360 单片机、CPLD、点阵式 LCD 显示模块、4×4 矩阵式键盘构成单片机最小系统。在单片机最小系统中,采用一片 CPLD 代替标准中小规模数字集成电路实现地址译码电路、LCD 模块接口、编码式键盘接口,不但提高了系统集成度,而且内部逻辑可以在系统修改。根据不同的应用场合,在单片机最小系统的基础上,通过并行总线扩展 FPGA、大容量 SRAM、CAN 总线接口等外部设备。FPGA 作为单片机的外部设备,不但可实现复杂的高速数字逻辑,而且其内部可编程 RAM 模块可灵活配置成单口 RAM、双口 RAM、FIFO 等常用存储器结构,单片机可以通过并行总线访问 FPGA 内部的各种资源。将单片机和 FPGA 结合,充分发挥单片机和 FPGA 的优势,大大拓展了单片机系统的应用范围和使用灵活性。如 DDS 信号发生器、高速数据采集系统等就是单片机和 FPGA 相结合的典型电子系统。将可编程逻辑器件引入单片机系统设计,使单片机系统的硬件电路可以像软件一样修改,真正实现单片机系统的硬件可重构。

本章将以图 8-1-2 所示的并行总线单片机系统为实例,介绍 C8051F360 单片机外部数据存储器接口,讨论大容量数据存储器、LCD 模块、编码式键盘等常用外围器件的并行总线扩展方法。其中将重点介绍基于 CPLD 的 4×4 编码式键盘接口设计以及单片机和 FPGA 的相结合的电子系统设计方法。

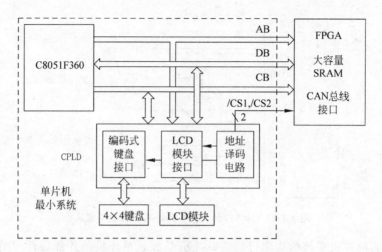

图 8-1-2 并行总线单片机系统结构框图

8.2 C8051F360 单片机外部数据存储器接口

C8051F360 单片机通过一个外部数据存储器接口(external data memory interface, EMIF)来寻址片外的数据存储器和外部设备。EMIF 实际上就是 C8051F360 单片机的并行总线接口,由 16 位地址线、8 位数据线以及 $\overline{\text{WR}}$、$\overline{\text{RD}}$ 和 ALE 构成。C8051F360 单片机的 EMIF 接口有以下几个特点。

1. EMIF 可设置成引脚复用和引脚不复用两种模式

两种模式的引脚定义如表 8-2-1 所示。在引脚复用方式中,EMIF 的数据总线和低 8 位地址总线共用 I/O 引脚,在访问外部数据存储器或外设时,需要通过一个外部锁存器(如 74HC573)在 ALE 信号的下降沿将低 8 位地址锁存。引脚不复用的模式不需要外部锁存器,但需要占用更多的 I/O 引脚,系统设计时应根据实际情况选择合适的模式。

2. EMIF 具有 4 种工作模式

由于 C8051F360 单片机片内含有 1KB 的 XRAM(地址范围 0000H~03FFH),因此外部数据存储器就有片内 XRAM 和片外 XRAM 之分。根据对片内 XRAM 和片外 XRAM 的不同处理,EMIF 具有以下 4 种工作方式。

只允许片内存储模式:MOVX 只寻址片内 XRAM,所有的有效地址只与片内 XRAM 空间相对应。

不带块选择的分片模式:地址低于 1K 的存储空间指向片内 XRAM,高于 1K 的存储空间指向由片外 XRAM。使用 8 位的 MOVX 指令时访问片外 RAM 时,高 8 位地址由地址高端口锁存器(P4.3~P4.0,P3.7~P3.4)的内容决定。

表 8-2-1 外数据存储器接口引脚定义表

引脚复用模式				引脚不复用模式			
信号名	端口引脚	信号名	端口引脚	信号名	端口引脚	信号名	端口引脚
/RD	P4.4	A8	P3.4	/RD	P4.4	A3	P2.3
/WR	P4.5	A9	P3.5	/WR	P4.5	A4	P2.4
ALE	P0.0	A10	P3.6	ALE	P0.0	A5	P2.5
D0/A0	P1.0	A11	P3.7	D0	P1.0	A6	P2.6
D1/A1	P1.1	A12	P4.0	D1	P1.1	A7	P2.7
D2/A2	P1.2	A13	P4.1	D2	P1.2	A8	P3.4
D3/A3	P1.3	A14	P4.2	D3	P1.3	A9	P3.5
D4/A4	P1.4	A15	P4.3	D4	P1.4	A10	P3.6
D5/A5	P1.5			D5	P1.5	A11	P3.7
D6/A6	P1.6			D6	P1.6	A12	P4.0
D7/A7	P1.7			D7	P1.7	A13	P4.1
				A0	P2.0	A14	P4.2
				A1	P2.1	A15	P4.3
				A2	P2.2		

带块选择的分片模式:低于 1K 的存储空间指向片内 XRAM,高于 1K 的存储空间指向由片外 XRAM。使用 8 位的 MOVX 指令访问在片外 RAM 时,高 8 位地址由特殊功能寄存器 EMI0CN 中的内容决定。

只允许片外存储模式:MOVX 只寻址片外 XRAM。

不带块选择的分片模式和带块选择的分片模式对于 16 位 MOVX 指令来说没有区别,但对 8 位 MOVX 指令有所区别。对于不带块选择的分片模式,用 8 位 MOVX 指令访问片外存储器时不驱动地址总线的高 8 位 A15~A8,而是用户通过直接设置 P4.3~P4.0 和 P3.7~P3.4 的状态来提供高位地址。对于带块选择的分片模式,用 8 位 MOVX 指令访问片外存储器时,地址总线的高 8 位 A15~A8 由 EMI0CN 寄存器提供,16 位地址总线全部被驱动。

EMIF 时序的时间参数可以通过特殊功能寄存器设置,以适应外设的不同时序要求。如地址的建立时间和保持时间、$\overline{WR}$ 和 $\overline{RD}$ 的脉冲宽度等时间参数均可设置。

与 EMIF 相关的特殊功能寄存器有控制寄存器 EMI0CN、配置寄存器 EMI0CF、时序控制寄存器 EMI0TC,分别说明如下。

外部数据存储器接口控制寄存器 EMI0CN(SFR 地址:AAH,SFR 页:所有页)

位 7	位 6	位 5	位 4	位 3	位 2	位 1	位 0
PGSEL7	PGSEL6	PGSEL5	PGSEL4	PGSEL3	PGSEL2	PGSEL1	PGSEL0

位 7~0 PGSEL[7:0]:XRAM 页选择位。

当使用 8 位的 MOVX 命令时,XRAM 页选择位提供 16 位外部数据存储器地址的高字节,实际上是选择一个 256 字节的 RAM 页。

00H: 0000~00FFH
01H: 0100~01FFH
⋮

FEH：FE00～FEFFH

FFH：FF00～FFFFH

外部存储器配置寄存器 EMI0CF(SFR 地址：C7H,SFR 页：F)

位 7	位 6	位 5	位 4	位 3	位 2	位 1	位 0
—	—	—	EMD2	EMD1	EMD0	EALE1	EALE0

位 7～5：未用。

位 4　EMD2：EMIF 复用模式选择位。

- 0：EMIF 工作在引脚复用模式；
- 1：EMIF 工作在引脚非复用模式。

位 3～2　EMD1～0：EMIF 工作模式选择位。

- 00：只允许片内存储模式；
- 01：不带块选择的分片模式；
- 10：带块选择的分片模式；
- 11：只允许片外存储模式。

位 1～0　EALE1～0：ALE 脉冲宽度设置位(只有当 EMD2＝0 时有效)。

- 00：ALE 脉冲宽度为 1 个系统时钟周期；
- 01：ALE 脉冲宽度为 2 个系统时钟周期；
- 10：ALE 脉冲宽度为 3 个系统时钟周期；
- 11：ALE 脉冲宽度为 4 个系统时钟周期。

外部数据存储器时序控制寄存器 EMI0TC(SFR 地址：F7H,SFR 页：F)

位 7	位 6	位 5	位 4	位 3	位 2	位 1	位 0
EAS1	EAS0	ERW3	ERW2	ERW1	ERW0	EAH1	EAH0

位 7～6　EAS1～0：外部存储器地址建立时间设置位。

- 00：地址建立时间＝0 个系统周期；
- 01：地址建立时间＝1 个系统周期；
- 10：地址建立时间＝2 个系统周期；
- 11：地址建立时间＝3 个系统周期。

位 5～2　EWR3～0：外部存储器读写脉冲宽度控制位。

- 0000：读写脉冲宽度＝1 个系统周期；
- 0001：读写脉冲宽度＝2 个系统周期；
- 0010：读写脉冲宽度＝3 个系统周期；
- 0011：读写脉冲宽度＝4 个系统周期；
- 0100：读写脉冲宽度＝5 个系统周期；
- 0101：读写脉冲宽度＝6 个系统周期；
- 0110：读写脉冲宽度＝7 个系统周期；
- 0111：读写脉冲宽度＝8 个系统周期；
- 1000：读写脉冲宽度＝9 个系统周期；
- 1001：读写脉冲宽度＝10 个系统周期；

- 1010：读写脉冲宽度＝11 个系统周期；
- 1011：读写脉冲宽度＝12 个系统周期；
- 1100：读写脉冲宽度＝13 个系统周期；
- 1101：读写脉冲宽度＝14 个系统周期；
- 1110：读写脉冲宽度＝15 个系统周期；
- 1111：读写脉冲宽度＝16 个系统周期。

位 1～0 EAH1～0：外部存储器地址保持时间设置位。

- 00：地址保持时间＝0 个系统周期；
- 01：地址保持时间＝1 个系统周期；
- 10：地址保持时间＝2 个系统周期；
- 11：地址保持时间＝3 个系统周期。

在使用 EMIF 时，需要对一些相关的特殊功能寄存器进行配置，基本步骤如下：

（1）对被 EMIF 接口使用的 I/O 引脚（见表 8-2-1）的输出方式配置为推拉式输出，并在交叉开关控制寄存器中跳过这些引脚。

（2）通过配置寄存器 EMI0CF 选择引脚复用方式还是非复用方式。

（3）通过配置寄存器 EMI0CF 选择 EMIF 工作模式。

（4）通过配置寄存器 EMI0CF 和 EMI0TC 设置对片外存储器或外设接口时序。

C8051F360 单片机 EMIF 的读写时序与工作模式有关，详细说明请读者参考 C8051F360 的数据手册。图 8-2-1 和图 8-2-2 给出了 EMIF 工作在引脚复用方式下的典型读写时序。在 ALE 高电平期间，P1 口先送出低 8 位地址，在 ALE 下降沿时刻，P1 口的低 8 位地址处于稳定状态，因此，可用一地址锁存器在 ALE 下降沿时刻将地址锁存。随后，读写数据出现在 P1 口上，同时 $\overline{RD}$ 或 $\overline{WR}$ 信号有效。在 $\overline{RD}$ 或 $\overline{WR}$ 信号的上升沿前，数据被读入单片机或被写入寻址的数据存储单元。

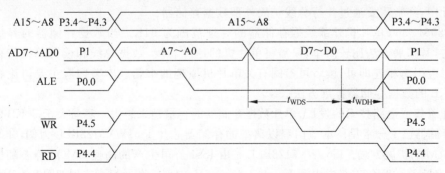

图 8-2-1 复用方式 16 位 MOVX 指令写时序

对外部数据存储空间的访问可以使用 16 位 MOVX 指令，也可使用 8 位 MOVX 指令。如果采用 16 位 MOVX 指令，则 16 位地址放在数据指针 DPTR 中。如果采用 8 位 MOVX 指令，则低 8 位地址放在寄存器 R0、R1 中，高 8 位地址由外部存储器接口控制寄存器（EMIOCN）或者 P3～P4 口来提供。

16 位 MOVX 基本指令如下：

```
MOV  DPTR, #1234H          ;将 16 位的地址读入 DPTR 中；
MOVX  A, @DPTR             ;将 1234H 中的内容读入 A 中；
```

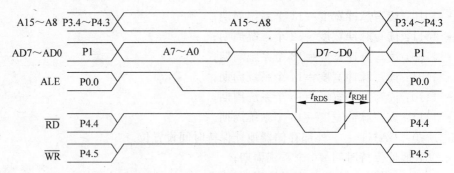

图 8-2-2　复用方式 16 位 MOVX 指令读时序

带块选择的分片模式,8 位 MOVX 基本指令如下：

```
MOV    EMI0CN,#12H        ;高 8 位地址读入 EMIOCN
MOV    R0,#34H            ;低 8 位地址读入 R0
MOVX   A,@R0             ;1234H 中的内容读入 A
```

8.3　数据存储器并行扩展技术

虽然 C8051F360 单片机内部含有 256 字节的片内 RAM 和 1KB 的 XRAM,但在一些单片机应用系统中,仅靠单片机内部的数据存储器是无法满足需要的。例如,在语音存储与回放系统中,假设以 8kHz 采样频率、分辨率为 8 位采集语音信号,则 1s 采集的数据量为 8KB,如果数据不压缩,采集存储 64s 的声音信号需要 512KB 的存储容量。又如高速数据采集系统,一般需要采用双口 RAM 来存放采集数据。由此可见,在单片机应用系统设计中,经常需要通过并行总线扩展外部数据存储器。

C8051F360 单片机外部数据存储器的寻址范围为 64K。当数据存储器的容量小于 64K 时,其扩展方法比较简单,只需将单片机的地址总线、数据总线和读写总线与存储器芯片对应引脚相连即可,读者可参阅有关单片机原理的书籍。本节内容主要讨论容量大于 64KB 的数据存储器扩展方法。

随着集成电路技术的发展,单片数据存储器的容量越来越大。容量大于 64KB 的单片数据存储器已十分常见。本节内容以典型的存储器芯片 IS61WV5128BLL 为例,介绍大容量 SRAM 的扩展方法。IS61WV5128BLL 是由 ISSI 公司生产的高速 CMOS 静态随机存储器,其容量为 512K×8,供电电源 V_{DD} 为 2.4～3.6V,内部框图及引脚排列如图 8-3-1 所示。

当外部数据存储器容量大于 64KB 时,可采用存储器映象(memory mapping)模式扩展法进行扩展。存储器映象也称存储器分页,或称地址重定位(address relocation),其基本原理是将容量为 2^N 的存储器划分为 2^L 的存储页面。任何时刻,存储器只有容量为 2^L 的寻址空间向单片机开放,存储器的内容必须映象到 2^L 容量的映象地址空间才能被单片机访问。将存储器的 $A_0 \sim A_{L-1}$ 直接与单片机的地址总线相连,而 $A_L \sim A_{N-1}$ 作为存储器页面地址。映象模式存储器扩展的示意图如图 8-3-2 所示。

单片机通过以下两种方法来提供页面地址。

方法一：存储器的页面地址由单片机 I/O 引脚提供。

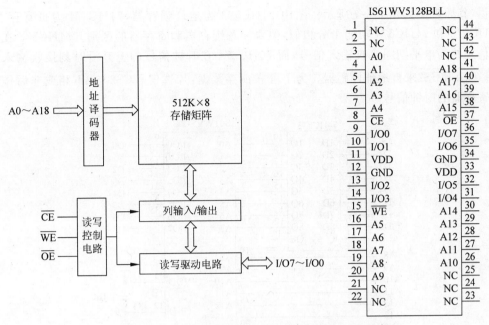

图 8-3-1 IS61WV5128BLL 内部框图和引脚排列

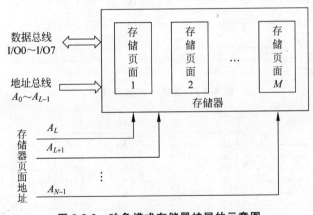

图 8-3-2 映象模式存储器扩展的示意图

如果单片机有多余的 I/O 引脚,则可以用多余 I/O 引脚作为存储器的页面地址,其原理图如图 8-3-3 所示。IS61WV5128BLL 共有 19 根地址线,低 14 位地址由单片机的地址总线提供,高 5 位地址由 C8051F360 单片机的通用 I/O 引脚 P2.0～P2.4 提供。上述扩展方法相当于将 IS61WV5128BLL 的 512KB 存储空间分为 32 页,每页存储容量 16KB。当单片机对存储器访问时,P2.0～P2.4 作为存储器的页地址来选择其中的一页,这时,每一页存储空间对单片机来说就相当于一个容量为 16KB 的存储体,可以用读写指令来访问了。图 8-3-3 中 74HC573 为一个 8 位地址锁存器,将 C8051F360 单片机 P1 口送出的低 8 位地址锁存。/CS1 为片选信号,由地址译码器产生。这种方法硬件电路简单,但前提是单片机有多余的 I/O 引脚。

方法二:存储器的页面地址由并行寄存器提供。

先将容量为 512KB 的存储器,以 2KB 为一页,分成 256 页。存储器的 A0～A10 直接与单片机的地址总线相连,页面地址 A11～A18 由 8 位并行寄存器(以下称页寄存器)

提供,其原理图如图 8-3-4 所示。图中 74HC573 为地址锁存器,74HC574 为页寄存器。74HC573 和 74HC574 功能十分相似,但要注意锁存器和寄存器的区别。74HC573 在时钟信号的高电平期间接收输入信号,而 74HC574 在时钟信号的上升沿时刻接收输入信号。$\overline{CS1}$ 和 $\overline{CS2}$ 来自地址译码器。为了可靠锁存数据,片选信号 $\overline{CS2}$ 与 $\overline{WR}$ 相或非后作为页寄存器的时钟信号。

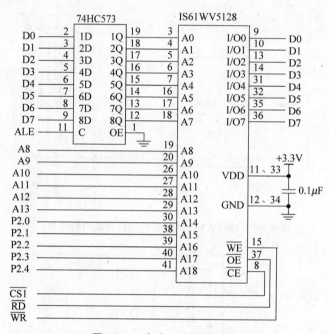

图 8-3-3　方法一扩展原理图

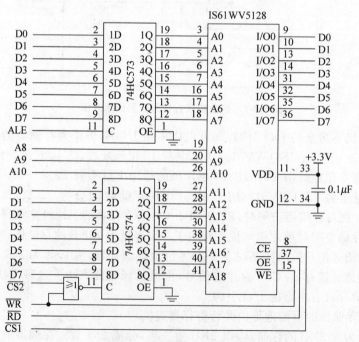

图 8-3-4　方法二扩展原理图

8.4 图形点阵式 LCD 模块接口设计

液晶显示器(LCD)具有体积小、外形薄、重量轻、能耗小、工作电压低、无辐射和显示信息量大等优点。为了使用方便,液晶显示器通常与控制/驱动电路一起做成一个完整的模块,称为 LCD 模块或简称 LCM。目前,LCD 模块已被广泛应用于各种仪器仪表、电子显示装置等场合,成为结果显示和人机对话的重要工具。LCD 模块可分为段式、字符点阵式和图形点阵式三种类型,其中前两种只能显示数字、字符和符号等,而点阵式 LCD 模块还可以显示汉字和任意图形,达到图文并茂的效果。LCD 模块生产厂家众多,生产的产品大多为非标准产品,即使是同一型号 LCD 模块,其外形尺寸、引脚排列、使用方法都有一定的差异。选择 LCD 模块时,最需要关注是模块内部所采用的控制器型号,因为 LCD 模块的指令系统、单片机的编程方法主要取决于 LCD 模块内部的控制器型号。

8.4.1 内置汉字库图形点阵式 LCD 模块——LCD12864

LCD12864 是一种具有串/并两种接口方式,且内部含有 GB2312 一级、二级简体中文字库的图形点阵液晶模块。LCD12864 内置的控制/驱动器采用台湾矽创电子公司生产的 ST7920,具有较强的控制显示功能。LCD12864 的液晶显示屏为 128×64 点阵,可显示 4 行、每行 8 个汉字。

图 8-4-1 LCD12864 外形图

LCD12864 的外形图如图 8-4-1 所示,引脚说明如表 8-4-1 所示。

表 8-4-1 LCD12864 引脚说明

引脚	名称	方向	说　　明	引脚	名称	方向	说　　明
1	VSS	I	地	11	DB4	I/O	数据 4
2	VDD	I	+5V 电源	12	DB5	I/O	数据 5
3	VO	—	调节对比度电压	13	DB6	I/O	数据 6
4	RS (CS)	I	H:数据,L:指令	14	DB7	I/O	数据 7
5	RW(SID)	I	H:读,L:写	15	PSB	I	H:并行模式 L:串行模式
6	E (SCLK)	I	使能信号	16	NC	—	空脚
7	DB0	I/O	数据 0	17	$\overline{\text{RST}}$	I	复位信号(低电平有效)
8	DB1	I/O	数据 1	18	NC	—	空脚
9	DB2	I/O	数据 2	19	LEDA	—	背光源正极(+5V)
10	DB3	I/O	数据 3	20	LEDK	—	背光源负极(0V)

LCD12864 内置三种类型的字库:

① 汉字字库。该字库提供 8192 个 16×16 点阵中文字型,汉字点阵数据存放在 2MB 的中文字型 ROM(CGROM)中。

② 英文和其他常用字符字库。该字库提供 128 个 16×8 点阵的字母符号字型,点阵数据存放在 16KB 半宽字型 ROM(HCGROM)中。

③ 自造汉字字库。为了显示前面汉字字库中没有的生僻汉字,允许自行设计 4 个 16×16 的汉字。将每个自造汉字的 32 字节点阵数据存入 CGRAM 中,即建立了一个自造汉字字库。

LCD12864 内部有三种不同类型的 RAM 供用户访问。

(1) 显示数据 RAM(display data RAM,DDRAM)

LCD12864 内含 32×16 位的 DDRAM,每个地址单元可存储 16 位二进制编码。将不同的编码写入 DDRAM 就可以显示不同的字符:

将范围为 A1A1H~F7FEH 的 16 位汉字国标码写入 DDRAM 中就显示 16×16 点阵的中文字形;

将范围为 02H~7FH 的 ASCII 码写入 DDRAM 就显示 8×16 点阵的数字、英文字母,每个地址单元可以连续写两个字节的 ASCII 码,因此,一个汉字显示位置可以显示两个数字或字母;

将 0000H、0002H、0004H、0006H 四种 16 位编码写入 DDRAM 中就可以显示 CGRAM 存放的字型。

DDRAM 的存储单元地址与汉字或字符在显示屏上的显示位置一一对应,其地址与对应的显示位置如图 8-4-2 所示。

80H	81H	82H	83H	84H	85H	86H	87H
90H	91H	92H	93H	94H	95H	96H	97H
88H	89H	8AH	8BH	8CH	8DH	8EH	8FH
98H	99H	9AH	9BH	9CH	9DH	9EH	9FH

图 8-4-2 DDRAM 地址与汉字显示位置

(2) 自造汉字库 RAM(character generator RAM,CGRAM)

LCD12864 内含 64×16 位的 CGRAM,用于存放 4 个自造汉字的点阵数据。4 个自造汉字的 16 位编码分别为 0000H、0002H、0004H、0006H。CGRAM 的地址与 16 位编码之间的对应关系如表 8-4-2 所示。

表 8-4-2 CGRAM 的地址与 16 位编码之间的对应关系

CGRAM 地址(AC5~AC0)	对应的汉字编码	CGRAM 地址(AC5~AC0)	对应的汉字编码
000000~001111	0000H	100000~101111	0004H
010000~011111	0002H	110000~111111	0006H

(3) 图形显示 RAM(graphic display RAM,GDRAM)

为了显示图形,LCD12864 内部有一个用于存放图形显示数据的 GDRAM。由于每一点像素与一位二进制数对应,LCD12864 的绘图区域为 64 行、128 列,共有 8192 点的像素,因此,GDRAM 的容量为 1KB,以存放 8192 位二进制数据。GDRAM 通过水平地址(X)和垂直地址(Y)寻址。GDRAM 的显示坐标如图 8-4-3 所示。

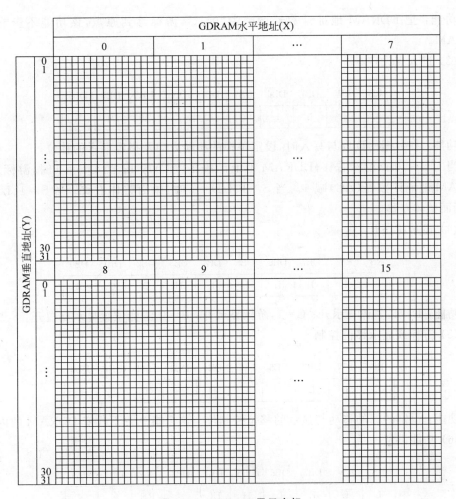

图 8-4-3 GDRAM 显示坐标

在 LCD 上显示字母、汉字和图形实际上就是通过单片机向上述三种 RAM 传送数据。传送数据是通过 LCD12864 特有的指令系统实现的。

LCD12864 共有 18 条指令,分为基本指令集和扩充指令集。从功能来分,有画面清除、光标显示/隐藏、显示打开/关闭、显示字符闪烁、光标移位、显示移位、反白显示、睡眠模式等操作指令。每条指令介绍如下:

(1) 清除显示

RS	RW	DB7	DB6	DB5	DB4	DB3	DB2	DB1	DB0
L	L	L	L	L	L	L	L	L	H

功能:将 DDRAM 填满"20H",以清除屏幕显示,并且把 DDRAM 地址计数器调整为"00H"。

(2) 地址归位

RS	RW	DB7	DB6	DB5	DB4	DB3	DB2	DB1	DB0
L	L	L	L	L	L	L	L	H	×

功能：把 DDRAM 地址计数器调整为"00H"，游标移到原点，该功能不影响显示DDRAM。

（3）进入点设定

RS	RW	DB7	DB6	DB5	DB4	DB3	DB2	DB1	DB0
L	L	L	L	L	L	L	H	I/D	S

功能：在数据的读取与写入时，设定游标的移动方向及指定显示的移位。

当 I/D=1 时，游标右移，DDRAM 地址计数器（AC）加 1；当 I/D=0 时，游标左移，DDRAM 地址计数器（AC）减 1。当 S=1、I/D=0 时，画面整体右移；当 S=1、I/D=1时，画面整体左移。

（4）显示状态开/关

RS	RW	DB7	DB6	DB5	DB4	DB3	DB2	DB1	DB0
L	L	L	L	L	L	H	D	C	B

功能：D=1，整体显示开；C=1，游标显示开；B=1，游标位置显示反白开。

（5）游标或显示移位控制

RS	RW	DB7	DB6	DB5	DB4	DB3	DB2	DB1	DB0
L	L	L	L	L	H	S/C	R/L	×	×

功能：设定游标的移动与显示的移位控制位。这个指令并不改变 DDRAM 的内容。

（6）功能设定

RS	RW	DB7	DB6	DB5	DB4	DB3	DB2	DB1	DB0
L	L	L	L	H	DL	×	RE	×	×

功能：DL=1（必须设为 1）；RE=1，扩充指令集动作，RE=0，基本指令集动作。

（7）设定 CGRAM 地址

RS	RW	DB7	DB6	DB5	DB4	DB3	DB2	DB1	DB0
L	L	L	H	AC5	AC4	AC3	AC2	AC1	AC0

功能：设定 CGRAM 地址送到地址计数器（AC）。

（8）设定 DDRAM 地址

RS	RW	DB7	DB6	DB5	DB4	DB3	DB2	DB1	DB0
L	L	H	AC6	AC5	AC4	AC3	AC2	AC1	AC0

功能：设定 DDRAM 地址到地址计数器（AC）。

（9）读取忙碌状态（BF）和位址

RS	RW	DB7	DB6	DB5	DB4	DB3	DB2	DB1	DB0
L	H	BF	AC6	AC5	AC4	AC3	AC2	AC1	AC0

功能：读取忙碌状态(BF)可以确认内部动作是否完成,BF＝1 表示忙,BF＝0 表示空。该指令同时可以读出地址计数器(AC)的值。

（10）写数据到 RAM

RS	RW	DB7	DB6	DB5	DB4	DB3	DB2	DB1	DB0
H	L	D7	D6	D5	D4	D3	D2	D1	D0

功能：写入数据到内部的 RAM(DDRAM/CGRAM/GDRAM)。

（11）读出 RAM 的值

RS	RW	DB7	DB6	DB5	DB4	DB3	DB2	DB1	DB0
H	H	D7	D6	D5	D4	D3	D2	D1	D0

功能：从内部 RAM(DDRAM/CGRAM/GDRAM)读取数据。

（12）待命模式

RS	RW	DB7	DB6	DB5	DB4	DB3	DB2	DB1	DB0
L	L	L	L	L	L	L	L	L	L

功能：进入待命模式,执行其他命令都可终止待命模式。

（13）卷动位址或 IRAM 位址选择

RS	RW	DB7	DB6	DB5	DB4	DB3	DB2	DB1	DB0
L	L	L	L	L	L	L	L	H	SR

功能：SR＝1,允许输入卷动位址；SR＝0;允许输入 IRAM 位址。

（14）反白选择

RS	RW	DB7	DB6	DB5	DB4	DB3	DB2	DB1	DB0
L	L	L	L	L	L	L	H	R1	R0

功能：选择 4 行中的任一行作反白显示,并可决定反白的与否。

（15）睡眠模式

RS	RW	DB7	DB6	DB5	DB4	DB3	DB2	DB1	DB0
L	L	L	L	L	L	H	SL	×	×

功能：SL＝1,脱离睡眠模式；SL＝0,进入睡眠模式。

（16）扩充功能设定

RS	RW	DB7	DB6	DB5	DB4	DB3	DB2	DB1	DB0
L	L	L	L	H	H	×	RE	G	L

功能：RE＝1,扩充指令集动作；RE＝0,基本指令集动作。G＝1,绘图显示 ON；G＝0,绘图显示 OFF。

（17）设定 IRAM 位址或卷动位址

RS	RW	DB7	DB6	DB5	DB4	DB3	DB2	DB1	DB0
L	L	L	H	AC5	AC4	AC3	AC2	AC1	AC0

功能：SR＝1，AC5～AC0 为垂直卷动地址；SR＝0，AC3～AC0 写 ICONRAM 地址。

（18）设定 GDRAM 地址

RS	RW	DB7	DB6	DB5	DB4	DB3	DB2	DB1	DB0
L	L	H	AC6	AC5	AC4	AC3	AC2	AC1	AC0

功能：设定 GDRAM 地址到地址计数器（AC）。

8.4.2　LCD12864 模块并行接口设计

LCD12864 与单片机的连接有并行和串行两种方式。通过表 8-4-1 中的 PSB 引脚（第 15 脚）可以选择串行接口模式或并行接口模式。当处于串行接口方式时，第 4、5、6 引脚构成串行接口。由于串行接口编程复杂、数据传送速度较慢，在实际应用中较少采用。本节内容主要介绍单片机与 LCD12864 之间的并行接口方法。

在设计 LCD12864 与单片机的并行接口时，必须仔细了解 LCD 模块的读写时序。根据厂商提供的资料，LCD12864 的读写操作时序如图 8-4-4 所示。从操作时序中可以看出，RS 与 RW 同时有效，稍过片刻，E 信号电平上升为高电平；E 信号为 LCD12864 的选通信号，无论是读操作还是写操作，E 信号必须为高电平；在 RS、RW、E 有效期间，LCD12864 将数据送到总线或从总线读取数据，完成读（写）操作。

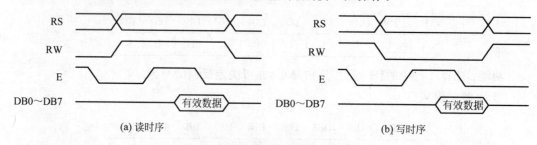

图 8-4-4　LCD12864 读写时序图

LCD12864 作为单片机的外部设备，单片机通过 MOVX 指令对 LCD12864 内部寄存器进行读写。为了正确地交换数据，C8051F360 单片机的读写时序必须与 LCD12864 的读写时序相互配合。根据图 8-2-1 和图 8-2-2 所示的 C8051F360 单片机的读、写时序，P1 口先送出低 8 位地址，然后 $\overline{WR}$ 或 $\overline{RD}$ 信号有效，因此可用低 8 位地址线中的 A1、A0（A1、A0 通过地址锁存器得到）作为 LCD12864 的 RW、RS。RW、RS 信号一解决，关键就在 E 信号上了。E 信号为高电平有效，在时序上滞后于 RS、RW 信号。由于 C8051F360 单片机的 $\overline{WR}$ 和 $\overline{RD}$ 滞后于 P1 口送出低 8 位地址，而这恰好可以利用 $\overline{WR}$ 和 $\overline{RD}$ 信号通过一与非门得到 E 信号。为了防止单片机在访问其他外设时对 LCD12864 产生误操作，E 信号的产生时还应加一片选信号 LCDCS。根据上述分析,可得到图 8-4-5 所示 LCD12864 与单片机的接口原理电路。通过地址锁存器将数据总线上的低 4 位地址锁存,得到地址信号 A3～A0。A0 作为 LCD 模块的 RS 信号,用于寄存器选择;A1 作为 LCD 模块的 RW 信号,用于数据传送方向选择。LCDCS 为地址译码器产生的片选信号。根据表 8-4-1 所示的 LCD 模块引脚功能定义,当 A0=0 时,选择指令寄存器,当 A0=1 时,选择数据寄存器;当 A1=0 时,对寄存器写操作,当 A1=1 时,对寄存器读操作;LCDCS 是由地址译码器对 A15、A14、A3、A2 地址进行译码产生的片选信号(地址译码器电路可参考图 8-7-2),当 A15A14A3A2=1110 时,LCDCS 输出低电平,由此可以得到 LCD12864 内部寄存器操作地址如表 8-4-3 所示。

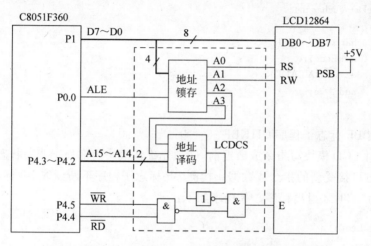

图 8-4-5　C8051F360 单片机与 LCD12864 的接口原理图

表 8-4-3　LCD12864 内部寄存器地址

A15	A14	A13～A4	A3	A2	A1	A0	地　址	地址标识符	功　　能
1	1	×	1	0	0	0	C008H	WCOMADDR	写命令寄存器
1	1	×	1	0	0	1	C009H	WDATADDR	写数据寄存器
1	1	×	1	0	1	0	C00AH	RCOMADDR	读命令寄存器
1	1	×	1	0	1	1	C00BH	RDATADDR	读数据寄存器

8.4.3　LCD12864 模块显示程序设计

1. 基本操作子程序

LCD 显示程序是由一系列的基本操作子程序组成的。单片机对 LCD12864 有三种基本操作:写指令、写数据和检测 BF 标志。相关的 LCD12864 基本操作子程序介绍如下:

(1) 写指令子程序 WRITE_COM

写指令子程序完成将指令送入 LCD 模块。在调用该子程序之前,应将指令预先存入变量 n 中。源程序如下:

void WriteCom(uchar n)

```
    {
        uchar xdata * addr;
        CheckLcd();
        addr=WCOMADDR;
        * addr=n;
    }
```

(2) 写数据子程序 WRITE_DAT

写数据子程序完成将数据送入 LCD 模块。在调用该子程序之前,应预先将数据存入变量 m 中。源程序如下:

```
void WriteData(uchar m)
    {
        uchar xdata * addr;
        CheckLcd();
        addr=WDATADDR;
        * addr=m;
    }
```

(3) 检测 BF 标志子程序 CHKBF

单片机对 LCD 模块写指令或数据前,必须先确认模块内部处于非忙状态,即读取 BF 标志为"0",方可接受新的指令或数据。检测 BF 标志子程序不断读取 BF 标志,直到读得的 BF 标志为"0"时才退出程序。源程序如下:

```
void CheckLcd()
    {
        uchar  temp=0x00;
        uchar xdata * addr;
        while(1)
        {
            addr=RCOMADDR;
            temp= * addr;
            temp &=0x80;
            if (temp == 0x00)
            break;
        }
    }
```

2. LCD 模块初始化子程序

LCD12864 上电以后,应执行一段初始化程序,以设定初始工作状态。初始化子程序如下:

```
void InsitiLcd()
    {
        WriteCom(0x30);             //设为基本指令集
    WriteCom(0x01);   //将 DDRAM 填满"20H",并且设定 DDRAM 的地址计数器(AC)到"00H"
        WriteCom(0x0c);             //开整体显示
    }
```

3. 汉字显示程序设计

LCD12864 由于自带汉字字库,显示汉字的操作十分简单。若要在某一个位置显示汉字,应先设定显示汉字的位置,再将两字节的汉字编码写入 DDRAM 中即可。

例 8-4-1 编写程序在 LCD12864 上显示"电子设计"4 个字。显示位置如图 8-4-6 所示。

解 首先定义"电子设计"4 个字的字符串。由于字符串存在程序存储器中,因此,其存储类型定义为 code。字符串编译以后,每个汉字将转换为两字节的国标码。然后设计汉字显示子程序 DispHan,该子程序将汉字国标码送入 LCD 模块的 DDRAM。为了使子程序有一定的通用性,将

图 8-4-6 "电子设计"显示位置

字符串首地址、字符串长度、显示地址作为子程序的入口参数。显示汉字时,只要在主程序中调用该子程序即可。

```
/********************* 定义字符串 **********************
uchar code hanzi [ ] = "电子设计";
/********************* 汉字显示子程序 *********************
函数功能:在指定位置显示指定长度的字符串
入口参数:* a 是字符串,m 表示显示的起始地址,k 表示字符串长度
********************************************** /
void DispHan(uchar code * a, uchar m, uchar k)
    {
    uchar dat, i, j, length;
    length=k/2;
    WriteCom(m);
    For(i=0; i < length; i++)
      {
      j=2 * i;
      dat=a[j];
      WriteData(dat);
      dat=a[j+1];
      WriteData(dat);
      }
    }
/********************* 主函数 *********************
    void main()
      {  ...
      InsitiLcd();               //LCD 模块初始化子程序
      DispHan(hanzi,0x92,0x08);  //显示"电子设计"
      ...
      }
```

4. 图形显示程序设计

LCD12864 的显示区分 64 行、128 列,其行列编号如图 8-4-7 所示。从上到下依次为

第0行到第63行,从左到右依次为第0列到第127列。整个LCD显示区共有8192点像素,每一点像素与GDRAM中的一位二进制数对应,因此,一屏画面的图形显示数据大小为1KB(1024×8)。

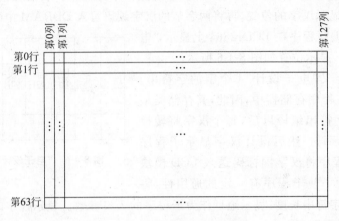

图 8-4-7　LCD 显示区的示意图

如果1KB的图形显示数据已经生成,那么,图形显示程序的设计就比较简单,只要采用LCD12864相关指令将1KB的图形显示数据送入GDRAM中即可。在这里主要讨论在数据采集系统中如何在LCD上回放显示采集模拟信号的波形。假设有一数据采集系统,每次对模拟信号连续采集128字节的数据,然后把128字节数据对应的波形在LCD上显示出来。其显示原理是:将128字节的数据依次在LCD显示区的每一列上显示一黑点(注:根据不同类型的显示屏,点亮的像素的颜色不一定是黑色),即第0字节在第0列上显示一黑点,第1字节在第1列上显示一黑点,……,则128列上的黑点就可以形成一条曲线,此曲线就是128字节采集数据对应的波形。

波形显示程序设计应分成两步:先根据128字节的数据生成1KB的图形显示数据,然后将图形显示数据送入GDRAM。如果一次性生成1KB的图形显示数据,虽然程序设计相对方便,但需要1KB的RAM作为显示缓冲区。虽然C8051F360单片机内部含有1KB的XRAM,但为了节约资源,这里采取逐行显示的办法,即每次只生成一行共16字节的图形显示数据,然后写入GDRAM中。从第0行开始,重复64次,就可以完成整个波形的显示。这种逐行显示的方法,只需要16字节的RAM存储单元作为显示缓冲区。根据以上思路,得到如图8-4-8所示的波形显示程序流程图。

在图8-4-8所示的波形显示程序设计中,需要设计两个子程序:一是生成16字节显示数据子程序,二是将16字节的显示数据写入GDRAM子程序。

(1)生成16字节显示数据子程序

在生成16字节显示数据时,首先要判断每一字节数据对应的黑点是否处在当前显示行。每一字节数据对应黑点的行值由对应数据的大小决定。按照显示习惯,数据值越大,黑点的显示位置越高,行值越小(根据图8-4-7的示意图,行值从上到下依次增大)。另外,假设采集数据的分辨率为8位,则其数值范围为0~255,而LCD显示区的行值范围为0~63。由此可见,只要将采集数据值取反后再除以4就得到对应黑点的行值。例如,有一采集数据数值为98H,取反除4后得到19H,表明其对应黑点应显示在的第25行。

将黑点的行值与当前显示行值比较,如不相等,则表明该黑点不在当前显示行,无需对显示缓冲区的数据进行处理;如相等,表明该黑点在当前显示行。当黑点处在当前显示行时,应将黑点在16字节显示数据中的对应显示位置1,具体方法是将数据在128字节中的序号除以8,其商加上显示缓冲区首地址就是显示位所在字节的地址,余数则表示显示位在该字节第几位。

由于一共有128字节的数据,因此,需要将上述步骤重复128次,才能得到16字节的显示数据。图8-4-9给出生成16字节图形显示数据的流程图。

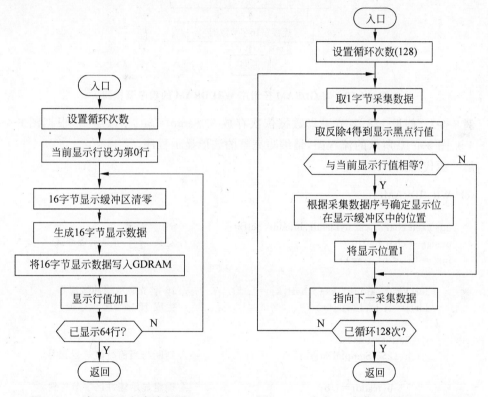

图 8-4-8　波形显示程序流程图　　　图 8-4-9　生成 16 字节图形数据程序流程图

(2) 写图形16字节显示数据子程序

LCD模块内部GDRAM通过垂直地址Y和水平地址X寻址。GDRAM分上下两部分,其水平地址不一样(参见图8-4-3)。上半部分(行值小于32)水平地址X从0开始;下半部分(行值大于等于32)水平地址X从8开始。将图形显示数据写入GDRAM时,应根据行值判断将数据写入上半部分还是下半部分,再确定垂直地址和水平地址初始值。设置地址初始值的顺序是先设垂直地址Y,再设水平地址X。在传送数据时,水平地址会自动加一,加到0FH时又回到00H。垂直地址不会自动加一,每一行数据传送完毕以后,垂直地址必须重新设置。写图形显示数据子程序WRDRAM的流程图如图8-4-10所示。

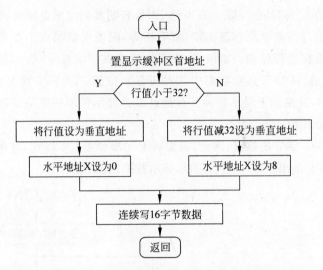

图 8-4-10   写 GDRAM 子程序 WRDDRAM 的程序流程图

例 8-4-2   假设 128 字节采集数据依次存放在 SampleDat[j]数组中,根据图 8-4-8、图 8-4-9、图 8-4-10 所示的流程图,请编写完整的波形显示程序。

解   源代码如下:

```
void WR_GDRAM()
{
    unsigned char i,j,k,byteaddr,bitaddr,SetBit;
    unsigned char buff[16];                      //定义 16 字节显示缓冲区
    for(i=0; i<64; i++))                          //逐行显示 64 行
{
        for(k=0; k<16; k++) buff[k]=0;           //16 字节显示缓冲区清零
        for(j=0; j<128; j++)                     //生成 16 字节显示数据
    {
            SetBit=0x80;
            if((255-SampleDat[j])/4)== i)        //判断与当前行值是否相等
            {
                byteaddr=j/8;                    //确定显示缓冲区字节位置
                bitaddr =j%8;                    //确定显示位在该字节位置
                for(k=0; k<biaddr; k++) SetBit=SetBit>>1;
                Buff[byteaddr] |=SetBit;         //将显示数据字节对应显示位置1
            }
    }
        if(i<32)                                 //如果行值小于 32
        {
            Write_Com(i|0x80);                   //直接写入垂直地址(Y)
            Write_Com(0x80);                     //写入水平地址(X)
        }
        else
        {
            Write_Com((i-32)|0x80);              //行值减 32 后作为垂直地址
            Write_Com(0x88);                     //写入水平地址
        }
```

```
        for(k=0; k<16; k++)                      //将显示数据写入 GDRAM
            Write_DAT(Buff[k]);
    }
}
```

8.5 基于 CPLD 的编码式键盘接口设计

键盘是单片机应用系统中最常用的输入设备。操作人员通过键盘向系统输入一些命令或数据,以控制其运行状态。键盘从结构上可分为独立式键盘和矩阵式键盘两种,其原理图如图 8-5-1 所示。独立式键盘的按键之间互不影响,每个按键需要一根 I/O 引脚,适用于按键数量较少的场合。矩阵式键盘由行线和列线组成,按键位于行、列交叉点上,适用于按键数量较多的场合。本节内容主要介绍矩阵式键盘的接口设计,独立式键盘的设计方法将在 9.3.3 节中详细介绍。

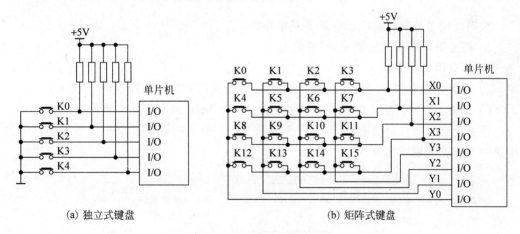

(a) 独立式键盘　　　　　　　　　　(b) 矩阵式键盘

图 8-5-1　两种典型键盘结构

图 8-5-1(b)中矩阵式键盘的行线 X0～X3、列线 Y0～Y3 与单片机 I/O 线直接相连,虽然硬件电路简单,但占用较多的 I/O 引脚,而且通过软件识别按键将消耗较多的 CPU 时间。为了节省单片机软硬件资源,通常采用键盘接口来实现矩阵式键盘与单片机之间的连接。目前常用的编码式键盘接口是采用 LSI 技术制成的专用编码键盘接口芯片,如 Intel 8279、MM74C922、HD7279、ZLG7290 等。这些专用键盘接口芯片功能较为完善,但存在体积大、使用不够灵活、初始化编程复杂等不足之处。可编程逻辑器件的广泛应用为编码式键盘接口的设计提供了一种新的方法,特别是在并行总线单片机系统中,可以将编码式键盘接口与地址译码电路、LCD 模块接口等逻辑电路由一片可编程逻辑器件实现,既增加了灵活性,又提高了系统集成度。采用 CPLD 设计的编码式键盘接口原理框图如图 8-5-2 所示。键盘采用 4×4 矩阵式键盘。Y0～Y3 为 4 根列扫描信号输出线,轮流将每一列置为低电平。X0～X3 为 4 根行输入线,当没有键按下时,X0～X3 被上拉电阻拉成高电平。KEYCLK 为键盘接口的时钟信号,可由单片机 I/O 引脚提供,也可由外部有源晶体振荡器或 RC 振荡器提供(RC 振荡器的实现方法将在第 8.7 节中介绍)。

DAV 为键值有效信号,当按键有效时,DAV 产生由高到低的跳变,向单片机发出外部中断请求信号,单片机通过中断服务程序从键盘接口读取 4 位键值。由于编码式键盘接口与单片机并行总线相连,既可节省单片机的 I/O 口线,又能简化软件设计。

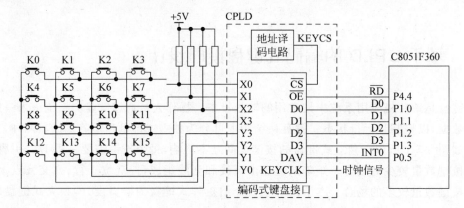

图 8-5-2　键盘接口电路原理框图

编码式键盘接口电路应具有以下基本功能:

① 将按键转换成二进制编码(键值);

② 具有消抖功能;

③ 键值数据端口采用三态输出,可以与单片机并行总线直接接口;

④ 键值有效时产生中断信号,单片机通过外部中断服务程序读取键值。

根据上述键盘接口功能要求,可得到如图 8-5-3 所示的键盘接口逻辑图。每一部分电路的工作原理说明如下。

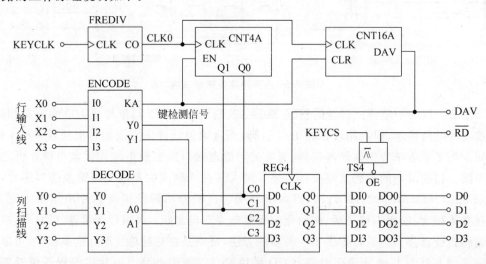

图 8-5-3　键盘接口逻辑图

(1) 分频电路

键盘接口工作时需要外部输入时钟信号 KEYCLK。KEYCLK 信号可以采用外部有源晶体振荡器、RC 振荡器或者直接将 C8051F360 单片机的内部系统时钟通过交叉开关锁定到单片机 I/O 引脚产生。由于外部提供的 KEYCLK 信号频率一般比较高,在接口电路中通常需要分频电路 FREDIV 将 KEYCLK 进行分频得到频率较低的时钟信号 CLK0。由于 CLK0 主要用于产生列扫描信号 Y0～Y3 和消抖定时器 CNT16A 的计时脉冲,CLK0 频率不但决定了键盘的扫描速度,而且对消抖效果也有直接影响。实际调试表明,CLK0 的频率设定在 0.5～1kHz 之间比较合适。采用可编程逻辑器件的优点之一是分频电路的分频数可以根据 KEYCLK 信号频率的高低进行设置。

（2）键盘扫描电路

键盘扫描电路由 2 位二进制计数器 CNT4A 和 2-4 译码器 DECODE 构成,用于产生键盘列扫描信号 Y0～Y3。CNT4A 在时钟信号 CLK0 的作用下进行计数,计数器输出通过译码器 DECODE 输出 4 路列扫描信号,其时序如图 8-5-4 所示。CNT4A 设有计数使能信号 EN。当 EN=1 时,CNT4A 允许计数；当 EN 为低电平时,停止计数。EN 信号由键检测信号 KA 提供,键检测信号 KA 是通过 I0、I1、I2 和 I3 相与得到的,即 KA = I3I2I1I0。只要有键按下,KA 即为低电平,计数器停止计数,扫描电路停止扫描,意味着闭合键所在的列保持为低电平。

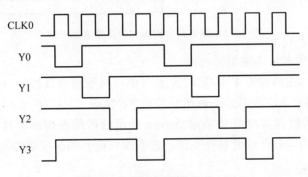

图 8-5-4　键盘扫描信号时序图

（3）行值编码器

当没有键闭合时,行输入线 X0～X3 由于上拉电阻的作用呈高电平。当有键按下时,闭合键所在行对应的行输入线变为低电平。行值编码器 ENCODE 将低电平的行输入线转换成 2 位二进制编码,键检测信号 KA 由高电平变为低电平,使 CNT4A 停止计数,计数值保持不变。

因为 CNT4A 的输出 C1、C0 确定了闭合的键处于哪一列,ENCODE 的输出 C3、C2 确定了闭合键处于哪一行,因此,C3～C0 实际上就是闭合键的 4 位键值。

（4）消抖电路

当键刚闭合时,会产生机械抖动。由于 KA=I3I2I1I0,按键的机械抖动将体现在键检测信号 KA 上,图 8-5-5 所示就是按键闭合过程中 KA 的典型输出波形。从波形图中可以看到,按键闭合之初,KA 出现了一些毛刺,这些毛刺就是由于按键机械抖动产生的。键稳定闭合后,KA 输出稳定的低电平。由于毛刺的持续时间很短,一般在 10ms 左右,因此只要检测到 KA 低电平持续时间大于 10ms,就可认为按键已稳定闭合。只有按键稳定闭合后键值才有效,从而消除抖动。

按键是否稳定闭合是通过一个具有异步清零和保持功能的十六进制计数器 CNT16A 来检测的。其基本原理是：将键检测信号 KA 作为 CNT16A 的清零信号,当没有键按下时,KA 为高电平,CNT1A6 一直处于清零状态;当按键闭合时,KA 变为低电平,CNT16A 在时钟信号的作用下计数。当 CNT16A 计到 15($Q_3Q_2Q_1Q_0=1111$)时,停止计数并保持该计数值直到按键松开,KA 恢复成高电平。假设 CNT16A 的时钟信号 CLK0 周期为 1ms,则只有按键闭合时间超过 15ms 时,CNT16A 的计数值才能由 0 计到 15。由于按键抖动产生的脉冲高低电平持续时间一般不超过 10ms,因此只有按键稳定闭合后,CNT16A 的计数值才有可能达到 15。将 CNT16A 的状态相与非得到键有效信号 DAV,即 $DAV=\overline{Q_3Q_2Q_1Q_0}$。当键稳定闭合时,键有效信号 DAV 产生由高到低的跳变。DAV 一方面作为键值寄存器 REG4 时钟信号将键值寄存,另一方面作为单片机的外部中断请求信号。

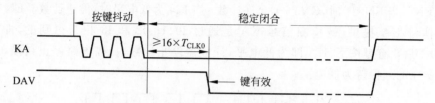

图 8-5-5   按键闭合时 KA 的典型输出波形

(5) 键值寄存器和三态输出缓冲器

当键值有效时,应将键值寄存,同时为了与单片机数据总线接口,应加三态控制。这些功能由寄存器模块 REG4 和三态输出缓冲器 TS 实现。

4×4 键编码式键盘接口电路采用 Altera 公司的可编程逻辑器件 EPM3064ATC44 实现,整个设计采用 Quartus Ⅱ 软件完成。键盘接口电路的顶层原理图如图 8-5-6 所示。

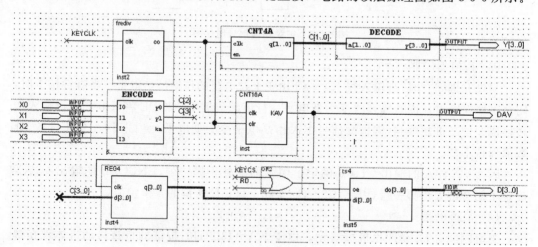

图 8-5-6   键盘接口电路顶层原理图

图 8-5-6 中的主要模块用 VHDL 语言编写。

(1) 分频器 FREDIV 的设计

分频器 FREDIV 实际上是一个 n 位二进制计数器(n 的具体值由输入时钟信号频率确定),clk 为时钟信号输入,计数器的最高位作为分频输出信号 co,使其占空比为 50%。以下为一个分频数为 1024 的分频器 VHDL 代码。

```
LIBRARY IEEE;
USE IEEE.STD_LOGIC_1164.ALL;
USE IEEE.STD_LOGIC_UNSIGNED.ALL;

ENTITY FREDIV IS
    PORT(clk: IN STD_LOGIC;
            co: OUT STD_LOGIC);
END FREDIV;
ARCHITECTURE one OF  FREDIV  IS
SIGNAL q: STD_LOGIC_VECTOR(9 DOWNTO 0);

BEGIN
    PROCESS(clk)
      BEGIN
        IF(clk'event and clk='1')THEN
            IF (q="1111111111")THEN
              q<="0000000000";
            ELSE
              q<=q+1;
            END IF;
          END IF;
      END PROCESS;
          co<=q(9);
      END;
```

(2) 列扫描计数器 CNT4A 的设计

CNT4A 模块是一个具有使能控制的 4 位二进制加法计数器。

```
LIBRARY IEEE;
USE IEEE.STD_LOGIC_1164.ALL;
USE IEEE.STD_LOGIC_UNSIGNED.ALL;

ENTITY CNT4A IS
    PORT(clk: IN STD_LOGIC;
            en: IN STD_LOGIC;
             q: BUFFER STD_LOGIC_VECTOR(1 DOWNTO 0));
END CNT4A;

ARCHITECTURE one OF CNT4A IS
  BEGIN
      PROCESS(clk, en)
      BEGIN
        IF(clk'event and clk='1')THEN
            IF(en='1')THEN
                q<=q+1;
            END IF;
          END IF;
      END PROCESS;
  END;
```

(3) 2-4 译码器 DECODE 的设计

```
LIBRARY IEEE;
USE IEEE.STD_LOGIC_1164.ALL;
USE IEEE.STD_LOGIC_UNSIGNED.ALL;

ENTITY DECODE IS
PORT(
    a: IN STD_LOGIC_VECTOR(1 DOWNTO 0);
    y: OUT STD_LOGIC_VECTOR(3 DOWNTO 0)
    );
END DECODE;

ARCHITECTURE one of DECODE is
BEGIN
    y(0)<='0' WHEN a=0 ELSE '1';
    y(1)<='0' WHEN a=1 ELSE '1';
    y(2)<='0' WHEN a=2 ELSE '1';
    y(3)<='0' WHEN a=3 ELSE '1';
END;
```

(4) 优先编码器 ENCODE 的设计

设 I0~I3 为键输入信号,低电平有效,优先级次序为 I0 最高,I3 最低。y1、y0 为编码输出,KA 为键检测信号。

```
LIBRARY IEEE;
USE IEEE.STD_LOGIC_1164.ALL;
USE IEEE.STD_LOGIC_UNSIGNED.ALL;

ENTITY ENCODE IS
    PORT(I0,I1,I2,I3 : IN BIT;
            y0,y1,ka : OUT BIT);
END ENCODE;

ARCHITECTURE one OF ENCODE IS
BEGIN
    y1<=(I0 AND I1 AND( NOT I2)) OR (I0 AND I1 AND(NOT I3));
    y0<=(I0 AND(NOT I1))OR (I0 AND I2 AND (NOT I3));
    ka<=I0 AND I1 AND I2 AND I3;
END;
```

(5) 具有清零和保持功能的十六进制加法计数器 CNT16A 的设计

```
LIBRARY IEEE;
USE IEEE.STD_LOGIC_1164.ALL;
USE IEEE.STD_LOGIC_UNSIGNED.ALL;

ENTITY CNT16A IS
        PORT (clk,clr: IN STD_LOGIC;
                    DAV: OUT STD_LOGIC)
END    CNT16A;

ARCHITECTURE one OF CNT16A IS
    SIGNAL q: STD_LOGIC_VECTOR(3 DOWNTO 0);
```

```
BEGIN
PROCESS(clk,clr)
   BEGIN
    IF(clk'EVENT AND clk='1')THEN
     IF(clr='1')THEN
       q<="0000";
      ELSIF (q=15) THEN
         q<="1111";
         ELSE
         q<=q+1;
       END IF;
      END IF;
  END PROCESS;
PROCESS(q)
BEGIN
   IF (q="1111") THEN
         DAV<='0';
       ELSE
         DAV<='1';
       END IF;
     END PROCESS;
END;
```

(6) 寄存器 REG4 的设计

```
LIBRARY IEEE;
USE IEEE.STD_LOGIC_1164.ALL;
USE IEEE.STD_LOGIC_UNSIGNED.ALL;

ENTITY REG4 IS
PORT(
     clk: IN STD_LOGIC;
     d: IN STD_LOGIC_VECTOR(3 DOWNTO 0);
     q: OUT STD_LOGIC_VECTOR(3 DOWNTO 0)
     );
END REG4;
ARCHITECTURE one OF REG4 IS
BEGIN
 PROCESS(clk)
   BEGIN
    IF(clk'EVENT AND clk='0')THEN
        q<=d;
        END IF;
     END PROCESS;
END;
```

(7) 三态缓冲器 TS4 的设计

```
LIBRARY IEEE;
USE IEEE.STD_LOGIC_1164.ALL;
USE IEEE.STD_LOGIC_UNSIGNED.ALL;
```

```
ENTITY TS4 IS
PORT(
    en: IN STD_LOGIC;
    di: IN STD_LOGIC_VECTOR(3 DOWNTO 0);
    do: OUT STD_LOGIC_VECTOR(3 DOWNTO 0)
    );
  END TS4;
ARCHITECTURE one OF TS4 IS
BEGIN
    PROCESS(en, di)
    BEGIN
      IF en='0' THEN
            do<=di;
            ELSE do<="ZZZZ";
        END IF;
      END PROCESS;
    END;
```

当键值有效时,键盘接口电路将发出由高到低的数据有效信号 DAV。将 DAV 作为单片机的外部中断信号送到单片机的外部中断引脚$\overline{INT0}$,单片机可以通过外部中断服务程序读取键值。键盘中断服务程序如下:

```
void ReadKey() interrupt 0
    {
        uchar xdata * addr;
        addr=KEYCS;
        keycode= * addr;
        keycode &=0x0F;                      //高 4 位清零
        keysign=1;                           //键有效标志位置 1
    }
```

通过实际使用表明,采用 CPLD 实现的编码式键盘接口工作可靠,使用灵活。

8.6 单片机与 FPGA 接口设计

由于 FPGA 芯片密度不断增加和新一代 EDA 开发工具的使用,利用 FPGA 器件实现 SOC 已成为可能,人们将这项技术称为 SOPC(system on a programmable chip,可编程单芯片系统)。但是,将微处理器嵌入 FPGA 需要消耗较多的资源,对一些门数较少的 FPGA 来说是不可能的。虽然 Altera 等公司推出了内嵌微处理器的 FPGA,但是由于价格、开发手段和方法等因素的影响,在未来一段较长的时间内,人们将更多地采用单片机与 FPGA 配合的方法设计系统,以发挥单片机的灵活性和 FPGA 的高速性。

单片机与 FPGA 有很强的互补性。单片机具有性能价格比高、功能灵活、易于人机对话、强大的数据处理能力等特点;FPGA 则具有高速、高可靠以及开发便捷、规范等优点。以此两类器件相结合的电路结构在许多电子系统设计中被广泛应用。

1. C8051F360 单片机与 FPGA 的硬件接口设计

在单片机与 FPGA 的接口设计时,基本的出发点是将 FPGA 作为单片机的一个外部设备。单片机通过串行总线或并行总线与 FPGA 交换数据信息和控制信息。采用串行总线方式时,通信时序可由所设计的软件自由决定,形式灵活多样,但数据交换的速度较慢。采用并行总线方式时,单片机以固定的总线方式读/写时序与 FPGA 交换信息,数据交换的速度快。由于目前大多数 FPGA 器件内部含有丰富的存储器资源,可配置成单口 RAM、双口 RAM、FIFO 等,特别适合单片机采用并行的方式交换数据。因此,在实际应用中,单片机与 FPGA 的接口更多地采用并行总线形式进行通信。

单片机与 FPGA 的并行通信接口原理图如图 8-6-1 所示。C8051F360 单片机的数据总线 D0～D7、地址总线 A8～A13、控制总线 ALE、$\overline{RD}$、$\overline{WR}$ 和 INT1,以及通用 I/O 口线 P3.0、P3.1、P3.2、P2.7 与 FPGA 的 I/O 引脚相连。在图 8-6-1 所示的接口中,为了减少接口信号线的数量,低 8 位地址 A0～A7 通过 FPGA 内部地址锁存器来得到。将低 8 位地址 A0～A7 与接口中的高位地址 A8～A13 配合,单片机可以访问 16KB 的 FPGA 内部 RAM(EP2C5T144 内部 RAM 总容量达 119808 位,可配置成约 14KB 的存储体)。接口中的片选信号/CS1 和/CS2 由单片机最小系统的地址译码器产生。由于 C8051F360 单片机采用 3.3V 电源供电,FPGA 芯片 EP2C5T144 的 VCCIO 采用 3.3V 供电,从电气特性的角度来看,单片机和 FPGA 的逻辑电平兼容,两者的引脚可以直接相连。

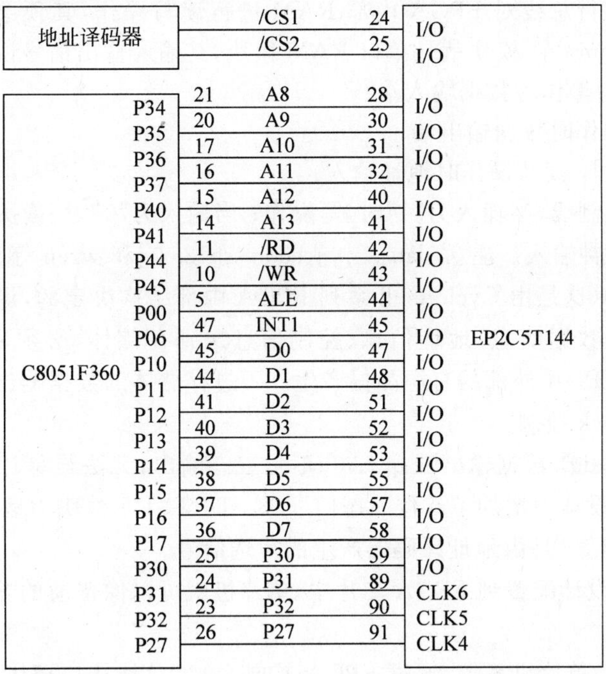

图 8-6-1 C8051F360 单片机与 EP2C5T144 并行通信接口

2. 利用 FPGA 实现单片机外部设备扩展

在并行总线单片机系统中,一方面,FPGA 作为可编程逻辑器件,可配置成多种单片机系统的外部设备,如并行数据输入输出口、数据存储器、各种功能的 IP 核;另一方面,利用 FPGA 可编程特性,FPGA 也可作为单片机外部设备扩展时的输入输出通道,其示意图如图 8-6-2 所示。

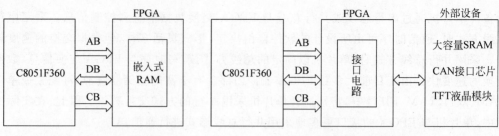

(a) FPGA作为单片机的外部设备　　　　　　(b) FPGA作为单片机外部设备的接口

图 8-6-2　通过 FPGA 的实现外部设备扩展

例 8-6-1　采用 FPGA 芯片内部的嵌入式存储器,扩展 8K×8 位的外部数据存储器。

解　Cyclone Ⅱ 系列 FPGA 芯片含有嵌入式存储器,通过 Quartus Ⅱ 软件不但可以将内部 RAM 资源配置成单口 RAM/ROM、双口 RAM 等常用的存储器结构,而且存储器的容量、字宽都可根据需要自行设定。

根据题目要求,将存储器的类型选为单口 RAM,直接从 Quartus Ⅱ 开发软件的宏单元库中调用 lpm-ram-dq 模块,然后对单口 RAM 模块进行基本的参数设置,将数据线和地址线的宽度分别设为 8 位和 13 位,其容量正好为 8K×8 位。

单片机通过并行总线对 FPGA 内部 RAM 进行读写操作,其顶层设计图如图 8-6-3 所示。图中 lpm-ram-dq1 模块就是单口 RAM 模块,其输入输出信号说明如下:

data[7..0]:写操作时数据输入端;

q[7..0]:读操作时数据输出端;

address[12..0]:读写操作时地址输入;

wren:读写控制线,当输入为"1"时,写操作;当输入为"0"时,读操作。

clock:同步时钟输入。注意,data[7..0]、address[12..0]和 wren 等输入信号是通过寄存后再送存储体的(这是由 Cyclone Ⅱ 系列 FPGA 内部结构决定的,用户无法修改)。为了将来自单片机的数据信息、地址信息、控制信息送到存储体,必须采用同步时钟信号 clock,clock 可由 FPGA 外部的有源晶振产生。不过存储体的数据输出端口 q[7..0]允许直接输出,不受 clock 控制。

由于 lpm-ram-dq1 数据输出端 q[7..0]不是三态输出,无法与单片机总线直接相连,因此在图 8-6-3 的设计中增加了八位三态门 TS8。DLTCH8 模块为地址锁存器产生低 8 位地址 A7~A0。CS1 是由地址译码器产生的片选信号。

将图 8-6-3 的设计配置到 FPGA 芯片中,单片机就可以像普通的 SRAM 一样对其读写了。

例 8-6-2　有一单片机系统,通过 FPGA 扩展 CAN 总线接口模块,示意图如图 8-6-4 所示。试设计 FPGA 内部接口逻辑。CAN 总线接口模块的原理图读者可以参考第 10 章图 10-2-3。

解　接口信号线中分单向信号线和双向信号线。图 8-6-4 中,数据线为双向信号线,其余为单向信号线。单向信号通过 FPGA 传送比较简单,两端输入输出引脚直接相连即可,双向传输则必须采用双向三态缓冲器才能通过 FPGA 传递。FPGA 的接口逻辑原理图如图 8-6-5 所示。图中左边引脚与单片机系统相连,右边引脚与 CAN 总线模块相连。由于数据总线为双向总线,因此,内部设计了两个 8 位三态门。

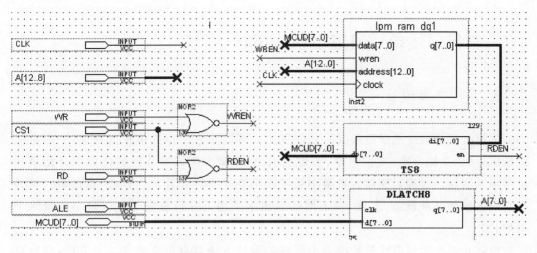

图 8-6-3 8K×8 位 RAM 顶层设计

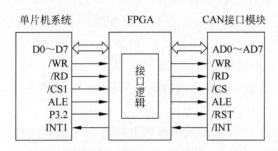

图 8-6-4 例 8-6-2 示意图

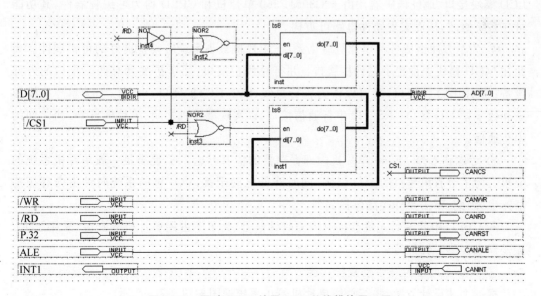

图 8-6-5 通过 FPGA 扩展 CAN 总线模块原理图

8.7　并行总线单片机最小系统设计

8.7.1　方案设计

单片机最小系统是指用最少的元件组成的可以独立工作的单片机系统,一般应该包括单片机、晶振电路、复位电路、按键输入、显示输出等。本节内容将详细介绍单片机最小系统设计过程。该单片机最小系统以 C8051F360 单片机为核心,通过单片机并行总线来扩展外部设备,因此,在下面的叙述中采用了并行总线单片机最小系统这个名称。

理解并掌握并行总线单片机最小系统的设计方法具有重要意义。一方面,并行总线单片机最小系统的设计过程是对本章前面介绍的并行总线单片机系统设计技术的综合运用;另一方面,并行总线单片机最小系统是许多单片机应用系统的核心组成部分。

并行总线单片机最小系统采用以下设计方案:

① 并行总线单片机最小系统分成键盘显示和 MCU 两个模块,通过 26 芯扁平电缆连接。

② 键盘显示模块由 4×4 矩阵式键盘和点阵式 LCD 模块组成。

③ MCU 模块除 C8051F360 单片机外,采用一片 CPLD 实现 4×4 编码式键盘接口、LCD 模块接口、地址译码器。由于 C8051F360 单片机和 CPLD 均为可编程器件,其功能可在系统修改,从而实现硬件电路可重构。

④ 为了方便组成各种单片机应用系统,单片机最小系统应具备良好的可扩展性。为此在 MCU 模块中设置了三种扩展口:并行总线扩展口,用于扩展具有并行接口的外部设备;通用 I/O 扩展口,既可以作为串行总线(SPI、I^2C)扩展口,也可以作为单片机模拟量和数字量 I/O 接口;RS-232 串行通信接口,以实现单片机之间、单片机与 PC 机之间的串行通信。

⑤ 考虑到 C8051F360 单片机内部振荡器的精度可达 2%,能满足一般单片机系统的要求。为了节省单片机的 I/O 引脚,同时降低电磁干扰,单片机的系统时钟由内部振荡器产生,因此,不需要外接晶体振荡器。

⑥ CPLD 中的编码式键盘接口需要时钟信号,为了不占用单片机的资源,采用了 RC 振荡器来提供时钟信号。

⑦ 具有上电复位和手动复位功能。

根据上述设计方案,并行总线单片机最小系统框图如图 8-7-1 所示。

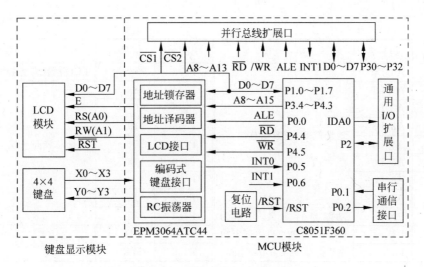

图 8-7-1 单片机最小系统框图

8.7.2 MCU 模块硬件电路设计

1. C8051F360 单片机 I/O 引脚的功能定义

C8051F360 单片机有 5 个并行口 P0～P4。与传统的 MCS-51 系列单片机不同，C8051F360 单片机 I/O 引脚的功能可由用户自行定义，使用更加灵活。在设计 MCU 模块硬件电路时，首先要对 C8051F360 单片机的 I/O 引脚功能进行合理的规划。根据MCU 模块的设计方案，C8051F360 单片机的 I/O 引脚大致分为三部分：第一部分 I/O引脚用于外部数据存储器扩展接口 EMIF。由于单片机需要通过并行总线扩展外围电路，因此必须设置 EMIF 接口。为了节省 I/O 引脚，EMIF 采用复用方式，复用方式的EMIF 定义可参考表 8-2-1。第二部分 I/O 引脚用于单片机最小系统自身扩展，如键盘中断、LCD 背光控制、异步串行通信等。第三部分 I/O 引脚则由用户自行定义，这一部分 I/O引脚使用最为灵活，既可作为模拟量或数字量 I/O 引脚，也可作为串行总线（SPI, I^2C）的扩展接口。C8051F360 单片机的 P0～P4 口的详细功能定义如表 8-7-1 所示。

表 8-7-1 C8051F360 单片机 P0～P4 口的功能设置

引脚名	信号名	功 能	引脚名	信号名	功 能
P0.0	ALE	地址锁存信号	P2.3	P23	
P0.1	TX0	异步串行通信	P2.4	P24	
P0.2	RX0		P2.5	P25	也可作为通用 I/O 引脚
P0.3	V_{REF}	D/A、A/D 外部参考电压	P2.6	P26	
P0.4	IDA0	D/A 模拟量输出	P2.7	P27	
P0.5	INT0	外部中断 0，用于键盘中断	P3.0	P30	
P0.6	INT1	外部中断 1	P3.1	P31	作为通用 I/O 引脚
P0.7	CNVSTR	可作为 A/D 外部启动信号或通用 I/O 引脚	P3.2	P32	

续表

引脚名	信号名	功　能	引脚名	信号名	功　能
P1.0	A0/D0		P3.3	P33	LCD 模块背光控制
P1.1	A1/D1		P3.4	A8	
P1.2	A2/D2		P3.5	A9	
P1.3	A3/D3	地址低 8 位/数据总线	P3.6	A10	
P1.4	A4/D4		P3.7	A11	地址总线高 8 位
P1.5	A5/D5		P4.0	A12	
P1.6	A6/D6		P4.1	A13	
P1.7	A7/D7		P4.2	A14	
P2.0	P20	功能自行定义,可作为	P4.3	A15	
P2.1	P21	C8051F360 单片机内部资源	P4.4	/RD	读/写控制信号
P2.2	P22	的模拟量、数字量 I/O 引脚	P4.5	/WR	

2. CPLD 内部逻辑设计

MCU 模块采用一片 CPLD(EPM3064ATC44)实现地址译码器、LCD 模块接口、编码式键盘接口、RC 振荡电路等功能。编码式键盘接口和 LCD 接口的设计原理已在 8.4 节和 8.5 节的内容中详细介绍,这里主要介绍地址译码器和 RC 振荡器的设计。

(1) 地址译码器的设计

C8051F360 单片机的外部数据存储器和 I/O 接口统一编址,总的地址空间为 64KB。在设计并行总线单片机系统时,应根据需求适当划分外部数据存储器和 I/O 端口的地址空间。根据图 8-7-1 所示的并行总线单片机最小系统框图,将 64KB 外部数据存储器空间划分为以下几部分。

① C8051F360 单片机内部数据存储空间。C8051F360 单片机片内有 1024 字节的 XRAM,这部分存储器地址为 0000H~03FFH,它占用 64KB 外部数据存储空间,因此,在分配存储空间时应予以考虑。

② 外部数据存储器空间。这部分数据存储器空间主要是指通过并行总线扩展的大容量数据存储器或者是 FPGA 内部存储体存储空间。

③ I/O 接口空间。用于编码式键盘接口、LCD 显示模块、CAN 总线接口等 I/O 接口地址空间。

确定了存储空间划分以后,需要通过地址译码器来产生外部数据存储器和 I/O 接口的片选信号。图 8-7-2 给出了并行总线单片机最小系统所采用的地址译码器原理图。A15、A14 和 A3、A2 为单片机的地址总线。图中 Y10 输出引脚未用,实际上这部分地址空间用于 C8051F360 单片机内部的 XRAM,这部分存储空间不需要提供片选信号。$\overline{CS1}$ 和 $\overline{CS2}$ 作为单片机扩展外部设备时的片选信号。例如,当外部设备为 FPGA 时,$\overline{CS1}$ 可作为 FPGA 内部存储器的片选信号,$\overline{CS2}$ 作为 FPGA 内部寄存器的片选信号(见图 8-6-1);当外部设备为大容量存储器时,$\overline{CS1}$ 可作为存储器的片选信号,$\overline{CS2}$ 可作为页寄存器的片选信号(见图 8-3-4)。$\overline{LCDCS}$ 作为 LCD 模块的片选信号,$\overline{KEYCS}$ 作为编码式键盘接口的片选信号。根据图 8-7-2 所示的原理图,各片选信号的地址如

表 8-7-2 所示。

表 8-7-2 地址译码器片选信号地址范围

A15	A14	A13～A4	A3	A2	A1	A0	地 址	地址标识符
0	**0**	×	×	×	×	×	0000H～3FFFH	保留
0	**1**	×	×	×	×	×	4000H～7FFFH	/CS1
1	**0**	×	×	×	×	×	8000H～BFFFH	/CS2
1	**1**	×	**0**	**0**	×	×	C000H～C003H	备用
		×	**0**	**1**	×	×	C004H～C007H	备用
		×	**1**	**0**	×	×	C008H～C00BH	LCDCS
		×	**1**	**1**	×	×	C00CH～C00FH	KEYCS

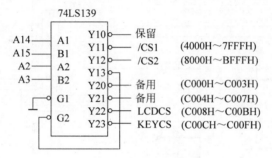

图 8-7-2 地址译码电路原理图

需要指出的是,地址译码器应根据实际系统来灵活设计。由于地址译码器采用 CPLD 实现,为地址译码器的修改提供了极大方便。不但其片选信号的地址范围可以方便修改,而且可以将地址译码器产生的片选信号和读写控制信号$\overline{\text{WR}}$、$\overline{\text{RD}}$相或,以满足外部设备的时序要求。例如,图 8-3-4 所示的大容量数据存储器扩展原理中,74HC574 的时钟信号 C 应由地址译码器产生的片选信号/CS2 和$\overline{\text{WR}}$信号相或非后产生,只要在 CPLD 内部设计中增加一或非门即可。

(2) 由 CPLD 实现的 RC 振荡器

编码式键盘接口工作时需要时钟信号 KEYCLK。键盘接口电路对 KEYCLK 信号的频率精度要求不高,可采用 RC 振荡器来产生 KEYCLK 信号,这样不需要占用单片机的软硬件资源,而且成本低廉。图 8-7-3 和图 8-7-4 所示分别为改进型 RC 振荡器原理图和用 CPLD 实现 RC 振荡器原理图。用 CPLD 实现 RC 振荡器需要考虑一些特殊问题。首先是 G2 输出和 G3 的输入不能共用一根 I/O 引脚,因此振荡电路需要 4 根 CPLD 的 I/O 引脚;其次要注意 RC 振荡器的振荡频率不能太低,否则虽然能产生振荡波形,但由于边沿太差,致使计数器工作不正常。通过调试表明,振荡频率适当地高一些,有助于改善边沿质量。采用图 8-7-4 所示的 RC 参数,产生的时钟信号频率约为 758kHz,经 1024 分频后作为键盘接口电路的时钟信号,实际调试表明振荡电路工作稳定可靠。

将 LCD 模块接口、编码式键盘接口、地址译码器、RC 振荡电路几部分合在一起, CPLD 内部的总体原理图如图 8-7-5 所示。

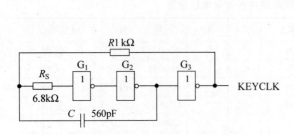

图 8-7-3　改进型 RC 振荡器原理图

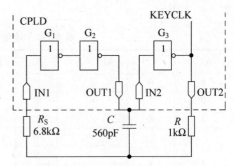

图 8-7-4　CPLD 实现的 RC 振荡器

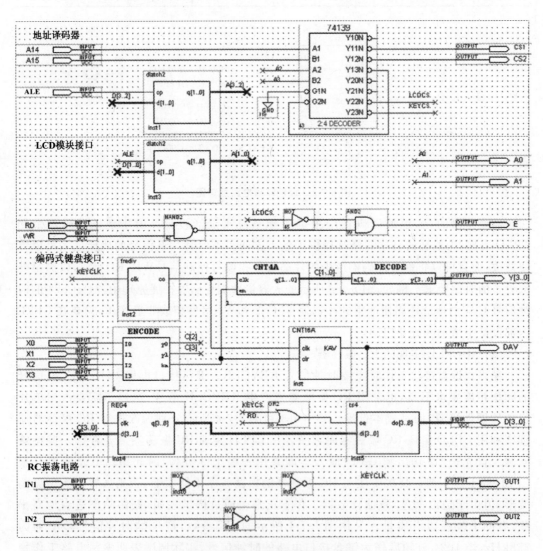

图 8-7-5　CPLD 内部顶层设计图

3. 复位电路

单片机在上电之初或工作不正常时,应在$\overline{\text{RST}}$引脚加一复位信号以使单片机处于确定的工作状态。产生复位信号的复位电路有多种形式,其性能的好坏直接影响到单片机系统工作的可靠性。在 MCU 模块复位电路中,采用了一款专用复位芯片 TCM811。TCM811 采用 SOT-143 封装,体积非常小,其引脚排列和原理图如图 8-7-6 所示。TCM811 可进行准确的 V_{DD} 监控,并在上电、断电、掉电及电源电压下陷时向单片机提供可靠的复位信号。除此之外,通过$\overline{\text{MR}}$引脚可实现手动复位。TCM811 在使用时无需搭配外部元件,是替代阻容复位电路的理想选择。在 MCU 模块中,TCM811 输出的复位信号除了送单片机外,还作为 LCD 模块的复位信号。由于 C8051F360 单片机复位引脚$\overline{\text{RST}}$和用于单片机编程和调试的 C2 口时钟引脚/C2CK 共用,因此在 TCM811 和 C8051F360 之间加了隔离电阻。

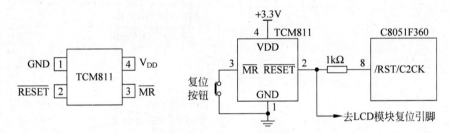

图 8-7-6 TCM811 原理图

4. C8051F360 I/O 引脚保护电路

从表 8-7-2 可知,C8051F360 单片机的 P2 口作为开关量或模拟量的输入输出引脚,在 P2 口的 I/O 引脚输入的电压不能超过一定的电压范围,为了防止过压,在 P2 口的每个 I/O 引脚加了两只二极管。原理图如图 8-7-7 所示。为了缩小印刷板面积,采用 TSOP-6 封装的二极管阵列 MUP4301,其引脚排列如图 8-7-8 所示。

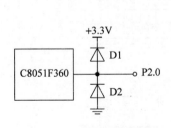

图 8-7-7 I/O 引脚保护电路

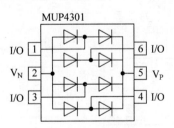

图 8-7-8 二极管阵列

5. MCU 模块总体原理图

MCU 模块的总体原理图如图 8-7-9 所示。MCU 模块设置了如表 8-7-3 所示各种扩展接口。

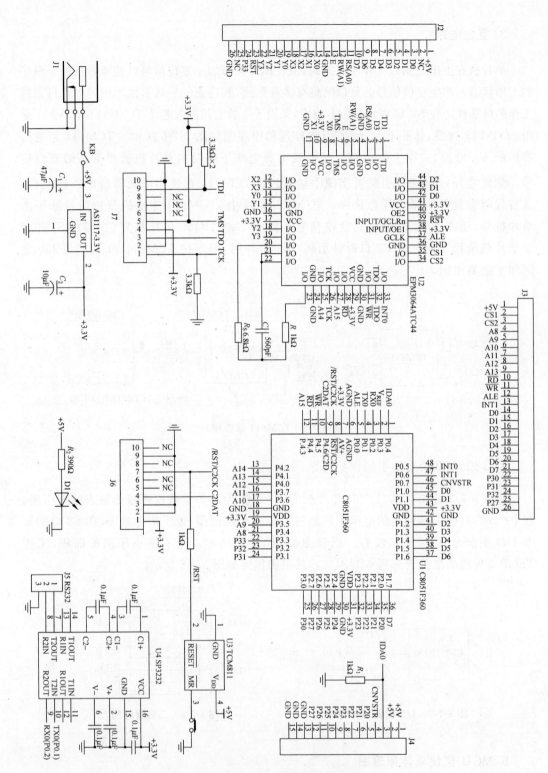

图 8-7-9　MCU 模块总体原理图

表 8-7-3　MCU 模块扩展接口

标号	名　　称	功　能　说　明
J1	电源输入接口	与 5V 开关电源相连
J2	键盘显示接口	与键盘显示模块相连
J3	并行扩展口	用于扩展 FPGA 模块或大容量 SRAM 模块、CAN 总线接口电路等
J4	模拟量、数字量输入/输出口	C8051F360 单片机 A/D、D/A、电压比较器的模拟量输入/输出,开关量输入/输出,I²C 总线、SPI 总线等
J5	异步串行通信口	用于 RS232 异步串行通信
J6	CPLD 在系统编程接口	用于在系统修改 CPLD 内部逻辑
J7	C2 调试接口	用于 C8051F360 单片机的调试和程序下载

8.7.3　键盘显示模块硬件电路设计

键盘显示模块的原理图如图 8-7-10 所示。键盘显示模块由 4×4 的矩阵式键盘和点阵式 LCD 模块两部分组成。4×4 的键盘共有 K0～K15 等 16 个按键。在实际应用系统中,每个按键的功能可自行定义。4 根行输入线 X0～X3 和 4 根列扫描线 Y0～Y3 与编码式键盘接口相连。J1 为 LCD12864 的 20 芯接口。数据线 D0～D7 直接与单片机数据总线相连,RW、RS、E 等信号由 LCD 模块接口电路产生。LCD12864 的复位信号由 MCU 模块上的复位电路产生。为了给 LCD 模块提供背光,LEDA(第 19 脚)接+5V,LEDK (第 20 脚)与三极管的集电极相连,三极管的基极控制信号 LEDEN 与单片机的 I/O 引脚 P3.3 相连。当 P3.3 为高电平时,背光二极管点亮;当 P3.3 为低电平时,背光二极管熄灭,从而可通过软件实现 LCD 模块背光控制,以降低功耗。J2 为 26 脚插座,通过扁平电缆与 MCU 模块相连。

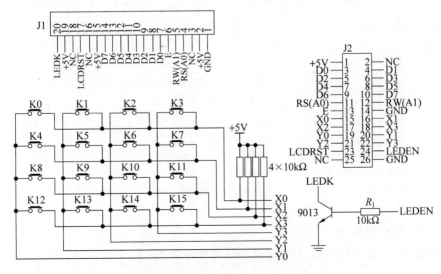

图 8-7-10　键盘显示模块原理图

完成了 MCU 模块和键盘显示模块的电路设计后,就可以进行 PCB 板的设计。图 8-7-11 给出了并行总线单片机最小系统元件排布图。

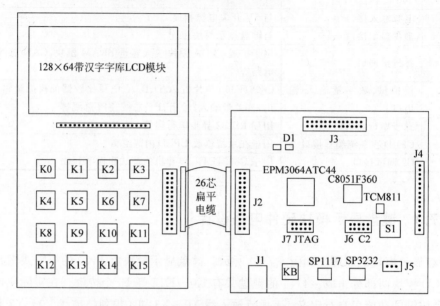

图 8-7-11　并行总线单片机最小系统元件排布图

8.7.4　单片机最小系统的初始化程序设计

C8051F360 内部资源十分丰富,使用内部资源之前,应对其进行初始化。对并行总线单片机最小系统来说,最基本的初始化包括内部振荡器、I/O 端口、外部数据存储器接口、定时器、外部中断、中断系统等内部资源的初始化。内部资源初始化的源程序如下:

(1) C8051F360 内部资源初始化程序

```
void InitDevice(void)
    {
        PortIoInit();
        OscInit();
        XramInit();
        UartInit();
        Int0Init();
        TimerInit();
        PcaInit();
        InterruptsInit();
        return;
    }
```

(2) I/O 端口初始化

根据表 8-7-1 定义的功能,I/O 端口初始化程序如下:

```
void PortIoInit(void)
    {
```

```
        SFRPAGE=0x0F;
        P0MDIN=0xE7;                    //P0.3～P0.4 设置为模拟量输入
        P0MDOUT=0x83;                   //P0.0,P0.1,P0.7 推拉式输出
        P0SKIP=0xF9;                    //P0.0、P0.3～P0.7 被交叉开关跳过
        P1MDIN=0xFF;                    //P1 设置为数字量输入
        P1MDOUT=0xFF;                   //P1 设置为推拉式输出
        P1SKIP=0xFF;                    //P1 被交叉开关跳过
        P2MDIN=0xFF;                    //P2 设置为数字量输入
        P2MDOUT=0xFF;                   //P2 设置为推拉式输出
        P2SKIP=0xFF;                    //P2 被交叉开关跳过
        P3MDIN=0xFF;                    //P3 设置为数字量输入
        P3MDOUT=0xFF;                   //P3 设置为推拉式输出
        P3SKIP=0xFF;                    //P3 被交叉开关跳过
        P4MDOUT=0xFF;                   //P4 设置为推拉式输出
        XBR0=0x01;                      //UART 连到端口引脚
        XBR1=0xC0;                      //禁止弱上拉,交叉开关允许
        SFRPAGE=0x00;
        return;
    }
```

（3）内部振荡器初始化

MCU 模块中的 C8051F360 单片机采用内部高频振荡器,其标称频率为 24.5MHz,精度 2%。通过校准,得到频率为 24MHz 时钟信号,再 2 分频得到 12MHz 的系统时钟。

```
void OscInit(void)
    {
        SFRPAGE=0x0F;
        OSCICL=OSCICL+4;               //频率校准
        OSCICN=0xC2;                    //允许内部振荡器,频率除 2 作为 SYSCLK
        CLKSEL=0x00;                    //选择内部振荡器
        SFRPAGE=0x00;
        return;
    }
```

（4）外部数据存储器接口初始化

```
void XramInit(void)
    {
        SFRPAGE=0x0F;
        EMI0CF=0x07;                   //设成引脚复用方式
        SFRPAGE=0x00;
        return;
    }
```

（5）外部中断初始化

C8051F360 设置了两个外部中断源：INT0 和 INT1。初始化程序如下：

```
void Int0Init(void)
    {
        IT01CF=0x65;                   //选择 P0.5 为 INT0,选择 P0.6 为 INT1
        IT0=1;                         //INT0 下降沿触发
```

```
        IT1=1;                          //INT1 下降沿触发
        EX0=1;                          //允许 INT0 中断
        EX1=1;                          //允许 INT1 中断
        return;
    }
```

（6）定时器初始化

C8051F360 内部有 4 个定时器，其中 T0、T1 的使用方法与 MCS-51 系列单片机完全相同，T2、T3 的使用方法参考 C8051F360 单片机的数据手册。

```
void TimerInit(void)
    {
        TMOD=0x11;                      //T0、T1 方式 1
        CKCON=0x00;                     //系统时钟 12 分频
        TL0=0x78;                       //定时 10ms
        TH0=0xEC;
        TL1=0x0C;                       //定时 0.5ms
        TH1=0xFE;
        TMR2CN=0x04;                    //16 位自动重装
        TMR2RLL=0xF0;                   //定时 10ms
        TMR2RLH=0xD8;
        TMR3CN=0x0C;                    //双 8 位自动重装载,系统时钟 1/12
        TMR3RLL=0xE0;                   //定时 100μs
        TMR3RLH=0xFF;
        TR0=1;
        TR1=1;
        return;
    }
```

（7）中断系统初始化

```
void InterruptsInit(void)
    {
        EX0=1;                          //允许 INT0 中断
        PX0=0;                          //置 INT0 低优先级
        ET0=1;                          //允许 T0 中断
        ET1=1;                          //允许 T1 中断
        ET2=1;                          //允许 T2 中断
        ES0=1;                          //允许 UART 中断
        IE0=0;                          //清 INT0 中断标志
        EA=1;                           //开中断
        return;
    }
```

（8）PCA 初始化

PCA 初始化主要用来设置看门狗定时器的工作状态。

```
void PcaInit(void)
    {
        PCA0CN=0x40;                    //允许 PCA 计数器/定时器
        PCA0MD=0x00;                    //禁止看门狗定时器
```

```
        return;
    }
```

(9) 异步串口通信接口初始化

```
void uartInit(void)
    {
        SCON0 = 0x00;                      //10 位 UART
        return;
    }
```

从上面介绍的初始化程序可以看到,内部资源初始化实际上就是对一些相关的特殊功能寄存器(SFR)设置初始值。在编写初始化程序时要注意两点:

① 由于 C8051F360 的特殊功能寄存器比 MCS-51 单片机多,而 8051 指令不能识别其增加的专用寄存器,为此,单片机厂商提供了所有的特殊功能寄存器及相应位的地址定义文件,用户只需程序前面加一条 $ include(C8051F360. inc)指令即可。

② 由于 SFR 的数量比较多,C8051F360 单片机采用了 SFR 分页机制,允许将很多 SFR 映射到 80H~FFH 这个存储器地址空间。C8051F360 单片机使用了两个 SFR 页: 0 和 F。使用 SFR 页选择寄存器 SFRPAGE 来选择 SFR 页。在编写初始化程序时,先要了解 SFR 所在的页。例如,在 I/O 端口初始化程序中,由于相关特殊功能寄存器的 SFR 页为 F,因此,第一条指令就是通过 SFRPAGE 寄存器将 SFR 页设为 F,然后 CPU 才能访问相关的 SFR。

C8051F360 单片机执行了上述初试化程序以后,就可以和普通的 MCS-51 单片机一样使用了。

8.8　设计训练题

设计训练题一:键盘显示程序设计

利用并行总线单片机最小系统,设计键盘显示程序。主要功能如下:

① 开机显示"键盘显示程序",如图 8-8-1(a)所示;1s 后显示正弦波,如图 8-8-1(b)所示;再过 1s 显示自制箭头符号,如图 8-8-1(c)所示。箭头符号利用 LCD12864 自造汉字库的功能实现,点阵图如图 8-8-2 所示。

② 每按一次键在相应位置显示字符,如图 8-8-1(d)所示。显示位置参照本章图 8-4-2,当按 K0 键时,在 84H 的位置显示"K0",当按 K1 键时,在 85H 的位置显示"K1",……,当按 K15 键时,在 9FH 的位置显示"KF"。

提示:键盘显示程序由主程序和键盘中断服务程序两部分组成。将键处理程序(在特定位置显示一个字符)放在主程序中,而不放在键盘中断服务程序中。这是因为,单片机在执行中断服务程序时,无法响应同级别的中断,如果键处理程序需要比较长的执行时间,会降低系统的实时性。

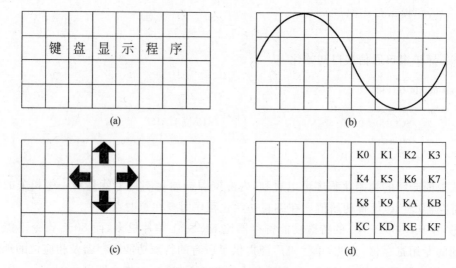

图 8-8-1 设计训练题一图

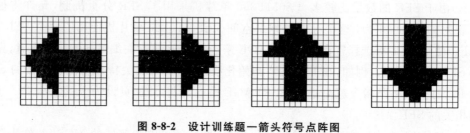

图 8-8-2 设计训练题一箭头符号点阵图

设计训练题二：A/D 转换程序设计

采用 C8051F360 单片机内部的 A/D 转换器将模拟电压转换成数字量，并用十进制的形式在 LCD 上显示。

A/D 转换器的模拟信号从 P2.0 输入。A/D 转换器模拟输入电压的范围取决于其所选择的参考电压，如果选择内部参考电压源，其模拟电压的范围为 0～2.4V，如果选择外部电源作为参考电压，则其模拟输入电压范围为 0～3.3V。测试时，A/D 转换器的模拟输入信号可通过一电位器产生。

设计训练题三：数控稳压电源的设计

1. 设计任务

设计有一定输出电压范围的数控稳压电源，其原理示意图如图 8-8-3 所示。

2. 设计要求

① 输出电压：范围 0～+9.9V，步进 0.1V，纹波不大于 10mV；

② 输出电流：500mA；

③ 输出电压值由数码管显示；

④ 由"＋"、"－"两键分别控制输出电压步进增减；

⑤ 输出电压可预置在 $0\sim+9.9\mathrm{V}$ 之间的任意一个值；

⑥ 用自动扫描代替人工按键，实现输出电压变化（步进 $0.1\mathrm{V}$ 不变）。

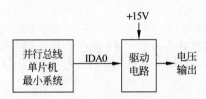

图 8-8-3　设计训练题三原理示意图

设计训练题四：简易 16×16 点阵 LED 显示屏

1. 设计任务

设计并制作一个 16×16 点阵 LED 显示屏，其原理示意图如图 8-8-4 所示。

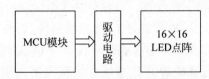

图 8-8-4　16×16 点阵 LED 显示屏系统框图

16×16 LED 显示屏为由 LED 发光二极管构成的小型显示屏，可显示一个 16×16 的汉字或其他信息。

2. 设计要求

① 开机时，依次循环显示"电"、"子"、"设"、"计"四个汉字，每个汉字显示停留时间为 1s，显示亮度符合视觉要求，无明显闪烁。

② 通过键盘选择显示方式：循环左移显示，将"电子设计"4 个字作为一个整体，在显示屏上逐行向左移动，周而复始；循环上移显示，将"电子设计"4 个字作为一个整体，在显示屏上逐行向上移动，周而复始。

3. 设计提示

16×16 LED 显示屏可以采用四块 8×8 的 LED 模块组成，单片机系统可以采用并行总线单片机最小系统中的 MCU 模块，通过 MCU 模块的并行扩展口扩展 LED 显示屏的驱动电路。

第9章

基于串行总线的单片机系统设计

由于消费类电子产品、计算机外设、汽车和工业应用增加了嵌入式功能,对低成本、高可靠性的通信介质要求不断增长。越来越多的微控制器通过串行总线实现与系统中其他器件进行通信。常用的串行总线有串行外设接口(SPI)总线、内部集成电路(I^2C)总线、Dallas公司的1-Wire总线等。与并行总线相比,串行总线的主要优点是要求的线数较少,一般只需要 1~4 根信号线,如典型的 SPI 总线具有 4 根信号线,I^2C 总线具有 2 根信号线,1-Wire 总线只需要 1 根信号线。较少的信号线意味着芯片连接总线所需要的引脚较少,从而缩小芯片体积,节省 PCB 板面积。采用串行总线的另外一个优点是设计人员很容易将一个新的器件加到总线上去。串行总线的主要缺点是由于数据串行传输,其工作速度较低,软件设计相对复杂,并且信号线越少,软件设计越复杂。

在单片机应用系统中,由于单片机片内资源越来越丰富,相比较并行总线扩展技术,串行总线扩展技术已得到更多的应用。具有串行总线接口的集成芯片品种多、功能齐,同时,许多新型的单片机如 C8051F360 已将 SPI 总线接口和 I^2C 总线接口集成在芯片内部,这些都为设计串行总线单片机系统提供了极大的便利。

本章将主要介绍 SPI 总线和 I^2C 总线的时序、软件的模拟技术以及 C8051F360 单片机内部的 SPI 总线接口和 I^2C 总线接口。通过一些设计实例介绍常见外围器件的串行扩展方法。需要读者注意的是,本章内容中较多地使用串行总线系统中的一些常用名词,如将连在总线上的器件分为主器件(有些资料中也称为主机或主设备)和从器件(有些资料中也称为从机或从设备),根据系统中只有一个主器件还是多个主器件分为单主系统和多主系统。

9.1 SPI 总线扩展技术

9.1.1 SPI 串行总线

串行外设接口(serial peripheral interface,SPI)总线是 Motorola 公司推出的一种同步串行外设接口,它可以使微控制器与各种外围设备以串行方式交换信息。SPI 总线一般使用 4 条信号线:

① 串行时钟线 SCK(由主器件输出);

② 主器件输出/从器件输入数据线 MOSI;

③ 主器件输入/从器件输出数据线 MISO;

④ 从器件选择线 NSS(由主器件输出,大多数情况下低电平有效)。

需要指出的是,实际芯片可能对 SPI 总线接口信号有不同的命名方法,例如,从器件选择信号常见的信号名除 NSS 之外,还有 SS(slave select)、CS(chip select)、STE(slave transmit enable)等。尽管信号名称不一样,但含义是一致的。

SPI 总线系统一般是单主系统,即系统中只有 1 个主器件,其余的外围器件均为从器件。典型的 SPI 系统扩展图如图 9-1-1 所示。图中单片机作为主器件,外围器件 1~n 为从器件。任何时刻,主器件只能与一个从器件交换数据。由于 SPI 总线系统中的从器件不设器件地址,主器件是通过片选信号线来选择其中的一个从器件进行数据传输,因此,每个从器件必须有一根独立的从器件选择线。主器件在访问从器件时,不需要发送从器件的地址字节,简化了软件设计,但由于每一个从器件均需要一根片选信号,在扩展器件较多时,将占用较多的单片机 I/O 线。由于从器件共享 SPI 总线,因此,从器件的数据输出线 MISO 必须具有三态输出功能,当从器件未被主器件选中时,从器件的 MISO 引脚输出高阻态。对于只有一个主器件、一个从器件的 SPI 系统(即"点对点"系统),硬件连接就变得十分简单,这时从器件的选择线可以直接接地。如果主器件和从器件之间的数据只需单向传输,如 A/D 转换器只需数据读入,D/A 转换器只需数据写入,可省去一根数据输出(MOSI)线或一根数据输入(MISO)线。

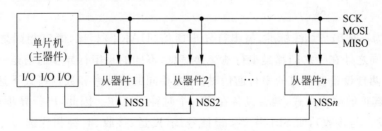

图 9-1-1 SPI 总线系统扩展图

SPI 总线的典型时序如图 9-1-2 所示。作为主器件的单片机在启动一次传送时,先将从器件选择线 NSS 置成低电平,然后产生同步时钟信号 SCK,控制数据的写出(MOSI)或读入(MISO)。其数据的传输格式是高位(MSB)在前,低位(LSB)在后。数据线上输出数据的变化以及输入数据时的采样,都取决于 SCK。对于不同器件,SPI 时序有所不同,有的可能是 SCK 上升沿起作用,有的可能是 SCK 下降沿起作用,有的可能一次传送 8 位数据,有的可能一次传送多于 8 位数据。具体的工作时序可参考器件数据手册。

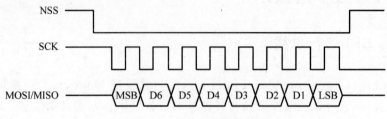

图 9-1-2　SPI 总线典型时序

单片机产生 SPI 总线时序有两种方法:一种是通过软件模拟方法在单片机的通用 I/O 引脚上产生 SPI 总线时序;另一种是利用单片机内置的 SPI 接口产生 SPI 总线时序。这里以图 9-1-2 所示的 SPI 时序为例介绍软件模拟方法。

对于图 9-1-2 所示 SPI 时序,假设数据的传送方向是从主器件到从器件(即写操作),对应的指令代码如下:

```
SCK        EQU     P2.0            ; 定义 SPI 总线
MOSI       EQU     P2.1
NSS        EQU     P2.2
SPISUB:    CLR     NSS             ; 从器件选择线置低电平
           SETB    SCK
           MOV     R7, #08H        ; 传送 1B(1 字节)数据
           MOV     A, DATA         ; 1B 数据存放在 DATA 中
SPISUB1:   CLR     SCK
           RLC     A
           MOV     MOSI, C
           NOP
           NOP
           SETB    SCK
           DJNZ    R7, SPISUB1
           NOP
           NOP
           SETB    NSS             ; 数据传送结束, NSS 置高电平
           RET
```

SPI 作为一种串行总线标准,与串行异步通信(UART)相比,既有相同之处,也有不同之处。相同之处在于它们都是串行地交换信息,不同的是串行异步通信是一种异步(准同步)方式,两台设备有各自的串行通信时钟,在相同的波特率和数据格式下达到同步,而 SPI 是一种真正的同步方式,两台设备在同一个时钟下工作。因此,串行异步通信只需两根信号线(发送与接收),而 SPI 需要 4 根信号线(发送、接收、时钟和片选)。由于 SPI 是同步方式工作,它的传输速率远远高于串行异步通信,可以达到数十 MHz。

9.1.2　C8051F360 单片机的增强型 SPI 接口

用软件来模拟 SPI 总线时序,虽然适用于各种单片机,但软件开销较大。C8051F360

单片机内部设置了增强型串行总线接口 SPI0,数据的接收和发送由 SPI 接口硬件电路完成,软件只需完成相关特殊功能寄存器初始化,然后访问专门的数据寄存器即可。C8051F360 单片机的 SPI0 原理框图如图 9-1-3 所示。SPI0 含有 4 个特殊功能寄存器:配置寄存器 SPI0CFG、控制寄存器 SPI0CN、时钟速率寄存器 SPI0CKR、数据寄存器 SPI0DAT。前 3 个特殊功能寄存器用于设定 SPI0 的工作方式。数据寄存器 SPI0DAT 则用于存放 SPI 总线上发送和接收的数据。

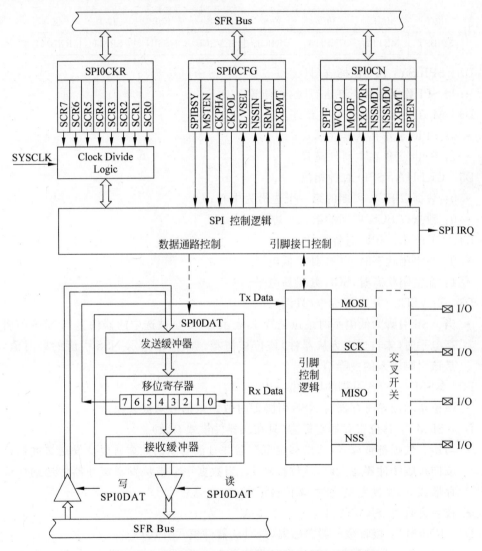

图 9-1-3　C8051F360 单片机增强型 SPI 接口原理框图

当 C8051F360 单片机处于主器件模式时,向 SPI0 数据寄存器 SPI0DAT 写入一个字节的数据时,该数据先写入发送缓冲器,如果移位寄存器为空,则数据被传送到移位寄存器,随即数据传输开始。主器件在 MOSI 线上串行移出数据,同时在 SCK 上输出同步串行时钟。传输结束以后,SPIF(SPI0CN.7)标志被置为 1。如果中断被允许,在 SPIF 标志置位时将产生一个中断请求。在全双工操作中,当主器件在 MOSI 线上向从器件发送数据时,被寻址的从器件可以同时在 MISO 线上向主器件发送数据。因此,SPIF 标志既作为发送完成标志又作为接收数据准备好标志。从器件接收的数据字节以 MSB 在先的形式传送到主器件的移位寄存器。当一个数据字节被完全移入移位寄存器时,便被传送到接收缓冲器,单片机通过读 SPI0DAT 来读取接收缓冲器中的数据。

SPI0 特殊功能寄存器功能说明如下:

(1) 配置寄存器 SPI0CFG(SFR 地址:A1H,SFR 页:所有页)

位 7	位 6	位 5	位 4	位 3	位 2	位 1	位 0
SPIBSY	MSTEN	CKPHA	CKPOL	SLVSEL	NSSIN	SRMT	RXBMT

D7　SPIBSY:SPI 忙标志(只读)。

- 当 SPI 数据传送正在进行时,该位置1。

D6　MSTEN:主器件模式允许。

- 0:SPI0 工作在从器件模式;
- 1:SPI0 工作在主器件模式。

D5　CKPHA:SPI0 时钟相位。

- 0:数据以 SCK 周期的第一个边沿为中心;
- 0:数据以 SCK 周期的第二个边沿为中心。

D4　CKPOL:SPI0 时钟极性。

- 0:在空闲状态时,SCK 处于低电平;
- 1:在空闲状态时,SCK 处于高电平。

D3　SLVSEL:从选择标志(只读)。

- 当 NSS 引脚为低电平时该位被置1,表示 SPI0 是被选中的器件。当 NSS 引脚为高电平时(未被选中为从器件)该位被清零。该位不指示 NSS 引脚的即时值,而是该引脚输入的去噪信号。

D2　NSSIN:NSS 引脚的即时输入值。

- 该位指示读该寄存器时 NSS 引脚即时值。该信号未被去噪。

D1　SRMT:移位寄存器空标志(只在从器件模式有效)。

- 当所有数据都被移入/移出移位寄存器并且没有新的数据可以从发送缓冲器读出或向接收缓冲器写入时,该位被置1。当数据字节被从发送缓冲器传送到移位寄存器或 SCK 发生变化时,该位被清零。
- 在主方式时,SRMT=1。

D0　RXBMT:接收缓冲器空标志(只对从器件模式有效)。

- 当接收缓冲器的数据已被读取且没有新的数据时,该标志置1;如果接收缓冲器有新的数据没被读取,该位置0。注意在主器件模式该位总为1。

配置寄存器 SPI0CFG 初始化要点:

① C8051F360 单片机在 SPI 总线系统中一般作为主器件,应将 MSTEN 置位1。当 C8051F360 单片机工作在主器件方式时,SPI0CFG 中的低 4 位无效。

② SPI0CFG 中的时钟控制选择位 CKPHA(SPI0CFG.5)和 CKPOL(SPI0CFG.4)可以在串行时钟相位和极性的 4 种组合中选择其一。CKPHA 位选择两种时钟相位(锁

存数据所用的边沿)中的一种。CKPOL 位在高电平有效和低电平有效的时钟之间选择。主方式下时钟和数据之间的时序关系如图 9-1-4 所示。

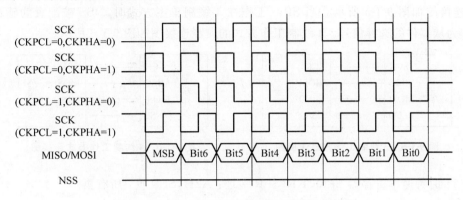

图 9-1-4　主方式下时钟和数据之间的时序关系

(2) 控制寄存器 SPI0CN(SFR 地址：F8H,SFR 页：所有页)

位 7	位 6	位 5	位 4	位 3	位 2	位 1	位 0
SPIF	WCOL	MODF	RXOVRN	NSSMD1	NSSMD0	TXBMT	SPIEN

位 7　SPIF：SPI0 中断标志。

- 完成一次数据传送,该标志位置 1,如果中断允许,将产生 SPI0 中断。该标志必须软件清零。

位 6　WCOL,写冲突标志。

- 如果数据正在传送时,向数据寄存器 SPI0DAT 写数据,该位将置 1,并产生 SPI0 中断请求,该位必须软件置 0。

位 5　MODF：模式错误位。

- 当检测到主器件模式发生冲突时,该位置 1。该位必须软件清零。

位 4　RXOVRN：接收溢出位(只用于从器件模式)。

- 当移位寄存器完成最后 1 位数据接收时,接收缓冲器中的数据还未读走,RXOVRN 置 1,表示上一次数据将丢失。该位必须软件清零。

位 3～2　NSSMD1～NSSMD0：从器件选择模式位。

- 00：3 线制工作模式,NSS 信号无效;
- 01：4 线制从器件或 4 线制多主器件工作模式;
- 1x：4 线制单主器件工作模式;

位 1　TXBMT：发送缓冲器空标志。

- 当一个新的数据写到发送缓冲器时,TXBMT 位置 0;当发送缓冲器的数据送入移位寄存器时,TXBMT 位置 1,表示可以向发送缓冲器再写入新的数据了。

位 0　SPIEN：SPI0 使能位。

- 0：禁止 SPI;
- 1：允许 SPI。

当被配置为主器件时,SPI0 可以通过控制寄存器 SPI0CN 的位 3 和位 2 工作在下面三种方式之一：多主方式、3线单主方式、4线单主方式。当 SPI0 工作在 3 线单主方式时，NSS 未被使用，这时可使用通用 I/O 引脚作为从器件的选择信号。3 线制工作方式的典型连接图如图 9-1-5 所示。当 SPI0 工作在 4 线制单主方式时，NSS 被配置为输出引脚，作为从器件的选择信号。4 线制工作方式的典型连接图如图 9-1-6 所示。

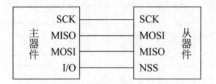
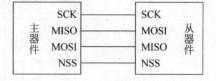

图 9-1-5　3 线制工作方式连接图　　　　**图 9-1-6　4 线制工作方式连接图**

（3）时钟速率寄存器 SPI0CKR(SFR 地址：A2H，SFR 页：所有页)

位 7	位 6	位 5	位 4	位 3	位 2	位 1	位 0
SCR7	SCR6	SCR5	SCR4	SCR3	SCR2	SCR1	SCR0

位 7～0：SPI0 时钟速率。

在主器件工作模式下，SPI 总线的时钟信号 SCK 的频率由式(9-1-1)决定。

$$f_{SCK} = \frac{SYSCLK}{2 \times (SPI0CKR + 1)} \tag{9-1-1}$$

其中，SYSCLK 为 C8051F360 单片机内部系统时钟；SPI0CKR 为 SPI0CKR 寄存器中的值。例如，假设单片机系统时钟为 12MHz，SPI0CKR 寄存器中的值为 02H，则 SPI 总线的时钟信号 SCK 的频率为 2MHz。

（4）数据寄存器 SPI0DAT(SFR 地址：A3H，SFR 页：所有页)

位 7	位 6	位 5	位 4	位 3	位 2	位 1	位 0
0/1	0/1	0/1	0/1	0/1	0/1	0/1	0/1

位 7～0：SPI0 发送和接收的数据。

SPI0DAT 寄存器用于存放接收和发送 SPI0 的数据。在主器件工作模式，写 SPI0DAT 寄存器启动一次发送；通过读 SPI0DAT 寄存器得到接收到的数据。

9.1.3　增强型 SPI 接口应用示例——串行 D/A 转换器扩展技术

串行 D/A 转换器选用 TI 公司生产的低功耗、电压输出 12 位 D/A 转换器 DAC7512，其内部引脚排列和功能框图如图 9-1-7 所示。DAC7512 具有与 SPI 总线兼容的 3 线式串行总线接口，内部含有一个轨对轨(rail to rail)输出缓冲放大器。DAC7512 没有参考电压输入引脚，参考电压直接来自外加电源 V_{DD}，使输出信号的电压范围达到 $0～V_{DD}$。内部上电复位电路确保上电时 D/A 转换器的输出电压为 0V。DAC7512 输入的数字量和输出模拟电压的关系如下：

$$V_{OUT} = V_{DD} \cdot \frac{D}{4096} \tag{9-1-2}$$

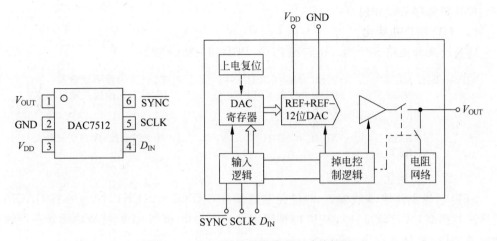

图 9-1-7　DAC7512 引脚排列和功能框图

C8051F360 单片机与 DAC7512 的接口原理图如图 9-1-8 所示。C8051F360 单片机的 SPI0 采用 3 线制接口,通过交叉开关将 SPI 总线锁定到 C8051F360 单片机的 P2.0～P2.2 引脚,从器件片选信号由单片机的 I/O 引脚 P2.3 代替。DAC7512 含有高精度的模拟电路,其内部参考电源由外部电源提供,因此,在设计电路时,应注意外加电源 V_{DD} 对精度的影响。

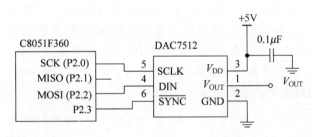

图 9-1-8　DAC7512 与 C8051F360 单片机接口原理图

根据数据手册提供的资料,DAC7512 时序图如图 9-1-9 所示。从时序图可知,当 $\overline{SYNC}$ 由高电平变为低电平时,启动一次写操作。在时钟信号 SCLK 下降沿的作用下,16 位数据从数据输入端 D_{IN} 逐位送入 DAC7512 内部的 16 位移位寄存器。当 16 位数据送入后,$\overline{SYNC}$ 恢复为高电平。注意,16 位数据中的只有低 12 位 D11～D0 才是待转换的数据,高 4 位 D15～D12 在正常操作模式下置成 0000。DAC7512 的时钟信号 SCLK 的频率可以达到 30MHz,图中 t_s 和 t_h 为建立时间和保持时间,最小值为 5ns。

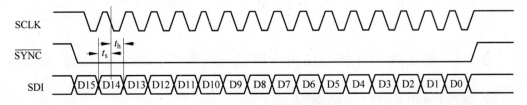

图 9-1-9　DAC7512 时序图

单片机程序的设计包括：

（1）I/O 端口初始化

通过交叉开关将 SPI 接口锁定到 P20～P22，相关指令如下：

```
IOPort_Init: MOV      P2MDIN, #0FFH         ; P2 设置为数字量输入
             MOV      P2MDOUT, #0FFH        ; P2 设置为推拉式输出
             MOV      P2SKIP, #0F8H         ; P2.0～P2.2 不被交叉开关跳过
             MOV      XBR0, #02H            ; 使能 SPI
             MOV      XBR1, #0C0H           ; 禁止弱上拉，允许交叉开关
             RET
```

（2）SPI0 初始化

SPI0 选择主器件、3 线模式，时钟控制选择位 CKPOL＝1、CKPHA＝0（将 DAC7512 时序图与图 9-1-4 比较得到），SPI0 时钟频率设为 1MHz，根据 SPI0 特殊功能寄存器的功能定义，SPI0 初始化程序如下：

```
SPI_Init:    MOV      SPI0CFG, #01010000B   ; 主器件模式
             MOV      SPI0CN, #00000001B    ; 单主器件 3 线模式
             MOV      SPI0CKR, #02H         ; f_CLK＝2MHz
             RET
```

（3）数据传送子程序设计

SPI0 每次只能传送 1B（字节）的数据，DAC7512 的数据格式为 16 位，因此要分两次传送，先送高字节，后送低字节。根据 C8051F360 单片机 SPI0 工作原理，只要向数据寄存器 SPI0DAT 写 1B 的数据，SPI0 就自动地启动数据传送，数据传送完成后将 SPIF 标志位置 1。单片机可以通过查询 SPIF 标志的方式来判断数据传送是否完成，也可以通过 SPIF 置 1 后启动一次中断来完成数据传送。注意，SPIF 标志必须软件清零。以下是采用查询方式完成的数据传送子程序。

```
SYNC      EQU      P2.3              ; 从器件选择线
DACH      EQU      5BH               ; D/A 转换数据高字节
DACL      EQU      5CH               ; D/A 转换数据低字节
DASUB:    CLR      SYNC              ; 选通 DAC7512
          MOV      A, DACH
          ANL      A, #0FH           ; 高 4 位清零
          MOV      SPI0DAT, A        ; 将数据送入发送缓冲器
          JNB      SPIF, $           ; 等待 SPI0 数据发送完毕
          CLR      SPIF              ; SPIF 标志清零
          MOV      A, DACL           ; 送数据低字节
          MOV      SPI0DAT, A
          JNB      SPIF, $
          CLR      SPIF
          SETB     SYNC              ; 禁止 DAC7512
          RET
```

9.1.4 增强型 SPI 接口应用示例二——串行 Flash ROM 扩展技术

1. 串行 Flash ROM——M25P16

M25P16 是 16M 位（2M×8）大容量串行闪速（Flash）存储器，内含先进的写保护机

制,采用高速 SPI 总线与 MCU 接口。M25P16 的引脚排列和功能框图如图 9-1-10 所示,各引脚的功能说明如表 9-1-1 所示。

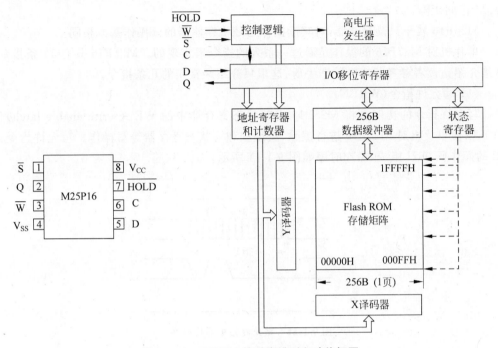

图 9-1-10　M25P16 的引脚排列和功能框图

表 9-1-1　M25P16 引脚功能说明

引　脚　名	功　能　说　明
C	串行时钟输入端
D	串行数据输入端,通过时钟的上升沿将外部数据送入芯片内部
Q	串行数据输出端,通过串行时钟的下降沿将芯片内部的数据逐位输出
$\overline{S}$	片选信号,当 $\overline{S}$ 为低电平时,芯片被选中,单片机可以对芯片读写操作,当 $\overline{S}$ 为高电平时,Q 引脚呈现高阻态
$\overline{W}$	写保护,用于保护芯片内某些区域的数据被擦除或修改
$\overline{HOLD}$	保持信号用于暂停芯片的串行通信
V_{CC}	电源,电压范围为 2.7～3.6V
V_{SS}	地

　　M25P16 内部的存储矩阵分为 32 个扇区,每个扇区由 256 页组成,每 1 页包含 256B,因此,整个存储芯片包含 8192 页或 2 097 152B。

　　单片机对 M25P16 的操作主要有擦除操作、写操作、读操作。

　　擦除操作就是将 Flash ROM 存储单元中的字节数据变为 FFH,以便进行写操作。允许整片擦除,也可以一次擦除 1 个扇区。整片擦除需要时间约 13s,擦除 1 个扇区数据需要时间约 0.6s。

　　写操作又称编程操作。根据 Flash ROM 的工作机理,写操作时只能将存储单元中的 1 变为 0,而不能将 0 变为 1,因此,写操作前必须保证所写单元的数据是 FFH,也就是说必须经过擦除操作。单片机对 M25P16 的写操作时,先通过 SPI 总线将数据写入 M25P16 内部的数据缓冲器,然后由 M25P16 自动地将数据缓冲器中的数据写入 Flash ROM 存储矩阵。

M25P16 属于只读存储器,对其读操作与随机存储器的读操作基本相同。

单片机对 M25P16 的操作是通过一系列的指令来实现的。M25P16 共有 12 条指令,详细介绍请读者参考芯片的数据手册,这里只介绍最常用的几条指令。

(1)写允许指令(WREN)

写允许指令的功能是将 M25P16 内部状态寄存器中的 WEL(write enable latch)位置 1,以便单片机对 M25P16 进行擦除、页编程和写状态寄存器等写操作。写允许指令由 1B 的操作码 06H 组成,操作时序如图 9-1-11 所示,

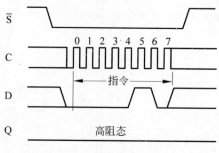

图 9-1-11　写允许指令操作时序

(2)写状态寄存器命令(WRSR)

M25P16 内部有一状态寄存器,该寄存器既可读也可写,每一位功能定义如下:

位 7	位 6	位 5	位 4	位 3	位 2	位 1	位 0
SRWD	—	—	BP2	BP1	BP0	WEL	WIP

位 7　SRWD:状态寄存器写保护。SRWD 位与 M25P16 写保护引脚 $\overline{W}$ 一起可实现 M25P16 的多种保护模式。

位 6~5:未用。

位 4~2　BP2~0:块保护位,用来定义芯片内部防擦除或修改的数据存储区域。当 BP2~0=000 时,所有存储空间的数据可擦除可修改;当 BP2~0=111 时,所有存储空间不可擦除或修改。

位 1　WEL:写允许位。WEL=0,芯片不接受写状态寄存器、写数据、擦除等操作指令;WEL=1,允许写操作或擦除操作指令。

位 0　WIP:写 Flash 操作指示位。当 WIP=0 时,表示存储器写操作已完成,处于空闲状态;当 WIP=1 时,表示存储器内部正在写操作,即处于忙的状态。

M25P16 初次使用时,必须通过写状态寄存器命令将块保护位 BP2~0 清零,以便对其写入数据。写状态寄存器命令的时序如图 9-1-12 所示,由一个字节的操作码(01H)和一字节的操作数组成,操作数为需要写入状态寄存器的数据。

(3)读状态寄存器命令(RDSR)

读状态寄存器的主要目的是判断 M25P16 的写操作是否完成。写操作包括写状态

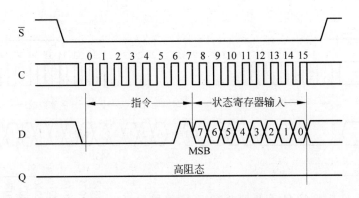

图 9-1-12 写状态寄存器命令操作时序

字、写数据、擦除等操作。由于写操作是针对 M25P16 内部的 Flash 存储单元,因此需要的时间比较长。从数据手册提供的参数,写状态字所需时间约 1.5ms,写 1 页数据(256B)所需时间约 0.64ms,擦除 1 个扇区数据需要时间约 0.6s,整片擦除需要约 13s。单片机对 M25P16 只有在上一次写操作完成后才能进行下一次写操作。怎样才能知道 M25P16 写操作是否完成? 可以通过读取状态寄存器中的写操作指示位(WIP),来判断存储器写操作是否完成。

读状态寄存器命令的时序如图 9-1-13 所示。先写一字节(1B)的操作码(05H),然后,可连续读取状态寄存器中的内容。

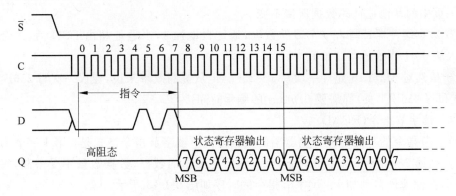

图 9-1-13 读状态寄存器命令操作时序

(4) 页编程指令(PP)

页编程指令功能是将数据写入存储器。指令格式是:第 1 字节为操作码(02H),第 2~4 字节为存储地址(高位在前,低位在后),后面紧跟要写入数据字节,其操作时序如图 9-1-14 所示。M25P16 的存储地址由 3 字节(3B)组成,但由于 M25P16 的地址为 21 位,因此高 3 位地址 A23~A21 是无用的。

在页编程操作时,写入 M25P16 的数据并不是直接写入 Flash 存储单元中,而是先存入在内部 256B 数据缓冲器中。当片选信号 $\overline{S}$ 由低电平变为高电平时,M25P16 自动地将数据缓冲器中的数据写入 Flash 存储单元中,这一过程称为编程。编程需要一定的时间,正在编程时,状态寄存器中的 WIP 位置 1,编程结束以后,WIP 位置 0。

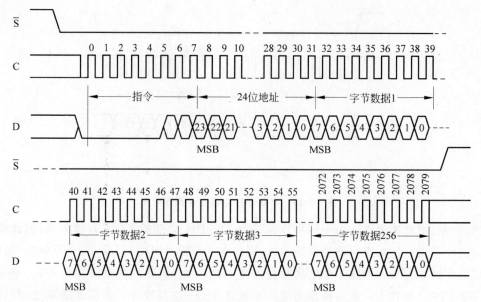

图 9-1-14 页编程指令时序图

在使用页编程指令时,应注意以下几点:

① 页编程指令每次可写入的数据为 1～256B,写入的数据如果超过 256B,则只有最后传送的 256B 数据有效。如果写入的数据不足 256B,则这些数据写入指定的地址,位于则同一页中的其他地址的数据保持不变。

② 数据缓冲器每写入一字节的数据,地址自动加 1,当地址超出 FFH 后,多余的数据写入从 00H 开始的存储单元中。

③ 虽然对 M25P16 允许一次写 1～256B,但从提高效率来说,建议一次写 256B,因为写 1B 和写 256B(1 页)都需要 0.64ms 的编程时间。

(5) 读字节指令(READ)

读字节指令的功能是将存储器中的数据读出。读字节指令格式是:第 1 字节为操作码(03H),第 2～4 字节为存储地址,后面跟的是读出的数据,数据数量不受限制,每读一个数据,存储地址自动加 1。读字节指令的时序如图 9-1-15 所示。

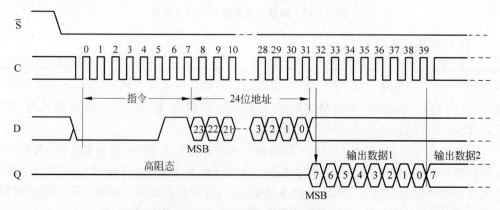

图 9-1-15 读数据指令时序图

(6) 整片擦除指令(BE)

整片擦除指令的功能是将芯片内的所有数据擦除,由 1B 的操作码组成,操作码为 C7H,时序如图 9-1-16 所示。

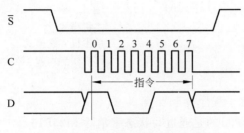

图 9-1-16 整片擦除指令时序

2. M25P16 与单片机的接口设计与编程

M25P16 与 C8051F360 单片机通过 SPI 总线连接,其原理图如图 9-1-17 所示。通过交叉开关将 4 线 SPI0 接口配置到 P2.1、P2.2、P2.3、P2.4。SPI0 的串行时钟(SCK)信号线与 M25P16 的时钟输入端 C 相连,主输入从输出(MISO)信号线与 M25P16 的数据输出端 Q 相连,主输出从输入(MOSI)信号线与 M25P16 的数据输入端 D 相连,从器件选择线 NSS 与 M25P16 的片选信号 $\overline{S}$ 相连。

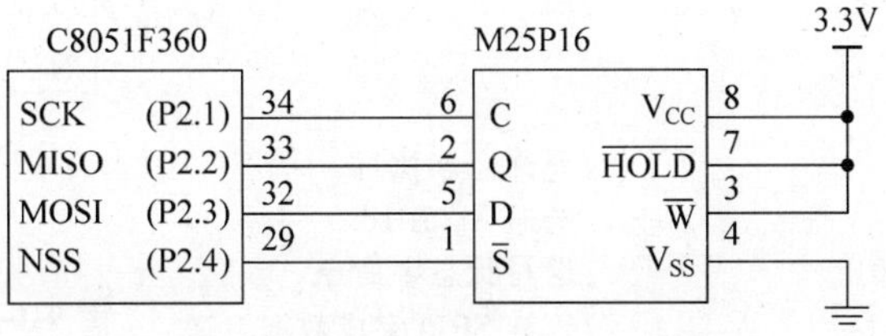

图 9-1-17 C8051F360 与 M25P16 的接口

C8051F360 单片机与 M25P16 的硬件连接虽然非常简单,但是软件设计相对复杂。对 M25P16 的擦除、编程、读数据是通过一系列的指令完成的,常用的子程序介绍如下。

(1) C8051F360 单片机 SPI0 初始化子程序

在图 9-1-17 所示的电路中,C8051F360 单片机采用 SPI0 与 M25P16 通信,在初始化程序中,应通过交叉开关将 SPI0 的 4 根信号线锁定到 P2.1~P2.4 引脚,同时对 SPI0 相关特殊功能寄存器初始化。

```
void Port_IO_Init()
{
    SFRPAGE＝0x0F;
    …
    P2SKIP＝0xE1;              //P2.1~P2.4 引脚不被交叉开关跳过
    …
    XBR0＝0x02;                //使能 SPI
    XBR1＝0xC0;                //禁止弱上拉,允许交叉开关
    SFRPAGE＝0x00;
}
```

```
//-----------------------------------------------------------
//SPI 初始化
//-----------------------------------------------------------
void SPI_Init()
{
    SPI0CFG=0x70;              //主机模式
    SPI0CN=0x0D;               //单主机 4 线模式
    SPI0CKR=0x02;              //时钟频率设为 2MHz
}
```

(2) M25P16 初始化子程序

初始化子程序的主要目的是通过写状态字消除 M25P16 的写保护,使得所有的存储单元可以被单片机读写。根据 M25P16 状态寄存器的定义,只要将状态字中的 BP2~BP0 置 0,然后将状态字写入 M25P16 即可。M25P16 初始化子程流程图如图 9-1-18 所示。

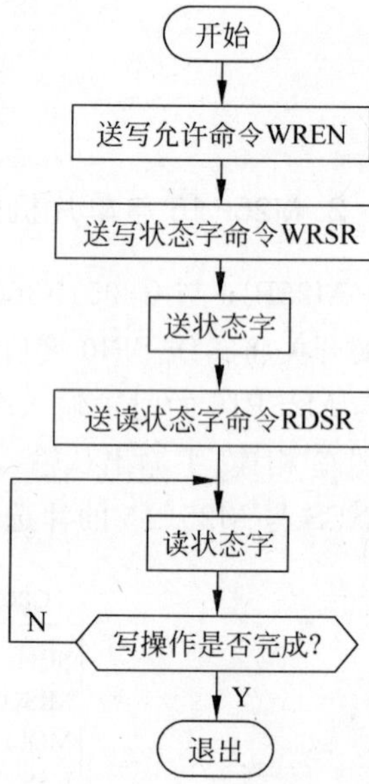

```
void Flash_Init()
{
    NSSMD0=0;                  //选通 M25P16
    SPI0DAT=0x06;              //送写允许命令
    while(SPIF!=1)             //等待 SPI0 完成数据发送
    {
    }
    SPIF=0;
    NSSMD0=1;                  //允许命令执行
    NSSMD0=0;                  //选通 M25P16
    SPI0DAT=0x01;              //送写状态字命令
    while(SPIF!=1)             //等待 SPI0 完成数据发送
    {
    }
    SPIF=0;
    SPI0DAT=0x00;              //送状态字,将 BP2~BP0 置 0
    while(SPIF!=1)             //等待 SPI0 完成数据发送
    {
    }
    SPIF=0;
    NSSMD0=1;                  //允许命令执行
    Check_Busy();              //等待内部写操作结束
}
```

图 9-1-18　M25P16 初始化子程序流程图

在 M25P16 初始化子程序中,需要说明两点,一是通过 NSSMD0 位来控制从器件选择线 NSS 的电平,当命令送入 M25P16 后,只有将 NSS 线置成高电平才能使命令得到执行;二是由于状态字最终被写入 M25P16 中的 Flash 存储单元,因此在子程序中需要读状态字以判断写操作是否完成。判断写操作是否完成通过调用 Check_Busy 子程序来实现。当状态字的最低位(WIP)为 1 时,表示 M25P16 正处于写操作状态;反之,写操作已完成。Check_Busy 子程序说明如下:

```
void Check_Busy()
    {
    unsigned char mem_status=0x01;
    NSSMD0=0;                       //选通 M25P16
    SPI0DAT=0x05;                   //送读状态寄存器命令
    while(SPIF!=1)                  //等待 SPI0 完成数据发送
    {
    }
    SPIF=0;
    while(mem_status==0x01)         //若正在写操作,继续查询
        {
        SPI0DAT=0xFF;               //注 1
        while(SPIF!=1)              //等待 SPI0 完成数据发送
        {
        }
        SPIF=0;
        mem_status=SPI0DAT&0x01;    //检查忙标志
        }
    NSSMD0=1;                       //禁止 M25P16
    }
```

注 1：C8051F360 单片机的 SPI0 是通过向 SPI0DAT 写 1B 数据来实现从外设读一个字节的数据的。单片机向 SPI0DAT 送一个随机数（程序中是 FFH）以后，SPI0 发出串行时钟 SCLK，M25P16 在 SCLK 的作用下将数据通过 MISO 线逐位送入单片机内的 SPI0DAT 寄存器。当 1B 的数据发送完毕，接收到的数据也存放在 SPI0DAT 中了，因此，当 SPIF 标志位置 1 时，单片机就可以从 SPI0DAT 读取接收到的数据。

（3）M25P16 整片擦除子程序

所谓擦除就是将数据由"0"变为"1"。整片擦除后 M25P16 中的所有数据置成 FFH。整片擦除需要约 13s 的时间，因此，写入擦除命令以后，需要等待擦除完成，其子程序流程图如图 9-1-19 所示。

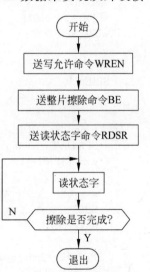

图 9-1-19　M25P16 整片擦除子程序流程图

```
void Erase_All()
    {
    NSSMD0=0;                       //选通 M25P16
    SPI0DAT=0x06;                   //送写允许命令
    while(SPIF!=1)
    {
    }
    SPIF=0;
    NSSMD0=1;                       //允许命令执行
    NSSMD0=0;                       //选通 M25P16
    SPI0DAT=0xC7;                   //送整片擦除命令
    while(SPIF!=1)
    {
    }
```

```
        SPIF=0;
        NSSMD0=1;                        //允许擦除命令执行
        Check_Busy();                    //等待擦除操作结束
}
```

(4) M25P16 页编程子程序

页编程就是把 256B 数据连续写入 M25P16,其子程序流程图如图 9-1-20 所示。在页编程子程序中,ADDR 用来表示 M25P16 的 24 位地址,欲写入的 256B 数据存放在 Data_byte[i]中。

```
void Page_Program(unsigned long ADDR)
{
    unsigned int i;
    unsigned temp[3];
    NSSMD0=0;                        //选通 M25P16
    SPI0DAT=0x06;                    //送写允许命令
    while(SPIF!=1)
    {
    }
    SPIF=0;
    NSSMD0=1;                        //允许命令执行
    NSSMD0=0;                        //选通 M25P16
    SPI0DAT=0x02;                    //送页编程命令
    while(SPIF!=1)
    {
    }
    SPIF=0;
    for(i=0; i<3; i++)               //写入 24 位地址
    {
        temp[i]=ADDR>>(8*(2-i))
        SPI0DAT=temp[i];
        while(SPIF!=1)
        {
        }
        SPIF=0;
        for(i=0; i<256; i++)         //写入数据
    {
        SPI0DAT=Data_byte[i];
        while(SPIF!=1)
    {
    }
        SPIF=0;
    }
    NSSMD0=1;
}
```

(5) M25P16 读一页数据子程序

M25P16 页读,即连续读 256B 数据。读 1 页数据子程序流程图如图 9-1-21 所示。ADDR 表示 M25P16 的 24 位地址。读取的 256B 数据存放在 Data_byte[i]中。与编程操作不同,读 M25P16 数据的速度取决于 SPI 总线的速度。

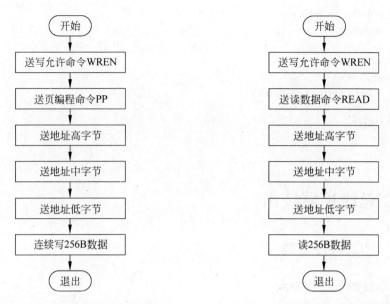

图 9-1-20　M25P16 页编程子程序流程图　　图 9-1-21　M25P16 读 1 页数据子程序流程图

```
void Read_Flash(unsigned long ADDR)
{
    unsigned int i;
    unsigned temp[3];
    NSSMD0=0;                        //选通 M25P16
    SPI0DAT=0x06;                    //送写允许命令
    while(SPIF!=1)
    {
    }
    SPIF=0;
    NSSMD0=1;
    NSSMD0=0;                        //选通 M25P16
    SPI0DAT=0x03;                    //送读数据命令
    while(SPIF!=1)
    {
    }
    SPIF=0;
    NSSMD0=1;
    for(i=0; i<3; i++)               //24 位地址
      {
      temp[i]=ADDR>>(8*(2-i));
      SPI0DAT=temp[i];
      while(SPIF!=1)
      {
      }
      SPIF=0;
      }
    for(i=0; i<250; i++)             //读数据
      {
```

```
        SPI0DAT＝0xFF;
        while(SPIF!＝1)
        {
        }
        SPIF＝0;
            Data_byte[i]＝SPI0DAT;
        }
        NSSMD0＝1;
    }
```

9.2 I²C 总线扩展技术

9.2.1 I²C 串行总线

1. I²C 总线的定义和特点

I²C 总线(inter-integrated-circuit)是由 Philips 公司开发了一个简单的、高性能的芯片间串行传输总线。I²C 总线仅用一根数据线(SDA)和一根时钟线(SCL)实现了在单片机和外部设备之间进行双向数据传送。图 9-2-1 所示为典型的单片机 I²C 总线系统结构图。

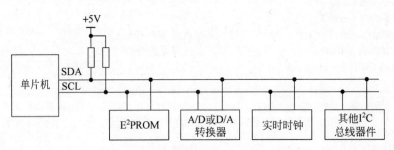

图 9-2-1 单片机 I²C 总线系统结构图

I²C 总线系统具有以下特点:

① 所有 I²C 总线接口器件都包含了一个片上接口,使器件之间直接通过 I²C 总线通信。I²C 总线的器件接口如图 9-2-2 所示,接口设有数据输入/输出引脚 SDA 和时钟输入/输出引脚 SCL。每个引脚内部含有一个漏极开路的 FET 管和一个 CMOS 缓冲器。挂在总线上的每个器件通过 CMOS 缓冲器来读入信号,也可以通过 FET 管将每一条线的电平置成高或低,实现信号输出。因此,I²C 总线的每条线既是输入线,又是输出线。由于 I²C 总线的每个引脚是漏极开路输出,因此可以实现线与功能,不过在使用时,两条通信线应通过上拉电阻接到＋5V 电源。当总线空闲时,I²C 总线的两条通信线都是高电平。

② 挂在 I²C 总线上的器件有主器件和从器件之分。主器件是指主动发起一次传送的器件,它产生起始信号、终止信号和时钟信号;从器件是指被主器件寻址的器件。在单片机系统中,主器件一般由单片机担当,从器件则为其他器件,如存储器、A/D 或 D/A 转

换器、实时时钟等。在实际应用中,大多数的单片机系统采用单主结构的形式,即系统中只有一个主器件,其余均为从器件,图 9-2-1 所示就是典型的单主结构单片机系统。需要指出的是,一个 I²C 总线系统可以有多个主器件,它是一个真正的多主器件总线,I²C 总线有一套完善的总线冲突检测和仲裁机制,当有两个以上的主器件同时启动数据传输时,通过冲突检测和仲裁,I²C 总线最终只允许一个主器件继续占用总线完成数据传输,其余主器件退出总线。

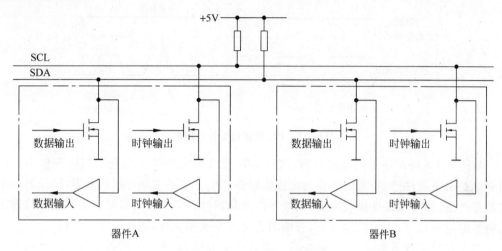

图 9-2-2 I²C 总线接口原理图

③ 每个连接到 I²C 总线的器件都有唯一的地址。主器件在发出起始信号以后,传送的第一个字节总是地址字节,以指示由哪个器件来接收该数据。由于 I²C 总线采用了器件地址的硬件设置、软件寻址,因此不需要片选信号,使得硬件系统的扩展更简单、更灵活。

2. I²C 总线的基本时序

在 I²C 总线上,每一位数据位的传送都与时钟脉冲相对应。在数据传送时,SDA 线上的数据在时钟的高电平期间必须保持稳定。数据线的高或低电平状态只有在 SCL 线的时钟信号是低电平时才能改变,如图 9-2-3 所示。

根据 I²C 总线协议的规定,当 SCL 线处于高电平时,SDA 线从高电平向低电平切换表示起始条件;当 SCL 线处于高电平时,SDA 线由低电平向高电平切换表示终止条件。数据传送的起始信号和终止信号如图 9-2-4 所示。起始信号和终止信号由主器件产生。总线在起始条件后被认为处于忙的状态,在终止条件的某段时间后总线被认为再次处于空闲状态。连接到 I²C 总线上器件可以很容易地检测到起始信号和终止信号。

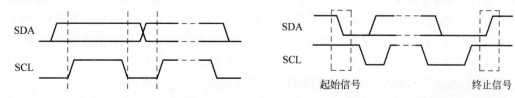

图 9-2-3 I²C 数据位的有效性规定　　　图 9-2-4 数据传送的起始信号和终止信号

利用 I²C 总线进行数据传送时,传送的字节数是没有限制的,但是每一个字节必须保证是 8 位长度,先送高位后送低位。每传送一个字节数据以后都必须跟随一个应答位,其数据传送的时序如图 9-2-5 所示。

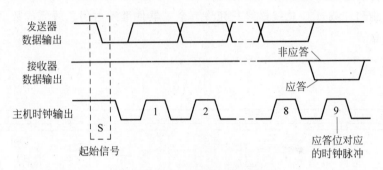

图 9-2-5　I²C 总线数据传送时序

从图 9-2-5 的时序图中可以看到,应答位在第 9 个时钟位上出现。与应答位对应的时钟总是由主器件产生,而应答位是由接收器件产生。如果主器件接收数据,则应答位由主器件产生,如果从器件接收数据,则应答位由从器件产生。接收器件如果在应答位输出低电平的应答信号,表示继续接收,若输出高电平非应答信号,则表示结束接收。

当主器件接收数据时,它收到最后一个数据字节后,必须向从器件发送一个非应答信号,使从器件释放 SDA 线,以便主器件产生终止信号,从而终止数据传送。

I²C 总线数据传输有以下几种模式:

模式一:主器件发送,从器件接收,而且传输方向始终不变,其时序图如图 9-2-6 所示。主器件先发出起始信号(S),再发出 7 位的从器件地址。从器件地址后跟 1 位方向位 R/$\overline{\text{W}}$。当 R/$\overline{\text{W}}$=1 时,表示主器件对从器件进行读操作;当 R/$\overline{\text{W}}$=0 时,表示主器件对从器件进行写操作。由于模式一属于写操作,因此方向位 R/$\overline{\text{W}}$ 应置 0(图中用 $\overline{\text{W}}$ 表示)。当从器件接收到一个字节以后,应发出低电平的应答信号(A)。主器件发送完数据以后,应发送一个终止信号(P)。在时序图中用阴影表示的部分表示由从器件产生的信号。

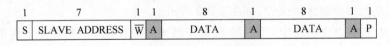

图 9-2-6　模式一时序图

模式二:主器件发送地址字节后立即读从器件数据,其时序图如图 9-2-7 所示。主器件先发出起始信号,再发出 7 位的从器件地址。从器件地址后跟 1 位方向位,由于模式二为读操作,因此方向位 R/$\overline{\text{W}}$ 应置 1(图中用 R 表示)。从器件接收到地址字节后,送出应答信号 A。然后,主器件改为接收、从器件改为发送。主器件接收到从器件的数据以后,应向从器件发出一个低电平的应答信号 A。从器件接收到低电平的应答信号以后,将继续向主器件发送数据。当主器件接收到最后一个数据以后,必须向从器件发送一个非应答信号 $\overline{\text{A}}$(高电平),使从器件释放数据线,以便主器件发出一个终止信号。

模式三:主器件先向从器件写数据,再向从器件读数据,其时序图如图 9-2-8 所示。模式三在一次数据传送过程中需要改变传送方向的操作,此时,起始位和器件地址都会重

图 9-2-7　模式二时序图

图 9-2-8　模式三时序图

复一次,但两次读写方向刚好相反。可以认为,模式三是模式一和模式二的组合。

9.2.2　I²C 总线数据传送的软件模拟

在实际应用中,多数单片机系统仍采用单主结构的形式,即单片机为系统中唯一的主器件,其他串行接口芯片均为从器件。在单主结构的形式中,I²C 总线数据的传送要简单得多,不需要总线的仲裁,只存在单片机对从器件的读和写。利用单片机的通用 I/O 引脚完全可以实现 I²C 总线上主器件对从器件的读写,其原理就是利用软件模拟 I²C 总线实现数据的传送。软件模拟 I²C 总线具有很强的实用意义,它极大地扩展了 I²C 总线器件的适用范围,使这些器件能应用在任何型号的单片机系统中。即使单片机带有专门的 I²C 总线接口,在速度要求不高的情况下,利用通用的 I/O 引脚来模拟 I²C 总线数据传送有时更显方便,因为可以省去一些繁杂的 I²C 总线接口的初始化工作。本节主要讨论用单片机通用 I/O 口模拟 I²C 串行总线接口的方法。先介绍 I²C 总线典型信号模拟子程序,然后以串行 E²PROM 数据读写为例,给出完整的 I²C 总线接口软硬件设计方法。

1. I²C 总线典型信号模拟子程序

根据 I²C 总线的基本时序,典型的模拟子程序介绍如下:

(1) 启动信号子程序 I2Cstart

在 SCL 高电平期间 SDA 发生负跳变。子程序如下:

```
void I2Cstart()
    {
        SDA=1;
        delay();                    //调用延时程序
        SCL=1;
        delay();
        SDA=0;
        delay();
        SCL=0;
        delay();
        SDA=1;
    }
```

(2) 终止信号子程序 I2Cstop

在 SCL 高电平期间 SDA 发生正跳变。子程序如下:

```
void I2Cstop()
    {
        SDA=0;
        delay();
        SCL=1;
        delay();
        SDA=1;
        delay();
        SCL=0;
        Delay();
    }
```

(3) 发送应答位子程序 ack

在 SDA 低电平期间 SCL 发生一个正脉冲。子程序如下：

```
void ack()
    {
        SDA=0;
        delay();
        SCL=1;
        delay();
        SCL=0;
        delay();
        SDA=1;
    }
```

(4) 发送非应答位子程序 nack

在 SDA 高电平期间 SCL 发生一个正脉冲。子程序如下：

```
void nack()
    {
        SDA=1;
        delay();
        SCL=1;
        delay();
        SCL=0;
        delay();
        SDA=0;
    }
```

(5) 检查应答位子程序 I2Ccheck

在检查应答位子程序中，设置了标志位 F0，当检查到正常应答位时，F0=0，否则，F0=1。CHECK 子程序如下：

```
void I2Ccheck()
    {
        F0=0;
        SDA=1;
        delay();
        SCL=1;
        delay();
```

```
        if(SDA==1)F0=1;
        SCL=0;
        delay();
    }
```

（6）写一个字节数据子程序 I2Cwrbyte

该子程序完成发送 1 字节数据操作。子程序如下：

```
void I2Cwrbyte(uchar byte)
{
    uchar i;
    for(i=0; i<8; i++)
    {
        SDA=((byte&0x80)==0x80);
        byte=byte<<1;
        SCL=1;
        delay();
        SCL=0;
        delay();
        SDA=1;
    }
}
```

（7）读一个字节子程序 I2Crdbyte

该子程序完成接收 1 字节数据操作。子程序如下：

```
uchar I2Crdbyte()
    {
        uchar i,byte=0; bit q;
        for(i=0; i<8; i++)
        {
            SDA=1;
            SCL=1;
            delay()
            q=SDA;
            delay();
            SCL=0;
            If(q==1)
                {
                    byte=byte<<1;
                    byte=byte|0x01;
                }
            else
                byte=byte<<1;
        }
        return byte;
    }
```

采用通用 I/O 口模拟 I^2C 总线数据传送时，必须保证满足图 9-2-9 所示的典型时序要求。对于 C8051F360 单片机，由于指令执行速度极快，为了满足时序要求，在上述子程序中加了软件延时程序 delay。对于普通 MCS-51 单片机，一般不需要延时程序，加几条

NOP 指令就可以满足时序要求。

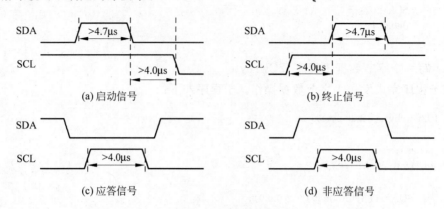

图 9-2-9 I^2C 典型时序要求

2. E^2PROM 读写程序设计

AT24C 系列 E^2PROM 是典型的 I^2C 接口器件。AT24C 系列 E^2PROM 包括多种型号,如 AT24C01、AT24C02、AT24C04、AT24C08、AT24C16 等,对应的容量分别为 128×8、256×8、512×8、1024×8、2048×8。本节以 AT24C04 为例说明 AT24C 系 E^2PROM 与单片机的串行接口及有关程序设计。

AT24C04 与 C8051F360 单片机的接口原理图如图 9-2-10 所示。AT24C04 的 SDA 和 SCL 引脚构成两线制的 I^2C 接口,分别与 C8051F360 单片机的两根 I/O 引脚相连(原理图中选用 P2.4 和 P2.5),SDA 和 SCL 上均接有 $10k\Omega$ 的上拉电阻。A2、A1、A0 为地址输入引脚,其中 A2、A1 用于确定从器件地址,由于 I^2C 总线上只有一片 AT24C04,因此 A2、A1 可直接接地;A0 为无用地址输入端,使用时可悬空。WP 为写保护输入端,当 WP 接低电平时,允许写操作,否则禁止写操作。为了使单片机对 AT24C04 既可读也可写,将 WP 接地。

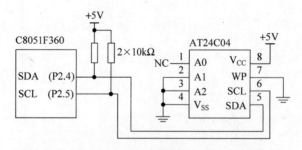

图 9-2-10 AT24C04 与 C8051F360 单片机的硬件接口

AT24C04 从器件地址的构成如图 9-2-11 所示。从器件地址由一个固定部分和一个可编程部分组成。固定部分为器件的编号地址,出厂时固定的,不可更改。AT24C04 固定部分地址为 1010。可编程部分地址为 A2、A1,由 AT24C04 的地址输入端硬件连接决定,根据图 9-2-10 接口电路,AT24C04 的 A2、A1 接地,因此从器件地址中的 A2、A1 置为 00。可编程部分地址决定了同一种器件可接入到 I^2C 总线中的最大数目。从器件地址中 A0 作为片内存储空间高位地址(注意,从器件地址中的 A0 与 AT24C04 的 A0 引脚无关)。由于 AT24C04 片内存储空间为 512B,需要 9 位地址。低 8 位地址为片内存储空间地址,第 9 位地址由从器件地址中的 A0 来提供。从器件地址中的最低位为方向位,用来表示主器件与从器件之间的数据传送方向。方向位为 1 时表示主器件接收数据,称为读;方向位为 0 时表示主器件发送数据,称为写。

根据图 9-2-11 从器件地址定义,AT24C04 的从器件地址可确定如下:如对片内低 256B 写,从器件地址为 A0H;对片内低 256B 读,从器件地址为A1H;对片内高 256B 写操作,从器件地址为 A2H;对片内高 256B 读操作,从器件地址 A3H。

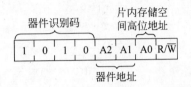

图 9-2-11　AT24C04 从器件地址构成

单片机对 AT24C04 的读写操作可分为单字节操作和多字节操作。单字节写操作时序如图 9-2-12 所示。写字节操作时序同样由起始信号开始,然后连续发送从器件地址、片内存储空间地址和数据字节,最后进入结束总线周期。

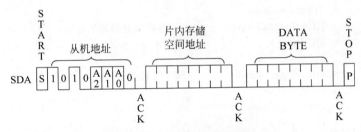

图 9-2-12　单字节写操作时序

单字节读操作时序如图 9-2-13 所示,其操作时序由以下几个过程构成:主器件发出起始信号(START)表明一次数据传送的开始,接着主器件发送从器件地址(写)和片内存储空间地址。主器件再次发送起始信号,接着发送从器件地址(读),然后读取从器件数据,最后进入结束总线周期。当 AT24C04 接收到数据以后,都应发出应答信号 ACK。

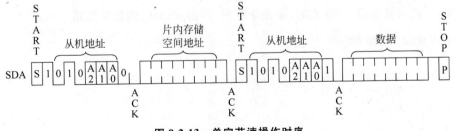

图 9-2-13　单字节读操作时序

利用 I²C 总线进行数据传送时,传送的字节数是没有限制的,因此,单片机也可以对 AT24C04 进行多个连续字节的读写。对 AT24C04 存储器进行 n 个字节的连续读写时,其内部地址具有自动加 1 功能。在程序设计时,只要在初始化程序中规定好读、写字节数及指定器件内部地址即可。下面给出从单片机向 AT24C04 中写 1 字节(1B)和读 1 字节子程序。

(1) 写 1 字节(1B)数据子程序

该函数功能是写 1B 数据到 E²PROM。入口参数:address,表示 AT24C04 片内地址,取值范围 0~255;writedata,表示写入 AT24C04 的数据。该函数设置了出错指示功能,当读写错误超过 20 次时,退出子程序,并通过 error()函数发出错误信息。

```c
void Write_E2PROM(uchar address, uchar writedata)
{
    uchar i=0;
    while(1)
    {
        i++;
        if(20==i)
        {
            error();              //读写失败指示
            break;
        }
        I2Cstart();
        I2Cwrbyte(A0);            //从机地址(写)送 A 中
        I2Ccheck();
        if(F0)continue;
        I2Cwrbyte(address);      //片内存储空间地址送 A
        I2Ccheck();
        if(F0)continue;
        I2Cwrbyte(writedata);    //写 1B 数据
        I2Ccheck();
        if(F0)continue;
        I2Cstop();
        break;
    }
}
```

(2) 读 1B 数据子程序

该函数功能是从指定的地址读一字节数据到单片机内存。入口参数:address,表示 AT24C04 片内地址,取值范围 0~255。出口参数:读取到的字节。该函数设置了出错指示功能,当读写错误超过 20 次时,退出子程序,并由 error()函数发出错误指示。

```c
uchar Read_E2PROM(uchar address)
{
    uchar i=0;
    uchar temp=0;
    while(1)
    {
        i++;
        if(20==i)
        {
            error();              //读写失败指示
            break;
        }
        I2Cstart();
        I2Cwrbyte(A0);            //从机地址(写)送 A 中
        I2Ccheck();
        if(F0)continue;
```

```
            I2Cwrbyte(address);
            I2Ccheck();
            if(F0)continue;
            I2Cstart();              //重新发起始信号
            I2Cwrbyte(A1);           //从机地址(读)送 A 中
            I2Ccheck();
            if(F0)continue;
            temp = I2Crdbyte();      //读 1B 数据
            nack();
            I2Cstop();
            break;
        }
        return temp;
    }
```

9.2.3　C8051F360 单片机的 SMBus(I²C)总线接口

C8051F360 单片机具有专门的 I²C 总线接口 SMBus,其原理框图如图 9-2-14 所示。SMBus 提供了 SDA(串行数据)控制、SCL(串行时钟)产生和同步、仲裁逻辑以及起始/终止的控制和产生电路。SMBus 将设备控制字和数据映射到对应的特殊功能寄存器。单片机只要读写这些寄存器就可以访问外部 I²C 器件了,使程序编写更为方便。

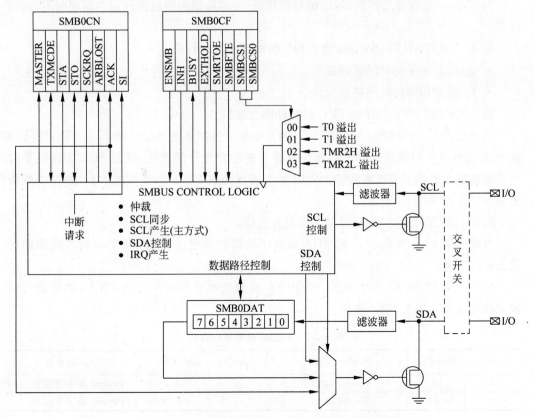

图 9-2-14　C8051F360 单片机 SMBus 接口原理框图

SMBus 含有三个特殊功能寄存器：配置寄存器 SMB0CF、控制寄存器 SMB0CN 和数据寄存器 SMB0DAT。

配置寄存器 SMB0CF 用于使能 SMBus 主方式或者从方式、选择 SMBus 时钟源和设置 SMBus 时序和超时选项。具体功能说明如下：

配置寄存器 SMB0CF(SFR 地址：C1H，SFR 页：所有页)

位 7	位 6	位 5	位 4	位 3	位 2	位 1	位 0
EMSMB	INH	BUSY	EXTHOLD	SMBTOE	SMBFTE	SMBCS1	SMBCS0

位 7　ENSMB：SMBus 允许位。

* 0：禁止 SMBus 接口；

* 1：允许 SMBus 接口。

位 6　INH：SMBus 从禁止。

* 0：SMBus 从模式允许；

* 1：SMBus 从模式禁止。

在以 C8051F360 单片机为主器件的 I²C 系统中，应选择从模式禁止。在从模式禁止的情况下，SMBus 接口仍然监视 SCL 和 SDA 引脚，但在接收到地址时会发出 NACK(非确认)信号，并且不会产生任何从中断。

位 5　BUSY：SMBus 忙状态标志。

当 SMBus 正在传送数据时，该位被硬件置 1；当检测到终止条件或空闲超时时，该位清零。

位 4　EXTHOLD：SMBus 建立和保持时间扩展允许位。

* 0：建立和保持时间扩展禁止；

* 1：建立和保持时间扩展允许。

位 3　SMBTOE：SMBus SCL 超时检测允许位。

当该位置 1 时，SMBus 接口在 SCL 为高电平时强制重装载定时器 3，并允许定时器 3 在 SCL 为低电平时开始计数。如果定时器 3 被配置为分割模式，则在 SCL 为高电平时只有定时器 3 的高字节被重装载。定时器 3 编程为每 25ms 产生一次中断，并在中断服务程序中复位 SMBus 通信。

位 2　SMBFTE：空闲超时允许检测允许位。

当该位置 1 时，如果 SCL 和 SDA 高电平持续时间超过 10 个 SMBus 时钟源周期就认为总线空闲。

位 1～0　SMBCS1- SMBCS0，SMBus 时钟源选择，SMBCS1～SMBCS0 的取值与时钟源的对应关系如表 9-2-1 所示。

表 9-2-1　SMBus 时钟源的选择

SMBCS1	SMBCS0	SMBus 时钟源	SMBCS1	SMBCS0	SMBus 时钟源
0	0	Timer0 溢出	1	0	Timer2 高字节溢出
0	1	Timer1 溢出	1	1	Timer2 低字节溢出

当 SMBus 接口工作在主方式时,所选择时钟源的溢出周期决定 SCL 低电平和高电平的最小时间,即

$$T_H = T_L = \frac{1}{f_{cso}} \tag{9-2-1}$$

式中,T_H 为最小 SCL 高电平时间;T_L 为 SCL 最小低电平时间;f_{cso} 为时钟源的溢出频率。SCL 典型波形如图 9-2-15 所示。通常 T_H 是 T_L 的两倍,因此,SMBus 的位速率为

$$位速率 = \frac{f_{cso}}{3} \tag{9-2-2}$$

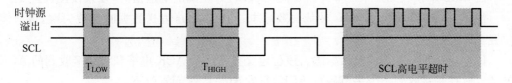

图 9-2-15 SMBus 典型的 SCL 波形

控制寄存器 SMB0CN 用于控制 SMBus 接口和提供状态信息。SMB0CN 中的高 4 位(MASTER、TXMODE、STA 和 STO)组成一个状态信向量,可以利用该状态向量转到中断服务程序。

控制寄存器 SMB0CN(SFR 地址:C0H,SFR 页:所有页)

位 7	位 6	位 5	位 4	位 3	位 2	位 1	位 0
MASTER	TXMODE	STA	STO	ACKRQ	ARBLOST	ACK	SI

位 7　MASTER:SMBus 主/从标志。

该只读位指示 SMBus 是否工作在主方式。

- 0:SMBus 工作在从方式;
- 1:SMBus 工作在主方式。

位 6　TXMODE:SMBus 发送方式标志。

该只读位指示 SMBus 是否工作的发送器方式。

- 0:SMBus 工作在接收器方式;
- 1:SMBus 工作在发送器方式。

位 5　STA:SMBus 起始标志。

- 写:
- 0:不发送起始条件;
- 1:当工作在主方式时,若总线空闲,则发送 1 个起始条件,若总线不空闲,则接收到 1 个终止条件或检测到超时后再发送。
- 读:
- 0:未检测到起始条件或重复起始条件;
- 1:检测到起始条件或重复起始条件。

位 4　STO:SMBus 终止标志。

- 写:
- 0:不发送终止条件;

- 1：将 STO 置为逻辑 1 将发送 1 个终止条件(在下 1 个 ACK 周期以后),当终止条件发送以后,该位被硬件置 0。如果 STA 和 STO 都被置 1,则发送 1 个终止条件以后再发送 1 个起始条件。
- 读：
- 0：未检测到终止条件;
- 1：检测到终止条件(在从方式)或挂起(在主方式)。

位 3：ACKRQ：SMBus 确认请求位。

当 SMBus 接收到 1 个字节并需要向 ACK 位写正确的响应值时,该只读位被置 1。

位 2　ARBLOST：SMBus 仲裁失败标志。当 SMBus 发送数据时仲裁失败,该只读位置 1。

位 1　ACK：SMBus 确认标志。该位定义要发出的 ACK 电平和记录接收到的 ACK 电平。应在每接收到 1 个字节后写 ACK,每发送 1 个字节读 ACK。

- 0：接收到"非确认"(在发送方式),或将发送 1 个"非确认"(在接收方式);
- 1：接收到"确认"(在发送方式),或将发送 1 个"确认"(在接收方式)。

位 0：SI：SMBus 中断标志。

当出现下列条件时,该位被硬件置 1。SI 位必须软件清零。当 SI 置 1 时,SCL 保持为低电平,总线被冻结。

① 产生了 1 个起始条件;

② 竞争失败;

③ 发送 1 个字节并收到 1 个 ACK/NACK;

④ 接收到 1 个字节;

⑤ 在起始条件或重复起始条件之后接收到 1 个地址字节＋R/W;

⑥ 收到 1 个终止条件。

数据寄存器 SMB0DAT 保存要发送到 SMBus 串行接口上的 1 个数据字节,或刚从 SMBus 串行接口上接收到的 1 个数据字节。一旦串行中断标志 SI 置 1,CPU 可读或写该寄存器。只要串行中断标志 SI 为 1,该寄存器中的数据就是稳定的。当 SI 为 0 时,系统可能正在移入或移出数据,此时,CPU 不应该访问该寄存器。SMB0DAT 中的数据总是先移出最高位(MSB)。在收到 1 字节数据后,接收数据的第一位位于 SMB0DAT 的最高位。

数据寄存器 SMB0DAT(SFR 地址：C2H,SFR 页：所有页)

位 7	位 6	位 5	位 4	位 3	位 2	位 1	位 0
0/1	0/1	0/1	0/1	0/1	0/1	0/1	0/1

位 7～位 0：SMBus 数据。

9.2.4　SMBus 总线接口应用示例——串行 A/D 转换器扩展技术

1. ADS1100 简介

ADS1100 是一种全差分、自校正、16 位 Σ-Δ A/D 转换器。ADS1100 的引脚排列和内部框图如图 9-2-16 所示,其内部构成包括一个 Σ-Δ A/D 转换器核、可编程增益放大器

PGA、时钟振荡器和I²C总线接口。ADS1100由于精度高、体积小、使用方便,因而在高精度测量、工业过程控制等方面获得广泛应用。

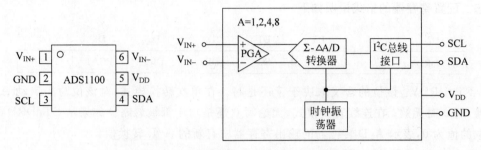

图 9-2-16 ADS1100 引脚排列和功能框图

ADS1100分辨率与转换速率有关,转换速率越高,分辨率越低,这也是Σ-ΔA/D转换器特点之一。ADS1100分辨率与转换速率之间的关系如表9-2-2所示。从表中可见,当采样速率达到240 SPS(次每秒)时,分辨率只有12位。

表 9-2-2 ADS1100 分辨率与转换速率的关系表

转换速率/SPS	分辨率/位	最小转换码	最大转换码
15	16	−32 768	32 767
30	15	−16 384	16 383
60	14	−8192	8191
240	12	−2048	2047

ADS1100既可以双端输入,也可以单端输入。当双端输入时,输入的差分信号可以是双极性的,但对每一个输入端(同相输入端和反相输入端)来说,只能输入正极性的信号。ADS1100的转换结果与输入信号之间的关系由式(9-2-3)确定:

$$转换码 = -1 \times 最小转换码 \times PGA \times \frac{(V_{IN_+}) - (V_{IN-})}{V_{DD}} \tag{9-2-3}$$

例如,当转换速率为30 SPS,PGA=2时,从表9-2-3可知最小转换码为−16 384,这时,转换结果可由式(9-2-4)确定:

$$转换码 = 16\,384 \times 2 \times \frac{(V_{IN_+}) - (V_{IN-})}{V_{DD}} \tag{9-2-4}$$

ADS1100的转换码采用补码的形式,表9-2-3所示为ADS1100在各种输入电平下对应的转换码。

表 9-2-3 ADS1100 在各种输入电平下对应的转换码

转换速率/SPS	差 分 输 入 信 号				
	负满量程	−1LSB	0V	+1LSB	正满量程
15	8000H	FFFFH	0000H	0001H	7FFFH
30	C000H	FFFFH	0000H	0001H	3FFFH
60	E000H	FFFFH	0000H	0001H	1FFFH
240	F800H	FFFFH	0000H	0001H	07FFH

ADS1100 有两个寄存器可通过 I²C 总线访问,一个是 16 位的输出寄存器,用来存放 A/D 转换值;一个是配置寄存器,用于设定 A/D 转换器的工作状态,或查询 A/D 转换的状态。配置寄存器的格式说明如下。

D7	D6	D5	D4	D3	D2	D1	D0
ST/$\overline{DRDY}$	0	0	SC	DR1	DR0	PGA1	PGA0

ST/$\overline{DRDY}$:该位的含义取决于读还是写。在单次转换模式,对该位写 1 启动 A/D 转换,写 0 时无效;在连续转换模式,无论写 0 还是写 1 都被忽略。如果从 ST/$\overline{DRDY}$ 位读取的值为 0,表示 A/D 转换器的输出寄存器中有新的 A/D 转换值。

D6~D5:保留位,必须置 0。

SC:连续模式和单次模式选择位。当 SC 置 1 时,选择单次模式;当 SC 置 0 时,选择连续模式。

DR1~DR0:控制转换速率位。DR1 和 DR0 与转换速率的关系如表 9-2-4 所示。

PGA1、PGA0:增益控制位。PGA1、PGA0 与增益的关系如表 9-2-5 所示。

表 9-2-4 DR1 和 DR0 与转换速率的关系

DR1	DR0	转换速率/SPS
0	0	240
0	1	60
1	0	30
1	1	15

表 9-2-5 PGA1 和 PGA0 与增益的关系

PGA1	PGA0	增益
0	0	1
0	1	2
1	0	4
1	1	8

写 ADS1100 的 I²C 总线时序如图 9-2-17 所示。先写 1 字节的器件地址,再写 1 字节的配置控制字。ADS1100 的器件地址高 4 位为 1001,A2A1A0 由器件标识码决定。本设计所选用的器件型号为 ADS1100A0IDBVT,A2A1A0 为 000,因此 7 位器件地址为 1001000。

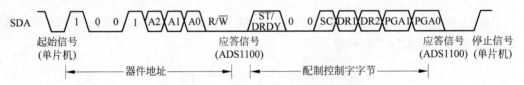

图 9-2-17 ADS1100 写操作时序

读 ADS1100 的 I²C 总线时序如图 9-2-18 所示。发送器件地址以后,连续读取 3 个字节数据。读取数据的顺序是:第 1 字节为 A/D 转换值的高位字节,第 2 字节为 A/D 转换的低位字节,第 3 字节为配置控制字。

2. ADS1100 与单片机的接口

ADS1100 采用 I²C 总线与单片机接口,其原理图如图 9-2-19 所示。通过交叉开关将 C8051F360 单片机内部 SMBus 接口信号线 SDA 和 SCL 锁定到 P2.4、P2.5(也可以锁定到其他 I/O 引脚,根据整个硬件系统的总体安排确定),然后将 P2.4、P2.5 与 ADS1100

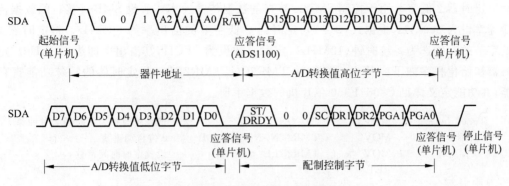

图 9-2-18 ADS1100 读操作时序

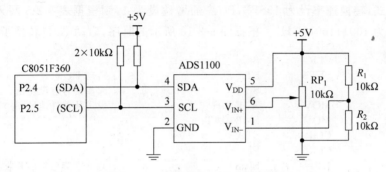

图 9-2-19 ADS1100 与单片机连接图

的 SDA、SCL 相连。R_1、R_2 和 RP_1 产生两路差分电压,用于 ADS1100 的测试。

3. 单片机程序设计

ADS1100 的控制程序包括 SMBus 接口初始化子程序、启动 A/D 换子程序、读取 A/D
转换值子程序。

（1）SMBus 接口初始化子程序

SMBus 接口初始化子程序内容包括 I/O 端口初始化、SMBus 内部特殊功能寄存器
初始化、定时器初始化。

```
Port_IO_Init:    MOV        SFRPAGE, #0FH
                 MOV        P2MDIN, #0FFH        ; P2 设置为数字量输入
                 MOV        P2MDOUT, #0CFH       ; P2.4～P2.5 设为 OC 输出
                 MOV        P2SKIP, #0CFH        ; P2.4～P2.5 不被交叉开关跳过
                 MOV        XBR0, #04H           ; 使能 SMBus
                 MOV        XBR1, #0C0H          ; 禁止弱上拉,允许交叉开关
                 MOV        SFRPAGE, #00H
                 RET
```

SMBus 接口初始化时主要是配置寄存器的初始化：允许 SMBus,从模式禁止,选择定
时器 2 低字节溢出作为 SMBus 时钟源,因此 SMB0CF 寄存器的初始化值为 11000011B。

```
SMB_Init:        MOV        SMB0CF, #11000011B
                 RET
```

定时器2低字节用于控制SMBus接口的数据传输速率。假设SMBus接口的数据传输速率设为200kHz,根据式(9-2-2),定时器2低字节的溢出率为600kHz。将定时器2低字节的时钟选为系统时钟(12MHz),定时常数设为0ECH,其溢出率即为600kHz。定时器初始化程序如下。其中CKCON、TMR2CN、TMR2RLL为定时器的特殊功能寄存器,其功能定义详见C8061F360单片机的数据手册。

```
Timer_Init:    MOV    CKCON, #08H            ;选系统时钟为定时器2时钟源
               MOV    TMR2CN, #00001100B     ;8位自动重装
               MOV    TMR2RLL, #0ECH         ;设置定时时间常数
               RET
```

启动ADS1100通过将配置寄存器中的 $\overline{ST/DRDY}$ 置成1实现。假设ADS1100采用单次转换模式,转换速率设为15SPS,PGA的增益设为1,则根据表9-2-5写入配置寄存器的控制字为10011100(9CH)。根据图9-2-18所示的时序,启动A/D转换子程序如下:

```
WRADS:    CLR     SI
          SETB    STA                ;启动I²C总线
          JNB     SI, $              ;起始信号有没发出?
          MOV     A, #90H            ;发送从器件地址(写)
          MOV     SMB0DAT, A
          CLR     STA
          CLR     SI
          JNB     SI, $              ;地址字节已发出并收到ACK?
          MOV     A, #9CH            ;发送控制命令
          MOV     SMB0DAT, A
          CLR     SI
          JNB     SI, $              ;控制命令已发出?
          CLR     SI
          SETB    STO                ;发送终止信号
          RET
```

上述程序设计采用查询方式,即通过查询SI位来判断总线操作是否完成。也可采用中断的方法来实现数据传送,可以有效提高实时性。注意SI必须通过软件清零。

根据图9-2-19所示的时序图,读取A/D转换值的子程序如下:

```
RDADS:    CLR     SI
          SETB    STA                ;启动I²C总线
          JNB     SI, $              ;启始信号有没发送?
          MOV     A, #091H           ;发送从器件地址(读)
          MOV     SMB0DAT, A         ;
          CLR     STA
          CLR     SI
          JNB     SI, $              ;等待从器件地址发出
          CLR     SI
          JNB     SI, $              ;等待接收第1字节数据
          MOV     A, SMB0DAT         ;读数据
          SETB    ACK                ;发送确认信号
          MOV     ADCH, A
          CLR     SI
          JNB     SI, $              ;等待接收第2字节数据
          MOV     A, SMB0DAT
```

```
CLR      ACK                  ；发送非确认信号
MOV      ADCL，A
CLR      SI
SETB     STO                  ；发送终止信号
RET
```

9.3 串行总线单片机系统设计示例——可校时数字钟设计

9.3.1 设计题目

设计一可校时数字钟，系统框图如图 9-3-1 所示。设计要求如下：

① 采用一片具有 I²C 总线接口的实时时钟芯片 M41T0 实现计时。

② 采用 6 只数码管分别显示时、分、秒，以小数点分隔。

③ 设置 4 个功能键：KEY0 为计时/校时模式选择键；KEY1 为移位键，用于选择被校时位；KEY2 为加 1 键，用于对被校时位加 1 操作；KEY3 为减 1 键，用于对被校时位减 1 操作。

④ 可通过按键对时、分、秒校时，被校时位具有闪显功能（闪显间隔设为 0.3s）。

⑤ 具有掉电保护功能。

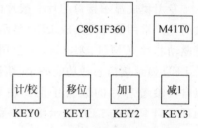

图 9-3-1 可校时数字钟系统框图

9.3.2 LED 显示接口设计

在单片机应用系统中，常用的显示器件之一是 7 段 LED 数码管。7 段 LED 数码管分共阴极和共阳极两种，其引脚排列及内部结构如图 9-3-2 所示。

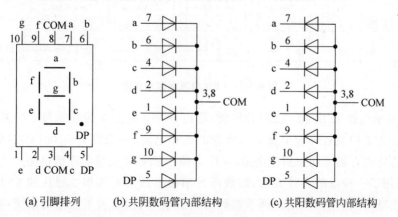

(a) 引脚排列　(b) 共阴数码管内部结构　(c) 共阳数码管内部结构

图 9-3-2 7 段 LED 数码管的引脚排列及内部结构

LED 数码管通过点亮特定的字段来显示数字或符号。共阴与共阳 7 段 LED 数码管的显示字符与对应的显示段码如表 9-3-1 所示,共阳 7 段数码管的段码刚好是共阴数码管段码的反码。

表 9-3-1　共阴极 7 段 LED 数码管和共阳极 7 段 LED 数码管的显示段码表

显示字符	0	1	2	3	4	5	6	7	8
共阴极字符	3FH	06H	5BH	4FH	66H	6DH	7DH	07H	7FH
共阳极字符	C0H	F9H	A4H	B0H	99H	92H	82H	F8H	80H
显示字符	9	A	b	C	d	E	F	H	P
共阴极字符	6FH	77H	7CH	39H	5EH	79H	71H	76H	73H
共阳极字符	90H	88H	83H	C6H	A1H	86H	8EH	89H	8CH

单片机的 LED 显示接口设计可采用多种设计方案。从显示方式来分,可分为静态显示接口电路和动态显示接口电路。从与单片机的接口方式来分,可分为并行接口方式和串行接口方式。从显示接口电路的组成来分,既可采用通用集成电路芯片,也可采用专用的集成显示接口芯片。

专用集成显示接口芯片一般片内含有移位、译码、驱动电路,使显示接口电路设计大大简化。常用的专用集成 LED 显示接口芯片有 Intersil 公司推出的通用 8 位 LED 数码管驱动芯片 ICM7128B,Maxim 公司的 8 位 LED 数码管驱动芯片 MAX7219 等。专用集成 LED 显示接口芯片功能齐全、性价比高,广泛应用于各种电子产品中,读者在使用时可以自行参考芯片的数据手册。在可校时数字钟中将采用自行设计的由移位寄存器 74HC164 构成的 LED 显示接口电路,其原理图如图 9-3-3 所示。

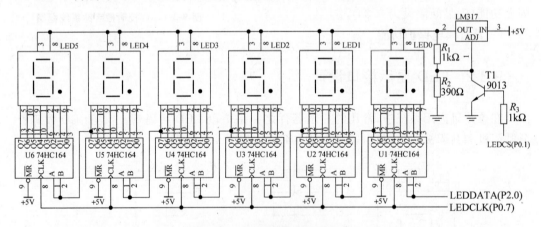

图 9-3-3　LED 显示电路原理图

LED 显示电路采用共阳 LED 数码管,移位寄存器输出 7 位显示段码使数码管显示相应字符。为了控制数码管中发光二极管的工作电流(一般在 5～10mA 之间),通常在数码管和移位寄存器之间加限流电阻,这样电路中就需要大量的限流电阻。为了简化电路,这里采用了一种新的设计方案,即数码管阳极电压由可调集成稳压块 LM317 提供,通过调节 LM317 的输出电压来调节数码管的亮度,从而省去了大量的限流电阻。发光二极管导通时的压降约为 1.6V,加上移位寄存器低电平输出电压,LM317 的输出电压范围设在 1.8V 左右为宜。根据 3.3 节式(3-3-1)给出的 LM317 输出电压计算公式：

$$V_{\text{OUT}} = (1 + R_2/R_1) \times 1.25\text{V}$$

将 R_1 取 $1\text{k}\Omega$，R_2 取 390Ω 即可。如果需要对数码管亮度进行调节，电路中的 R_2 可用 $1\text{k}\Omega$ 电位器代替固定电阻。

LED 显示电路采用 3 线制串行接口，设有 3 根信号线：串行数据线 LEDDAT、串行时钟线 LEDCLK、显示使能线 LEDCS。通过 LEDDAT 和 LEDCLK 将显示数据对应的段码串行地送入移位寄存器 74HC164。考虑到在传送数据过程中，74HC164 的输出数据不断变化，引起数码管显示闪烁，采用 LEDCS 实现对 LED 数码管阳极电压的开关控制。在数据传送开始时，将 LEDCS 置为高电平，T1 饱和导通，R_2 电阻被短路，LM317 输出低电压，LED 数码管熄灭，数据传送结束后，将 LEDCS 置为低电平，T1 截止，LED 数码管正常显示。串行接口的时序如图 9-3-4 所示。在传送数据之前，先将 LEDCS 置为高电平，然后依次传送 LED5～LED0 的显示段码。8 位显示段码的低 7 位为 7 段显示码，最高位为小数点控制位。显示段码高位在前，低位在后，在时钟上升沿作用下依次移入74HC164。待 6 字节的显示段码全部移入后，将 LEDCS 置成低电平。

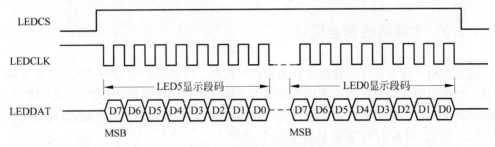

图 9-3-4　显示接口工作时序图

在设计显示程序时，首先设置 6 字节的显示缓冲区，以存放待显示的数据。显示缓冲区中的数据格式为非压缩型 BCD 码，通过查表方法将其转换成 7 段显示码，再将 7 段显示码串行地送入 74HC164。另外，为了增加显示效果，时分秒之间用小数点分割，因此，LED2 和 LED4 两只数码管需要显示小数点。程序中可通过设置一标志位来选择是否显示小数点。如果某一位数据需要显示小数点，只需将表 9-3-1 中共阳显示段码的最高位置成 0 即可。显示程序设计如下：

```
sbit LEDCLK=P0^7;
sbit LEDDATA=P2^0;
sbit LEDCS=P2^1;
unsigned char data ledbcd[6];                        //定义 6B 显示缓冲区
unsigned char code LEDCODE[]={0xC0,0xF9,0xA4,0xB0,0x99,0x92,0x82,0xF8,0x80,0x90,
0xFF};                                               //0～9 共阳 7 段显示码、全暗 7 段显示码
void leddisplay(void)
{
    LEDCS=1;                                          //关显示
    digdisplay(ledbcd[5],0);                          //传送 1B 显示段码
    digdisplay(ledbcd[4],0);
    digdisplay(ledbcd[3],1);                          //该位显示小数点
    digdisplay(ledbcd[2],0);
    digdisplay(ledbcd[1],1);                          //该位显示小数点
```

```
        digdisplay(ledbcd[0],0);
        LEDCS=0;                                    //开显示
    }
void digdisplay (unsigned char x, bit dot)
{
    unsigned char y, z, v, i;                       //局部变量定义
    y=LEDCODE[x];                                   //查表取7段显示码
    v=y;
    if(dot==1)y=v&0x7F;                             //如果需要显示小数点,将段码最高位置0
        for(i=8; i>0; i--)
        {
            LEDCLK=0;
            z=y&0x80;
            if (z==0x80) LEDDATA=1;                 //串行送1B数据
            else LEDDATA=0;
            y <<= 1;
            LEDCLK=1;
        }
}
```

9.3.3　非编码式键盘设计

键盘是由一组按压式或接触式开关构成的阵列。键盘可分为编码式键盘和非编码式键盘。所谓编码式键盘是通过硬件自动提供与被按键对应的编码,因此程序设计方便,但硬件电路较复杂。非编码式键盘硬件接口简单,键编码的获取由软件实现,需要占用较多的 CPU 时间。可校时数字钟只需要四个功能键,因此采用非编码式键盘。

可校时数字钟的按键电路如图 9-3-5 所示。每个按键的一端接地,一端与 C8051F360 单片机的 I/O 引脚相连。每个按键占用一根 I/O 口线,各按键的状态互不影响。与按键连接的 I/O 引脚应设成 OC 输出,端口寄存器的对应位置 1,即将 I/O 引脚设成输入引脚。

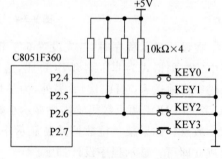

图 9-3-5　可校时数字钟键盘电路

在设计非编码式键盘接口程序时,要解决以下三个问题。

① 按键识别。判断是否有键按下,如有键按下,则识别被按键对应的编码。

② 消抖处理。当按键开关的触点闭合或断开到其稳定,会产生一个短暂的抖动和弹跳,这是机械式开关的一个共同性问题,因此在设计键盘接口程序时,应具有软件消抖功能。

③ 串键保护。由于操作不慎,可能会造成有几个键被同时按下,这种情况称为串键。串键保护就是当两个或两个以上的键同时按下时,认为按键无效,只有等到剩下一个键闭合时,键才有效。

根据以上分析,在设计键值读入程序时采用以下思路:

① 按键闭合时机械抖动产生的毛刺宽度一般小于 10ms,单片机每隔 10ms 读取一次

键值,可有效消除抖动。

② 不管按键闭合时间多长,键值只有效一次。实现的方法是将当前读取的键值与上次的键值比较,如果相同,程序不作任何处理。

③ 只有当读得的 4 位键值(P2.7~P2.4)分别为 1110B(KEY0 键闭合)、1101B(KEY1 键闭合)、1011B(KEY2 键闭合)、0111B(KEY3 键闭合)时,才认为键值有效,保证只有单个键闭合时才有效,实现串键保护。

上述设计思路可以用图 9-3-6 所示的时序图来进一步说明。单片机每隔 10ms 读一次按键引脚电平,图中第 n 次读得高电平,第 $n+1$ 次读得低电平,则第 $n+1$ 次读得的键值是有效的,其余读得的键值是无效的。在实际调试过程中,可以调整读键值的间隔时间,保证了每按一次键只有一次读得的键值有效。

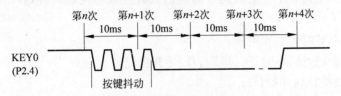

图 9-3-6 按键读取时序

具体设计程序时,为了能定时地读取键值,一般将键盘处理程序放在定时器中断服务程序中。以下是采用定时器 T0 中断服务程序实现的非编码式键盘程序。

```
void time0_int() interrupt 1 using 1          //中断函数,每 10ms 中断 1 次;
{
    TH0=0xD8;
    TL0=0xF0;                                  //重装定时时间常数
    keyword=P2;                                //读 P2.4~P2.7 引脚电平
    keyword=keyword&0xF0;
    if(keyword!=oldkeyword)                     //判断是否与上次键值相同
    {
        oldkeyword=keyword;
        switch(keyword)
        {
            case  0xE0;
            {
                subk0();                        //KEY0 键处理程序
                break;
            }
            case 0xD0;
            {
                subk1();                        //KEY1 键处理程序
                break;
            }
            case 0xB0;
            {
                subk2();                        //KEY2 键处理程序
                break;
            }
            case 0x70;
            {
```

```
                subk3();                              //KEY3 键处理程序
                break;
            }
            default: break;
        }
    }
}
```

注意：Subk0～Subk3 为键处理子程序，具体功能参考 9-3-10 所示的程序流程图。

9.3.4 实时时钟电路设计

M41T0 是一个内含 I^2C 总线接口功能的具有极低功耗的时钟/日历芯片，其基本特性如下：

① 2.0～5.5V 时钟工作电压；

② 可计数秒、分钟、小时、天、星期、月、年和世纪；

③ I^2C 总线接口（400kHz）；

④ 工作温度范围－40～85℃；

⑤ 自动闰年补偿；

⑥ 特殊的软件可编程输出；

⑦ 具有振荡器停振检测功能。

M41T0 的引脚排列和内部结构框图如图 9-3-7 所示，引脚功能说明如表 9-3-2 所示。M41T0 片内含有 32.768kHz 振荡器（由外部晶体控制），8 个内部寄存器用于时钟/日历的功能，存储数据采用 BCD 码格式。内部寄存器地址和数据通过 I^2C 总线传输。在每次对寄存器读或写数据字节时，寄存器地址自动加 1。

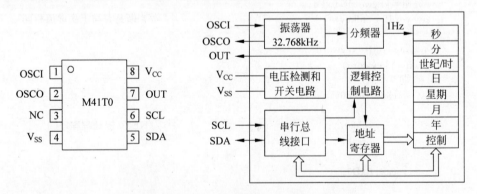

图 9-3-7 M41T0 引脚图和内部结构框图

表 9-3-2 M41T0 引脚功能表

引脚名	功　能	引脚名	功　能
OSCI	振荡输入	SCL	串行时钟
OSCO	振荡输出	NF	无功能定义，必须接地
OUT	输出驱动（漏极开路）	V_{CC}	电源
SDA	串行数据地址输入输出	V_{SS}	地

实时时钟芯片 M41T0 与单片机之间通过 I²C 总线通信,其原理图如图 9-3-8 所示。为了实现掉电保护,M41T0 采用双路电源供电。上电时,由外接电源通过 D1 向 M41T0 供电,掉电时,由 3.6V 电池通过 D2 向 M41T0 供电。

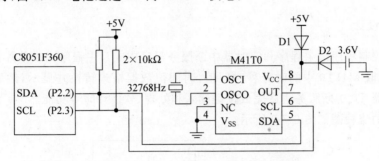

图 9-3-8 M41T0 与单片机接口原理图

M41T0 的内部含有可被连续访问的 8 个寄存器,依次是:秒寄存器、分钟寄存器、世纪/小时寄存器、天寄存器、星期寄存器、月寄存器、年寄存器、控制寄存器。这些寄存器的地址和功能如表 9-3-3 所示。

表 9-3-3 M41T0 寄存器图表

地址	数据								功能/范围	BCD 格式
	D7	D6	D5	D4	D3	D2	D1	D0		
0	ST	秒十位			秒个位				秒	00～59
1	OF	分十位			分个位				分	00～59
2	CEB	CB	时十位		时个位				世纪/时	0～1/00～23
3	×	×	×	×	×	星期			星期	01～07
4	×	×	日十位		日个位				日	01～31
5	×	×	×	月十位	月个位				月	01～12
6	年十位				年个位				年	00～99
7	OUT	0	×	×	×	×	×	×	控制	

由于可校时数字钟只需显示时、分、秒,因此,在设计读写程序时,只要访问 M41T0 内部的时、分、秒三个寄存器即可。M41T0 时钟在 I²C 总线上作为一个从器件运行,根据器件厂商提供的数据资料 M41T0 的地址为 D0H。

9.3.5 系统软件设计

1. 方案设计

软件设计核心部分是实现时、分、秒的计时功能。有以下两种方案:

方案一:单片机每隔一秒钟读取一次 M41T0 中的时、分、秒值,然后送 LED 数码管显示。

方案二:单片机只在开机或复位时读取一次 M41T0 中的时、分、秒值,然后以此为初始值由单片机内的定时器实现时、分、秒计时。

方案一的优点是定时精度高,程序设计简单,但由于 M41T0 采用 I²C 总线与单片机接口,如果每隔一秒对M41T0访问一次,将会产生较大的软件开销。方案二主要通过单片机内部定时器来实现计时,虽会产生一定的误差,但因为开机和复位时单片机就读取一次实时时钟M41T0的计时值,因此误差并不会积累。经比较,软件设计采用方案二。

2. 程序设计

单片机控制程序由主程序和定时器中断服务程序构成。主程序完成单片机内部系统的初始化,读取M41T0中的时分秒时间值,时间值数据格式转换并显示,然后循环等待中断。定时器T0中断服务程序完成按键读入和处理、软件计时等功能。

主程序的流程图如图9-3-9所示。

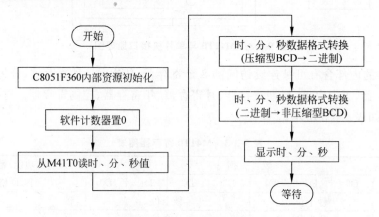

图 9-3-9　主程序流程图

针对图9-3-9所示的主程序流程图,作以下几点说明:

① 对可校时数字钟来说,需要初始化的C8051F360内部资源有内部振荡器、I/O端口、定时器、中断系统、SMBus等。

② 在设计程序时要特别注意时、分、秒值的数据格式。M41T0内部的秒寄存器、分钟寄存器、小时寄存器的数据采用压缩型BCD码存放;在定时器T0中断服务程序中,时、分、秒数据采用二进制数,以免加减运算时繁琐的十进制数调整;在LED显示程序中,时、分、秒数据采用非压缩型BCD码,以便显示时、分、秒的个位和十位。从M41T0读得时间值后,应将压缩型BCD码表示的时间值转换为二进制格式,以便由单片机定时器中断服务程序软件计时。为了用LED显示时间值,应将二进制码表示的时间值转换为非压缩型BCD码。数据格式的转换通过调用相关子程序来完成。

③ 在主程序和T0中断服务程序中需要定义全局变量,如表9-3-4所示。

T0中断服务程序流程图如图9-3-10所示,相关设计细节说明如下:

① 定时器T0采用16位定时器方式,定时时间取10ms。当系统时钟为12MHz,12分频后作为定时器计数时钟,定时器的初值为$2^{16}-10000=55536=D8F0H$。由于T0响应中断、保护现场及重装初值一般需要7~8个机器周期,另外,C8051F360单片机采用内部振荡器时,其频率也有一定的误差,为了使定时尽量准确,可以在定时器初值作适当调整,其调整值可通过系统实际调试决定。

表 9-3-4 可校时数字钟全局变量定义

变 量 名	数据类型	含 义
counter1、counter2		软件定时器
keyword		当前键值
oldkeyword		上一次键值
bitpointer	unsigned char	校时位指针。0：秒校时；1：分校时；2：时校时
hourbcd、minbcd、secbcd		压缩型 BCD 码表示的时、分、秒值
hourbin、minbin、secbin		二进制码表示的时、分、秒值
LEDBCD[5]～LEDBCD[0]		非压缩型 BCD 码表示的时、分、秒值
funsign		计/校时标志位。0：计时；1：校时
sxsign	bit	闪显标志位。0：闪显位亮；1：闪显位暗
dotsign		LED 数码管小数点显示控制位。0：不显示小数点

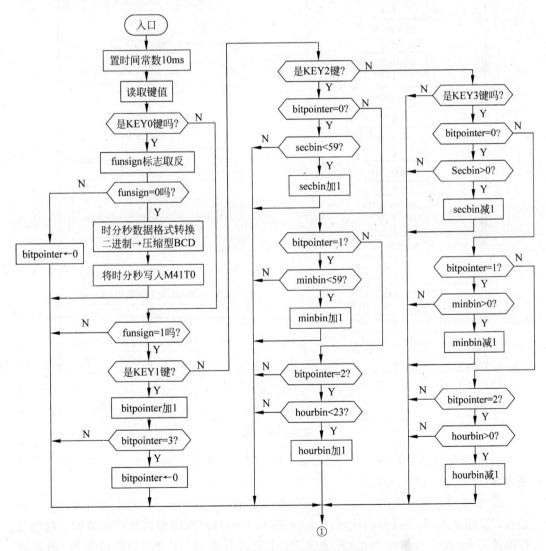

图 9-3-10 T0 中断服务程序流程图

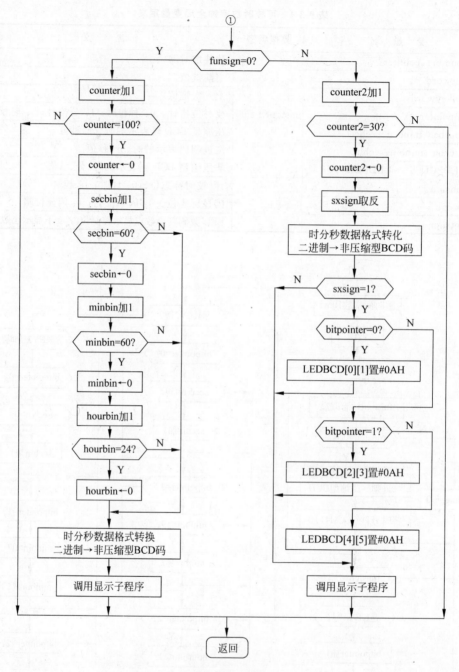

图 9-3-10　(续)

② 可校时数字钟采用非编码式键盘。四个功能键的定义见图 9-3-1。读取键值的程序设计可参考 9.3.3 节的内容。

③ 数字钟设两种工作模式：一种是计时工作模式，完成时、分、秒计时并显示；一种是校时工作模式，数字钟停止计时，校时位实现闪显，通过按键修改校时位数值。两种工作模式用 funsign 标志位表示（见表 9-3-4 中定义），通过"计/校"功能键切换（通过将 funsign 标志位取反实现）。当数字钟从校时模式回到计时模式时，需要将修改后的时、

分、秒值写入 M41T0。

④ 对时、分、秒校时时,可以对十位和个位分别校时(加 1 或减 1),也可以将十位和个位作为一个整体来校时。为了简化程序设计,这里把十位和个位当作为一个整体来校时。

⑤ 在计时工作模式中,设置了一软件计数器 counter1 用于实现秒计时。T0 每中断一次,counter1 加 1,加到 100 刚好 1 秒。在校时工作模式中,设置了一软件定时计数器 counter2 用于控制校时位闪显间隔。T0 每中断一次,counter2 加 1,加到 30 清零,因此闪显间隔为 300ms。闪显的基本原理是每隔 300ms 向闪显位对应的显示缓冲区写入字节"0AH",该字节对应的 7 段显示码为全暗段码 FFH。

在主程序和 T0 中断服务程序中调用了六个子程序:读 M41T0 子程序、写 M41T0 子程序、压缩型 BCD 码转换为二进制码子程序、二进制码转换为非压缩型 BCD 码子程序、二进制码转换为压缩型 BCD 码子程序、显示时分秒子程序。显示时分秒子程序可参考 9.3.2 节内容。其余子程序介绍如下:

```
/************************************
二进制转压缩型 BCD 码子程序
************************************/
void bin_bcd(void)
    {
        uchar temp;
        temp=secbin/10;
        temp=temp<<4;
        temp=temp+secbin%10;
        secbcd=temp;
        temp=minbin/10;
        temp=temp<<4;
        temp=temp+minbin%10;
        minbcd=temp;
        temp=hourbin/10;
        temp=temp<<4;
        temp=temp+hourbin%10;
        hourbcd=temp;
    }
/************************************
压缩型 BCD 转二进制
/************************************/
void bcd_bin(void)
    {
        uchar temp;
        temp=secbcd;
        secbcd=secbcd&0x0f;
        temp=temp>>4;
        secbin=temp*10+secbcd;
        temp=minbcd;
        minbcd=minbcd&0x0f;
        temp=temp>>4;
        minbin=temp*10+minbcd;
        temp=hourbcd;
```

```
        hourbcd=hourbcd&0x0f;
        temp=temp>>4;
        hourbin=temp*10+hourbcd;
    }
/*****************************************
二进制转非压缩 BCD 码
****************************************/
void bin_ledbcd(void)
    {
        ledbcd[0]=secbin %10;
        ledbcd[1]=secbin /10;
        ledbcd[2]=minbin %10;
        ledbcd[3]=minbin /10;
        ledbcd[4]=hourbin %10;
        ledbcd[5]=hourbin /10;
    }
/***********************************************
读 M41T0 子程序
**********************************************/
void read_M41T0(void)
    {
        SI=0;
        STA=1;                              //启动 I²C 总线
        while(SI!=1)
        {
        }
        SMB0DAT=0xD0;                       //发送器件地址(写)
        STA=0;
        SI=0;
        while(SI!=1)
        {
        }
        SMB0DAT=0x00;                       //发送寄存器寻址字节
        SI=0;
        while(SI!=1)
        {
        }
        STA=1;                              //重新启动 I²C 总线
        SI=0;
        while(SI!=1)
        {
        }
        SMB0DAT=0xD1;                       //发送器件地址(读)
        STA=0;
        SI=0;
        while(SI!=1)
        {
        }
        SI=0;
        while(SI!=1)
        {
```

```
        }
        secbcd=SMB0DAT;                          //读秒字节
        ACK=1;
        SI=0;
        while(SI!=1)
        {
        }
        minbcd=SMB0DAT;                          //读分字节
        ACK=1;
        SI=0;
        while(SI!=1)
        {
        }
        hourbcd=SMB0DAT;                         //读时字节
        ACK=1;
        SI=0;
        STO=1;
    }
/ ***********************************************
写 M41T0 子程序
/ *********************************************** /
void write_M41T0(void)
    {
        SI=0;
        STA=1;                                   //发送起始信号
        while(SI!=1)
        {
        }
        SMB0DAT=0xD0;                            //发送器件地址(写)
        STA=0;
        SI=0;
        while(SI!=1)
        {
        }
        SMB0DAT=0x00;                            //发送 M41T0 内部寄存器寻址字节
        SI=0;
        while(SI!=1)
        {
        }
        SMB0DAT=secbcd;                          //写秒字节
        SI=0;
        while(SI!=1)
        {
        }
        SMB0DAT=minbcd;                          //写分字节
        SI=0;
        while(SI!=1)
        {
        }
        SMB0DAT=hourbcd;                         //写时字节
        SI=0;
```

```
while(SI!=1)
{
}
SI=0;
STO=1;
}
```

9.4 设计训练题

设计训练题一：整点温度记录仪

1. 设计任务

设计一个整点温度记录仪,原理框图如图 9-4-1 所示。温度测量采用单总线温度传感器 18B20,通过实时时钟 M41T0 实现整点计时。

图 9-4-1 数字式温度检测仪原理框图

2. 设计要求

① 检测的温度范围:0~100℃;

② 检测分辨率±0.1℃;

③ 可整点存储温度值(即每 1h 存储 1 个点温度值),并具有掉电保护功能;

④ 通过键盘查询温度值。

提示:整点温度可存储在 C8051F360 内部的 Flash ROM 中。C8051F360 内部的 Flash ROM 虽然是程序存储器,但具有软件可写功能,因此,可作为非易式性存储器,具体编程方法可参考 C8051F360 的数据手册。

设计训练题二：简易电阻、电容和电感测试仪

设计并制作一台数字显示的电阻、电容和电感参数测试仪,示意框图如图 9-4-2 所示。

设计要求:

① 测量范围:电阻 100Ω~1MΩ;电容 100~10000pF;电感 100μH~10mH。

② 测量精度:±5%。

③ 制作 4 位数码管显示器,显示测量数值,并用发光二极管分别指示所测元件的类型和单位。

④ 测量量程自动转换。

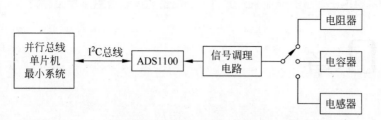

图 9-4-2 简易电阻、电容和电感测试仪示意框图

设计训练题三：串行 Flash ROM(M25P16)读写程序设计

利用并行总线单片机最小系统和 M25P16 完成串行 Flash ROM 读写实验，原理框图如图 9-4-3 所示。要求：

① 按 KEY0 键完成对整片 Flash ROM 擦除(完成擦除需要大约 13s)，擦除时显示"正在擦除"，擦除完成后显示"擦除完成"。

② 按 KEY1 键将 256B 的正弦波数据(预先将数据存放在程序存储器表格中)写入地址为 000000H～0000FFH 的 Flash ROM 中。

③ 按 KEY2 键将 256B 数据从 M25P16 依次循环读出送 C8051F360 单片机 D/A 转换器，用示波器观察 D/A 转换器输出波形。

设计训练题四：步进电动机控制系统

1. 设计任务

设计一步进电动机控制系统，其原理框图如图 9-4-4 所示。步进电动机采用两相混合式步进电动机。自行设计制作步进电动机驱动电路，为了简化驱动电路设计，建议采用 L297＋L298 构成的驱动电路。

2. 设计要求

① 通过键盘控制步进电动机启动、停止、正转、反转；
② 通过键盘控制步进电动机加速、减速；
③ 显示步进电动机的运行状态。

图 9-4-3 设计训练题四示意框图

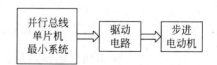

图 9-4-4 步进电动机控制系统原理框图

第 10 章

单片机数据通信系统设计

10.1 串行异步通信系统设计

10.1.1 概述

计算机与外界的数据交换大多是串行的。串行通信的数据各位按顺序传送,其特点是只需要一对传输线,成本低,传送的距离远,但与并行传输相比,传输速度慢,效率低。

1. 串行异步通信的数据格式

异步通信时,数据是以字符为单位进行传送。一个字符又称一帧信息,每个字符由 4 部分组成:起始位、数据位、奇偶校验位和停止位。串行异步通信的数据格式如图 10-1-1 所示。起始位为 0 信号,占用 1 位,用来表示一帧信息的开始;其后就是数据位,一般 7～9 位,传送时,低位在前,高位在后;最后是停止位,用 1 信号来表示一帧信息的结束。

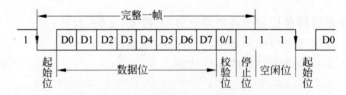

图 10-1-1 串行异步通信的数据格式

异步通信的特点是数据在线路上的传输不连续,传送时字符间隔不固定,各个字符可以是连续传送,也可以是间断传送,取决于通信协议。

异步通信的发送时钟与接收时钟是相互独立的,这也是采用"异步通信"这个名称的原因。实现异步通信的基本条件是接收和发送双方的时钟频率一致。只有这样,才能保证在整个数据传输过程中,与发送时钟顺序对应的接收时钟始终处于发送数据位宽之内,以正确检测到这些数据。但实际上,发送方和接收方的时钟频率很难完全相同,只要将发送时钟频率和接收时钟频率的误差限定在一定范围之内,就可以正确收发数据。以图 10-1-2 所示的时序图为例,假设在起始位时,接收时钟恰好处在起始位中心点。如果接收时钟频率高于发送时钟,则在接收第一位数据(D0)时,接收时钟就会在数据位中心点之前出现,以后各位数据接收时,会使这种提前量逐渐积累。为了保证所有位都能正确接收,必须保证一个数据帧中积累的提前量不超过半个数据位。假设数据位为 8 位,加上校验位和停止位,需要检测的数据位共 10 位。这 10 个位宽的积累误差不得超过半个数据位,即要求发送时钟和接收时钟频率误差不超过 5%。一旦接收完一帧数据,下一帧数据又重新从起始位开始定位,原来的位宽偏差积累全部消除。C8051F360 单片机内部振荡器的精度达到 2%,因此,即使采用内部振荡器,也完全可以满足串行异步通信的要求。

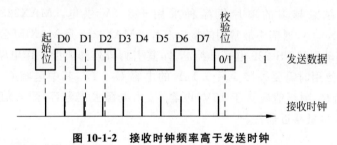

图 10-1-2　接收时钟频率高于发送时钟

2. RS-232C 标准

RS-232C 标准是美国电子工业联合会 EIA(Electronic Industry Association)制定的一种串行物理接口标准,适合的数据传送速率为 0～20kb/s。

(1)电气特性

RS-232C 对电气特性、逻辑电平和各种信号线的功能都做了规定。逻辑"1"对应的电平范围为 -3～-15V,逻辑"0"对应的电平范围为 $+3$～$+15$V。可以看出,RS-232C 是通过提高传输电压来延长传输距离的,一般可以达到 15m。

(2)机械特性

RS-232C 的连接器(Connector)有 25 针的 D 形连接器和 9 针的 D 形连接器两种类型。目前 PC 机都使用 9 针的 D 形连接器,其引脚排列如图 10-1-3 所示。9 个引脚功能定义如表 10-1-1 所示。

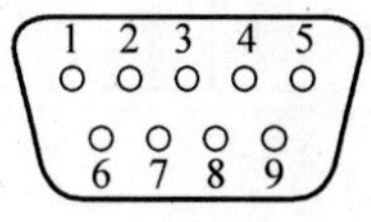

图 10-1-3　计算机 9 芯串口引脚排列图

表 10-1-1　计算机 9 芯串口引脚信号功能

引脚号	信号名称	方　向	信　号　功　能
1	DCD	PC 机←对方	PC 机收到远程信号(载波检测)
2	RXD	PC 机←对方	PC 机接收数据
3	TXD	PC 机→对方	PC 机发送数据
4	DTR	PC 机→对方	PC 机准备就绪

引脚号	信号名称	方　　向	信 号 功 能
5	GND		信号地
6	DSR	PC 机←对方	对方准备就绪
7	RTS	PC 机→对方	PC 机请求发送数据
8	CTS	PC 机←对方	对方已切换到接收状态(清除发送)
9	RI	PC 机←对方	通知 PC 机,线路正常(振铃指示)

（3）电平转换接口芯片及典型电路

由于 RS-232C 采用 EIA 电平,在与 TTL 电路接口时必须经过电平转换。EIA 电平与 TTL 逻辑电平的转换可用 TTL/EIA 电平转换芯片进行。早期的常见芯片有需要±12V 供电的 MC1488、MC1489 等。现在多采用单电源供电的电平转换芯片,体积小,功耗低,连接简便。常见的有 MAX232(+5V)、MAX3232(3～5.5V)、MAX3223(3～5.5V)等。

目前,由于越来越多的单片机品种采用 +3.3V 供电,MAX3232 已逐步替代 MAX232 成为 RS-232C 通信中最常用的接口芯片。MAX3232 是 MAXIM 公司生产的、包含两路接收器和驱动器的 RS-232 电平转换芯片,其引脚排列和典型工作电路如图 10-1-4 所示。MAX3232 使用时需要外接 5 只 $0.1\mu F$ 的电容 $C_1 \sim C_5$,其中电容 $C_1 \sim C_4$ 用于芯片内部的升压电荷泵,耐压值应高于 16V,电容 C_5 为电源去耦电容,耐压值高于 5V 即可。连接时电容必须尽量靠近器件。

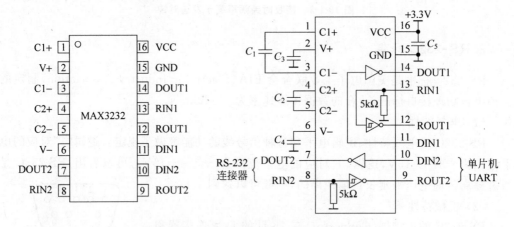

图 10-1-4　MAX3232 引脚排列及内部结构图

3. RS-485 标准

随着数字控制技术的发展,由单片机构成的控制系统也日益复杂。在一些要求响应速度快、控制变量多、控制点分散的场合,单个单片机构成的系统往往难以胜任。这时,由多个单片机系统构成的分布式测控系统是一个比较好的选择方案。RS-232C 标准总线系统通信距离比较短,而且只能实现一台主机对多台从机进行通信,从机和从机之间不能实现相互通信。RS-485 标准较好地解决了 RS-232C 存在的缺点,可以实现真正意义上的多机通信,没有硬件上的主从约束,任何时刻所有挂在 RS-485 总线上的 UART 终端都在监听总线上的数据。一旦与自身要求符合,立即开始通信,否则丢弃所收到的数据。

（1）电气特性

RS-485 标准总线只有信号线 A 和 B，当电平 A－B＞200mV 时，线路上表示传输信号"1"；当 A－B＜200mV 时，线路上表示传输"0"，这样信号就可以以差分方式得到长距离扩展，而且总线数目少，连接灵活方便。RS-485 通信仍然遵循串行异步通信数据的传输格式。

（2）接口芯片及典型电路

MAX481、MAX483、MAX485、MAX487 等是 RS-485 总线的一些常用接口芯片，差别体现在半/全双工工作方式、数据传输速率、转换率限制、功耗关机、静态电流大小和总线上允许的收发器数目等。其中 MAX485 采用半双工方式，引脚排列和功能说明如图 10-1-5 所示。

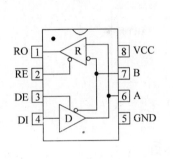

引脚名	功能
RO	接收器输出端。若A比B大200mV，则RO为高电平；反之为低电平
$\overline{RE}$	接收器输出使能端。RE=0，RO有效；反之RO呈高阻状态
DE	驱动器输出使能端。若DE=1，驱动器输出A和B均有效；反之则它们呈高阻状态
DI	驱动器输入端。若DI=0，则A=0，B=1；若DI=1，则A=1，B=0
A	同相接收输入和同相驱动器输出
B	反相接收输入和反相驱动器输出

图 10-1-5　MAX485 引脚排列图及功能说明

（3）多机通信与硬件连接

图 10-1-6 所示为由 MAX485 构成的半双工 RS-485 通信网络。在整个网络中，任何时刻只能有一个节点处于发送状态，其他所有节点都必须处于接收状态。半双工通信一般采用主机查询方式，分机只有在主机允许下才能驱动总线，使用完总线之后立即释放总线。

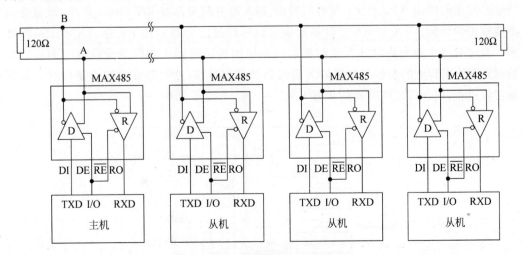

图 10-1-6　半双工 RS-485 通信网

10.1.2 C8051F360 单片机的串行口 UART0

C8051F360 单片机串行口 UART0 是一个异步、全双工串口,它提供标准 8051 串行口的方式 1 和方式 3。UART0 主要由发送数据缓冲器、发送控制器、接收控制器、输入移位寄存器、接收数据缓冲器等组成,UART0 的简化原理框图如图 10-1-7 所示。发送缓冲器只能写入,不能读出;接收缓冲器只能读出、不能写入。两个缓冲器使用同一个地址,通过读、写控制信号来决定究竟对哪一个缓冲器进行操作。

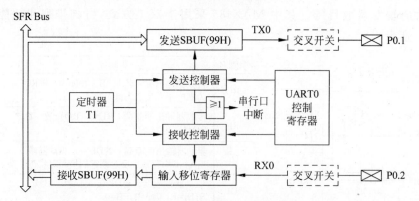

图 10-1-7　UART0 简化原理框图

UART0 接收数据时,串行数据通过 RX0 进入,数据先逐位输入移位寄存器,然后再送入接收缓冲器。这就形成了串行接收的双缓冲结构,以避免在接收数据过程中出现帧重叠错误,即在下一帧数据来时,前一帧数据还未读入 CPU。串行口发送数据时,串行数据通过 TX0 送出。与接收数据时不同,发送数据过程 CPU 是主动的,发送数据不会发生帧重叠错误,因此发送器是单缓冲结构,这样可以提高数据发送速度。

UART0 波特率由定时器 1 工作在 8 位自动重装方式产生,其原理框图如图 10-1-8 所示。发送时钟由 TL1 产生;接收时钟由 TL1 的复制寄存器 RX Timer 产生,该寄存器不能被用户访问。TX 和 RX 定时器的溢出信号经过二分频后用于产生 TX 和 RX 波特率。当定时器 1 被允许时,RX 定时器运行并使用与定时器 1 相同的重载值(TH1)。在检测到 RX 引脚上的起始条件时,RX 定时器被强制重载,这允许在检测起始位时立即开始接收过程,而与 TX 定时器的状态无关。

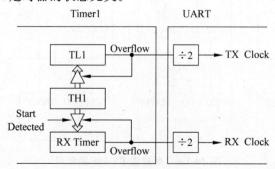

图 10-1-8　波特率产生逻辑

定时器 1 工作在方式 2，即 8 位自动重装方式。定时器 1 的重载值应设置为使其溢出频率为所期望的 UART0 波特率的 2 倍。定时器 1 的时钟可以在以下 6 个时钟源中选择：SYSCLK、SYSCLK/4、SYSCLK/12、SYSCLK/48、外部振荡器时钟/8 和外部输入 T1。对于任何给定的定时器 1 时钟源，UART0 的波特率由式（10-1-1）和式（10-1-2）决定：

$$\text{UART0 波特率} = \frac{1}{2} \times \text{T1 溢出率} \tag{10-1-1}$$

$$\text{T1 溢出率} = \frac{\text{T1}_{\text{CLK}}}{(256 - \text{TH1})} \tag{10-1-2}$$

其中，T1_{CLK} 是定时器 1 的时钟频率；TH1 是定时器 1 的高字节（8 位自动重装方式的重载值）。

C8051F360 单片机的 UART0 有以下两种工作模式：

（1）8 位 UART

在 8 位 UART 方式，每一帧数据共使用 10 位：1 个起始位、8 个数据位（LSB 在先）和 1 个停止位。

当软件向 SBUF0 寄存器写入 1 个字节（1B）时开始数据发送。在发送结束时，发送中断标志 TI0（SCON0.1）被置 1。

在接收允许位 REN0（SCON0.4）被置 1 后，数据接收可以在任何时刻开始。当在 RX0 引脚上采样到从"1"到"0"的负跳变（即检测到起始位）时，启动接收控制器开始接收数据。在接收移位脉冲的控制下，依次将所接收的数据移入移位寄存器。当 8 位数据及停止位全部移入后，根据以下状态进行操作：

① 如果 RI0 为逻辑 0，MCE0（SCON0.5）为逻辑 0，则数据字节将被装入到接收寄存器 SBUF0，停止位被存入 RB80，RI0 标志被置 1。

② 如果 RI0 为逻辑 0，MCE0（SCON0.5）为逻辑 1，则只有停止位为 1 时，数据字节才被装入到接收寄存器 SBUF0，停止位被存入 RB80，RI0 标志被置 1。

③ 如果 RI0 为逻辑 0，MCE0（SCON0.5）为逻辑 1，且停止位为 0 时，则数据字节不装入到接收寄存器 SBUF0，数据将会丢失，RI0 标志也不会置 1。

④ 如果 RI0 为逻辑 1，则所接收的数据在任何情况下都不装入接收寄存器 SBUF0，数据将会丢失。

如果中断被允许，则在 TI0 或 RI0 置位时将产生一个中断。

（2）9 位 UART

在 9 位 UART 方式，每一帧数据共使用 11 位：1 个起始位、8 个数据位（LSB 在先）、一个可编程的第 9 位和 1 个停止位。第 9 发送数据位由 TB80（SCON0.3）中的值决定，由用户软件赋值。它可以赋值为 PSW 中的奇偶位 P（用于错误检测），或用于多机通信。在接收时，第 9 数据位进入 RB80（SCON0.2），停止位被忽略。

当执行一条向 SBUF0 寄存器写一个数据字节的指令时开始数据传送。在发送结束时（停止位开始）发送中断标志 TI0 被置 1。

9 位 UART 方式的接收过程与 8 位 UART 方式类似，所不同的是接收的第 9 位数据是发送过来的 TB80，而不是停止位，接收后存放到 SCON0 中的 RB80 中。对接收与否的判断也用第 9 位,而不是用停止位。

C8051F360 单片机的 UART0 有两个控制寄存器,一个是串行控制寄存器 SCON (98H),一个是数据缓冲器 SBUF(99H)。串行控制寄存器 SCON 的格式如下:

串行控制寄存器 SCON0(SFR 地址:98H,SFR 页:所有页)

位 7	位 6	位 5	位 4	位 3	位 2	位 1	位 0
S0MODE	—	MCE0	REN0	TB80	RB80	TI0	RI0

位 7 S0MODE:UART0 工作方式选择位。

该位选择 UART0 的工作方式。

- 0:波特率可编程的 8 位 UART;
- 1:波特率可编程的 9 位 UART。

位 6:未使用。

位 5 MCE0:多机通信允许。

该位功能取决于 UART0 工作方式。

- S0MODE=0:检查有效停止位。
  - ◆ 0:停止位的逻辑电平被忽略;
  - ◆ 1:只有当停止位为逻辑 1 时,RI0 激活。
- S0MODE=1:多机通信允许。
  - ◆ 0:第 9 位的逻辑电平被忽略;
  - ◆ 1:只有当第 9 位为逻辑 1 时 RI0 才被置位并产生中断。

位 4 REN0:接收允许。

该位允许/禁止 UART 接收器。

- 0:UART0 接收禁止;
- 1:UART0 接收允许。

位 3 TB80:第 9 发送位。

该位的逻辑电平被赋值给 9 位 UART 方式的第 9 发送位。在 8 位 UART 方式中未用。根据需要用软件置 1 或清零。

位 2 RB80:第 9 接收位。

在方式 0,该位被赋值为停止位值。在方式 1 该位被赋值为 9 位 UART 方式中第 9 数据位的值。

位 1 TI0:发送中断标志。

当 UART0 发送完 1 个字节数据后该位被硬件置 1,在 8 位 UART 方式时,是在发送第 8 位后;在 9 位 UART 方式时,是在停止位开始。当 UART0 中断被允许时,置 1 该位将导致 CPU 转到 UART0 中断服务程序。该位必须用软件清零。

位 0 TR0:接收中断标志。

当 UART0 接收到 1 个字节数据时该位被硬件置 1(在停止位采样时),当 UART0 中断被允许时,置 1 该位将导致 CPU 转到 UART0 中断服务程序。该位必须用软件清零。

10.1.3 双机异步通信编程示例

1. 设计要求

双机通信系统如图 10-1-9 所示。

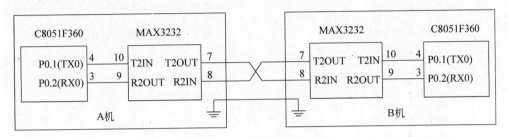

图 10-1-9 双机通信示意图

A 机和 B 机发送接收采用中断方式。通信协议如下：

① 串行口选用 8 位 UART 工作模式，波特率设为 4800bit/s。

② A 机开始发送时，先发 ♯0AAH，B 机收到后回答 ♯0BBH，表示响应。

③ A 机收到 ♯0BBH 后，开始发送数据，每发送一次求一次"累加和"（发送的每一个字节数据都累加到一个寄存单元中去）。设定数据块长度为 16 字节，存放在起始地址为 30H 的内部 RAM 中，一个数据块发完再发出"累加和"。

④ B 机接收数据，并将接收到的数据转存到起始地址为 30H 的内部 RAM 中。同时，每接收一次也计算一次"累加和"，当一个数据块接收完毕后，再接收从 A 机发来的"累加和"，并将它与 B 机计算的"累加和"相比较。若两者相等，说明接收正确，B 机回答 ♯00H；若两者不等，B 机回答 ♯0FFH，要求重发。

⑤ A 机收到 ♯00H 则结束发送，否则重复发送此数据块。

2. 波特率计算

C8051F360 单片机内部系统时钟 SYSCLK 的频率为 12MHz，T1 的时钟选用 SYSCLK/12，T1 采用工作模式 2。根据式(10-1-1)和式(10-1-2)，可以计算 T1 的定时时间常数。

$$T1 \text{ 溢出率} = \text{波特率} \times 2 = 4800 \times 2 = 9600$$

$$TH1 = 256 - \frac{T1_{CLK}}{T1 \text{ 溢出率}} = 256 - \frac{1\,000\,000}{9600} = 152 = 98H$$

3. 初始化程序设计

初始化的内容包括 I/O 端口初始化、定时器初始化、串行口初始化、中断系统初始化、标志寄存器初始化。根据通信协议，A 机初始化程序如下：

```
ORG     0000H
LJMP    MAIN
ORG     0023H
```

```
        LJMP      SSUB              ；转向串口中断服务程序
        ORG       0050H
MAIN:   MOV       SP,＃60H
        MOV       SFRPAGE,＃0FH
        MOV       P0MDIN,＃11100111      ；P0.3～P0.4 设置为模拟量输入
        MOV       P0MDOUT,＃10000011B    ；P0.0、P0.1、P0.7 推拉式输出
        MOV       P0SKIP,＃11111001B     ；P0.1、P0.2 不被交叉开关跳过
        ...                             ；省略其他端口的初始化
        MOV       XBR0,＃01H             ；使能 UART
        MOV       XBR1,＃0C0H            ；禁止弱上拉,允许交叉开关
        MOV       SFRPAGE,＃00H
        MOV       TMOD,＃21H             ；T1 方式 2
        MOV       CKCON,＃00H            ；系统时钟 12 分频
        MOV       TL1,＃98H              ；设置时间常数
        MOV       TH1,＃98H
        MOV       SCON0,＃00010000B      ；8 位 UART,允许接收
        SETB      ES0                   ；允许 UART 中断
        SETB      TR1                   ；启动定时器 T1
        SETB      EA                    ；开中断
        CLR       00H                   ；清联机成功标志
        MOV       A,＃0AAH               ；发送 AAH 命令
        MOV       SBUF,A
        SJMP      $                     ；等待中断
```

B 机初始化程序与 A 机基本一致,主要区别在于 B 机不需要发送 AAH 命令。

4. A 机串行通信中断服务程序设计

A 机串行通信中断服务程序流程图如图 10-1-10 所示。R0 用于存放数据缓冲器首地址,R6 用于存放累加和。根据程序流程图,A 机中断服务程序源程序编写如下:

```
SSUB:     PUSH      ACC
          PUSH      PSW
          JNB       TI,SSUB2
          CLR       TI
          JNB       00H,EXIT          ；判断是否联机成功
          CJNE      R0,＃40H,SUBB1     ；数据是否发送完毕
          MOV       A,R6              ；发送累加和
          MOV       SBUF,A
          CLR       00H               ；请联机成功标志
          SJMP      EXIT
SUBB1:    MOV       A,@R0             ；发送数据
          MOV       SBUF,A
          ADD       A,R6              ；计算累加和
          MOV       R6,A
          INC       R0
          SJMP      EXIT
SSUB2:    CLR       RI
          MOV       A,SBUF
          CJNE      A,＃0BBH,SSUB3
          SETB      00H               ；接收到 0BBH 时,置连机成功标志
          MOV       R0,＃30H
          MOV       R6,＃00H
          MOV       A,@R0
```

```
        MOV     SBUF,A              ；发送第一字节数据
        MOV     R6,A
        INC     R0
        SJMP    EXIT
SSUB3： CJNE    A,#0FFH,EXIT
        MOV     A,#0AAH
        MOV     SBUF,A
EXIT：  POP     PSW
        POP     ACC
        RETI
```

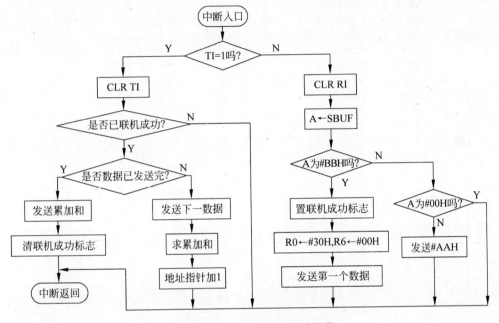

图 10-1-10 A 机串行程序流程图

5. B 机串行通信中断服务程序设计

B 机串行通信中断服务程序流程图如图 10-1-11 所示。根据流程图，B 机中断服务程序源程序编写如下：

```
SSUB：  PUSH    ACC
        PUSH    PSW
        PUSH    DPL
        PUSH    DPH
        JNB     TI,SSUB1
        CLR     TI
        SJMP    EXIT
SSUB1： CLR     RI
        MOV     A,SBUF
        JB      00H,SUBB2
        CJNE    A,#0AAH,EXIT
        MOV     A,#0BBH
        MOV     SBUF,A
        SETB    00H
```

```
              MOV      R0,♯30H
              MOV      R6,♯00H
              SJMP     EXIT
SSUB2:        CJNE     R0,♯40H,SUBB4
              CLR      00H
              XRL      A,R6
              JZ       SSUB3
              MOV      A,♯0FFH
              MOV      SBUF,A
              SJMP     EXIT
SUBB3:        MOV      A,♯00H
              MOV      SBUF,A
              SJMP     EXIT
SUBB4:        MOV      @R0,A
              ADD      A,R6
              MOV      R6,A
              INC      R0
EXIT:         POP      PSW
              POP      ACC
              RETI
```

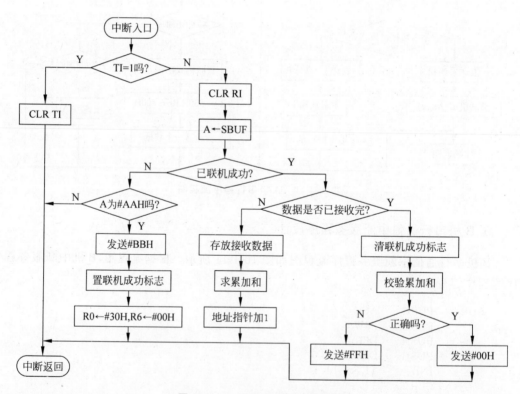

图 10-1-11　B 机发送程序流程图

6. 串行通信的调试

在调试单片机串行通信程序时，A 机和 B 机可先单独调试。方法是将 A 机和 B 机分别与 PC 机串口连接，然后借助串口调试助手这一软件工具进行调试。等 A 机和 B 机

功能正常以后,再将 A 机和 B 机联机调试。具体调试步骤如下:

① RS-232 接口硬件电路及波特率测试。

为了测试 RS-232 接口硬件电路是否正常以及波特率设置是否正确,可在程序中加一段测试程序,连续发送一个相同数据,然后用示波器观测 RS-232 接口中 TXD 引脚(来自图 10-1-9 中 MAX3232 的第 7 脚)的波形。例如,在程序中可加以下一段测试程序:

```
        ...
        MOV    A, ♯55H
L1:     MOV    SBUF, A
        JNB    TI, $
        CLR    TI
        SJMP   L1
        ...
```

运行上述测试程序,观测 RS-232 接口中 TXD 引脚应得到如图 10-1-12 所示的波形。注意,波形中的高低电平采用 RS-232 电平,即低电平表示"1",高电平表示"0"。高电平或低电平的宽度 T 表示每一位数据持续的时间,其倒数即为波特率。

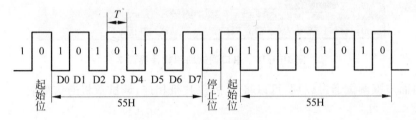

图 10-1-12　RS-232 测试波形

② 用 RS-232 电缆将 A 机与 PC 机相连,这时用 PC 机代替 B 机。打开串口调试助手软件。将波特率设为 4800,数据位设为 8,采用十六进制显示,十六进制发送。按 A 机复位按钮,A 机开始执行程序,发送 AAH,PC 机应接收到 AA,如图 10-1-13 所示。

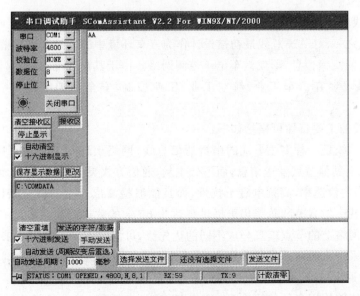

图 10-1-13　串口调试助手软件界面 1

③ 通过手动发送,PC 机向 A 机回送 BBH,PC 机应接收到 A 机 17B 数据(最后 1B 为累加和),如图 10-1-14 所示。

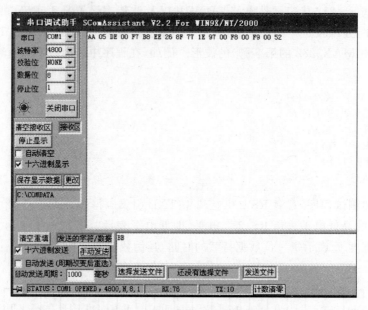

图 10-1-14　串口调试助手软件界面 2

④ 前面步骤调试通过以后,可以将 A 机和 B 机相连,调试双机通信功能。

10.2　CAN 现场总线通信技术

10.2.1　CAN 现场总线简介

CAN 总线的全称为"controller area network",即控制器局域网,是国际上应用最广泛的现场总线之一。CAN 总线最初被设计作为汽车环境中的微控制器通信,在车载各电子控制装置之间交换信息,形成汽车电子控制网络。由于其高性能、高可靠性及独特的设计,CAN 总线已经在汽车工业、航空工业、工业控制、安全防护等领域中得到了广泛应用。

CAN 总线的主要特性可概括如下:

① CAN 总线是一种多主方式的串行通信总线,网络上任一节点均可以在任意时刻主动地向网络上其他节点发送信息,而不分主从,通信方式灵活,且无需站地址信息。

② 具有高的位速率,高抗电磁干扰性,而且能够检测出产生的任何错误。当信号传输距离达到 10km 时,CAN 总线仍可提供高达 5kbit/s 的数据传输速率。

③ CAN 网络上的节点信息分成不同的优先级,可满足不同的实时要求。

④ CAN 采用非破坏总线仲裁技术,当多个节点同时向总线发送信息时,优先级较低的节点会主动退出总线,而优先级最高的节点可不受影响地继续传输数据。

⑤ CAN 能够使用多种物理介质,例如双绞线、光纤等,其中最常用的就是双绞线。

CAN 总线的两条信号线被称为"CAN-H"和"CAN-L",信号使用差分电压传送,静态时均为 2.5V 左右,此时状态表示为逻辑"1",称为"隐性"。用 CAN-H 比 CAN-L 高表示逻辑"0",称为"显性",此时,通常电压值为 CAN-H=3.5V 和 CAN-L=1.5V。

⑥ 可根据报文的 ID 决定接收或屏蔽该报文。

⑦ 可靠的错误处理和检错机制。

⑧ 发送的信息遭到破坏后,可自动重发。

⑨ 节点在错误严重的情况下具有自动退出总线的功能。

10.2.2 CAN 总线接口设计

典型的 CAN 总线网络如图 10-2-1 所示。每个 CAN 节点由微控制器 MCU、CAN 控制器、CAN 收发器三部分组成。MCU 负责执行应用功能,如执行控制器、读传感器、处理人机接口等。CAN 控制器和 CAN 收发器构成 CAN 总线接口。CAN 控制器作为 CAN 总线的协议控制器,负责物理信令子层和数据链路子层的连接。CAN 收发器是 CAN 控制器和物理传输线路之间的接口,负责物理媒体连接子层的连接。常用的集成 CAN 控制器有 Philips 公司的 PCx82C200、SJA1000 等,目前也出现多种内部集成 CAN 控制器的单片机,如 C8051F040 单片机等。集成 CAN 收发器芯片有 Philips 公司的 PCA82C250 和 PCA82C251。

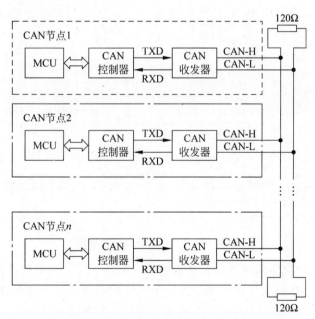

图 10-2-1 CAN 总线网络示意图

CAN 总线可以用高达 1Mbit/s 的速率在两条有差动电压的总线电缆上传输数据。CAN 总线两端两个 120Ω 的电阻,对于匹配总线阻抗,起着相当重要的作用。忽略掉它们,会使数据通信的抗干扰性及可靠性大大降低,甚至无法通信。

CAN 总线上的数据是以隐性信号电平和显性信号电平来表示的。当 CAN 收发器的 TXD 输入逻辑高电平时,CAN-H 和 CAN-L 输出均为 2.5V 的额定电压,这时称 CAN 总线处于隐性状态;当 TXD 输入逻辑低电平时,CAN-H 输出 3.5V 的额定电压,CAN-L 输出 1.5V 的额定电压。CAN 总线的隐性电平和显性电平示意图如图 10-2-2 所示,隐性电平表示逻辑"1",显性电平表示逻辑"0"。CAN 收发器在发送数据时,收发器内部的比较器同时在监控总线。CAN 收发器内部的比较器将差动的总线信号转换成逻辑信号电平,并在 RXD 输出。

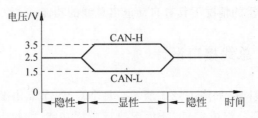

图 10-2-2 隐性电平和显性电平

采用 CAN 控制器 SJA1000 和 CAN 收发器 82C250 芯片设计的 CAN 总线接口原理图如图 10-2-3 所示。

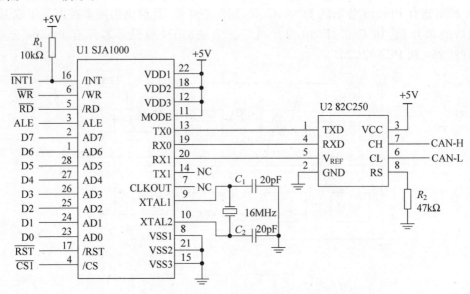

图 10-2-3 CAN 总线接口原理图

SJA1000 与单片机之间通过并行总线连接。AD0~AD7 与单片机数据线相连,$\overline{RD}$、$\overline{WR}$、ALE 分别与单片机对应的引脚相连。中断输出引脚$\overline{INT}$与单片机的外部中断输入引脚$\overline{INT1}$相连。由于 SJA1000 的中断输出引脚$\overline{INT}$为漏极开路(OD)输出,因此需要外接上拉电阻。一旦有中断发生,SJA1000 的$\overline{INT}$脚就会被激活,出现一个由高电平到低电平的跃变。SJA1000 内部含有地址锁存器,通过 ALE 信号将低 8 位地址锁存。片选信号$\overline{CS1}$由单片机系统的地址译码器提供。由于 SJA1000 内部含有 32 个寄存器,因此,片选信号$\overline{CS1}$的地址范围应大于 32B。

SJA1000 和 82C250 之间通过串行数据输出线 TX0 和串行数据输入线 RX0 相连。SJA1000 的 TX1 脚悬空,RX1 引脚的电位必须维持在约 $0.5V_{CC}$ 上,否则,将不能形成

CAN 协议所要求的电平逻辑。82C250 的 V_{REF} 端输出约为 0.5 V_{CC} 的电平,因此将 82C250 的 V_{REF} 与 SJA1000 的 RX1 脚直接相连即可。

82C250 第 8 脚与地之间的电阻 R_2 称为斜率电阻,它的取值决定了系统处于高速工作方式还是斜率控制方式。把该引脚直接接地,系统将处于高速工作方式。在高速工作方式下,应使用屏蔽电缆作总线,以避免射频干扰。而在波特率较低、总线较短时,一般采用斜率控制方式,上升及下降的斜率取决于 R_2 的阻值。实验数据表明,R_2 的理想取值范围为 15~200kΩ。在斜率控制方式下,可以使用平行线或双绞线作总线。

10.2.3　CAN 控制器 SJA1000

SJA1000 是一种独立 CAN 控制器,是 Philips 公司的 PCA82C200 CAN 控制器 (BasicCAN)的替代产品,它增加了一种新的工作模式(PeliCAN),这种模式支持具有很多新特点的 CAN2.0B 协议。

SJA1000 的引脚排列与内部结构如图 10-2-4 所示。SJA1000 的引脚功能如表 10-2-1 所示。

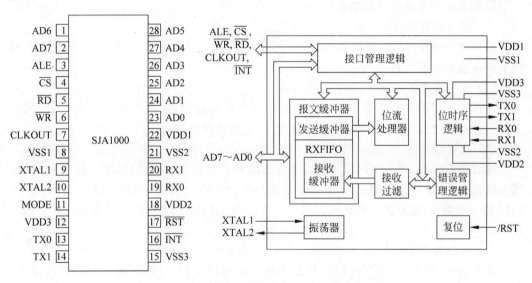

图 10-2-4　SJA1000 的引脚排列及内部结构

表 10-2-1　SJA1000 引脚功能

符　号	引　脚	功　能
AD0~AD7	2,1,28~23	地址/数据复用总线
ALE	3	地址锁存有效信号
$\overline{CS}$	4	片选输入,低电平有效
$\overline{RD}$	5	读信号
$\overline{WR}$	6	写信号
CLKOUT	7	时钟输出信号。可编程禁止该引脚
VSS1	8	数字地
XTAL1	9	振荡放大器输入,外部振荡放大器信号经此引脚输入

符　号	引　脚	功　能
XTAL2	10	振荡放大器输出,使用外部振荡信号时此引脚必须开路
MODE	11	方式选择输入端,接高电平
VDD3	12	输出驱动器电源
TX0	13	由输出驱动器 0 至物理总线的输出端
TX1	14	由输出驱动器 1 至物理总线的输出端
VSS3	15	输出驱动器地
$\overline{\text{INT}}$	16	中断输出端,用于向微控制器提供中断信号
$\overline{\text{RST}}$	17	复位输入端,用于重新启动 CAN 接口(低电平有效)
VDD2	18	输入比较器 5V 电源
RX0,RX1	19,20	由物理总线至 SJA1000 输入比较器的输入端。显性电平将唤醒处于睡眠方式的 SJA1000。当 RX0 高于 RX1 时,读出为隐性电平,否则为显性电平
VSS2	21	输入比较器地
VDD1	22	逻辑电路 5V 电源

SJA1000 主要由以下几部分构成:

(1) 接口管理逻辑

接口管理逻辑(IML)解释来自单片机的命令,控制 CAN 寄存器的寻址,向单片机提供中断信息和状态信息。

(2) 发送缓冲器

发送缓冲器(TXB)是单片机与位流处理器之间的接口,能够存储发送到 CAN 网络上的完整报文。缓冲器长 13B,由单片机写入,位流处理器读出。

(3) 接收缓存器

接收缓存器(RXB,RXFIFO)是接收过滤器和单片机之间的接口,用来接收 CAN 总线上的报文,并存储接收到的报文。接收缓存器(RXB,13B)作为接收 FIFO(RXFIFO,64B)的一个窗口,可被单片机访问。单片机在接收 FIFO 的支持下,可以在处理报文的时候接收其他报文。

(4) 接收过滤器

接收过滤器(ACF)把它内部的数据和接收的标识符相比较,以决定是否接收报文。在纯粹的接收测试中,所有的报文都保存在 RXFIFO 中。

(5) 位流处理器

位流处理器(BSP)是一个在发送缓冲器、RXFIFO 和 CAN 总线之间控制数据流的序列发生器。它还执行错误检测、仲裁、总线填充和错误处理。

(6) 位时序逻辑

位时序逻辑(BTL)监视串行 CAN 总线,并处理与总线有关的位定时。在报文开始,由隐性到显性的变换同步 CAN 总线上的位流(硬同步),接收报文时再次同步下一次传送(软同步)。BTL 还提供了可编程的时间段来补偿传播延迟时间、相位转换(例如,由于振荡漂移所引起的),以及定义采样点和每一位的采样次数。

(7) 错误管理逻辑

错误管理逻辑(EML)负责传送层中调制器的错误界定。它接收 BSP 的出错报告,并将错误统计数字通知 BSP 和 IML。

10.2.4 SJA1000 内部寄存器功能说明

SJA1000 控制器有两种不同的操作模式：BasicCAN 模式和 PeliCAN 模式。BasicCAN 模式是上电后默认的操作模式。该模式与 PCA82C200 兼容，因此，用 PCA82C200 开发的硬件和软件可以直接在 SJA1000 上使用，而不用作任何修改。PeliCAN 模式是新的操作模式，它能够处理所有 CAN2.0B 规范的帧类型，而且它还提供一些增强功能使 SJA1000 能应用于更宽的领域。本节只介绍 BasicCAN 模式下的 SJA1000 内部寄存器。

1. BasicCAN 模式的地址分配

SJA1000 对单片机而言是与外部数据存储器统一编址的 I/O 器件。单片机可以像访问外部数据存储器一样访问 SJA1000。

SJA1000 的地址区包括控制段、发送缓冲器和接收缓冲器，表 10-2-2 所示为 BasicCAN 模式寄存器的地址分配表。单片机通过控制段来控制 CAN 总线上的通信。单片机和 SJA1000 之间的状态、控制和命令信号的交换都是在控制段中完成。单片机将应发送的信息(以下采用"报文"这个名称)写入发送缓冲器。成功接收到报文以后，单片机从接收缓冲器中读出接收的报文，然后释放空间以便下一次使用。

表 10-2-2　BasicCAN 模式寄存器地址分配表

段	CAN 地址	工 作 模 式		复 位 模 式	
		读	写	读	写
控制段	0	控制	控制	控制	控制
	1	(FFH)	命令	(FFH)	命令
	2	状态	—	状态	—
	3	中断	—	中断	—
	4	(FFH)	—	接收代码	接收代码
	5	(FFH)	—	接收屏蔽	接收屏蔽
	6	(FFH)	—	总线定时 0	总线定时 0
	7	(FFH)	—	总线定时 1	总线定时 1
	8	(FFH)	—	输出控制	输出控制
	9	测试	测试	测试	测试
发送缓冲器	10	标识符(10~3)	标识符(10~3)	(FFH)	—
	11	标识符(2~0) RTR 和 DLC	标识符(2~0) RTR 和 DLC	(FFH)	—
	12	数据字节 1	数据字节 1	(FFH)	—
	13	数据字节 2	数据字节 2	(FFH)	—
	14	数据字节 3	数据字节 3	(FFH)	—
	15	数据字节 4	数据字节 4	(FFH)	—
	16	数据字节 5	数据字节 5	(FFH)	—
	17	数据字节 6	数据字节 6	(FFH)	—
	18	数据字节 7	数据字节 7	(FFH)	—
	19	数据字节 8	数据字节 8	(FFH)	—

段	CAN 地址	工作模式		复位模式	
		读	写	读	写
接收缓冲器	20	标识符(10~3)	标识符(10~3)	标识符(10~3)	标识符(10~3)
	21	标识符(2~0) RTR 和 DLC	标识符(2~0) RTR 和 DLC	标识符(2~0) RTR 和 DLC	标识符(2~0) RTR 和 DLC
	22	数据字节 1	数据字节 1	数据字节 1	数据字节 1
	23	数据字节 2	数据字节 2	数据字节 2	数据字节 2
	24	数据字节 3	数据字节 3	数据字节 3	数据字节 3
	25	数据字节 4	数据字节 4	数据字节 4	数据字节 4
	26	数据字节 5	数据字节 5	数据字节 5	数据字节 5
	27	数据字节 6	数据字节 6	数据字节 6	数据字节 6
	28	数据字节 7	数据字节 7	数据字节 7	数据字节 7
	29	数据字节 8	数据字节 8	数据字节 8	数据字节 8
	30	(FFH)	—	(FFH)	—
	31	时钟分频器	时钟分频器	时钟分频器	时钟分频器

SJA1000 有两种不同的模式：复位模式和工作模式。当硬件复位或控制器掉线时会自动进入复位模式。工作模式是通过置位控制寄存器的复位请求位激活的。在不同的模式中，单片机能访问的寄存器是不同的。如接收代码、接收屏蔽、总线定时寄存器 0 和 1 以及输出控制等寄存器只有复位模式才可以访问。

2. 控制寄存器

控制寄存器(CR)用于改变 CAN 控制器的状态。单片机可以对控制寄存器进行读/写操作。控制寄存器 CR 每一位功能说明如下：

位 7	位 6	位 5	位 4	位 3	位 2	位 1	位 0
—	—	—	OIE	EIE	TIE	RIE	RR

位 7~5：保留。

位 4 OIE：超载中断使能。

- 1：使能，如果数据超载位置位，单片机接收一个超载中断信号(见状态寄存器)；
- 0：禁止，单片机不从 SJA1000 接收超载中断信号。

位 3 EIE：错误中断使能。

- 1：使能，如果出错或总线状态改变，单片机接收一个错误中断信号(见状态寄存器)；
- 0：禁止，单片机不从 SJA1000 接收错误中断信号。

位 2 TIE：发送中断使能。

- 1：使能，当报文被成功发送或发送缓冲器可再次被访问时，SJA1000 向单片机发出一次发送中断信号；
- 0：禁止，SJA1000 不向单片机发送中断信号。

位 1 RIE：接收中断使能。

- 1：使能，报文被无错误接收时，SJA1000 向单片机发出一次中断信号；
- 0：禁止，SJA1000 不向单片机发送中断信号。

位 0　RR：复位请求。

- 1：常态，SJA1000 检测到复位请求后，忽略当前发送/接收的报文，进入复位模式；
- 0：非常态，复位请求位接收到一个下降沿后，SJA1000 回到工作模式。

3. 命令寄存器

命令寄存器(CMR)是只写寄存器，如果单片机去读这个寄存器，返回值是"11111111"。命令寄存器 CMR 每位的功能说明如下。

位 7	位 6	位 5	位 4	位 3	位 2	位 1	位 0
—	—	—	GTS	CDO	RRB	AT	TR

位 7～5：保留。

位 4　GTS：睡眠。

- 1：如果没有 CAN 中断等待和总线活动，进入睡眠模式；
- 0：SJA1000 正常工作模式。

位 3　CDO：清除超载状态。

- 1：清除数据超载状态位；
- 0：无作用。

位 2　RRB：释放接收缓冲器。

- 1：接收缓冲器中存放报文的内存空间将被释放；
- 0：无作用。

位 1　AT：终止发送。

- 1：常态时，如果不是在处理过程中，等待处理的发送请求将忽略；
- 0：非常态时，无作用。

位 0　TR：发送请求。

- 1：常态时，报文被发送；
- 0：非常态时，无作用。

4. 状态寄存器

状态寄存器(SR)的内容反应了 SJA1000 的状态。状态寄存器 SR 对微控制器来说是只读存储器，各位的功能说明如下。

位 7	位 6	位 5	位 4	位 3	位 2	位 1	位 0
BS	ES	TS	RS	TCS	TBS	DOS	RBS

位 7　BS：总线状态。

- 1：SJA1000 退出总线活动；
- 0：SJA1000 进入总线活动。

位 6　ES：出错状态。

- 1：至少出现一个错误计数器满或超过 CPU 报警限制；
- 0：两个错误计数器都在报警限制以下。

位 5　TS：发送状态。

- 1：SJA1000 正在传送报文；
- 0：没有要发送的报文。

位 4　RS：接收状态。

- 1：SJA1000 正在接收报文；
- 0：没有正在接收的报文。

位 3　TCS：发送完毕状态。

- 1：最近一次发送请求被成功处理；
- 0：当前发送请求未处理完毕。

位 2　TBS：发送缓冲器状态。

- 1：单片机可以向发送缓冲器写报文；
- 0：单片机不能访问发送缓冲器；有报文正在等待发送或正在发送。

位 1　DOS：数据超载状态。

- 1：报文丢失，因为 RXFIFO 中没有足够的空间来存储它；
- 0：自从最后一次清除数据超载命令执行，无数据超载发生。

位 0　RBS：接收缓冲状态。

- 1：RXFIFO 中有可用报文；
- 0：无可用报文。

5. 中断寄存器

中断寄存器(IR)允许识别中断源。当寄存器的一位或多位被置位时，$\overline{\text{INT}}$(低电平有效)引脚被激活。该寄存器被单片机读过之后，所有位被复位。中断寄存器对单片机来说是只读存储器，各位的功能说明如下：

位 7	位 6	位 5	位 4	位 3	位 2	位 1	位 0
—	—	—	WUI	DOI	EI	TI	RI

位 7～5：保留。

位 4　WUI：唤醒中断。

- 1：退出睡眠模式时此位被置位；
- 0：单片机的任何读访问将清除此位。

位 3　DOI：数据超载中断。

- 1：当数据超载中断使能位被置为 1 时，数据超载状态位由高到低的跳变，将其置位；
- 0：单片机的任何读访问将清除此位。

位 2　EI：错误中断。

- 1：错误中断使能时,错误状态位或总线状态位的变化会置位此位;
- 0：单片机的任何读访问将清除此位。

位 1　TI：发送中断。

- 1：发送缓冲器状态从 0 变为 1(释放)和发送中断使能时,此位被置位;
- 0：单片机的任何读访问将清除此位。

位 0　RI：接收中断。

- 1：当接收 FIFO 不空和接收中断使能时置位此位;
- 0：单片机的任何读访问将清除此位。

6. 验收代码寄存器

在复位模式时,验收代码寄存器(ACR)可以被单片机访问(读/写)。验收代码寄存器各位功能说明如下：

D7	D6	D5	D4	D3	D2	D1	D0
AC.7	AC.6	AC.5	AC.4	AC.3	AC.2	AC.1	AC.0

满足下列两种情况下之一,则报文予以验收：

① 报文标识符的高 8 位(ID.10～ID.3)和验收代码位(AC.7～AC.0)相等;

② 验收屏蔽位(AM.7～AM.0)的所有位为 1。

如果一条报文通过了接收过滤器的测试而且接收缓存器有空间,那么标识符和数据将被分别顺次写入 RXFIFO。当报文被正确地接收完毕,将出现下列操作：

① 接收状态位置高(满);

② 接收中断使能位置高(使能),接收中断置高(产生中断)。

7. 验收屏蔽寄存器

在复位模式时,验收屏蔽寄存器(AMR)可以被单片机访问(读/写)的。验收屏蔽寄存器定义验收代码寄存器的哪些位对接收过滤器是"相关的"或"无关的"(即可为任意值)。验收屏蔽寄存器各位的功能说明如下。

D7	D6	D5	D4	D3	D2	D1	D0
AM.7	AM.6	AM.5	AM.4	AM.3	AM.2	AM.1	AM.0

当 AM.i＝0 时,是"相关的";

当 AM.i＝1 时,是"无关的"(i＝0,1,…,7)。

8. 发送缓冲器

发送缓冲器是用来存储单片机要 SJA1000 发送的报文的。它被分为描述符区和数据区。发送缓冲器的读/写只能由单片机在工作模式下完成。在复位模式下读出的值总是"FFH"。描述符为两个字节,包括标识符、远程发送请求位和数据码长度。其格式说明如下。

D7	D6	D5	D4	D3	D2	D1	D0
ID.10	ID.9	ID.8	ID.7	ID.6	ID.5	ID.4	ID.3
ID.2	ID.1	ID.0	RTR	DLC.3	DLC.2	DLC.1	DLC.0

（1）标识符

标识符(ID)有 11 位(ID.0～ID.10)。ID.10 是最高位,在仲裁过程中是最先被发送到总线上的。标识符就像报文的名字,它在接收器的接收过滤器中被用到,也在仲裁过程中决定总线访问的优先级。标识符的值越低,其优先级越高,这是由于在仲裁时有许多前导显性位所致。

（2）远程发送请求

如果远程发送请求(RTR)位置 1,总线将以远程帧发送数据,这意味着此帧中没有数据字节。然而,必须给出正确的数据长度码,数据长度码由具有相同标识符的数据帧报文决定。

如果 RTR 位没有被置位,数据将以数据长度码规定的长度来传送数据帧。

（3）数据长度码

报文数据区的字节数根据数据长度码(DLC)编制。在远程帧传送中,因为 RTR 被置位,数据长度码是不被考虑的,这就迫使发送/接收数据字节数为 0。然而,数据长度码必须正确设置,以避免两个 CAN 控制器用同样的识别机制启动远程帧传送而发生总线错误。数据字节数是 0～8,按如下方法计算:

$$数据字节数 = 8 \times DLC.3 + 4 \times DLC.2 + 2 \times DLC.1 + DLC.0$$

为了保持兼容性,数据长度码不超过 8。如果选择的值超过 8,则按照 DLC 规定认为是 8。

（4）数据区

传送的数据字节数由数据长度码决定。发送的第一位是地址 12 单元的数据字节 1 的最高位。

9. 接收缓冲器

接收缓冲器的全部列表和发送缓冲器类似。接收缓冲器是 RXFIFO 中可访问的部分,位于 CAN 地址的 20～29 之间。

标识符、远程发送请求位和数据长度码同发送缓冲器的相同,只不过是在地址 20～29。RXFIFO 共有 64B 的报文空间。在任何情况下,FIFO 中可以存储的报文数取决于各条报文的长度。如果 RXFIFO 中没有足够的空间来存储新的报文,CAN 控制器会产生数据溢出。数据溢出发生时,已部分写入 RXFIFO 的当前报文将被删除。这种情况将通过状态位或数据溢出中断(中断允许时,即使除了最后一位整个数据块被无误接收也使接收报文无效)反应到单片机。

10. 总线时序寄存器 0(BTR0)和总线时序寄存器 1(BTR1)

BTR0 和 BTR1 主要用于确定波特率。在实际设计程序时,BTR0 和 BTR1 这两个寄存器的内容一般根据波特率通过查表获得。假设晶振荡频率为 16MHz,通信波特率与 BTR0 和 BTR1 的关系如表 10-2-3 所示。在设置 BTR0 和 BTR1 的值时要注意两点:一是一个系统中的所有节点,BTR0 和 BTR1 的内容都应相同,否则将无法进行通信;二是采用 BasicCAN 模式时,波特率不应超过 250kbit/s。

表 10-2-3　通信距离与通信波特率关系表

波特率/bit/s	最大总线长度	总线定时	
		BTR0	BTR1
1M	40m	00H	14H
500k	130m	00H	1CH
250k	270m	01H	1CH
125k	530m	03H	1CH
100k	620m	43H	2FH
50k	1.3km	47H	2FH
20k	3.3km	53H	2FH
10k	6.7km	67H	2FH
5k	10km	7FH	7FH

11. 输出控制寄存器

输出控制寄存器(OCR)允许由软件控制建立不同输出驱动的配置。在复位模式中,此寄存器可被单片机访问。输出控制寄存器 OCR 格式如下。

D7	D6	D5	D4	D3	D2	D1	D0
OCTP1	OCTN1	OCPOL1	OCTP0	OCTN0	OCPOL0	OCMODE1	OCMODE0

12. 时钟分频寄存器

时钟分频寄存器(CDR)用于控制 CLKOUT 引脚输出状态,控制 TX1 上的专用接收中断脉冲、接收比较器旁路和 BasicCAN 模式与 PeliCAN 模式的选择。复位值为 00000000。时钟分频寄存器各位的说明如下。

D7	D6	D5	D4	D3	D2	D1	D0
CAN 模式	CBP	RXINTEN	0	CLOCK OFF	CD.2	CD.1	CD.0

D7:CAN 模式。只有在复位模式设置此位。

- 0:CAN 控制器工作于 BasicCAN 模式;
- 1:CAN 控制器工作于 PeliCAN 模式。

D6　CBP:置位 CDR.6(CBP)可以旁路 CAN 输入比较器,但这只能在复位模式中设置。这只要用于 SJA1000 外接发送接收电路时,此时内部延时被减少,这将使总线长度最大可能地增加。如果 CBP 被置位,只有 RX0 起作用。没有被使用的 RX1 输入应被连接到一个确定的电平,如 V_{ss}。

D5　EXINTEN：此位允许 TX1 输出用来做专用接收中断输出。当一条已接收的报文成功地通过验收滤波器时,一个位时间长度的接受中断脉冲就会在 TX1 引脚输出(在帧的最后一位期间)。极性和输出驱动可以通过输出控制寄存器编程。在复位模式中只能写(在 BasicCAN 模式中复位请求位设置为 1)。

D4　保留位：此位不能写,读值总是 0。

D3　CLOCK OFF：时钟关闭位,置 1 使 SJA1000 的外部 CLKOUT 引脚失败。只有在复位模式中才可以写访问(在 BasicCAN 模式中复位请求位设置为 1)。如果此位置 1,则 CLKOUT 引脚在睡眠模式中是低而其他情况先是高。

D2～0　CD.2～CD.0：位域定义位。无论在复位模式还是在工作模式中,CD.2～CD.0 都是可以随意访问。这些位是用来定义外部 CLKOUT 引脚的频率的。可选频率一览如表 10-2-4 所示。在表中,f_{osc} 是外部振荡器(XTAL)频率。

表 10-2-4　CLKOUT 频率选择

CD.2	CD.1	CD.0	时钟频率	CD.2	CD.1	CD.0	时钟频率
0	0	0	$f_{osc}/2$	1	0	0	$f_{osc}/10$
0	0	1	$f_{osc}/4$	1	0	1	$f_{osc}/12$
0	1	0	$f_{osc}/6$	1	1	0	$f_{osc}/14$
0	1	1	$f_{osc}/8$	1	1	1	f_{osc}

10.2.5　CAN 总线通信系统设计示例——多点温度检测系统

1. 设计题目

设计一个由两台智能节点和一台主控器组成的多点温度检测系统,其结构框图如图 10-2-5 所示。主控器和智能节点通过 CAN 总线连成网络。智能节点每隔 1s 采集一次温度值,将采集的温度值在本机显示并通过 CAN 总线传输到主控器。主控器能显示各智能节点的温度值,并可通过键盘设定各智能节点的温度报警值。

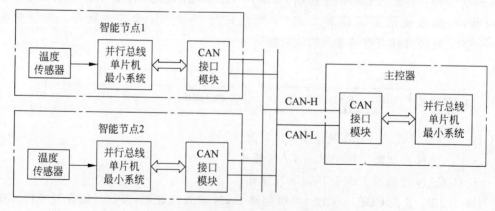

图 10-2-5　多点温度检测系统原理框图

2. 方案设计

为了简化设计,智能节点和主控器采用 8.7 节介绍的并行总线单片机最小系统,CAN 接口模块采用图 10-2-3 所示的原理图设计。智能节点的温度传感器可以采用单总线温度传感器 18B20,或者直接采用电位器输出的直流电压来模拟温度信号,然后通过 C8051F360 单片机的 ADC 转换成数字信号。

由于多点温度检测系统各部分的硬件电路已在前面的内容中作了较详细的介绍,因此,以下主要讨论软件设计方面的问题,特别是与 CAN 总线相关的子程序设计。

3. 报文的定义

CAN 协议通信格式中有 4 种帧格式:数据帧、远程帧、出错帧和超载帧。其中数据帧和远程帧的发送需要在单片机控制下进行,而出错帧和超载帧的发送则是在错误发生时或超载发生时 CAN 控制器自动进行的。在多点温度检测系统中,主要使用数据帧来传送相关信息,一个完整的数据帧格式如图 10-2-6 所示。数据帧中的仲裁场、控制场、数据场由单片机给出,除此之外都是 CAN 控制器发送数据时自动加上去的。CRC 场与 ACK 场都是在低层次上为提高传输的可靠性而自动进行的。任何帧与帧之间是帧间空间。

图 10-2-6 数据帧结构

由仲裁场、控制场、数据场构成的数据帧通常称为报文,报文的具体结构可以用图 10-2-7 来说明。报文第 1 字节和第 2 字节的高 3 位为仲裁场,共 11 位,实际上就是报文的标识符。第 2 字节的第 5 位为 RTR 位,即远程请求位,对数据帧该位应设为"0"。第 2 字节的低 4 位表示数据场所含字节数的多少,称为 DLC。RTR 与 DLC 共同构成控制场。发送的数据组成数据场,由 1~8B 组成。

图 10-2-7 报文的示意图

报文标识符在 CAN 通信中有十分重要的作用,主要体现在以下两方面:

① CAN 不像传统的网络,它不是点到点地传送报文。在 CAN 报文中,标识符是给予数据而不是节点。报文在网络中广播,任何对数据有兴趣的节点都能够接收到这个数据。CAN 控制器接收到一帧数据后,根据验收代码寄存器 ACR 和验收屏蔽寄存器 AMR 的设置来决定是否对报文接收。假设 ACR 的值设为 72H,AMR 的值设为 38H,CAN 报文标识符与这两个寄存器比较示意图如图 10-2-8 所示。在验收屏蔽寄存器 AMR 是"1"的位置上,标识符相应位可以是任何值,标识符的 3 个最低位不参加比较,可

以是任何值。标识符的其他位必须等于验收代码寄存器相应位的值。

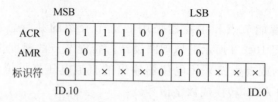

图 10-2-8　CAN 报文标识符与 ACR、AMR 比较示意图

② 如果两个以上节点对网络同时发送报文,CAN 总线通过报文的标识符进行仲裁,标识符的二进制值越小,其优先权就越高。

CAN 总线系统中的每个报文需要设定其标识符。在多点温度检测系统中,需要传送 4 种不同的报文:主控器向智能节点 1 发送温度报警值的报文;主控器向智能节点 2 发送温度报警值的报文;智能节点 1 向主控器发送温度值的报文;智能节点 2 向主控器发送温度值的报文。4 种报文的标识符定义如表 10-2-5 所示。

表 10-2-5　报文标识符定义表

报　文　名　称	标识符	报　文　名　称	标识符
主控器向智能节点 1 发送温度报警值的报文	01H	智能节点 1 向主控器发送温度值的报文	03H
主控器向智能节点 2 发送温度报警值的报文	02H	智能节点 2 向主控器发送温度值的报文	04H

主控器向智能节点发送温度报警值的报文定义如图 10-2-9 所示。智能节点向主控器发送温度值的报文定义如图 10-2-10 所示。

图 10-2-9　发送温度报警值的报文定义

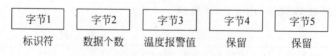

图 10-2-10　发送温度值的报文定义

4. CAN 总线典型子程序设计

CAN 总线典型子程序包括 CAN 节点初始化子程序、报文发送子程序和报文接收子程序。熟悉这三个子程序的设计,就能编写出一般 CAN 的总线通信应用程序。

(1) 初始化子程序设计

初始化程序对 CAN 控制器进行初始化,主要的初始化内容有:设置验收码寄存器 ACR 和验收码屏蔽寄存器 AMR,以界定 CAN 节点对什么样的报文进行接收;设置总线定时器 BTR0 和 BTR1,以设定 CAN 总线的数据传送波特率。BTR0 和 BTR1 的初始化值可以通过查表 10-2-3 获得;设置输出控制寄存器 OCR,以设定 CAN 控制器的输出模式,并建立起 CAN 总线要求的电平逻辑所需输出驱动器的配置。

在编写初始化程序时,只有当 CAN 控制器处于复位模式时,单片机才能访问需要初始化的相关寄存器,否则既写不进去,也读不出正确的内容。因此,初始化程序中首先要对控制寄存器 CR 进行写操作,将复位请求位置 1,使 SJA1000 进入复位模式。当相关寄存器设置初始化完成以后,需要对 CR 进行第二次操作,清复位请求位,使 SJA1000 由复位模式返回工作模式。

设 SJA1000 的片选信号的地址为 4000H,则根据表 10-2-2 可得到相关寄存器的地址。

```
CRR     EQU     4000H           ; 控制寄存器
CMR     EQU     4001H           ; 命令寄存器
SR      EQU     4002H           ; 状态寄存器
IR      EQU     4003H           ; 中断寄存器
ACR     EQU     4004H           ; 接收码寄存器
AMR     EQU     4005H           ; 接收码屏蔽寄存器
BTR0    EQU     4006H           ; 总线定时寄存器 0
BTR1    EQU     4007H           ; 总线定时寄存器 1
OCR     EQU     4008H           ; 输出控制寄存器
TXB     EQU     400AH           ; 发送缓冲器
RXB     EQU     4014H           ; 接收缓冲器
```

定义了相关寄存器地址后,CAN 初始化子程序源程序如下:

```
CANINI:     MOV     DPTR,#CRR
            MOV     A,#01H          ; 复位请求位置 1
            MOVX    @DPTR,A
CANINI0:    MOVX    A,@DPTR
            JNB     ACC.0,CANINI0   ; 判复位请求有效,确保进入复位模式
            MOV     DPTR,#ACR       ; 写验收码寄存器
            MOV     A,#××          ; 注 1
            MOVX    @DPTR,A
            MOV     DPTR,#AMR       ; 写验收码屏蔽寄存器
            MOV     A,#××          ; 注 1
            MOVX    @DPTR,A
            MOV     DPTR,#BTR0      ; 写总线定时寄存器 0
            MOV     A,#53H          ; 注 2
            MOVX    @DPTR,A
            MOV     DPTR,#BTR1      ; 写总线定时寄存器 1
            MOV     A,#2FH
            MOVX    @DPTR,A
            MOV     DPTR,#OCR       ; 写输出控制寄存器
            MOV     A,#01AH         ; 注 3
            MOVX    @DPTR,A
            MOV     DPTR,#CMR       ; 写命令寄存器
            MOV     A,#06H          ; 退出发送,接收缓冲器清空
            MOVX    @DPTR,A
            MOV     DPTR,#CRR       ; 写控制寄存器
            MOV     A,#02H          ; 接收中断使能,退出复位模式
            MOVX    @DPTR,A
            RET
```

注1：在主控器和智能节点的初始化程序中，对 ACR、AMR 这两个寄存器应有不同的设置。对主控器来说，表 10-2-5 中标识符为 03 和 04 的报文应都能接收，因此，初始化程序中将 AMR 的值设置成 FFH，而 ACR 寄存器可设为任何值。这意味着主控器可接收任何标识符的数据帧，然后根据接收到的数据帧的标识符来区分是智能节点 1 的数据还是智能节点 2 的数据。对智能节点 1 来说，它只接收来自主控器标识符为 01 的报文，因此，应将 ACR 置成 01H，AMR 的值设置成 00H。对智能节点 2 来说，它只接收来自主控器标识符为 02 的报文，因此，应将 ACR 置成 02H，AMR 的值设置成 00H。

注2：CAN 通信系统的波特率设为 20kbit/s。直接通过查表 10-2-3 得到 BTR0 和 BTR1 的初始值为 53H 和 2FH。

注3：OCR 用于输出模式设置。上述初始化将 TX0 设置正常输出模式、同极性输出，TX1 输出悬空。

（2）CAN 发送子程序设计

发送缓冲器的主要功能是将报文依次写入 CAN 控制器的发送缓冲器。假设 5B 的报文存放 50H～54H 的内部 RAM 中，发送子程序如下：

```
TXDATA:   MOV     DPTR,#SR        ;读状态寄存器
TS0:      MOVX    A,@DPTR
          JNB     ACC.2,TS0       ;判断发送缓冲器状态
          MOV     DPTR,#TXB
          MOV     A,50H           ;向发送缓冲区填入标识符
          MOVX    @DPTR,A
          INC     DPTR
          MOV     A,51H           ;向发送缓冲区填入数据长度
          MOVX    @DPTR,A
          INC     DPTR
          MOV     A,52H           ;向发送缓冲区送 3B 数据
          MOVX    @DPTR,A
          INC     DPTR
          MOV     A,53H
          MOVX    @DPTR,A
          INC     DPTR
          MOV     A,54H
          MOVX    @DPTR,A
          MOV     DPTR,#CMR       ;置 CMR.0 为 1 请求发送
          MOV     A,#01H
          MOVX    @DPTR,A
          RET
```

当 SJA1000 正在发送报文时，发送缓冲器被写锁定。所以在放置一个新报文到发送缓冲器之前，单片机必须检查状态寄存器的"发送缓冲器状态"标志(TBS)。主控器将新的报文写入发送缓冲器后，置位命令寄存器的"发送请求"标志(TR)，此时 SJA1000 将启动发送。

（3）CAN 接收子程序设计

CAN 接收子程序完成单片机从 CAN 控制器接收缓冲器中读取数据，其源程序如下：

```
RXDATA:   MOV     DPTR,#RXB
          MOVX    A,@DPTR
          MOV     58H,A           ;读取标识符
          INC     DPTR
```

```
        MOVX    A,@DPTR
        MOV     59H,A           ;读取数据字节长度
        INC     DPTR
        MOVX    A,@DPTR
        MOV     5AH,A           ;读取 3B 数据
        INC     DPTR
        MOVX    A,@DPTR
        MOV     5BH,A
        INC     DPTR
        MOVX    A,@DPTR
        MOV     5CH,A
        MOV     DPTR,#CMR       ;释放接收缓冲区
        MOV     A,#04H
        MOVX    @DPTR,A
        MOV     DPTR,#SR        ;读状态寄存器
        MOVX    A,@DPTR
        JB      ACC.1,ERROR     ;判数据溢出
        JB      ACC.7,ERROR     ;判总线状态
        RET
ERROR:  调用显示错误信息子程序
        RET
```

5. 主控器控制软件设计

主控器的功能是接收来自智能节点的温度值,并向智能节点发送温度报警值。主控器的整个程序由主程序、键盘(INT0)中断服务程序、外部中断 1 服务程序三部分组成。

(1) 主程序流程图

主程序流程图主要完成单片机内部有关资源初始化、CAN 接口初始化,其流程图如图 10-2-11 所示。

(2) 外部中断 1 服务程序

主控器通过 CAN 总线接收来自智能节点的温度测量值。当 CAN 总线接口接收到有效的数据帧以后,将启动一次外部中断。主控器通过外部中断来获得温度值并显示,其程序流程图如图 10-2-12 所示。

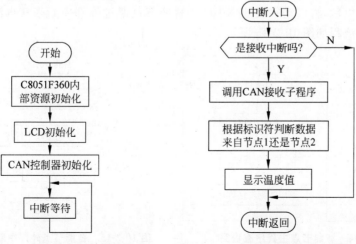

图 10-2-11　主控器主程序流程图　　　图 10-2-12　主控器外部中断 1 程序流程图

（3）键盘中断服务程序

键盘中断服务程序输入温度报警值并传送给智能节点。温度报警值由一只 8 位 DIP 开关设定，范围为 00H～FFH。设两个功能键 K0 和 K1，K0 键将温度报警值送智能节点 1，K1 键将温度报警值送智能节点 2，流程图如图 10-2-13 所示。

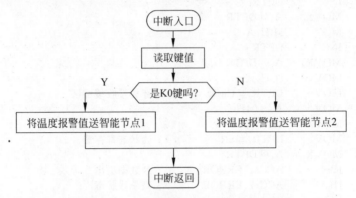

图 10-2-13　主控器键盘中断服务程序流程图

6. 智能节点的控制软件设计

智能节点的主要功能是每隔 1s 采集 1 点温度值，并通过 CAN 总线发送给上位机，同时，接收来自上位机的温度报警值。智能节点 1 和智能节点 2 由于功能相同，因此采用相同的软硬件设计。智能节点的整个程序由主程序、定时器 0 中断服务程序、外部中断 1 服务程序三部分组成。

（1）主程序流程图

主程序流程图主要完成单片机内部有关初始化、CAN 接口初始化、温度数据的采集、显示和传输。其流程图如图 10-2-14 所示。

（2）定时器 0 中断服务程序

定时器 0 主要用于控制温度采样时间，功能十分简单，因此，程序流程图省略。

（3）外部中断 1 中断服务程序

智能节点通过 CAN 总线接收来自主控器的温度报警值。当 CAN 总线接口接收到有效的数据帧以后，将启动一次外部中断。智能节点通过外部中断来获得温度报警值并显示。其程序流程如图 10-2-15 所示。

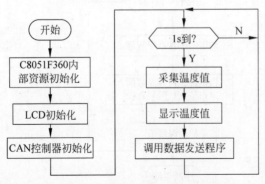

图 10-2-14　智能节点主程序流程图

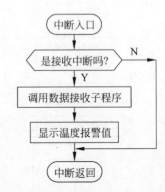

图 10-2-15　智能节点外部中断 1 程序流程图

10.3 设计训练题

设计训练题一：单路数据采集系统

试用 C51 写出程序，采用 C8051F360 单片机对 P2.0 输入的模拟信号进行采样，通过外部信号 CNVSTR 启动 A/D 转换，将采样数据通过 UART0 发送出去，通过 PC 机终端观察结果。

提示：A/D 转换器的模拟输入电压采用电位器产生。通过串口调试软件观察 A/D 转换结果。

设计训练题二：自行车停车点 CAN 总线通信系统设计

某校园有三个自行车停车点，为了实现智能化管理，采用 CAN 总线技术将各停车点连成网络，实现各停车点的信息交互。自行车停车点 CAN 总线通信系统的示意图如图 10-3-1 所示。假设每个停车点可以停放八辆自行车，用拨码开关来模拟自行车停车位，拨码开关置上方，表示该车位有自行车停放，拨在下方，表示没有自行车停放。三个停车点硬件电路完全相同。制作模拟自行车停车位，设计各停车点控制器程序，要求实现在任一停车点可查询其他停车点有无空闲车位的信息。

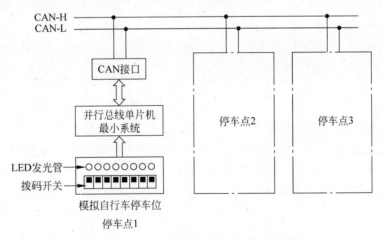

图 10-3-1 自行车停车点 CAN 总线通信系统

第四部分　综合电子系统设计与实践

导读：

众所周知,当今流行的大多数电子产品都是综合的、复杂的电子系统,涉及模拟电路、数字电路、微控制器等不同的子系统,同时需应用多种 EDA 工具来进行电子系统的设计。

本部分选用了三个典型的综合电子系统：数字化语音存储与回放系统、DDS 信号发生器和高速数据采集系统。

在第 11 章中,首先介绍了基于 C8051F360 单片机的数字化语音存储与回放系统设计方案。由于单片机子系统和大容量串行存储器已在前面章节中介绍,因此,本章重点介绍了语音存储回放系统中模拟子系统设计、系统软件设计和 DPCM 语音压缩算法。语音存储与回放系统是 SoC 单片机的典型应用实例,通过本章的介绍,读者可以从中体会到 SoC 单片机在电子系统设计中的优越性。

在第 12 章中,首先介绍了直接数字频率合成(DDFS)原理和 DDS 信号发生器的两种典型设计方案：单片机＋专用 DDS 集成芯片 AD9850 的设计方案；单片机＋FPGA＋高速 D/A 转换器的设计方案。详细介绍了两种不同方案 DDS 信号发生器的软硬件设计方法,给出了 DDS 信号发生器的系统调试方法和测试结果。通过本章的介绍,读者可以从中学习到专用 DDS 芯片、高速 D/A 转换器、高速运放、电流反馈运放、数控电位器等新型器件的使用方法。

在第 13 章中,介绍了一种采用单片机和 FPGA 相结合的高速数据采集系统设计方法。利用 FPGA 内部的双口 RAM 作为高速数据采集系统的缓存,由 FPGA 直接控制高速 A/D 转换器完成数据采集,单片机从 FPGA 双口 RAM 中读取采集数据,并在 LCD 上显示波形。

第11章

基于SoC单片机的数字化语音存储与回放系统

11.1　设计题目

设计并制作一个数字化语音存储与回放系统,其示意图如图 11-1-1 所示。

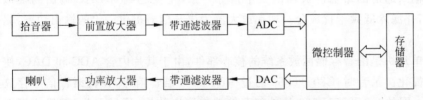

图 11-1-1　数字化语音存储与回放系统示意图

设计要求:
① 前置放大器增益可调,功率放大器输出功率≥0.5W。
② 带通滤波器:通带为 300Hz～3.4kHz。
③ ADC:采样频率 $f_s=8$kHz,字长 8 位。
④ 语音录放时间≥60s。
⑤ DAC:变换频率 $f_c=8$kHz,字长 8 位。
⑥ 回放语音质量良好。
⑦ 采用语音压缩算法,增加录放时间。

11.2　总体方案设计

语音的存储与回放系统将语音信号转化为电信号,经放大、滤波处理后通过 A/D 转换器转化为数字信号,然后将数字化的语音信号存放在大容量的存储器中;回放时,从存储器中取出数字化的语音信号,经 D/A 转换器转化成模拟信号,经滤波放大后驱动扬声器发出声音。根据功能要求,语音存储与回放系统的原理框图如图 11-2-1 所示。

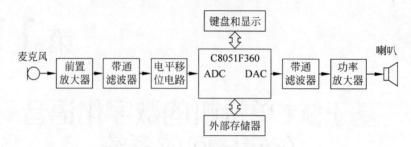

图 11-2-1　系统原理框图

模拟量输入通道由麦克风、前置放大电路、带通滤波器、电平移位电路构成。麦克风将语音信号转换成电信号。由于麦克风输出的信号幅值只有几十毫伏,因此需要通过前置放大器将其输出的语音信号放大。带通滤波器的作用是保证语音信号中的有用成分通过,而滤除语音信号中的低频和高频干扰成分。带通滤波器还起到 A/D 转换器抗混叠滤波器的作用,防止采样后信号频谱混叠。电平移位电路的作用是将滤波器输出的语音信号叠加一直流分量,使语音信号的电压范围符合 ADC 对输入模拟信号电压的要求。

模拟量输出通道包括带通滤波器、音频功率放大电路、喇叭。模拟量输出通道的带通滤波器与模拟量输入通道的带通滤波器的技术指标一致,主要起到对 DAC 输出的模拟信号平滑的作用,并滤除低频干扰成分。功率放大器为语音信号提供一定的输出功率,驱动喇叭。

C8051F360 单片机是语音存储回放系统的核心部件,由于其片内含 ADC 和 DAC,使硬件电路的设计简化。录音时,C8051F360 通过 ADC 采集语音信号,并将语音信号存放在外部存储器中;回放时,C8051F360 从外部存储器中取出数据,通过 DAC 转换成模拟信号,经滤波放大后驱动喇叭。

在对语音信号数字化的过程中,主要考虑的技术指标有采样频率和量化位数。采样频率的确定应遵循香农(Shannon)采样定理。采样频率越高,恢复后的声音信号频带越宽。在通信系统中,语音信号的采样频率通常为 8kHz。一些高保真的音响系统,如 CD 激光唱盘,采样频率为 44kHz,使得音质与原始声音相差无几。表 11-2-1 列出了采样频率和音质的关系。

表 11-2-1　采样频率与音质的关系

音　　质	频率范围	采样频率
电话音质	300Hz~3.4kHz	8kHz
短波段收音机音质	50Hz~7kHz	11.025kHz
FM 收音机音质	20Hz~15kHz	22.05kHz
CD 音质	10Hz~20kHz	44.1kHz

量化位数是指模拟语音信号转换为二进制数字量后位数。量化位数越大,量化误差就越小,数字化后的语音信号就越接近原始信号,但所需要的存储空间也越大。

为了获得较好的声音回放质量,同时,也使单片机在一个采样周期内有充裕的时间对采集的数据进行处理,如数据存储、压缩等操作,语音信号的采样频率采用 8kHz。根据采样定理,该采样频率可满足恢复 4kHz 以内的语音信号。为了节省存储空间和简化程序设计,语音信号的量化位数设为 8 位。C8051F360 单片机片内 ADC 和 DAC 的精度为10 位,只需要使用其中的高 8 位数据即可。

根据上述确定采样频率和量化位数,C8051F360 单片机 1s 采集的数据量为 8KB。根据设计要求,语音录放时间应大于 60s,在不压缩的情况下,需要 480KB 的存储容量,因此在硬件系统中需要扩展外部数据存储器。随着集成电路技术的发展,大容量存储器的选择余地非常大。在选择外部数据存储器时,首先要保证存储器的容量满足系统要求,其次要考虑单片机与存储器的接口方式、读写是否方便。存储器有两种选择方案,一种是采用并行存储器 IS61WV5128BLL,其硬件电路的设计可参考 8.3 节有关内容;一种是采用串行存储器 M25P16,其硬件电路设计可参考 9.1.4 节有关内容。比较两种方案,方案一的优点是单片机对存储器读写速度快,软件设计简单,但连线复杂,且所采用的存储器属于易失性存储器,掉电以后数据丢失;方案二的优点是硬件电路简单,且存储器属于非易失性存储器,但软件设计较为复杂。从提高性价比的角度,本设计将采用方案二。

数字化语音存储与回放系统的硬件部分可分为单片机子系统、大容量存储器、模拟子系统。单片机子系统可直接采用了 8.7 节介绍的并行总线单片机最小系统,大容量存储器采用 M25P16,其接口电路及相关读写程序已在 9.1.4 节作了详细介绍。因此,以下内容重点介绍模拟子系统设计和系统软件设计。

11.3 模拟子系统设计

根据图 11-2-1 所示的原理框图,模拟子系统包括前置放大电路、带通滤波器、音频功率放大电路几部分。

1. 前置放大电路设计

在语音存储与回放系统中,通过麦克风(MIC)将声音信号转化为电信号。麦克风电路模型如图 11-3-1 所示,其内部含有一个电容元件和场效应管构成的内部前置放大器。电容随机械振动发生变化,从而产生与声波成比例的变化电压。麦克风在使用时需要通过一个电阻 R_1 连接到电源对其进行偏置。R_1 的阻值决定了麦克风的输出电阻和增益,通常在 $1\sim10\text{k}\Omega$ 之间。麦克风输出的电信号比较微弱,信号幅值在 $1\sim20\text{mV}$ 之间。

前置放大器就是对麦克风输出的语音信号进行放大以便对其进一步处理。前置放大电路有两种设计方

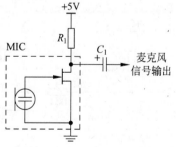

图 11-3-1　麦克风电路模型

案。一种设计方案是针对双麦克风设计的前置放大器,由一级差分放大电路和一级增益可调反相放大器组成的设计方案,原理图如图 11-3-2。图中 IC1 采用低噪声双运放 TL082。差分放大电路的增益为 $A_1 = -R_4/R_3 \times (v_{S1} - v_{S2})$。反相放大器的增益为 $A_2 = -\text{RP}_1/R_7$。

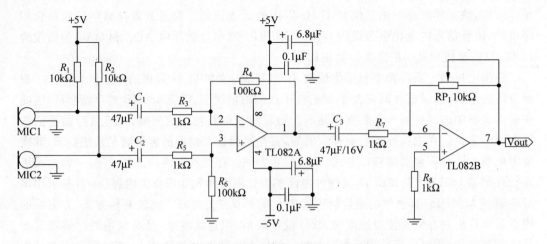

图 11-3-2 方案一前置放大电路原理图

　　声音的拾取选用两个特性基本相同的麦克风,将它们背对背地安装,如图 11-3-3 所示。声源到达两麦克风的距离分别为 L_1 和 L_2,背景声音(噪声)到达两麦克风的距离分别为 L_3 和 L_4。由于声源离麦克风的距离相对较近,$L_1 \neq L_2$,声源在麦克风上产生语音信号属于差分信号,通过差分电路得到放大;而背景声离麦克风的距离相对较远,可以认为 $L_3 \approx L_4$,因此,背景声在麦克风上产生的信号对差分放大电路来说相当于共模信号,从而被有效地抑制。

　　另一种设计方案针对单麦克风,电路比较简单,由两级反相放大电路组成,原理图如图 11-3-4 所示。由于电路中只需一只麦克风,制作比较容易。

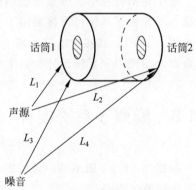

图 11-3-3 双麦克风消除背景噪声的示意图

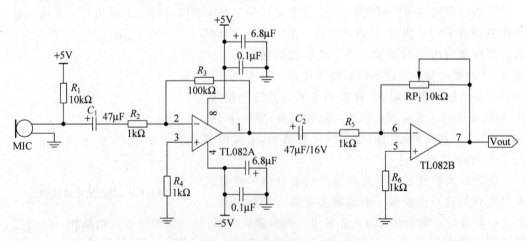

图 11-3-4 方案二前置放大电路原理图

2. 带通滤波器设计

语音存储与回放系统中,模拟量输入通道和输出通道均需要带通滤波器。带通滤波器的通带范围为300Hz~3.4kHz,主要实现的功能如下:

① 保证300Hz~3.4kHz的语音信号不失真地通过滤波器。

② 滤除通带外的低频信号,减少工频等分量的干扰,减小噪声影响。

③ 滤除通带外的高次谐波信号,减少因8kHz采样率引起的混叠失真,根据实际情况,该上限频率在2.7kHz左右。带通滤波器按品质因数Q的大小分为窄带滤波器($Q>10$)和宽带滤波器($Q<10$)两种,在本系统中,上限频率$f_H=3400$Hz,下限频率$f_L=300$Hz,带通滤波器的中心频率f_0与品质因数Q分别为

$$f_0 = \sqrt{f_H f_L} = \sqrt{3400 \times 300} = 1010\text{Hz}$$

$$Q = f_0/\text{BW} = f_0/(f_H - f_L) = 1010/(3400 - 300) = 0.326$$

显然,$Q<10$,故该带通滤波器为宽带带通滤波器,宽带带通滤波器一般采用高通滤波器和低通滤波器级联构成。以下给出4阶低通滤波器和4阶高通滤波器设计过程。

4阶低通滤波器的原理图如图11-3-5所示,由两级2阶多重反馈低通滤波器级联而成。主要指标为:通带增益$A_0=1$,截止频率$f_c=f_H=3.4$kHz,选择$Q_1=0.541$,$Q_2=1.306$。主要参数计算如下:

选基准电容C_0为2200pF,则:

基准电阻$R_0=1/(2\pi f_c C_0)=21.29\text{k}\Omega$

$C_3=4Q_1^2(1+A_0)C_0=5151\text{pF}$,取标称值5100pF

$C_4=C_0=2200\text{pF}$

$R_7=R_0/(2Q_1 A_0)=19.67\text{k}\Omega$,取标称值20kΩ

$R_8=A_0 R_9=19.67\text{k}\Omega$,选择20kΩ

$R_9=R_0/[2Q_1(1+A_0)]=9.83\text{k}\Omega$,取标称值10kΩ

同样地:

$C_5=4Q_2^2(1+A_0)C_0=0.0313\mu\text{F}$,取标称值0.033μF

$C_6=C_0=2200\text{pF}$

$R_{10}=R_0/(2Q_2 A_0)==8.15\text{k}\Omega$,取标称值8.2kΩ

$R_{11}=A_0 R_{12}=8.2\text{k}\Omega$

$R_{12}=R_0/[2Q_2(1+A_0)]=4.07\text{k}\Omega$,取标称值3.9kΩ

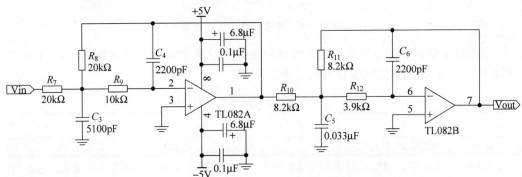

图 11-3-5 4阶低通滤波器原理图

采用 Multisim 软件仿真软件对 4 阶低通滤波器电路进行仿真,仿真结果见图 11-3-6。

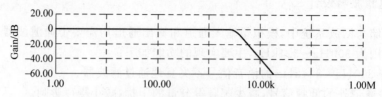

图 11-3-6　低通滤波器仿真结果

高通滤波器原理图如图 11-3-7 所示,由 TL082 构成 4 阶高通滤波器,通带增益 $A_0=1$,截止频率 $f_c=f_L=300\text{Hz}$,第三级的 Q_3 为 0.451,第四级 Q_4 为 1.306。

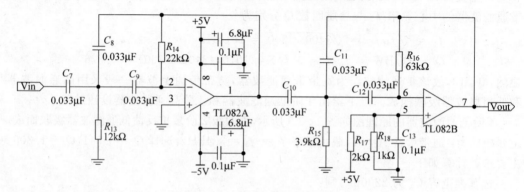

图 11-3-7　4 阶高通滤波器原理图

主要参数选取如下:

电容 $C_8 \sim C_{13}=C_0=0.033\mu\text{F}$, $R_0=1/(2\pi f_c C_0)=16.08\text{k}\Omega$

$R_{13}=R_0/[Q_3(2+1/A_0)]=11.88\text{k}\Omega$,取标称值 12k$\Omega$

$R_{14}=R_0/[Q_3(1+2A_0)]=21.75\text{k}\Omega$,取标称值 22k$\Omega$

$R_{15}=R_0/[Q_4(2+1/A_0)]=4.10\text{k}\Omega$,取标称值 3.9k$\Omega$

$R_{16}=R_0/[Q_4(1+2A_0)]=62.98\text{k}\Omega$,取标称值 63k$\Omega$

用 Multisim 软件仿真对高通滤波器电路进行仿真,其结果如图 11-3-8 所示。

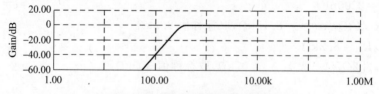

图 11-3-8　高通滤波器仿真结果

由低通滤波器和高通滤波器级联构成的带通滤波器实际电路经过测试,其实验结果如表 11-3-1 所示,输入正弦波信号的有效值为 2V。

表 11-3-1　有源带通滤波器实际测试结果

f_i/kHz	0.05	0.20	0.27	0.30	0.35	0.40	0.45	0.50	0.60	0.70	0.80	1.50
v_o/V	0.2	0.8	1.3	1.7	2.0	2.2	2.3	2.3	2.4	2.5	2.5	2.4
f_i/kHz	2.00	2.50	3.00	3.10	3.20	3.30	3.40	3.50	4.00	4.50	5.00	5.50
v_o/V	2.3	2.1	2.0	1.9	1.8	1.8	1.7	1.6	1.2	0.8	0.6	0.5

从实验结果看,当输入正弦波信号的频率在300Hz以下或3400Hz以上时,输出的信号幅值明显减小,即此段频率的信号出现了衰减,而信号频率在300~3400Hz之间时,信号基本没有衰减。因此该滤波器的幅频特性与设计要求相符。

为了保证滤波器输出语音信号的幅值在A/D转换器的满量程范围之内。在图11-3-7所示原理图中,增加了由R_{17}和R_{18}构成电平移位电路。假设C8051F360内部A/D转换器采用V_{DD}(3.3V)作为参考电压,则其满量程输入电压范围为0~3.3V,因此,带通滤波器的输出信号应加上1.65V左右的直流电平,该直流电平通过R_{17}和R_{18}分压得到。对于模拟量输出通道的带通滤波器,则不需要直流偏置电路,运放TL082B第5脚直接接地即可。

3. 音频功放电路设计

为了简化电路设计,如没有特殊要求,音频功放电路通常采用集成功放。根据输出功率的要求,这里选用TI公司出品的700mW低电压音频功率放大器TPA701。由TPA701构成的功放电路原理图如图11-3-9所示。TPA701在输出级不需要耦合电容。TPA701只需要+5V电源供电。功放电路的增益由电阻R_1和RP_1决定,其关系如式(11-3-1)所示。调节RP_1就可以调节喇叭的音量。

$$G = -2 \times \frac{RP_1}{R_1} \tag{11-3-1}$$

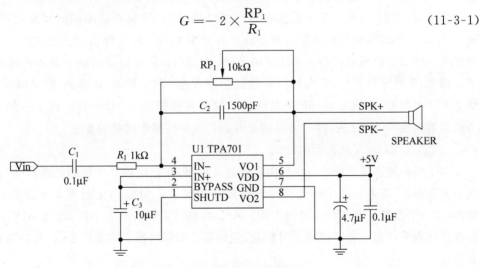

图 11-3-9 音频功放电路原理图

11.4 系统软件设计

语音存储回放系统软件的基本功能是通过按键控制系统实现录音和放音。录音(语音的存储)时,采集语音信号并将采集的数据存入M25P16中;放音(语音的回放)时,从M25P16中读取数据送DAC。在建立系统软件的框架时,应考虑以下几个问题。

(1) 人机接口的功能设计

语音存储与回放系统的人机接口功能比较简单,按照功能要求只需要3个功能键:

"擦除"键、"录音"键、"放音"键。"擦除"键有效时,单片机调用擦除子程序将 M25P16 中的数据整片擦除,以便进行录音操作。"录音"键有效时,单片机以 8kHz 的频率采集语音信号,并将数据写入 M25P16 中。当"放音"键有效时,单片机通过读数据子程序从 M25P16 中取出数据送 DAC 输出语音信号。

语音存储与回放系统在工作时需要显示一些简单的信息,如显示三种工作状态:录音状态、放音状态、擦除状态,另外,需要显示录音和放音的时间。

根据设计方案,语音存储与回放系统的单片机子系统采用并行总线单片机最小系统,人机接口采用 LCD 模块和矩阵式键盘。根据键盘的工作原理,当键有效时,单片机通过执行 INT0 中断服务程序读取键值。单片机根据读取的键值,执行相应的键处理程序。这里需要考虑的是,键处理程序放在 INT0 中断服务程序中还是放在主程序中。如果将键处理程序放在 INT0 中断服务程序中,则单片机在执行键处理程序时,无法响应同级别的中断,影响程序的效率和实时性。因此,将键处理程序放在主程序中,INT0 中断服务程序只需读取键值并设置一个键有效标志。主程序则不断循环检测键有效标志,如键有效标志置 1,则根据键值执行相应的键处理程序。每次检测到键有效标志置 1 后,应立即将键有效标志清零,以免键处理程序重复执行。

(2) M25P16 的读写方案设计

由于对 M25P16 写一字节数据和写一页(256 字节)数据所需编程时间是相同的,约需 0.64ms。语音存储与回放系统的数据采样频率为 8kHz,采样周期为 0.125ms。如果每采集一字节数据就立即写入 M25P16,显然 M25P16 在写操作时间上是不能满足要求的。因此,在程序设计中,采集的语音数据先存放在 C8051F360 内部的 XRAM 中,待采满 256 字节数据,再调用 M25P16 页编程子程序将数据写入 M25P16。由于采集 256 字节语音数据需要 32ms 的时间,可以满足 M25P16 对写操作时间的要求。

(3) A/D 和 D/A 转换器的控制

为了精确控制采样频率,DAC 由定时器 2 控制,在定时器 2 中断服务程序中向 DAC 送一字节数据,将数字化的语音信号转换成模拟信号。ADC 由定时器 3 溢出启动 A/D 转换(注意需要禁止定时器 3 溢出中断),A/D 转换结束以后产生中断,通过 ADC 中断服务程序读取采样值。为了提高定时精确,定时器 2 和定时器 3 均采用 16 位自动重装工作方式。

(4) C8051F360 单片机内部资源的使用

在语音存储与回放系统中,需要使用 C8051F360 单片机的 ADC、DAC、SPI0、XRAM、定时器等资源。由于 C8051F360 单片机具有丰富的片上外设,除了人机接口和大容量存储器外,不需要扩展其他外部设备,大大简化了系统硬件电路设计。

根据上述分析,语音存储与回放系统的软件框架由主程序、键盘中断服务程序、定时器 2 中断服务程序、ADC 中断服务程序组成。

1. 主程序流程图

主程序的流程图如图 11-4-1。在主程序中首先执行 C8051F360 单片机和 M25P16 的初始化程序。C8051F360 单片机的初始化包括 I/O 口初始化、内部振荡器初始化、

ADC 初始化、DAC 初始化、SPI0 初始化、定时器初始化、中断系统初始化等。M25P16 的初始化主要目的是通过写状态字消除 M25P16 的写保护。

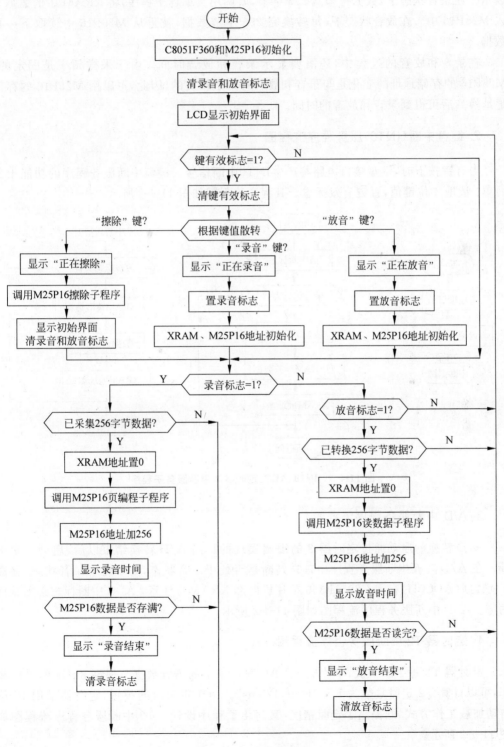

图 11-4-1　程序流程图

主程序实际上是一个循环程序,不断地检测有无按键输入。有键输入时,根据键值作相应处理。主程序中设置了两个工作状态:录音状态和放音状态,分别用两个标志位来表示。在录音状态下,数据每采满256字节,就调用页编程子程序,将XRAM中的数据写入M25P16中。在放音状态下,每转换完256字节数据,就再从M26P16中读取下一页数据。

在录音和放音的过程中,还需要显示录音和放音时间。由于采样频率是固定的,M25P16的存储地址的变化是与录音和放音时间是相关的,因此,可以用M25P16的存储地址换算后可得到录音和放音的时间。

2. 键盘中断(INT0)服务程序流程图

当有键按下时,键盘接口电路将产生$\overline{\text{INT0}}$中断信号。键盘中断服务程序的功能十分简单:读取4位键值,置键有效标志。其程序流程图如图11-4-2所示。

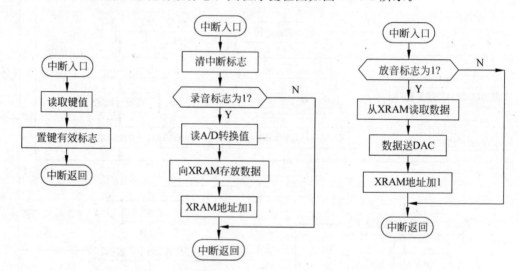

图 11-4-2　INT0、ADC、定时器 2 中断服务子程序

3. A/D 中断服务程序流程图

A/D转换的启动通过定时器3的溢出实现的。当A/D转换结束以后,启动一次中断。在A/D转换中断服务程序中首先判断是否处于录音状态,如果处于录音状态,将高8位数据(ADC0H)存入C8051F360单片机内部XRAM。注意,ADC中断标志必须软件清零。A/D中断服务程序流程图如图11-4-2所示。

4. 定时器 T2 中断服务程序流程图

定时器T2每中断一次,单片机向DAC写一字节的语音数据。根据8kHz的采样频率,可以计算T2定时常数为FF83H(0.125ms)。由于定时时间很短,定时器采用16位自动加载工作方式,既提高了定时精度,又简化了程序设计。T2中断服务程序流程图如图11-4-2所示。

在 ADC 中断服务程序流程图和定时器 T2 中断服务程序流程图中,需要单片机对

XRAM 的读写操作。单片机对 XRAM 的读写有 16 位 MOVX 指令和 8 位 MOVX 指令。由于在程序中只需要对 256 字节的 XRAM 操作,因此,采用 8 位 MOVX 指令可大大简化程序设计。

11.5　系统调试

语音存储与回放系统包括模拟部分的调试和单片机部分的调试,两部分的调试可分开进行。

1. 单片机部分的调试

单片机部分的调试主要是对系统部分进行调试,将 EC5 仿真器将单片机最小系统与 PC 机相连,采用 C8051F 单片机的集成开发环境 Silicon Laboratory IDE 进行调试。主要步骤如下:

① 调试键盘显示程序。先观察仿真器能否正确连机,能否下载程序。注意 C8051F360 单片机通过 C2 口进行程序下载和调试。在仿真器能正确工作的前提下,测试 LCD 模块能否正确显示汉字,键盘输入是否正常。

② 测试单片机对 M25P16 读写是否正常。将 M25P16 的 SPI 接口与 C8051F360 单片机的 I/O 脚相连,测试 M25P16 的初始化程序和擦除程序。注意 M25P16 与单片机之间的连接线尽量短,否则读写可能不正常。

③ 测试 C8051F360 单片机的 A/D 和 D/A 转换器。将 A/D 转换器的模拟量输入引脚设定为 P2.0,将 P2.0 配置为 OC 输出、模拟量输入。注意 C8051F360 单片机 A/D 转换器的模拟电压范围取决于参考电压的选择,本设计选用 V_{DD} 作为参考电压源,因此电压范围 0～3.3V。

将 DDS 信号发生器输出频率 100Hz、幅值范围为 0～2V 的正弦信号,加到 P2.0,将采集的数据存入 M25P16,大约采集 1min,然后回放信号,用示波器观测 IDA0 输出的信号,如果能观测到连续稳定的正弦信号,说明单片机部分工作正常了。

2. 模拟部分的调试

① 麦克风和前置放大器的调试。调试时将声音播放器(可以用手机)对准麦克风(MIC)播放音乐,用示波器观测前置放大器的输出信号(参照图 11-3-4 原理图,运算放大器的第 7 脚即为前置放大器的输出),调节前置放大器 RP_1,使语音信号的电压范围处在 0～3.3V 之间。

② 带通滤波器的调试。将函数信号发生器输出峰-峰值为 2V 的正弦信号,从带通滤波器输入端输入,用示波器观测带通滤波器输出的波形。将输入信号的频率从 100Hz 逐渐增加到 5kHz(幅值保持不变),观察输出信号幅值变化,并将输入信号频率和对应输出信号的幅值记录,验证实测滤波器幅频特性是否与设计要求相符。

③ 音频功放电路的调试。将音频功放电路与 0.5W、8Ω 喇叭相连,调节电位器即可调节音量。

11.6 DPCM语音压缩算法

选择合适的压缩算法可以有效地提高语音数据的存储率,减少数据的存储量。

1. 算法的思想

语音信号是一种具有短时平稳性的非平稳随机过程,其相邻样点间有着很强的相关性。利用语音信号的这些特点,采用自适应量化技术对语音信号进行编码,可以在较低数据率的情况下,获得较高质量的重构语音。差分脉冲编码调制(Differential Pulse Code Modulation,DPCM)是一种常用的压缩编码方法,该算法是使用前一个采样值来预测当前采样值,然后算出当前采样值与预测值的差值,并对差值进行量化。差分值由下述公式计算得到

$$e(n) = S(n) - P(n-1) \tag{11-6-1}$$

其中,$e(n)$表示差分值,$S(n)$表示当前采样值,$P(n-1)$表示预测值,均为 8 位二进制数。由式(11-6-1)得到差分值以后,根据表 11-6-1 转化为 4 位 DPCM 码。

表 11-6-1 差分与对应的 DPCM 编码

差分 $e(n)$	DPCM 编码	差分 $e(n)$	DPCM 编码
$e(n) \leqslant -64$	1	$e(n) = 1$	9
$-64 < e(n) \leqslant -32$	2	$2 \leqslant e(n) < 4$	10
$-32 < e(n) \leqslant -16$	3	$4 \leqslant e(n) < 8$	11
$-16 < e(n) \leqslant -8$	4	$8 \leqslant e(n) < 16$	12
$-8 < e(n) \leqslant -4$	5	$16 \leqslant e(n) < 32$	13
$-4 < e(n) \leqslant -2$	6	$32 \leqslant e(n) < 64$	14
$e(n) = -1$	7	$64 \leqslant e(n)$	15
$e(n) = 0$	0,8		

假设第一次 A/D 的采样值为 8AH,预测值初始化为 80H,则采样值和预测值之间的差分值为 10,该差分值处在 $8 \leqslant e(n) < 16$ 之间,从表 11-6-1 可知,该采样值对应的 DPCM 编码为 12。由于编码值在 0～15 之间,可以用 4 位二进制数表示,从而将采样得到的 8 位数据压缩成 4 位编码,将相邻两次采样值的 DPCM 编码合成一个字节存入 Flash 存储器,从而使语音数据量压缩了一半。

每次求得当前采样值的 DPCM 编码以后,必须计算新的预测值,以便为求取下一次采样值的 DPCM 编码作准备。新的预测值是在当前预测值的基础上累加差分值得到的,如式(11-6-2)所示,式中的差分值 $e_1(n)$ 通过表 11-6-2 获得。

$$P(n) = P(n-1) + e_1(n) \tag{11-6-2}$$

表 11-6-2 DPCM 编码与差分值对应表

DPCM 编码	1	2	3	4	5	6	7	8	9	10	11	12	13	14	15
差分 $e_1(n)$	-64	-32	-16	-8	-4	-2	-1	0	1	2	4	8	16	32	64

DPCM 的编码过程可以用如图 11-6-1 所示的框图来表示。$S(n)$ 为 8 位语音采样值,输出为 4 位 DPCM 编码。量化和编码功能通过查表 11-6-1 实现,解码通过查表 11-6-2 实现。

声音回放时,从 Flash ROM 中取出 4 位 DPCM 编码,然后通过解码恢复语音数据。解码的算法如图 11-6-2 所示。根据 4 位 DPCM 编码,通过查表 11-6-2 得到差分值,再加上预测值就得到恢复后的语音数据。预测值为前一次恢复的语音数据。

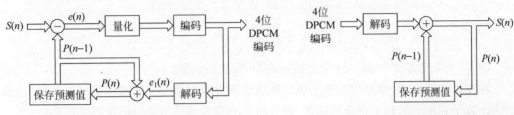

图 11-6-1　DPCM 的压缩算法示意图　　　　图 11-6-2　DPCM 的解压算法示意图

2. DPCM 算法的编程

DPCM 算法的编程可分为编码和解码两个子程序,现分别介绍如下。

(1) DPCM 编码子程序

当前 A/D 转换值存 ADCDAT,输出编码值存 DPCMCODE。为了提高编码子程序的实时性,DPCM 编码子程序中,量化和编码通过查表实现。程序中的表格根据表 11-6-1 制成,包括 512 字节数据,表格首地址设在表格的中间部位。当采样值和预测值之差为负时,以表格首地址为起始点向上查找。当采样值和预测值之差为正时,以表格首地址为起始点向下查找。

```
ENCODE:    MOV    DPTR, #DPCMTAB
           MOV    A, ADCDAT                ; 取 A/D 转换值
           ADD    A, DPL                   ; 首地址加上 A/D 转换值
           MOV    DPL, A
           MOV    A, DPH
           ADDC   A, #0
           MOV    DPH, A
           MOV    A, DPL                   ; 减去预测值
           CLR    C
           SUBB   A, PREDDAT
           MOV    DPL, A
           MOV    A, DPH
           SUBB   A, #0
           MOV    DPH, A
           CLR    A
           MOVC   A, @A+DPTR               ; 取 DPCM 码
           MOV    DPCMCODE, A
           RET
           DB     1,1,1,1,1,1,1,1,1,1,1,1,1,1,1,1
           ...                             ; 注 1
           DB     1,1,1,1,1,1,1,1,1,1,1,1,1,1,1,1
           DB     1,2,2,2,2,2,2,2,2,2,2,2,2,2,2,2
           DB     2,2,2,2,2,2,2,2,2,2,2,2,2,2,2,2
```

```
        DB   2,3,3,3,3,3,3,3,3,3,3,3,3,3,3,3
        DB   3,4,4,4,4,4,4,4,4,5,5,5,5,6,6,7
DPCMTAB: DB   8,9,10,10,11,11,11,11,12,12,12,12,12,12,12,12
        DB   13,13,13,13,13,13,13,13,13,13,13,13,13,13,13,13
        DB   14,14,14,14,14,14,14,14,14,14,14,14,14,14,14,14
        DB   14,14,14,14,14,14,14,14,14,14,14,14,14,14,14,14
        DB   15,15,15,15,15,15,15,15,15,15,15,15,15,15,15,15
        …                                          ; 注 1
        DB   15,15,15,15,15,15,15,15,15,15,15,15,15,15,15,15
```

注 1：此处省略了与前一行完全相同的 10 行表格数据。

在编码子程序中，需要使用预测值。预测值通过预测值计算子程序得到。实际上，预测值计算子程序与解码子程序相同的，因此可以直接采用下面介绍的解码子程序。

(2) 解码子程序(计算预测值子程序)

解码子程序也是通过查表的方法实现。4 位 DPCM 编码存放在 DPCMCODE 中，解码后的语音数据(或预测值)存放在 FREDDAT 中。

```
CALPDAT: MOV   DPTR,#DIFFTAB
        MOV   A,DPCMCODE
        MOVC  A,@A+DPTR
        ADD   A,PREDDAT
        MOV   PREDDAT,A
        RET
DIFFTAB: DB   0,-64,-32,-16,-8,-4,-2,-1,1,2,3,4,8,16,32,64
```

由于语音存储器采用 8 位的 Flash ROM，将低 4 位存放第 n 次 A/D 采样后的 DPCM 编码，将高 4 位存放第 $n+1$ 次 A/D 采样后的 DPCM 编码，这样，每两次 A/D 采样后完成一个 8 位数据的拼接，从而使每秒采样的语音数据量压缩到了一半。

在 8kb/s 的采样速率下，它可以把数码率压缩至 4kb/s，在存储空间一定的情况下，从而使语音存储量增加一倍。在无线通信应用场合中，可以把压缩后的语音 DPCM 编码通过无线的形式发射出去，在无线接收端每秒接收的数据量实际是两倍的语音 A/D 数据量，把每个字节一分为二，拆分重组后进行解码，从而大大的提高了传输效率。

在 DPCM 算法中，如果当前采样的值和上一时刻预测值的差值绝对值相差 64 以上时，采用上述算法后得到相同的 DPCM 编码。这样导致的结果是，在输入的语音信号频率较低时具有良好的编解码效果，当语音信号频率较高时出现一定的失真。这是因为在一定的采样速率下，输入信号频率小时，两个相邻采样点的数据值比较接近，比较符合 DPCM 算法的思想。

为了进一步提高语音信号的压缩率，在改进型 DPCM 算法中增加了静音识别功能。静音压缩算法属于有损压缩算法，该算法主要的思想是：人在讲话时的语音信号往往是不连续的，总是存在停顿间隔现象，根据经验判断，语音停顿的时间平均占整体语音时长的 1/4，如果我们把语音停顿过程中由 A/D 采样的数据清零屏蔽，只记录清零的次数，这样一来，不但语音数据量可以大大减少，而且可以使环境噪声得到有效过滤，所以采用静音压缩是非常有必要的。

11.7 设计训练题

设计训练题一：语音播报数字电压表设计

设计一个语音播报功能的电压表,功能如下:

(1)测量电压为直流,测量范围为0～+5V,数字显示小数点后保留两位有效数;

(2)将测量结果用语音播报出来;

(3)增加其他功能,如自动量程切换、超限报警、增加测量范围等。

提示:硬件系统可在本章介绍的语音存储与回放系统的基础上增加被测信号输入通道实现,硬件系统框图如图11-7-1所示。

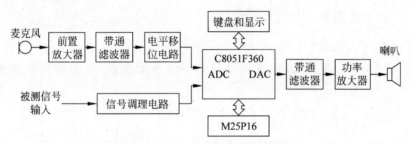

图11-7-1 设计训练题一系统框图

软件设计分两部分:

第一部分完成相关语音的录音。

根据要求需要以下12段录音。以说话平均语速3字/s计,每段录音时间设定为0.5s,按照8kHz的采样频率,需要4KB的容量。每一段语音在M25P16中的地址分配如下:

① 一(000000H～0003FFH)

② 二(000400H～0007FFH)

③ 三(000800H～000BFFH)

④ 四(000C00H～000FFFH)

⑤ 五(001000H～0013FFH)

⑥ 六(001400H～0017FFH)

⑦ 七(001800H～001BFFH)

⑧ 八(001C00H～001FFFH)

⑨ 九(002000H～0023FFH)

⑩ 零(002400H～0027FFH)

⑪ 点(002800H～002BFFH)

⑫ 伏(002C00H～002FFFH)

按K0键对M25P16整片擦除,按K1键录第1段,按K2键录第2段,……,按K12键,录第12段,按K13键连续播放12段录音。直到12段录音满意为止。

第二部分完成数字电压表软件的设计。根据电压测量值,从M25P16找出相应语音段回放。

第 12 章

DDS信号发生器的设计

12.1 设计题目

采用 DDS 技术设计一个信号发生器,其原理框图如图 12-1-1 所示。

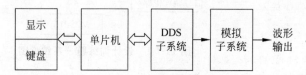

图 12-1-1 DDS 信号发生器原理框图

设计要求如下:

① 具有产生正弦波、方波和三角波三种周期性波形;

② 输出信号频率范围 1Hz～5MHz,重复频率可调,频率步进间隔≤1Hz;

③ 输出信号幅值范围 0.5～10V(峰-峰值),信号幅值和直流偏移量可数控调节;

④ 具有稳幅输出功能,当负载变化时,输出电压幅度变化不大于±3‰(负载电阻变化范围:50Ω～∞);

⑤ 具有显示输出波形类型、重复频率等功能。

12.2 直接数字频率合成的原理

DDS(direct digital synthesizer)即直接数字频率合成技术,是由 J. Tierney、C. M. Rader 和 B. Gold 在 1971 年发表的论文《A Digital Frequency Synthesizer》中首先提出的。从 1971 年至今,DDS 已从一个工程新事物逐渐发展成为一个重要的设计工具。与大家熟悉的直接式和间接式（PLL）频率合成技术不同，DDS技术完全采用数字处理技术，属于第三代频率合成技术。DDS的主要优点是它的输出频率、相位和幅度能够在微控制器的控制下精确而快速地变换。DDS的应用领域包括各类无线通信、有线通信、网络通信，各类需要频率信号的仪器、仪表、遥控、遥测、遥感设备、收音机、电视机等。

本节以正弦信号的产生为例，阐述DDS技术的基本原理。

对于一个频谱纯净的单频正弦信号可以用下式来描述：

$$S_{\mathrm{out}} = A\sin \omega t = A\sin(2\pi f_{\mathrm{out}} t) \tag{12-2-1}$$

其相位为

$$\theta = 2\pi f_{\mathrm{out}} t \tag{12-2-2}$$

显然，该正弦信号相位和幅值均为连续变量。为了便于采用数字技术，应对连续的正弦信号进行离散化处理，即把相位和幅值均转化为数字量。

用频率为 f_{clk} 的参考时钟对正弦信号进行抽样，这样，在一个参考时钟周期 T_{clk} 内，相位 θ 的变化量为

$$\Delta\theta = 2\pi f_{\mathrm{out}} T_{\mathrm{clk}} = \frac{2\pi f_{\mathrm{out}}}{f_{\mathrm{clk}}} \tag{12-2-3}$$

由式（12-2-3）得到的 $\Delta\theta$ 为模拟量，为了把 $\Delta\theta$ 转化成数字量，将 2π 切割成 2^N 等份作为最小量化单位，从而得到 $\Delta\theta$ 的数字量 M 为

$$M = \frac{\Delta\theta}{2\pi} \times 2^N \tag{12-2-4}$$

将式（12-2-3）代入式（12-2-4）得

$$M = 2^N \times \frac{f_{\mathrm{out}}}{f_{\mathrm{clk}}} \tag{12-2-5}$$

经变换后得

$$f_{\mathrm{out}} = \frac{f_{\mathrm{clk}}}{2^N} \times M \tag{12-2-6}$$

式（12-2-6）表明，在参考时钟信号频率 f_{clk} 确定的情况下，输出正弦信号的频率 f_{out} 决定于 M 的大小，而且与 M 呈线性关系。通过改变 M 的大小，就可改变输出正弦信号的频率，因此，M 也称频率控制字。当参考时钟频率取 2^N 时，正弦信号的频率就等于频率控制字 M。当 M 取1时，可以得到输出信号的最小频率步进为

$$\Delta f = \frac{f_{\mathrm{clk}}}{2^N} \tag{12-2-7}$$

由式（12-2-7）可知，只要 N 取得足够大，就可以得到非常小的频率步进值。

将相位转化为数字量以后，式（12-2-1）可描述为如下形式：

$$S_{\mathrm{out}} = A\sin(\theta_{k-1} + \Delta\theta) = A\sin\left[\frac{2\pi}{2^N}(M_{k-1} + M)\right] = Af_{\sin}(M_{k-1} + M) \tag{12-2-8}$$

其中 M_{k-1} 指前一个基准时钟周期的相位值。

从式（12-2-8）可以看出，只要用频率控制字 M 进行简单的累加运算，就可以得到正弦函数的当前相位值。而正弦信号的幅值就是当前相位值的函数。由于正弦函数为非线性函数，很难实时计算，一般通过查表的方法来快速获得函数值。

有了以上理论分析，我们就可以得到一种用数字的方法获得正弦信号的方法：先构

建一个 N 位的相位累加器,在每一个时钟周期内,将相位累加器中的值与频率控制字相加,得到当前相位值。将当前相位值作为 ROM 的地址,读出 ROM 中的正弦波数据,再通过 D/A 转换成模拟信号。频率控制字越大,相位累加器的输出变化越快,ROM 的地址变化也越快,输出的正弦信号频率越高。需要注意的是,受 ROM 容量的限制,ROM 地址位数一般小于相位累加器的位数,因此,把相位累加器输出的高位作为 ROM 的地址。只需改变频率控制字,就可以改变输出信号的频率,因此,采用 DDS 技术,对输出信号频率的控制十分简单。DDS 正弦信号发生器基本原理框图如图 12-2-1 所示。

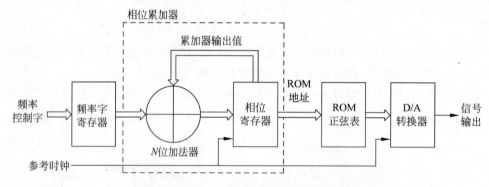

图 12-2-1 DDS 正弦信号发生器基本原理框图

DDS 在相对带宽、频率转换时间、相位连续性、正交输出、高分辨率以及集成化等一系列性能指标方面远远超过了传统频率合成技术所能达到的水平。主要体现在以下几方面:

① 输出频率变换时间小。由于 DDS 是一个开环系统,无任何反馈环节,因此转换速度快。

② 输出分辨率高。由 $\Delta f = f_{clk}/2^N$ 可知,只要增加相位累加器的位数 N 即可获得任意小的频率调谐步进。

③ 相位变化连续。改变 DDS 的输出频率,实际上是改变每一个时钟周期的相位增量。一旦相位增量发生了改变,输出信号的频率瞬间发生改变,从而保持了信号相位的连续性。

④ 输出波形的任意性。只要在 ROM 数据表中存入不同的数据,就可产生不同波形的信号,因此,采用 DDS 可以实现任意波形发生器。

12.3 采用专用DDS集成芯片实现的信号发生器

专用 DDS 集成芯片将频率字寄存器、相位累加器、ROM、D/A 转换器集成在一片芯片中。采用专用 DDS 集成芯片来设计 DDS 信号发生器,可以大大简化硬件系统。就合成信号的质量而言,专用 DDS 集成芯片由于采用了特定的集成工艺,内部数字信号抖动很小,输出信号的指标较高。专用 DDS 集成芯片通常设有与单片机连接的并行接口或串行接口,编程简单方便。目前,已有多品种、系列化的专用 DDS 集成芯片可供选用,例如 Qualcomm 公司、Sciteq 公司、Intel 公司、AD 公司等都推出了系列化的 DDS 产品,这些

DDS 集成电路的工作频率上限不断提高,其最高时钟频率可达到几 GHz。其中 AD 公司的 DDS 系列产品以其较高的性价比得到了广泛的应用。本节介绍采用 AD 公司的专用 DDS 集成芯片 AD9850 设计信号发生器的方法。

1. 专用 DDS 集成芯片 AD9850 简介

AD9850 采用先进的直接数字频率合成技术,内含可编程的 DDS 系统、高速数模转换器以及高速内置比较器,能实现全数字编程控制的频率合成器和时钟发生器。AD9850 的内部框图和引脚排列如图 12-3-1 所示。使用时配上外部参考时钟,AD9850 的模拟输出端就能产生频谱纯净、频率/相位可编程的正弦信号。AD9850 内部还含有一个高速电压比较器,该比较器可用于将 AD9850 产生的正弦信号转换成同频率的方波信号,因此,AD9850 也用于可编程的时钟信号发生器。

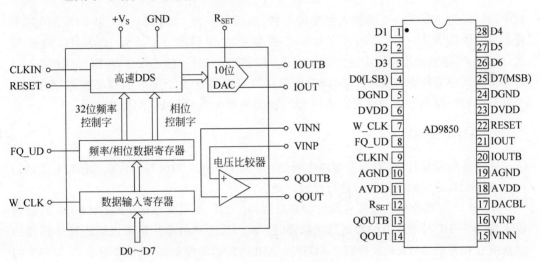

图 12-3-1　AD9850 内部框图和引脚排列

AD9850 引脚功能说明如表 12-3-1 所示。

表 12-3-1　AD9850 引脚功能表

引　脚　号	引脚名	功 能 说 明	引　脚　号	引脚名	功 能 说 明
4~1,28~15	D0~D7	8 位数据输入	13	QOUTB	比较器互补输出端
5,24	DGND	数字地	14	QOUT	比较器输出端
6,23	DVDD	数字电源	15	VINN	比较器反相输入端
7	W_CLK	数据锁存时钟	16	VINP	比较器同相输入端
8	FQ_UD	频率刷新	17	DACBL	DAC 基准线
9	CLKIN	参考时钟输入	20	IOUTB	DAC 互补电流输出端
10,19	AGND	模拟地	21	IOUT	DAC 电流输出端
11,18	AVDD	模拟电源	22	RESET	复位,高电平有效
12	R_{SET}	DAC 外接电阻			

AD9850 的控制字由 W0~W4 这 5 个字节构成,其中 W0 为相位控制字,W1~W4 为 32 位频率控制字(W1 为高字节,W4 为低字节)。5 字节控制字的功能描述如表 12-3-2

所示。

表 12-3-2　AD9850 控制字功能描述表

控制字	位 7	位 6	位 5	位 4	位 3	位 2	位 1	位 0
W0	相位 b39	相位 b38	相位 b37	相位 b36	相位 b35	电源控制 b34	控制位 b33	控制位 b32
W1	频率 b31	频率 b30	频率 b29	频率 b28	频率 b27	频率 b26	频率 b25	频率 b24
W2	频率 b23	频率 b22	频率 b21	频率 b20	频率 b19	频率 b18	频率 b17	频率 b16
W3	频率 b15	频率 b14	频率 b13	频率 b12	频率 b11	频率 b10	频率 b8	频率 b8
W4	频率 b7	频率 b6	频率 b5	频率 b4	频率 b3	频率 b2	频率 b1	频率 b0

正弦信号的输出频率与频率控制字之间的关系由下式确定：

$$f_{OUT} = \frac{f_{CLKIN}}{2^{32}} \times M \qquad (12\text{-}3\text{-}1)$$

式中，f_{CLKIN} 为 AD9850 外部输入的参考时钟，最高频率为 125MHz。M 为 4 字节的频率控制字，就是 W1～W4。假设 AD9850 的参考时钟频率 f_{CLKIN} 为 125MHz，则根据式(12-3-1)可得到最小频率步进为 0.029Hz。如要产生 50Hz 的正弦波，可通过式(12-3-1)计算得到 4 字节频率字为 000006B6H。单片机只要将这 4 个字节的频率控制字连同 1 个字节的相位控制字正确地送入 AD9850，就能够得到频率 50Hz 的正弦信号。

2. 硬件电路设计

在硬件电路设计时，需要考虑两个问题：一是 AD9850 如何与单片机的接口；二是如何对 AD9850 输出的模拟信号进行滤波处理。

AD9850 与单片机的连接有并行和串行两种方式。采用并行接口时，AD9850 的数据输入端 D0～D7 与单片机的数据总线相连，而 W_CLK 可由单片机系统的地址译码器的片选信号和写信号$\overline{WR}$相或得到。AD9850 的并行传送时序如图 12-3-2 所示，5 个字节的频率控制字和相位控制字是在时钟 W_CLK 的上升沿写入 AD9850。单片机通过执行 5 条 MOVX 指令即可将频率控制字和相位控制字依次写入 AD9850。当 5 字节的控制字写入 AD9850 后，通过单片机的 I/O 引脚产生频率刷新信号 FQ_UD，在 FQ_UD 上升沿把 40 位数据从输入寄存器装入到频率/相位数据寄存器，从而刷新 AD9850 输出信号的频率和相位。

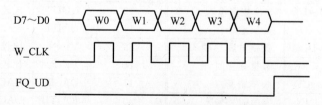

图 12-3-2　AD9850 控制字并行传送时序图

采用并行接口虽然具有数据传送速度快、程序设计方便的优点，但是 AD9850 与单片机之间的连接线较多，扩展不方便，特别是单片机 I/O 引脚数量受限制时，AD9850 与单片机之间通常采用串行接口。图 12-3-3 所示为 AD9850 与 C8051F360 单片机之间的串行接口原理图。将 AD9850 的 D0、D1 接电源，D2 接地，D3～D6 悬空，AD9850 就工作在串行接口工作模式。这时 D7 作为串行数据输入端(DATA)，W_CLK 作为串行时钟输入端，FQ_UD 作为频率刷新信号，RESET 为 AD9850 的复位信号。上述 4 根信号线均由 C8051F360 单片机的 I/O 引脚控制。

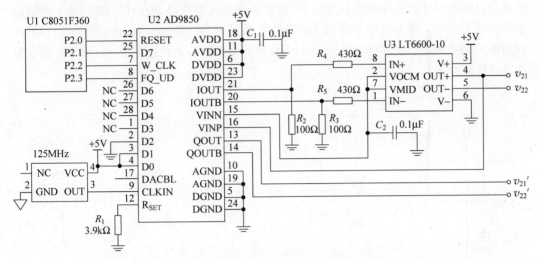

图 12-3-3　AD9850 与单片机的串行接口原理图

采用串行接口时，AD9850 的工作时序如图 12-3-4 所示。5 字节控制字是在 W_CLK 上升沿作用下逐位送入 AD9850。其中 b0 为 W4 的最低位，b39 为 W0 的最高位(见表 12-3-2)。当 40 位数据全部送入 AD9850 后，通过在 FQ_UD 发送一个正脉冲刷新输出频率和相位。

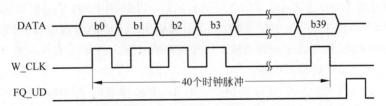

图 12-3-4　AD9850 串行接口时序图

AD9850 内部 DAC 属于电流输出型，从 IOUT 和 IOUTB 引脚输出互补的电流信号。DAC 的满量程输出电流 I_{OUTFS} 由外接电阻 R_1 调节，其关系为：

$$I_{OUTFS} = 32 \times (1.248V/R_1)mA \qquad (12\text{-}3\text{-}2)$$

式中，R_1 的单位为 kΩ。当 R_1 取 3.9kΩ 时，可计算得到 AD9850 内部 DAC 满量程输出电流为 10.24mA。通过电阻 R_2 和 R_3 将 DAC 输出的电流信号转换为电压信号。R_2、R_3 的阻值取 100Ω，则 DAC 的满量程电压约为 1V。注意，R_2、R_3 的阻值不宜太大，如果 R_2、R_3 上的电压信号的幅值超过 1.5V，将产生失真。

由于任何 DAC 都有一个最小分辨电压，因此，AD9850 内部 DAC 输出的正弦信号(实际上就是 R_2、R_3 上的电压信号)从微观上看是一系列以参考时钟频率抽样的电压阶跃信号，尤其是当正弦信号频率增加到一定程度时，一个周期中采样点数将逐渐减少，输出信号的波形变差。为了改善波形质量，需要采用低通滤波器对 DAC 输出的电压信号进行平滑滤波。

AD9850 可以合成 10MHz 以上的正弦信号,要求低通滤波器的带宽能达 10MHz 以上。采用运放构成的有源滤波器很难满足带宽的要求,而采用 LC 无源滤波器则参数计算复杂,滤波电路占用大量印刷电路板空间。美国凌力尔特(Linear Technology)公司已经推出多种大带宽的集成有源滤波器,可显著简化滤波器电路的设计。图 12-3-4 中的低通滤波器就采用了凌力尔特公司出品的单片集成滤波器 LT6600-10,内部框图和引脚排列如图 12-3-5 所示。LT6600-10 由一个全差分放大器和一个截止频率为 10MHz 的 4 阶低通滤波器构成。

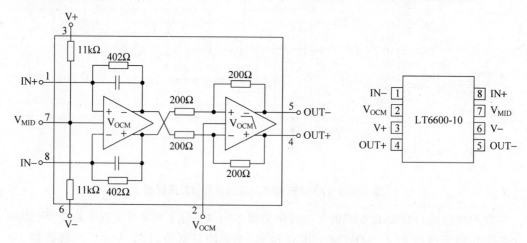

图 12-3-5　LT6600-10 内部电路框图和引脚排列

LT6600-10 内部差分放大器增益可由外接电阻调整。根据图 12-3-3 的原理图,差分放大器的增益等于 $402\Omega/R_4$(R_4 与 R_5 阻值相同)。LT6600-10 的 V_{MID} 引脚输出电源电压的中间值,当 V+接+5V、V-接地时,V_{MID} 引脚输出 2.5V 的直流电压。V_{OCM} 为直流共模参考电压输入端,用于设定滤波器输出信号的共模电压。将 V_{OCM} 与 V_{MID} 相连,则 OUT+和 OUT-含有 2.5V 的共模电压。

图 12-3-6(a)所示为一个信号周期中只有 10 个采样点时 AD9850 输出的正弦信号波形。图 12-3-6(b)所示为经过低通滤波器 LT6600-10 后测得的波形,从图中可以看到,滤波器输出信号中含有 2.5V 的直流分量。注意,测量信号波形时,示波器探头衰减 10 倍。

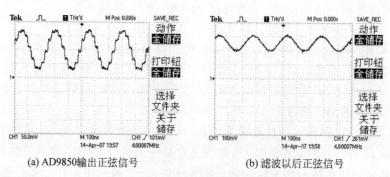

(a) AD9850输出正弦信号　　　　　　　　(b) 滤波以后正弦信号

图 12-3-6　采样点为 10 时输出的正弦信号波形

AD9850 内部设有高速电压比较器,将 LT6600-10 输出的正弦信号送电压比较器的同相输入端 VINP,LT6600-10 第 7 脚输出的 2.5V 直流电压送到比较器的反相输入端 VINN,就可从 QOUT 和 QOUTB 输出两路与正弦信号频率相同且互为反相的方波信号。由于 LT6600-10 输出的正弦信号中含有 2.5V 的直流分量,因此,与 2.5V 的直流电压比较时得到的方波信号占空比为 50%。

LT6600-10 输出两路含有 2.5V 直流分量的互补正弦信号,因此,在图 12-3-3 中滤波器后面应再加一级由基本差分放大电路和反相放大电路构成的模拟电路,其具体电路设计将在 12.4.4 节叙述。

3. 控制程序设计

单片机的控制程序比较简单,只需要根据图 12-3-4 的时序图将 5 字节的控制字逐位送入 AD9850 即可。假设 AD9850 的控制字 W0～W4 存放在 34H～38H 内部 RAM 中,汇编源程序如下:

```
        DIN     EQU     P2.1
        W_CLK   EQU     P2.2
        FQ_UD   EQU     P2.3
        W0      EQU     34H
        W1      EQU     35H
        W2      EQU     36H
        W3      EQU     37H
        W4      EQU     38H
SEND:   CLR     W_CLK
        CLR     FQ_UD
        MOV     R0,#38H         ;设定控制字首地址
        MOV     R7,#05H         ;设定控制字字节数
SEND0:  MOV     R6,#08H
        MOV     A,@R0
SEND1:  RRC     A
        MOV     DIN,C
        SETB    W_CLK
        CLR     W_CLK
        DJNZ    R6,SEND1
        DEC     R0
        DJNZ    R7,SEND0
        SETB    FQ_UD           ;送出频率刷新信号
        NOP
        NOP
        NOP
        NOP
        CLR     FQ_UD
        RET
```

采用 AD9850 构成的 DDS 信号发生器在电子系统设计中应用广泛。如测试滤波器幅频特性时,可用于实现扫频信号源;在设计程控滤波器时,DDS 信号发生器产生的方波信号可用于开关电容滤波器的参考时钟,从而实现滤波器截止频率的步进调节。

12.4　采用单片机+FPGA实现的DDS信号发生器

12.4.1　方案设计

专用DDS芯片内部的波形数据存放在ROM型存储器中,其波形数据无法修改,因此,专用DDS芯片只能产生固定波形的信号。如果将DDS系统中的波形数据存储器改为RAM型存储器,通过单片机将波形数据存入RAM型存储器,则可以实现DDS任意波形发生器。从图12-2-1所示的DDS原理框图可知,DDS技术的实现依赖于高速、高性能数字器件。FPGA以其速度高、规模大、内含嵌入式RAM模块,十分适合实现DDS信号发生器。本节内容给出了采用单片机＋FPGA实现的DDS信号发生器的设计方案。整个DDS信号发生器由单片机子系统、FPGA子系统、模拟子系统三部分组成,系统原理框图如图12-4-1所示。

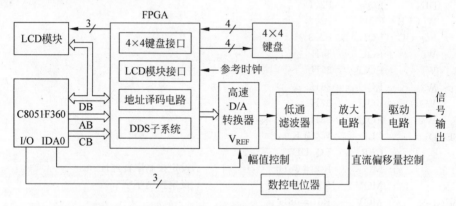

图12-4-1　单片机＋FPGA实现DDS信号发生器原理框图

该设计方案说明如下:

① 单片机采用SoC单片机C8051F360。人机接口中的显示器件采用128×64点阵式LCD模块,用于显示波形类型和信号频率,键盘电路采用4×4矩阵式键盘,用于选择信号波形,输入信号频率。单片机通过并行总线与FPGA芯片直接相连。

② FPGA选用CycloneⅡ系列的EP2C5T144。为了提高系统的集成度,将DDS子系统、地址译码器、LCD模块接口、4×4编码式键盘接口等逻辑电路均用FPGA实现。其中DDS子系统是DDS信号发生器的核心部分,包含了频率字寄存器、相位累加器、双口RAM、DAC控制逻辑等功能模块。双口RAM用于存放波形数据,一个端口与单片机并行总线相连,另一个端口与高速D/A相连。

③ 模拟子系统由低通滤波器、放大电路、驱动电路组成。

④ 为了实现输出模拟信号幅值、直流偏移量的数控调节,采用C8051F360单片机的D/A输出电压作为高速D/A转换器的参考电压,实现输出信号幅值的数控调节;通过单片机I/O引脚控制数控电位器实现直流偏移量的数控调节。

12.4.2　主要技术参数的分析与确定

从 12.2 节介绍的 DDS 工作原理可知,DDS 信号发生器的技术指标取决于 DDS 系统的时钟频率、相位累加器的位数、波形数据表的长度和字长等参数,因此,在设计 DDS 信号发生器之前,应全面分析 DDS 系统参数与 DDS 信号发生器技术指标之间的关系,然后再根据设计指标要求确定 DDS 系统的参数。

① 输出带宽。当频率控制字 $M=1$ 时,输出信号的最低频率为

$$f_{o,min} = \frac{f_{clk}}{2^N} \tag{12-4-1}$$

式中,f_{clk} 为参考时钟频率;N 为相位累加器的位数。当 N 取值很大时,最低输出频率可以达到很低,甚至可以认为 DDS 的最低频率为零频。

DDS 的最高输出频率由参考时钟频率和一个周期波形采样点数决定。当参考时钟频率为 f_{clk},采样点数为 X,则最高输出频率为

$$f_{o,max} = \frac{f_{clk}}{X} \tag{12-4-2}$$

② 频率稳定度。DDS 信号的频率稳定度等同于外部时钟信号的频率稳定度。由于外部时钟信号一般采用晶体振荡器,因此,DDS 信号频率可以达到很高的稳定度。

③ 频率分辨率。频率分辨率由下式决定:

$$\Delta f = \frac{f_{clk}}{2^N} \tag{12-4-3}$$

式中,只要 N 取得足够大,DDS 信号可以达到很高的信号分辨率。

如果参考时钟频率取 40MHz,相位累加器位数取 32,可求得最小频率步进值为

$$\Delta f = \frac{f_{clk}}{2^N} = \frac{40 \times 10^6}{2^{32}} = 0.00931\,\text{Hz}$$

④ DDS 信号的质量。

有限字长效应是数字系统不可避免的问题。由于 DDS 信号发生器采用全数字设计,不可避免地产生采样带来的镜像频率分量、D/A 产生的幅度量化噪声、非线性机理造成的谐波分量、相位累加运算截断带来的相位噪声等。DDS 信号发生器输出信号的质量可用信号的失真度 THD(total harmonic distortion,也称总谐波系数)来表示。假设输出信号为正弦波,THD 与采样点数 X 和 DAC 字长 n 有密切关系,其近似的数学关系为

$$\text{THD} = \sqrt{\left(1 + \frac{1}{6 \times 2^{2n}}\right)\left(\frac{\pi/X}{\sin(\pi/X)}\right)^2 - 1} \times 100\% \tag{12-4-4}$$

假设波形存储器和 D/A 转换器选用 8 位字宽,一个周期的样本数取 256,根据式(12-4-4),输出信号的失真度为 0.72%。DDS 信号的输出波形在一个周期内的样本数随输出频率的增高而减少。如果系统时钟频率取 40MHz,则当输出正弦信号的频率达到 2MHz 时,一个周期的样本数为 20,此时输出信号的失真度约为 6.4%。当输出正弦信号的频率达到 5MHz 时,一个周期的样本数为 8,此时输出信号的失真度达到 23%。可见,随着输出信号频率增加,一个周期的样本数减少,输出正弦信号明显失真。

改善 DDS 信号质量的主要方法有:增加波形存储器和 D/A 的字宽;增加每个周期

中数据的样本数,在输出信号最高频率一定的前提下,增加每个周期中数据的样本数必须提高外部参考时钟频率。除此之外,常常通过低通滤波器来改善输出信号质量。

针对设计题目中提出的技术指标,综合考虑器件的成本和硬件系统的复杂度,DDS子系统的参数确定如下:

① 参考时钟频率:40MHz;
② 频率控制字的位宽:32 位;
③ 相位累加器的位宽:32 位;
④ 波形存储器的地址位宽:8 位;
⑤ 波形存储器的数据位宽:8 位。

12.4.3 数字部分电路设计

DDS 信号发生器的硬件电路可分为数字部分和模拟部分。数字部分包括 SoC 单片机、FPGA、高速 D/A 转换器、人机接口。模拟部分包括滤波电路、放大电路和驱动电路。本节内容首先介绍数字部分电路设计原理。

根据图 12-4-1 所示的 DDS 信号发生器原理框图,单片机和 FPGA 之间需要通过并行总线传送数据,具体地说,有以下三种类型的数据需要传送:

① 单片机向 FPGA 中的频率字寄存器传送 32 位频率字;
② 单片机向 FPGA 中的双口 RAM 传送波形数据;
③ 单片机从 FPGA 中的键盘接口读取键值。

为了完成上述数据传送,C8051F360 单片机的并行总线与 FPGA 的 I/O 脚相连。并行总线包括:8 位数据线 D0~D7、读信号/RD、写信号/WR、地址锁存信号 ALE、地址高8 位 A8~A15、外部中断 INT0。低 8 位地址 A0~A7 通过 FPGA 内部的锁存器产生,以减少并行接口信号的数量。

DDS 信号发生器键盘显示接口采用 LCD 模块 LCD12864 和 4×4 矩阵式键盘。LCD模块的数据线 D0~D7 与单片机的数据总线相连,RS、RW 和 E 等控制信号由 FPGA 内部逻辑电路产生,因此 LCD 模块的 E、RS 和 RW 信号线与 FPGA 的 I/O 引脚相连。将4×4 矩阵式键盘的行输入线 X0~X3 与列扫描线 Y0~Y3 与 FPGA 的 I/O 脚相连,通过FPGA 内部的编码式键盘接口将按键转化为 4 位键值,单片机通过键盘中断读入键值。

由于 FPGA 内部设计的输入输出引脚可以通过 Quartus Ⅱ 软件自由地锁定到FPGA 的任何 I/O 引脚,因此,单片机与 FPGA 的硬件连接十分简便,一般可以按照连线最短的原则实现。

在 DDS 信号发生器中,高速 D/A 转换器是十分关键的部件,它用来完成波形重建。由于 DDS 子系统波形存储器的字宽为 8 位,参考时钟频率为 40MHz,因此应选用转换速率 40MHz 以上的 8 位 D/A 转换器。满足该要求的 D/A 转换器品种较多,本设计选用AD 公司的高速 D/A 转换器 AD9708。AD9708 属于 100MHz 权电流型 8 位 D/A 转换器,其内部原理框图和引脚排列如图 12-4-2 所示。AD9708 的数字部分含有一个输入数据锁存器和译码逻辑电路。模拟部分包括电流源阵列、1.2V 带隙基准源和一个基准电压放大器。AD9708 的引脚功能说明如表 12-4-1 所示。

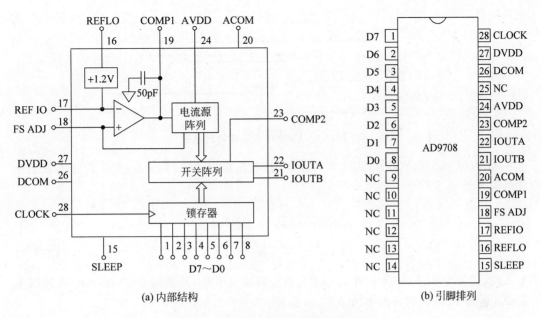

图 12-4-2　AD9708 的原理框图和引脚排列

表 12-4-1　AD9708 引脚功能说明

引脚号	引脚名	功能说明
1～8	D7～D0	8 位数据输入
9～14,25	NC	无连接
15	SLEEP	低功耗模式输入端,高电平有效。内部含下拉电阻,悬空时,低功耗模式失效
16	REFLO	接地时,采用内部 1.2V 参考电压源;接电源时,禁止内部参考电压源
17	REFIO	参考电压源输入/输出端。可以作为外部参考电压源输入端
18	FS ADJ	满量程电流输出调节
19	COMP1	为了降低内部噪声,该引脚接 $0.1\mu F$ 电容到地
20	ACOM	模拟地
21	IOUTB	DAC 电流互补输出端,当数字量为 00H 时,输出满量程电流
22	IOUTA	DAC 电流输出端,当数字量为 FFH 时,输出满量程电流
23	COMP2	该引脚接 $0.1\mu F$ 去耦电容到地
24	AVDD	模拟电源输入端(+2.7～+5.5V)
26	DCOM	数字地
27	DVDD	数字电源输入端(+2.7～+5.5V)
28	CLOCK	时钟输入端,上升沿时刻接收数据

AD9708 的工作时序如图 12-4-3 所示,通过时钟信号 CLOCK 的上升沿将 8 位数据存入 D/A 转换器内部的锁存器,D/A 转换器的电流输出随之刷新。

AD9708 由 FPGA 直接控制,只需将 AD9708 的 8 位数据线和时钟线与 FPGA 的 I/O 脚直接相连即可。

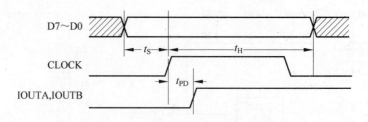

图 12-4-3　AD9708 数模转换时序图

AD9708 属于电流输出型 D/A 转换器,其电流输出 I_{OUTA} 和 I_{OUTB} 与 8 位输入数字量 D 的关系为

$$I_{OUTA} = \frac{D}{256} \times I_{OUTFS} \qquad (12\text{-}4\text{-}5)$$

$$I_{OUTB} = \frac{255 - D}{256} \times I_{OUTFS} \qquad (12\text{-}4\text{-}6)$$

式(12-4-5)和式(12-4-6)中,I_{OUTFS} 为满量程输出电流,其范围为 $2\sim20\text{mA}$,由外接电阻 R_1(见图 12-4-4)和基准电压源 V_{REFIO} 设定,其关系为

$$I_{OUTFS} = 32 \times \frac{V_{REFIO}}{R_1} \qquad (12\text{-}4\text{-}7)$$

从式(12-4-5)~式(12-4-7)可知,当外接电阻 R_1 固定时,D/A 输出电流值不但与输入的数字量成正比,而且与参考电压成正比,这为实现对 DDS 信号发生器输出模拟信号幅值的数字控制提供了理想途径。利用 C8051F360 的片内 D/A 转换器输出电压作为 AD9708 的参考电压即可实现模拟信号幅值的数字控制。

AD9708 的基准电压 V_{REFIO} 可由片内 $+1.2\text{V}$ 基准电压源提供,也可由片外基准电压源提供,取决于 REFLO 引脚的电平。当 REFLO 接低电平时,AD9708 使用片内基准电压源;当 REFLO 接高电平时,AD9708 使用片外基准电压源。图 12-4-4 为 AD9708 采用内部参考源和外部参考源的两种连接图。有时为了调试方便,可以通过选择开关将 REFLO 引脚接高电平或低电平。

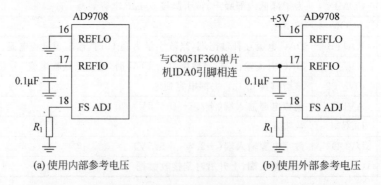

图 12-4-4　AD9708 采用内部参考源和外部参考源的两种连接图

通过以上分析,不难得到如图 12-4-5 所示的 DDS 信号发生器数字部分电路原理图。

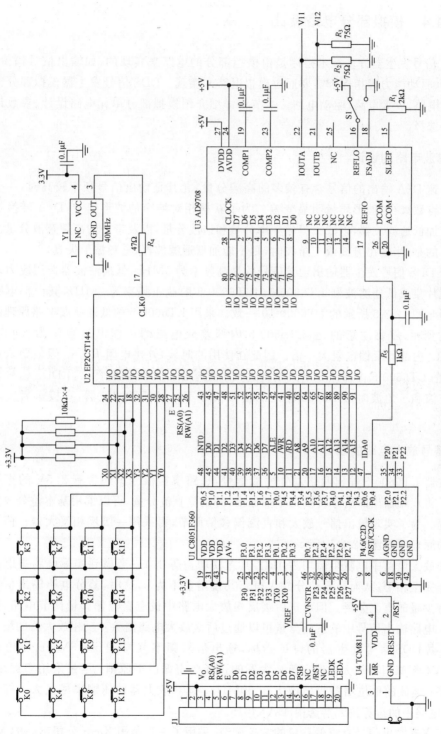

图 12-4-5 DDS 信号发生器数字部分原理图

12.4.4　模拟部分电路设计

DDS 信号发生器许多技术指标是由模拟部分的电路来实现的,如输出信号幅值、直流偏移量、驱动能力等指标都需要通过模拟电路来实现。DDS 信号发生器模拟部分电路包括滤波电路、放大电路、驱动电路。本节将详细介绍模拟部分单元电路设计、参数计算和元器件选择。

1. 滤波电路的设计

由高速 D/A 输出的信号含有较多的高频分量,尤其是输出信号频率较高时,一个周期中采样点数减少,波形质量明显变差。为了获得相对纯净的波形信号,D/A 转换器的输出的应加低通滤波器,以滤去镜像频率分量和谐波分量,以及带外的高频杂散分量。但需要指出的是,当输出方波或三角波时,则不能加低通滤波器,避免波形失真。

由于 DDS 信号发生器输出正弦信号的最高频率为 5MHz,低通滤波器选用凌力尔特公司的单片集成低通滤波器 LT6600-5。LT6600-5 的截止频率为 5MHz,其内部电路与引脚排列与图 12-3-5 所示的 LT6600-10 一致。采用 LT6600-5 的低通滤波电路原理图如图 12-4-6 所示,需要注意的是,LT6600-5 内部差分电路的反馈电阻阻值为 806Ω,比 LT6600-10 内部的反馈电阻大一倍。因此在使用的时候,外接电阻 R_4、R_5 阻值要取得大一些,防止 LT6600-5 内部差分电路增益过大引起输出波形饱和失真。当 DDS 信号发生器输出方波和三角波时,AD9708 输出的模拟信号不经过低通滤波器,直接送后级放大电路。

2. 信号放大电路的设计

滤波器 LT6600-5 输出两路差分模拟信号,每路模拟信号中还含有 2.5V 的直流分量。为了将双端输出的信号转换为单端输出,并消除直流分量,可以采用基本差分放大电路来实现。为了实现输出信号放大和直流偏移量调节,再采用一级反相反大器。信号放大电路的原理图如图 12-4-7 所示。

差分放大电路中电阻阻值均为 $1k\Omega$,其差模增益等于 1。考虑到实际电路中电阻阻值不可能完全相等,从而导致差分放大电路共模增益不为 0,这时,差分电路输出信号仍可能含有少量的直流分量。但由于后级反相放大电路中设有直流偏移量调节电路,因此差分放大电路输出信号中的直流分量可以通过后级放大电路消除。反相放大器的增益设为 5。根据 DDS 信号发生器的设计指标,输出信号频率范围 1Hz～5MHz,幅值范围 0.5～10V(峰-峰值),放大电路运算放大器的选择要遵循以下原则:尽量采用双运放,以简化电路;运放的单位增益带宽应大于 50MHz;运算放大器的压摆率尽量大。综合考虑,放大电路中的运算放大器选用 MAX4016。

为了实现输出信号直流偏移量的数控调节,采用了一片美国 Xicor 公司出品的 XC9C 系列数字电位器 X9C103,其阻值为 $10k\Omega$。X9C103 内部框图和引脚排列如图 12-4-8 所示,由计数器、非易失性存储器、译码器、电阻网络和控制电路组成。

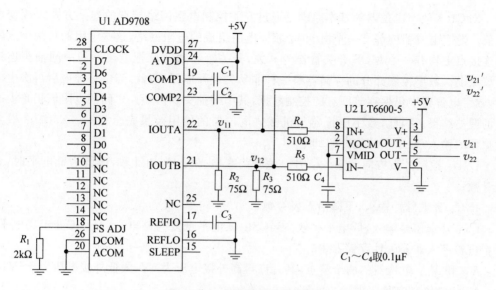

图 12-4-6 低通滤波电路原理图

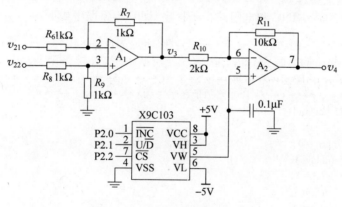

图 12-4-7 信号放大电路原理图

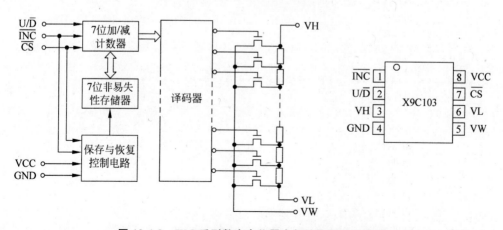

图 12-4-8 X9C 系列数字电位器内部结构图和引脚图

X9C103 数字电位器的基本原理是通过开关控制电阻网络接点的连接方式来改变电阻值。数字电位器内部有一个由 99 个相同电阻组成的电阻网络,这些电阻的每两个之间的连接点上均有一个 MOS 开关管作为开关,开关管导通时就把电位器的中间抽头连接在该点上。数字控制部分的存储器是一种非易失性存储器,因此,当电路掉电后再次上电时,数字电位器中仍保存着原有的控制数据,其中间抽头到两端点之间的电阻值仍是上一次的调整结果。因此,数字电位器与机械式电位器的使用效果完全相同。X9C103 数字电位器的输入/输出端功能介绍如下:

U/$\overline{\text{D}}$:控制计数方向的输入信号。该脚为高电平时,为加计数,该脚为低电平时,为减计数;

$\overline{\text{INC}}$:计数脉冲输入,下降沿触发计数;

$\overline{\text{CS}}$:片选信号输入,低电平有效。当$\overline{\text{CS}}$由低电平恢复为高电平,且$\overline{\text{INC}}$处于高电平,计数值被存入非易失性存储器中;

V_H 和 V_L:电位器的两个端点,其允许最高外接电压为 5V,最低外接电压为 −5V;

V_w:电位器中间抽头。

X9C 系列数字电位器可通过单片机 3 根 I/O 口线控制。数字电位器的控制子程序包括电阻增加子程序 RINC 和电阻减少子程序 RDEC,源程序如下:

```
sbit        pinc=P2^0;                    //数字电位器控制信号
sbit        pud=P2^1;
sbit        pcs=P2^2;
/********************* PR1 增加子程序********************* /
void PR1inc(void)
   {
        pcs=0;
        delay();
        pud=1;
        delay();
        pinc=0;
        delay();
        pinc=1;
        delay();
        pcs=1;
   }
/********************* PR1 减少子程序********************* /
void PR1dec(void)
   {
        pcs=0;
        delay();
        pud=0;
        delay();
        pinc=0;
        delay();
        pinc=1;
        delay();
        pcs=1;
   }
```

3. 驱动电路的设计

本设计题目的第 4 项指标要求信号发生器具有稳幅输出功能,即当负载电阻从 50Ω～∞变化时,输出电压幅度变化不大于±3%。当输出信号的峰-峰值为 10V,负载电阻为 50Ω 时,要求放大电路有 200mA 的驱动能力。虽然放大电路所选的运放 MAX4016 本身就具有 120mA 的输出电流,但仍不能满足题目所给的设计要求。因此,还需要设计一级驱动电路。

目前,一些著名的半导体生产厂商推出了多款具有较大输出电流的高速集成运算放大器,如有 TI 公司的 OPA552、THS3092 等。其中 THS3092 由于输出电压大、电压摆率高,十分适合用于波形发生器的最后一级驱动。THS3092 为高电压、低失真、电流反馈高速运算放大器,带宽 210MHz,电压摆率达 7300V/μs,额定输出电流±250mA,电源电压±5～±15V。

THS3092 构成的驱动电路原理图如图 12-4-9 所示。为了降低总的输出电阻、成倍增加驱动能力,将两个同相放大电路并联工作,每个放大电路输出端串联一个很小的均衡电阻。同相放大器的增益为 2V/V。需要注意的是,THS3092 为电流反馈运算放大器,使用时与常用的电压反馈运算放大器有较大差异,主要体现在,电流反馈运放构成的放大电路带宽与增益没有太大的关系,另外,反馈电阻 R_F 的取值对放大器的性能和稳定性有较大的影响,设计时应参考芯片的数据手册。

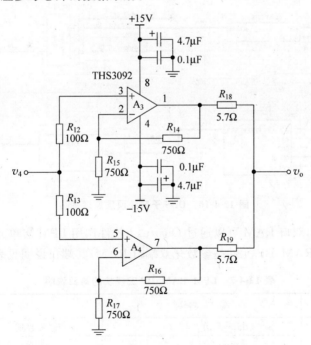

图 12-4-9　TH3092 构成的驱动电路

12.4.5　FPGA 内部 DDS 子系统设计

FPGA 内部逻辑分为四部分:地址译码电路、LCD 模块接口、4×4 键盘接口、DDS 子系统。其中地址译码电路、LCD模块接口、4×4键盘接口的工作原理及设计方法与第8.7.2节中介绍的内容完全相同,唯一的区别是8.7.2节的设计用CPLD实现,这里的设计用FPGA实现。下面主要介绍DDS子系统的设计。

根据图12-2-1所示的DDS原理框图,DDS子系统由频率字寄存器、相位累加器、波形数据存储器几部分组成。根据设计题目要求,DDS信号发生器应能产生多种波形,这就要求单片机可以向波形数据存储器传送不同的波形数据,显然,波形数据存储器采用双口RAM是最合适的。双口RAM中的一个端口与单片机总线相连,接收来自单片机的256字节波形数据,另一个端口与D/A转换器相连。根据上述思路,不难得到图12-4-5所示的DDS子系统顶层原理图。图中DLATCH8为8位地址锁存器、frew为频率字寄存器、PHASE-ACC为相位累加器、LMP-RAM-DP为双口RAM。相关模块的设计说明如下。

（1）波形数据存储器

波形数据存储器的功能是:一方面,单片机能够通过并行总线将波形数据写入存储器,另一方面,在相位累加器输出地址控制下将波形数据依次送给高速D/A。在图12-4-10所示的顶层原理图中,波形数据存储器采用了双端口RAM,一个端口与单片机并行总线相连,另一个端口与相位累加器和高速D/A相连。

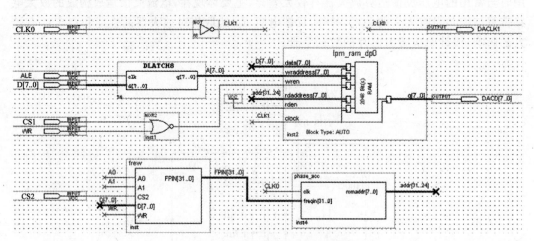

图 12-4-10　DDS子系统顶层原理图

在具体设计时,双口RAM可以通过Quartus II软件调用LPM宏单元LPM_RAM_DP元件实现。LPM_RAM_DP元件是参数化双端口RAM,其端口说明见表12-4-2。

表 12-4-2　LPM_RAM_DP宏模块的端口说明

类　别	端口名称	功能描述
输入端口	data[7..0]	输入数据
	wren	写使能,高电平有效
	wraddress[7..0]	写地址
	rdaddress[7..0]	读地址
	rden	读使能,高电平有效
	clock	同步时钟,正边沿触发
输出端口	q[7..0]	输出数据

　　Cyclone Ⅱ系列 FPGA 内部的嵌入式存储器块属于同步型 SRAM，即输入输出端口均设有寄存器。同步型 SRAM 具有两种基本类型：流水线型和直通型。两者之间的差异是：直通型 SRAM 仅在输入端上设有寄存器，而数据直接送至输出端。流水线型 SRAM 输入和输出端口均设有寄存器。流水线型 SRAM 所提供的工作频率和带宽通常高于直通型 SRAM。因此，在需求较高宽带，而对初始延迟不是很敏感时，一般优先采用流水线型 SRAM。图 12-4-10 中的双端口 RAM 采用了流水线型同步 SRAM。

　　图 12-4-10 中的双口 RAM 属于简单双端口 RAM，有一个独立的写端口和一个独立的读端口。对写端口来说，其信号来自单片机的并行总线。当单片机执行外部数据存储器写指令时，并行总线上的数据、地址、写信号通过同步时钟 CLK1 的上升沿送入双口 RAM 的存储体，完成将波形数据写入指定的存储单元。对读端口来说，其地址信号来自相位累加器输出的高 8 位，读使能信号直接接高电平，数据输出送高速 D/A 转换器。读端口的输入输出信号也是与同步时钟 CLK1 同步。假设忽略器件的延时，DDS 子系统各信号的时序关系如图 12-4-11 所示。CLK0 为 DDS 子系统的参考时钟，双口 RAM 同步时钟 CLK1 由 CLK0 反相得到，高速 D/A 时钟信号 DACLK 与 CLK0 同相。相位累加器的地址输出 Addr[31..24] 在 CLK0 的上升沿时刻发生改变，由于 CLK1 与 CLK0 反相，保证了 CLK1 上升沿时刻，Addr[31..24] 于稳定状态。双口 RAM 的输出数据 DACD[7..0] 在 CLK1 的上升沿时刻发生改变，由于高速 D/A 的时钟信号 DACLK 与 CLK1 反相，保证了 DACLK 上升沿时刻，DACD[7..0] 处于稳定状态。

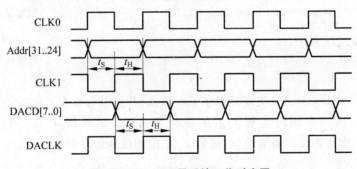

图 12-4-11　DDS 子系统工作时序图

　　(2) 地址锁存模块

　　C8051F360 单片机 P1 口分时送出低 8 位地址和 8 位数据信息。通过在 FPGA 内部设计一个 8 位锁存器即可获取低 8 位地址。地址锁存器的 VHDL 程序为：

```
PORT(clk: IN STD_LOGIC;
      d: IN STD_LOGIC_VECTOR(7 DOWNTO 0);
      q: OUT STD_LOGIC_VECTOR(7 DOWNTO 0) );
…
PROCESS(clk, d)
BEGIN
      IF(clk='1') THEN q<=d;
      END IF;
END PROCESS;
```

（3）相位累加器模块的设计

相位累加器是 DDS 子系统的核心，由 32 位加法器与 32 位累加寄存器级联构成，对代表频率大小的频率控制字进行累加运算，输出波形存储器的地址。

相位累加器的设计可以直接采用 LPM 宏单元库中的 LPM_ADD_SUB 宏单元，也可以用 VHDL 语言自行设计。以下就是采用 VHDL 语言实现的相位累加器源程序：

```
LIBRARY IEEE;
USE IEEE.STD_LOGIC_1164.ALL;
USE IEEE.STD_LOGIC_UNSIGNED.ALL;
USE IEEE.STD_LOGIC_ARITH.ALL;

ENTITY phase_acc IS
    PORT(
        clk: IN STD_LOGIC;                                    --系统时钟
        freqin: IN STD_LOGIC_VECTOR(31 DOWNTO 0);            --32 位输入频率字
        romaddr: OUT STD_LOGIC_VECTOR(7 DOWNTO 0));          --8 位相位累加器输出
END phase_acc;

ARCHITECTURE one OF phase_acc IS
    SIGNAL acc: STD_LOGIC_VECTOR(31 DOWNTO 0);
    BEGIN
    PROCESS(clk)
    BEGIN
        IF(clk'event and clk='1')THEN
            acc<=acc+freqin;                                 --频率字累加,寄存
        END IF;
    END PROCESS;
    romaddr<=acc(31 DOWNTO 24);                              --截断输出
END one;
```

语句 acc<=acc+freqw 实现频率字累加功能，并且因为要在下一时钟到来时才能进行下一次累加，所以也同时实现了累加寄存器功能。最后语句 ramaddr<=acc(31 DOWNTO 24)实现相位截断的功能，截取了 32 位相位地址码的高 8 位。

（4）频率字寄存器模块

由于 DDS 的频率字采用 32 位字宽，因此，频率字寄存器由 4 个 8 位寄存器构成。将地址译码器产生的片选信号 CS2 与地址信号 A1、A0 配合进行再次译码就可得到 4 个寄存器片选信号 CS20～CS23。为了保证数据的可靠传送，片选信号 CS20～CS23 必须与写信号 WR 相或后送寄存器时钟输入端。单片机通过 4 次写操作将 32 位频率字送到频率字寄存器。频率字寄存器模块原理图如图 12-4-12 所示。

12.4.6 单片机控制软件设计

DDS 信号发生器采用 FPGA 等硬件来完成高速波形的产生任务，其工作不需要单片机过多的干预。单片机子系统只需完成键盘输入、液晶显示、向 FPGA 传送数据、输出信号的幅值和直流偏移量的数字控制等功能。从软件的总体结构来看，单片机控制软件是一种单线程、键盘功能分支程序。

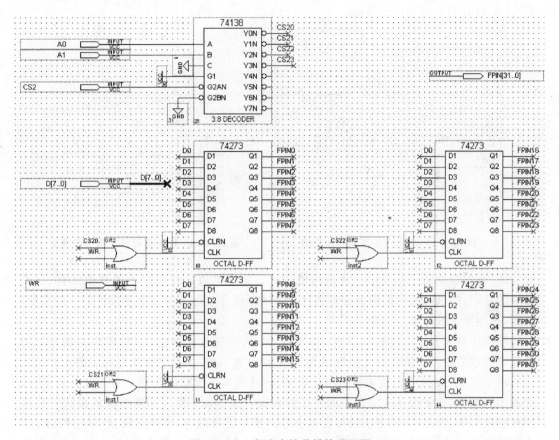

图 12-4-12　频率字接收模块顶层图

1. 人机接口功能定义

根据 DDS 信号发生器的功能,设计了如图 12-4-13 所示的 5 种 LCD 显示页面。页面 1 为初始化显示页面,页面 2 为波形选择页面,页面 3～页面 5 为给定频率输入页面。在给定频率输入页面中,7 个小方框所示的位置用于显示输入给定频率值。给定频率范围为 0000000～9999999Hz。为了操作方便,允许输入给定频率的位数在 1～7 位之间,用 Hz 键结束。

对 DDS 信号发生器来说,键盘主要用于选择信号波形、输入频率值、控制输出信号的幅值和直流偏移量。由于按键数量比较多,键盘采用 4×4 矩阵式键盘。键盘各按键的定义如图 12-4-14 所示。0 键～9 键用于输入频率,其中 0 键～3 键还用于选择输出波形;Hz 键用于输入给定频率的确认键;波形选择键用于选择波形;A+键用于增加信号幅值,A-键用于减少信号幅值,D+键用于增加直流偏移量,D-键用于减少直流偏移量。

2. 主程序

DDS 信号发生器的控制程序可分为主程序和键盘中断服务程序两部分。在确定主程序和键盘中断服务程序的功能时有两种方案:一种方案是主程序只完成初始化,将键值读入和处理全部由键盘中断服务程序完成;另一种方案是主程序完成初始化和键值处

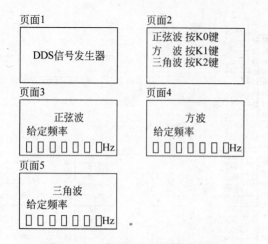

图 12-4-13　页面 1～页面 5 示意图　　　　图 12-4-14　DDS 信号发生器键盘定义

理功能,而键盘中断服务程序只完成键值读入。由于键值处理程序涉及数值运算、LCD模块的显示,将这些耗时的键值处理程序放入中断服务程序不符合程序设计的一般原则,因此,选用第二种方案。

主程序首先完成堆栈指针设置,C8051F360 内部资源初始化,LCD 模块初始化。初始化完成以后就不断检测有无按键输入,当有按键输入时,根据键值执行相应的功能。

由于 0 键~2 键不但用来输入给定频率,而且用来选择输出波形。为了区分 0 键~2键的不同功能,在主程序中定义了两种工作模式:波形选择模式和频率输入模式。在波形选择模式下,0 键~2 键用于选择输出波形。当 0 键有效时,选择正弦波,单片机将 256个字节正弦波波形数据发送到 FPGA 中的双口 RAM 中;当 1 键有效时,选择方波,单片机将 256 个字节方波波形数据发送到 FPGA 中的双口 RAM 中;当 2 键有效时,选择三角波,单片机将 256 个字节三角波波形数据发送到 FPGA 中的双口 RAM 中。在频率输入模式下,0 键~9 键用于输入给定频率值。

定义了以上两种工作模式以后,在主程序中分别设置一个波形选择模式标志位和一个频率输入模式标志位。主程序初始化时,将波形选择模式和频率输入模式标志位均清零。当波形选择键(见图 12-4-14)有效时,波形选择模式标志位置 1,主程序进入波形选择模式;在波形选择模式下,按 0 键~2 键有效,频率输入模式标志位置 1,主程序进入频率输入模式。

由于输入给定频率的位数允许在 1～7 位之间变化,程序设计时通过 Hz 键来结束给定频率的输入,因此,Hz 键不但用来显示频率的单位,也起到确认键的功能。当 Hz 键有效时,程序将输入的 1～7 位给定频率值转换为 4 字节频率控制字,然后发送到 FPGA 的频率控制字接收模块。由于键盘输入的给定频率值为非压缩型 BCD 码,应先将其转化为二进制数,再根据 12.2 节的式(12-2-6)将给定频率转化为 4 字节的频率控制字。当相位累加器字宽 N 取 32,参考时钟频率 f_{clk} 取 40MHz 时,频率控制字可以由下式计算得到:

$$M = 107.374 \times f_{OUT} \tag{12-4-8}$$

式中,f_{OUT} 为由二进制数表示的给定频率,乘上系数 107.374,就可得到 4 字节的频率控制字。

主程序流程图如图 12-4-15 所示。

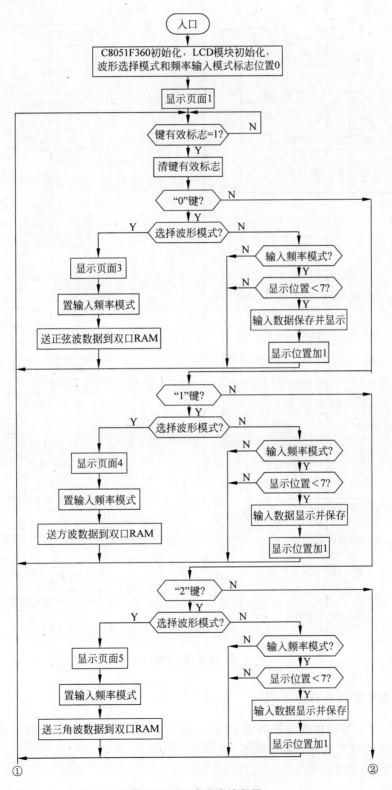

图 12-4-15　主程序流程图

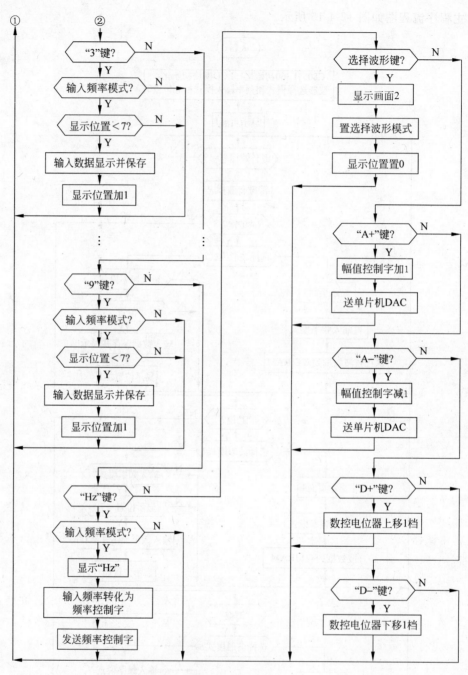

图 12-4-15 （续）

3. 键盘中断服务程序流程图

键盘中断服务程序流程图如图 12-4-16 所示。进入键盘中断服务程序以后,首先读入键值,然后将键有效标志置 1 即可。

图 12-4-16　键盘中断服务程序流程图

12.4.7　系统调试

系统调试是电子系统设计中十分重要的一个环节。调试的目的主要是排除硬件和软件存在的故障,测试系统功能和指标是否达到设计要求。DDS 信号发生器属于软硬结合、数模结合的综合电子系统。调试的原则是先硬件后软件,先功能后指标。对硬件电路调试时,可以编写一段简单的测试程序,以判断硬件电路工作是否正常。待硬件电路工作正常后,再调试软件的功能。对系统进行测试时,先测试系统的各项功能,再测试技术指标。

1. 硬件电路的测试仪器

对 DDS 信号发生器调试时需要以下测试仪器:数字万用表(DT9202)、100MHz 数字示波器(TDS2012)、PC 机、EC5 仿真器、USB-Blaster 下载电缆。

在使用示波器前,应检查工作是否正常。示波器可利用自带的测试信号进行测试,方法是将示波器探头接在示波器的测试信号(通常是 1kHz 的方波信号)输出端上,观察显示是否正常。

当用示波器对电路进行测试时,一定要考虑示波器的探头可能对电路的影响。示波器探头上有一个选择量程的小开关:×10 和 ×1。当选择 ×1 档时,信号是没经衰减进入示波器的,而选择 ×10 档时,信号是经过衰减到 1/10 再到示波器的。因此,当使用 ×10 档时,应该将示波器上的读数扩大 10 倍。另外,探头在 ×1 档时,其输入电阻约为 1MΩ,输入电容约为 30pF;探头在 ×10 档时,其输入电阻约为 10MΩ,输入电容约为几 pF。根据上述特点,在测试驱动能力较弱的信号波形或测量频率较高的信号波形时,把探头打到 ×10 档可获得更好的测量效果。

2. 硬件电路的调试步骤

硬件系统的调试可分为以下几个步骤:

步骤 1:硬件系统的初步测试。

检测电源系统工作是否正常,芯片有无发热现象。DDS 信号发生器数字电源包括

+3.3V、+1.5V 两种电压,模拟部分电源则包括±5V、±15V 两种电压。应用万用表测量电源电压是否与额定电压相符,也可用示波器观测一下电源纹波的大小。检查 FPGA 外部时钟工作是否正常,可用示波器观测图 12-4-5 所示原理图中有源晶振 Y1 第 3 脚的信号波形,正常时,示波器上应稳定地显示频率为 40MHz 的方波信号。需要指出的是,由于受示波器带宽的限制,在示波器上显示的 40MHz 的方波信号看起来可能更像正弦波,这是正常的,因为方波中的高次谐波被示波器的输入通道衰减了。检查单片机复位电路工作是否正常,可用示波器观测图 12-4-5 所示原理图中 U4 第 2 脚电平,按下复位按键,应有从高到低的跳变。

步骤 2:FPGA+高速 D/A+模拟子系统调试。

DDS 信号发生器硬件电路中,FPGA 可以看作单片机的可编程外部设备。DDS 信号发生器工作时,需要通过单片机向 FPGA 内部的 DDS 子系统传送波形数据和频率控制字。为了使 FPGA 能不受单片机的控制而独立工作,可以采用 6.3 节介绍的"正弦信号发生器"设计项目来进行调试。设计项目中各引脚的锁定要与原理图 12-4-5 对应,同时将未用的引脚统一设置成 As input tri-stated,以免单片机与 FPGA 相连的引脚在电气上产生冲突。用 Quartus Ⅱ 将设计项目编程文件下载到 FPGA 中。下载成功以后,按以下顺序用示波器观察电路中各点信号波形:

① 观测图 12-4-5 中 R_2、R_3 上的信号波形,正常时应观测到正弦信号波形,说明 FPGA 和高速 D/A 工作正常。注意调试时 AD9708 应采用内部参考电压源,通过图 12-4-5 中的开关 S_1 将 REFLO 引脚接地,同时将 REFIO 引脚与单片机 D/A 输出引脚之间的连接断开。

② 观测图 12-4-6 中 LT6600 第 4、5 引脚波形,正常时应观测到含有 2.5V 直流分量的正弦信号,说明低通滤波器工作正常。

③ 观测图 12-4-7 中运放 A1 第 1 引脚波形,正常时应观测到直流分量基本为 0V 的正弦信号波形,说明差分放大器工作正常。

④ 观测图 12-4-7 中运放 A2 第 7 引脚波形,正常时应观测到正弦信号波形,说明反相放大器工作正常。

注意,为了消除数控电位器对测试的影响,测试时,应用一根短接线将数控电位器的第 5 脚临时接地,也可以将这一步测试放到单片机对数控电位器正常控制后再进行。

步骤 3:单片机子系统的调试。

由于单片机子系统中的地址译码器、编码式键盘接口、LCD 接口由 FPGA 实现,因此,对单片机子系统的调试前,应先将相关设计下载到 FPGA 中。

用 EC5 仿真器将单片机与 PC 机联机调试,测试能否正常联机。正常联机后,编写一简单汉字显示程序在 LCD 模块上显示任意汉字。如不能正常显示,除检查显示程序是否正确之外,还应重点检查 LCD 接口硬件电路工作是否正常。可在显示程序运行时,用示波器观测 LCD 模块接口中的 E、RS、RW 等信号的波形,应能观测到高低电平的变化。对矩阵式键盘测试时,先用示波器观测有无列扫描信号 Y0~Y3,然后按任意一个键,用示波器观测 C8051F360 单片机的 INT0 引脚,正常时能观测到由高到低的跳变。

3. 单片机控制软件调试步骤

将 FPGA 内部的完整设计(地址译码器、编码式键盘接口、LCD 接口、DDS 子系统)

通过 USB-Blaster 下载电缆下载到 FPGA 中。单片机子系统通过仿真器 EC5 与 PC 机相连。

根据 12.4.15 介绍的程序流程图编写软件。按以下步骤调试软件：

步骤一：测试显示和键盘程序功能。程序运行时显示图 12-4-13 中的页面 1。按波形选择键，应显示图 12-4-13 中的页面 2。按 0 键～2 键应分别显示图 12-4-13 中的页面 3～5。

步骤二：通过键盘输入给定频率，用示波器观测高速 D/A 输出波形，波形显示是否正常，频率是否正确。如波形显示不正常，重点检查单片机中波形传送子程序和 FPGA 内部双口 RAM 的时序是否正确。如果波形显示正常，但输出频率和给定频率误差较大，重点检查单片机中频率字传送子程序和 FPGA 内部频率字寄存器逻辑电路有无错误。调试时，可将 FPGA 内部的一些关键信号锁定到未用的 I/O 引脚上，以便测试。

步骤三：按 A＋键和 A－键，用示波器观察 C8051F360 单片机 D/A 转换器模拟输出引脚电平是否变化，模拟放大电路输出信号的幅值有无变化。

步骤四：按 D＋键和 D－键，用示波器观察数控电位器的第 5 脚电平是否变化，模拟放大电路输出信号的直流偏置有无变化。

4. 系统主要功能指标测试

① 用存储示波器测量反相放大器模拟输出端的正弦波信号、方波信号、三角波信号，测试结果如图 12-4-17 和图 12-4-18 所示。

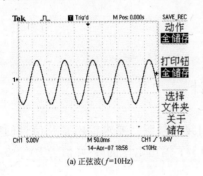
(a) 正弦波(f=10Hz)

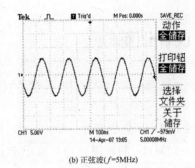
(b) 正弦波(f=5MHz)

图 12-4-17　正弦波输出波形

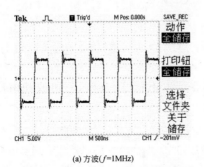
(a) 方波(f=1MHz)

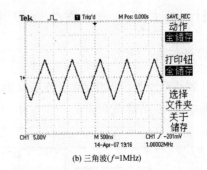
(b) 三角波(f=1MHz)

图 12-4-18　方波、三角波输出波形

② 用键盘输入频率值,测试输出信号的频率值。表 12-4-3 所示为 DDS 信号发生器实测频率与给定频率对照表。

表 12-4-3　实测频率与给定频率对照表

给定频率/Hz	实测频率/Hz		
	正弦波	方波	三角波
1	1	10	10
10	10	10	10
100	99.642 5	99.642 5	100.001 2
1k	1.000 01k	1.000 01k	1.000 01k
2k	2.000 02k	2.000 02k	2.000 04k
10k	10.000 1k	10.000 1k	10.000 1k
100k	100.001k	100.001k	100.001k
1M	1.000 01M	1.000 01M	1.000 01M
2M	2.000 02M	2.000 02M	2.000 02M
5M	5.000 08M	5.000 08M	5.000 08M

③ 测试放大电路增益调节范围和直流偏置调节范围。

④ 输出级主要测试电流驱动能力。先空载测试,用示波器观测输出波形是否正常。如果正常,将输出信号幅值调小,加一个 47Ω 负载电阻,逐渐增大信号幅值至峰-峰值 10V,观察信号有无失真。

12.5　设计训练题

设计训练题一:扫频信号源的设计

采用专用 DDS 集成芯片 AD9850 设计扫频信号源。要求输出正弦信号的频率范围为 40kHz~10MHz,频率误差绝对值小于 0.1%;输出电压的峰-峰值为 8V±0.2 V。扫频时间≤20s,频率分辨率为 1kHz。

设计训练题二:波形发生器设计

1. 设计任务

设计制作一个波形发生器,该波形发生器能产生正弦波、方波、三角波和由用户编辑的特定形状波形,示意图如图 12-5-1 所示。

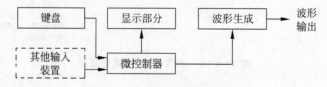

图 12-5-1　波形发生器原理框图

2. 设计要求

① 具有产生正弦波、方波、三角波三种周期性波形的功能。

② 用键盘输入编辑生成上述三种波形(同周期)的线性组合波形,以及由基波及其谐波(5 次以下)线性组合的波形。

③ 具有波形存储功能。

④ 输出波形的频率范围为 100Hz~200kHz(非正弦波频率按 10 次谐波计算);重复频率可调,频率步进间隔≤100Hz。

⑤ 输出波形幅度范围 0~5V(峰-峰值),可按步进 0.1V(峰-峰值)调整。

⑥ 具有显示输出波形的类型、重复频率(周期)和幅度的功能。

⑦ 用键盘或其他输入装置产生任意波形。

⑧ 增加稳幅输出功能,当负载变化时,输出电压幅度变化不大于±3%(负载电阻变化范围:100Ω~∞)。

设计训练题三:工频标准信号源的设计

1. 设计题目

设计三相工频标准信号源,产生三相标准工频电压和工频电流,电压电流分别产生。

2. 设计要求

① 产生三相工频电压±5V(峰值);负载为 1000Ω,输出正弦波形无明显失真;

② 产生三相工频电流±10mA(峰值),负载 0~200Ω,输出正弦波形无明显失真;

③ 电压和电流之间的相位可在±360°之间调整,步进 10°,三相同时移动;

④ 电流幅值可调,步进 1mA,误差 5%;

⑤ 电压幅值可调,步进 0.1V,误差 5%。

设计训练题四:程控低通滤波器的设计

设计一程控低通滤波器,截止频率 f_C 在 1~30kHz 范围内 1kHz 步进可调,示意图如图 12-5-2 所示。

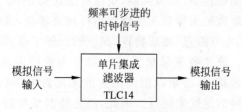

图 12-5-2 程控滤波器示意图

提示:采用 DDS 技术产生方波信号,频率范围为 100kHz~3MHz,频率步进 1kHz。将上述方波信号控制 TLC14 低通滤波器即可。

第13章

高速数据采集系统设计

13.1 设计题目

设计一个高速数据采集系统，输入模拟信号为正弦信号，频率为 200kHz，$V_{p-p} \geqslant 0.5V$。通过按键启动一次数据采集，每次数据采集以 20MHz 的固定采样频率连续采集 128 点数据，采集完毕以后，用 128×64 点阵式 LCD 模块回放显示采集信号波形。

13.2 方案设计

传统的数据采集系统通常采用单片机直接控制 A/D 转换器完成数据采集。用单片机控制 A/D 转换器，一般要通过启动 A/D 转换、读取 A/D 转换值、将数据存入存储器、修改存储器地址指针、判断数据采集是否完成等过程。从本质上来说，基于单片机的数据采集系统是通过软件来实现特定功能的。在许多情况下，采用软件解决方案其速度限制是很难克服的。MCS-51 单片机大多数指令的执行时间需要 1～2 个机器周期，完成一次 A/D 转换大约需要几十微秒。即使对于单时钟机器周期、时钟频率可达 100MHz 的 C8051F360 单片机，如果用来控制高速 A/D 转换器，也很难达到几 MHz 以上的采样速率。

随着数据采集对速度性能指标越来越高，高速数据采集系统在自动控制、电气测量、地质物探、航空航天等工程实践中得到了十分广泛的应用。高速数据采集系统一般分为数据采集和数据处理两部分。在数据采集时，必须以很高的速度采集数据，但在数据处理时并不需要以同样的速度来进行。因此，高速数据采集需要有一个数据缓存单元，先将采集的数据有效地存储，然后根据系统需求进行数据处理。

通常构成高速缓存的方案有三种：第一种是高速 SRAM 切换方式。高速 SRAM 只有一组数据、地址和控制总线，可通过三态缓冲门分别接到 A/D 转换器和单片机上。当 A/D 采样时,SRAM 由三态门切换到 A/D 转换器一侧,以使采样数据写入其中。当 A/D 采样结束后,SRAM 再由三态门切换到单片机一侧进行读写。这种方式的优点是 SRAM 可随机存取,同时较大容量的高速 SRAM 有现成的产品可供选择,但硬件电路较复杂。第二种是 FIFO(先进先出)方式。FIFO 存储器就像数据管道一样,数据从管道的一头流入,从另一头流出,先进入的数据先流出。FIFO 具有两套数据线而无地址线,可在其一端写操作而在另一端读操作,数据在其中顺序移动,因而能够达到很高的传输速度和效率。第三种是双口 RAM 方式。双口 RAM 具有两组独立的数据、地址和控制总线,因而可从两个端口同时读写而互不干扰,并可将采样数据从一个端口写入,而由单片机从另一个端口读出。双口 RAM 也能达到很高的传输速度,并且具有随机存取的优点。

可编程逻辑器件的应用,为实现高速数据采集提供了一种理想的实现途径。利用可编程逻辑器件高速性能和本身集成的几万个逻辑门和嵌入式存储器块,把数据采集系统中的数据缓存、地址发生器、控制等电路全部集成进一片可编程逻辑器件芯片中,大大减小了系统的体积,降低了成本,提高了可靠性。同时,可编程逻辑器件容易实现逻辑重构,而且可实现在系统编程以及有众多功能强大的 EDA 软件的支持,使得系统具有升级容易、开发周期短等优点。

由于本设计题目的高速数据采集系统,采样频率要求达到 20MHz,同时要求采集的信号在 LCD 模块上显示模型,故采用单片机和 FPGA 相结合的设计方案。数据采集系统的原理框图如图 13-2-1 所示。模拟信号经过调理以后送高速 A/D 转换器,由 FPGA 完成高速 A/D 转换器的控制和数据存储,单片机从 FPGA 存储器中读取数据,经处理后在 LCD 上显示波形。

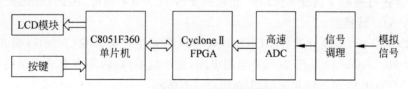

图 13-2-1　高速数据采集系统原理框图

高速数据采集系统可分为三部分:数据采集通道部分,包括信号调理电路和高速 A/D 转换器;信号采集与存储控制电路部分,由 FPGA 内部逻辑实现;单片机最小系统部分。以下主要介绍前面两部分电路设计,以及单片机控制软件的设计。

13.3　数据采集通道的设计

数据采集通道由高速 A/D 转换器和信号调理电路组成。信号调理电路将输入的模拟信号放大、滤波、直流电平位移,以满足 A/D 转换器对模拟信号的要求。不同型号 A/D 转换器对输入模拟信号的要求不同,因此,在设计信号调理电路之前,应先确定 A/D 转换器型号。

1. 高速 A/D 转换器的选择

将模拟信号转化为数字信号实际上是模拟信号时间离散化和幅度离散化的过程。通常时间离散化由采样保持(S/H)电路来实现,而幅度离散化则由 A/D 转换器来实现。随着集成度的提高,有许多 A/D 芯片将采样保持电路也集成在内部,既减少了体积,又提高了可靠性。在选择 A/D 转换器时,主要考虑以下几个方面。

(1) 转换速率

A/D 的转换速率取决于模拟信号的频率范围,根据设计题目要求,A/D 转换器的转换速率应大于 20MHz。

(2) 量化位数

根据 A/D 转换的原理,A/D 转换过程中存在量化误差。量化误差取决于量化位数,位数越多量化误差越小。如 n 位的 A/D 转换器,其量化误差为 $1/2^{n+1}$。本设计题目对模拟信号的转换精度没有特别的要求,因此,选用常见的 8 位 A/D 转换器。

(3) 输入信号的电压范围

A/D 转换器对模拟输入信号的电压范围有严格的要求,模拟信号电压只有处在 A/D 转换器的额定电压范围内,才能得到与之成正比的数字量。

(4) 参考电压 V_{REF} 要求

A/D 转换转换的过程就是不断将被转换的模拟信号和参考电压 V_{REF} 相比较的过程。因此,参考电压的准确度和稳定度对转换精度至关重要。选用内部含有参考电压源的 A/D 转换器,可以简化电路设计。

(5) 控制信号及时序

A/D 转换器工作时必须由单片机或 FPGA 控制,因此,选择 A/D 转换器时,应考虑接口的方便性和高低电平的兼容。在本题设计方案中,采用 Cyclone Ⅱ 系列的 FPGA 对 A/D 转换器进行控制。由于 Cyclone Ⅱ 系列 FPGA 为 3V 器件,因此,应优先考虑采用 3V 电压的 A/D 转换器。

根据以上分析,本设计选择 BURR-BROWN 公司生产的 8 位、30MHz 高速 A/D 转换器 ADS930。ADS930 采用 3～5V 电源电压,流水线结构,内部含有采样保持器和参考电压源。ADS930 内部结构及引脚图如图 13-3-1 所示。

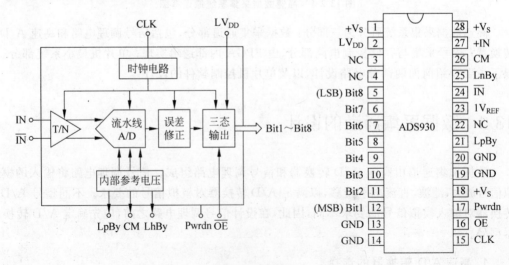

图 13-3-1 ADS930 内部结构及引脚图

ADS930 的引脚说明如表 13-3-1 所示。

表 13-3-1　ADS930 引脚功能表

引脚	名称	功能说明	引脚	名称	功能说明
1	$+V_S$	模拟电压源	15	CLK	转换时钟输入端
2	LV_{DD}	数字电压源	16	$\overline{OE}$	数据输出使能端
3	NC	无连接	17	Pwrdn	低功耗模式控制端
4	NC	无连接	18	$+V_S$	模拟电压源
5	Bit 8(LSB)	数据位(D0)	19	GND	模拟地
6	Bit 7	数据位(D1)	20	GND	模拟地
7	Bit 6	数据位(D2)	21	LpBy	正阶梯旁路端
8	Bit 5	数据位(D3)	22	NC	无连接
9	Bit 4	数据位(D4)	23	$1V_{REF}$	1V 参考电压输出
10	Bit 3	数据位(D5)	24	$\overline{IN}$	基准电压输入端
11	Bit 2	数据位(D6)	25	LnBy	负阶梯旁路端
12	Bit 1(MSB)	数据位(D7)	26	CM	共模电压输出端
13	GND	模拟地	27	$+IN$	模拟信号输入端
14	GND	模拟地	28	$+V_S$	模拟电压源

ADS930 内部含有参考电压源电路，为了正确地使用 ADS930，有必要了解参考电压源的结构及使用方法。ADS930 的参考电压源结构如图 13-3-2 所示。

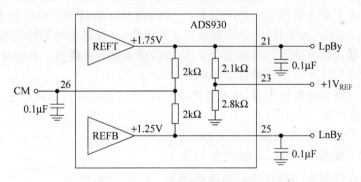

图 13-3-2　内部参考电压源结构

ADS930 内部参考电压源提供 1.75V 和 1.25V 两路固定的参考电压，并分别从 21 脚(LpBy)和 25 脚(LnBy)输出。在使用时，21 脚和 25 脚应加 0.1μF 的旁路电容，以消除高频噪声。1.75V 的参考电压通过电阻分压得到 1V 的参考电压并从 23 脚输出。将 1.75V 和 1.25V 两路参考电压经两个等值电阻分压后得到 1.5V 的共模电压，并从 26 脚(CM)输出。ADS930 输出的参考电压可向其他电路提供基准电压，不过要注意参考电压的驱动能力，其驱动电流应限制在 1mA 左右。

ADS930 有单端输入和差分输入两种工作方式。当反相电压输入端(24 脚)与共模电压输出端(26 脚)相连时，ADS930 就工作在单端输入方式，模拟输入电压的范围为 1~2V。单端输入方式时，输入电压和输出数字量的对应关系如表 13-3-2 所示。

表 13-3-2   单端输入时输入电压和输出数字量对应表

单端输入电压($\overline{IN}=1.5V\ DC$)	输出数字量	单端输入电压($\overline{IN}=1.5V\ DC$)	输出数字量
2.0V	11111111	1.375V	01100000
1.875V	11100000	1.25V	01000000
1.75V	11000000	1.125V	00100000
1.625V	10100000	1.0V	00000000
1.5V	10000000		

ADS930 的时序图如图 13-3-3 所示。从 ADS930 的工作时序可以看出,A/D 转换是在外部时钟控制下工作的。从启动转换到有效数据输出有 5 个时钟周期的延迟。

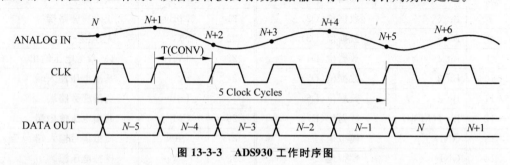

图 13-3-3   ADS930 工作时序图

2. 信号调理电路的设计

在数据采集通道中,A/D 转换器对输入模拟信号的幅度有一定的要求范围。ADS930 在单端工作方式下要求模拟电压的范围为 1~2V,而设计题目中给出的输入模拟信号的峰-峰值 $V_{P-P} \leqslant 0.5V$。为了使 A/D 转换器能正常工作,确保最小的相对误差,必须通过信号调理电路将输入模拟信号归整到适合于 A/D 的输入信号范围内。具体地说,就是要对输入模拟信号进行放大和直流偏移量调整。

信号调理电路由前置放大器、增益可调放大器、低通滤波器几部分组成。

（1）前置放大器

本设计采用跟随器作为前置放大器,既可获得较高的输入阻抗,还可以在被测信号源与数据采集电路之间起到隔离作用。其原理图如图 13-3-4 所示。跟随器可以获得很高的输入阻抗,但是为了对信号源呈现稳定的负载,在电路的输入端并联了一个电阻 R_1,这时,前置放大器的等效输入电阻约等于 R_1。

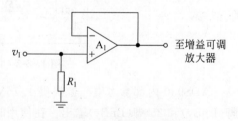

图 13-3-4   前置放大器原理图

（2）增益可调放大器

为了满足后接 A/D 转换器输入电压范围的要求,即模拟信号的范围在 1~2V 之间。因此,对放大器的要求是增益可调,直流电平可调。根据以上要求,设计的放大电路原理图如图 13-3-5 所示。

增益可调放大器采用反相放大器的结构,放大倍数的计算公式如下:

$$A = -\frac{RP_1}{R_2}$$

$$(13-3-1)$$

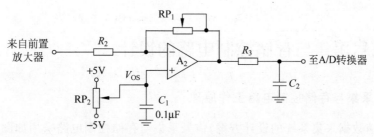

图 13-3-5 增益可调放大器

其中,RP_1 为精密电位器,调节 RP_1 就可以调节放大器的增益。如果 R_2 取 $1k\Omega$,RP_1 取 $10k\Omega$,则增益的可调范围为 $0\sim-10$。

来自前置放大器的是双极性的交流信号,而 A/D 对输入信号的要求通常是单极性的。为了适合 A/D 的要求,本放大器中加了电平移位电路。电平位移电路由 RP_2 组成,C_1 用于滤除高频噪声。调节 RP_2 就可以改变 V_{OS} 的值,不过注意,V_{OS} 的值要经过 $1+RP_1/R_2$ 倍的放大才送到输出端,因此,调节放大倍数的同时也会改变放大器输出端的直流偏移量。

上述放大器中的电位器 RP_1、RP_2 需要手动调节,如果采用数控电位器代替,就可以得到程控放大器,这在自动化仪表设计中非常重要。

为了满足 200kHz 模拟输入信号的要求,整个信号调理电路应该有足够的带宽。为了防止信号中的无用分量(如高频干扰信号)也经过信号通道被采样,信号在进入 A/D 之前要进行抗混叠低通滤波。为了简化电路,本设计中抗混叠滤波器采用了 RC 低通滤波,由图 13-3-5 中所示 R_3 和 C_2 构成。低通滤波器的截止频率计算公式如下:

$$f = 1/(2\pi R_3 C_2) \tag{13-3-2}$$

3. 数据采集通道总体原理图

根据上述各部分电路的设计,可以得到如图 13-3-6 所示的数据采集通道总体原理图。运算放大器采用集成双运放 MAX4016。MAX4016 单位增益带宽为 150MHz,当放大器的增益为 10 时,带宽为 15MHz,不但满足设计要求,而且留有余地。运算放大器的电源输入端加了 $4.7\mu F$ 钽电容和 $0.1\mu F$ 瓷片电容,起到去耦作用,防止自激振荡。AD930 的数据引脚、时钟引脚与 FPGA I/O 引脚直接相连。

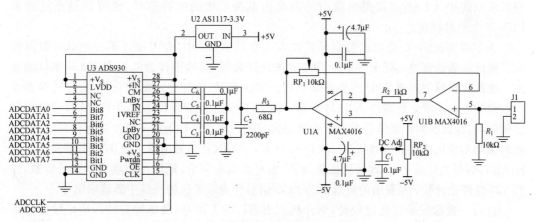

图 13-3-6 数据采集通道总体原理图

13.4 信号采集与存储控制电路的设计

1. 信号采集与存储控制电路工作原理

根据高速数据采集系统的设计方案,信号采集与存储控制电路采用如图 13-4-1 所示的原理框图。双口 RAM 作为高速缓存,是信号采集与存储控制电路的核心部件。双口 RAM 模块一方面存储 A/D 转换产生的数据,另一方面向单片机传输数据,因此,双口 RAM 的一个端口(读端口)与单片机并行总线相连,另一个端口(写端口)直接与高速 A/D 的数据线相连。由于高速数据采集系统每次只需要采集 128 字节的数据,因此,双口 RAM 的容量设为 128×8 即可。在双口 RAM 和单片机的接口中,地址锁存模块用于锁存单片机并行总线低 8 位地址,或非门将片选信号/CS1(来自地址译码器)和写信号/WR 相或非得到高电平有效的双口 RAM 读使能信号。

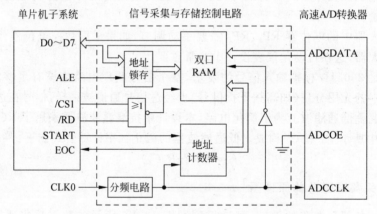

图 13-4-1　信号采集与存储控制电路的原理框图

高速 A/D 转换器 ADS930 是在输入时钟信号的控制下进行 A/D 转换的。ADS930 要求它的输入时钟信号有尽量小的抖动,50%的占空比,输入时钟的边沿越陡越好。在图 13-4-1 所示原理框图中,ADS930 的时钟信号通过参考时钟 CLK0 分频得到。在 FPGA 系统中,CLK0 可以是直接由外部有源晶振产生的时钟信号,也可以是通过内部 PLL 产生的时钟信号。

为了将高速 A/D 输出的数字量依次存入双口 RAM 中,专门设计了一地址计数器模块。地址计数器模块实际上是一个 7 位二进制计数器,其输出作为双口 RAM 写端口的地址。地址计数器和高速 A/D 转换器采用同一时钟信号,这样地址的变化与 A/D 转换器输出数据的变化同步。将高速 A/D 转换器时钟 ADCCLK 反相后作为双口 RAM 写端口的写使能信号,保证了写使能信号有效时数据是稳定的。地址计数器除了产生地址信号之外,还有两根与单片机连接的信号线 START 和 EOC。START 信号由单片机 I/O 引脚发出。当 START 信号为低电平时,地址计数器清零,恢复为高电平后,地址计数器从 0 开始计数,计到 127 时停止计数,并发出由高到低的 EOC 信号作为单片机的外部中断请求信号。

进行一次数据采集的过程是,单片机发出 START 信号(负脉冲有效),地址计数器地址计数器从 0 开始计数,在计数过程中,A/D 转换数据被存入双口 RAM。当计数器计到

127 时停止计数,发出 EOC 信号作为单片机的外部中断信号,单片机通过执行中断服务程序从双口 RAM 中读入数据。整个数据采集过程的时序关系如图 13-4-2 所示。

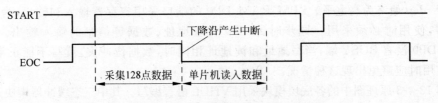

图 13-4-2　触发控制模块各信号时序关系

2. 信号采集与存储控制电路的 FPGA 实现

在高速数据采集方面,FPGA 具有比单片机明显的优势,FPGA 的时钟频率高,内部时延小,全部控制逻辑均可由硬件完成,而且速度快,效率高,组成形式灵活。尤其是 FPGA 内含嵌入式阵列块(EAB),可以构成高速数据采集系统中的双口 RAM 或 FIFO。采用 FPGA 来构成信号采集与存储控制电路既可减少外围器件,又可以提高数据采集系统工作的可靠性。

根据图 13-4-1 所示的原理框图,可以得到如图 13-4-3 所示由 FPGA 实现的信号采集与存储控制电路顶层原理图。双口 RAM 可以直接调用 Quartus Ⅱ 库中的 LPM_RAM_DP0 宏单元来构建。LPM_RAM_DP0 的 LPM_WIDTH(数据总线宽度)、LPM_WIDTHAD(地址总线宽度)等参数可自行配置。在本设计中,双口 RAM 的存储容量为 128×8,因此,LPM_RAM_DP0 的数据总线宽度选为 8 位,地址总线宽度选为 7 位。LPM_RAM_DP0 的数据输出端 q[7..0]无三态输出功能,为了能够与单片机数据总线相连,数据输出端需要加一个三态门 TS8,以实现输出三态控制。利用单片机系统的片选信

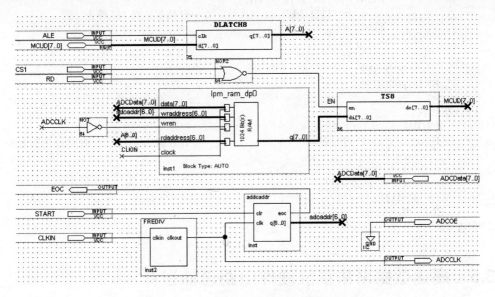

图 13-4-3　信号采集和存储控制电路顶层图

号和读信号/RD 实现对三态门的选通。需要注意,由于加了三态门控制,LPM_RAM_DP0 中已不需要读使能信号 rden,可在对 LPM_RAM_DP0 参数设置时取消 rden 信号,等效于 rden 始终为高电平。LPM_RAM_DP0 的端口采用寄存器输入和输出,为同步型存储器,使用时必须采用一同步时钟 clk0 实现地址、数据等信息的输入输出。LPM_RAM_DP0 没有 BUSY 端,当写地址和读地址相同时,数据位冲突,读写不能正常工作,实际使用时应避免出现这种情况。

图 13-4-3 原理图中的各底层模块采用 VHDL 语言编写。其中三态缓冲器模块 TS8、分频器模块 FREDIV 的 VHDL 语言源代码编写可参考 8.5 节有关内容,地址锁存器模块 DLATCH8 可参考 12.4.3 节有关内容。下面只给出地址计数器模块 addrcount 的 VHDL 程序。

```
LIBRARY IEEE;
USE IEEE.STD_LOGIC_1164.ALL;
USE IEEE.STD_LOGIC_UNSIGNED.ALL;
USE IEEE.STD_LOGIC_ARITH.ALL;
ENTITY addrcount IS
PORT(clr,clk: IN STD_LOGIC;
      eoc: OUT STD_LOGIC;
        q: BUFFER STD_LOGIC_VECTOR(6 DOWNTO 0)
   );
END;
ARCHITECTURE one OF addrcount IS
    BEGIN
    PROCESS(clr,clk)
    BEGIN
        IF(clk'event AND clk='1') THEN
            IF clr='0' THEN               --clr 信号低电平清零
                q<="0000000";
            ELSIF(q="1111111")THEN
                q<="1111111";             --计数值达到 127 停止计数
            ELSE
            q<=q+1;
            END IF;
        END IF;
    END PROCESS;

PROCESS(q)
    BEGIN
    IF(q="1111111")THEN                   --计数值达到 127 时,EOC 输出低电平
    eoc<='0';
        ELSE
    eoc<='1';
        END IF;
    END PROCESS;
END one;
```

13.5 高速数据采集系统硬件电路总体设计

在前面设计的基础上,可以得到如图 13-5-1 所示的硬件电路总体原理图。单片机与 FPGA 的连接线除了并行总线外,还包括启动信号 START 和数据采集结束信号 EOC。

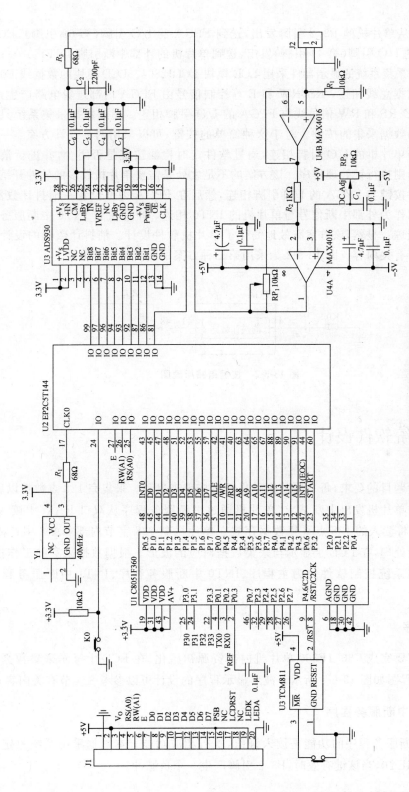

图 13-5-1　高速数据采集系统总体原理图

START 信号从单片机的 P3.2 引脚发出,送到 FPGA 的 I/O 引脚(第 60 引脚),EOC 信号从 FPGA 的 I/O 引脚(第 44 引脚)发出,送到单片机的外部中断引脚 INT1。

高速数据采集系统的显示器件采用 LCD 模块 LCD12864。LCD 模块的数据线 D0~D7 与单片机的数据总线相连,RS、RW 和 E 等控制信号由 FPGA 内部逻辑电路产生,因此 LCD 模块的 E、RS 和 RW 信号线与 FPGA 的 I/O 引脚相连。高速数据采集系统只需要一只用于启动数据采集的按键。对于这种简单的按键,可以采用两种设计方案:一种是将按键直接与单片机的 I/O 引脚相连,通过软件定时检测按键是否闭合,并进行消抖处理,如键有效,则执行键处理程序。该方案的不足之处是需要单片机较多的软件开销。另一种方案是将按键与 FPGA 的 I/O 引脚相连,然后在 FPGA 内部设置一消抖计数器,消抖计数器输出作为外部中断信号与单片机的 INT0 相连。单片机在 INT0 中断服务程序中实现按键处理。显然,该方案有效地简化了单片机软件设计。消抖计数器的设计原理可参考 8.5 节有关内容。图 13-5-2 为采用第二种方案的实现的按键电路。

图 13-5-2 按键电路原理图

13.6 系统软件设计

根据设计题目的要求,每一次数据采集通过按键来启动。采集完 128 点数据以后,数据采集单元向单片机发出中断请求,单片机通过中断服务程序从双口 RAM 中读入 128 点采集数据;将读入的 128 点采集数据存放在单片机高 128 字节内部 RAM 中;对 128 字节数据进行处理,在 LCD 上显示与采集数据对应的波形。根据数据采集的工作过程,高速数据采集系统控制软件分为主程序、INT0 中断服务程序、INT1 中断服务程序三部分。

1. 主程序

主程序主要完成 C8051F360 单片机内部资源初始化、在 LCD 上显示采集数据的波形,其程序流程图如图 13-6-1 所示。波形显示程序的设计可以参考 8.4 节有关内容。

2. INT0 中断服务程序

INT0 中断服务程序的功能是读入键值,执行相应功能。本数据采集系统只定义了一个功能键 KEY0,当该键有效时,P3.2 引脚产生一个负脉冲。

3. INT1 中断服务程序

当数据采集系统完成 128 点数据采集后,将启动一次外部中断 INT1。INT1 中断服

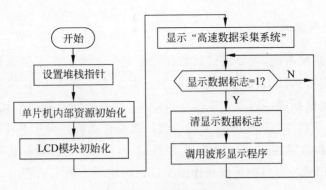

图 13-6-1 主程序流程图

务程序的功能就是从 FPGA 的双口 RAM 中读取 128 字节的采集的数据,并将其存放在单片机内部 RAM 的高 128 字节(地址 80H～FFH)。读取完毕以后,设置一标志位。源程序如下:

```
INT1:    PUSH    A
         PUSH    PSW
         PUSH    DPH
         PUSH    DPL
         MOV     DPTR,＃CS1
         MOV     R7,＃80H
         MOV     R0,＃80H
INTT1:   MOVX    A,@DPTR      ;从双口 RAM 读数据
         MOV     @R0,A
         INC     R0
         INC     DPTR
         DJNZ    R7,INTT1
         SETB    XSBZ         ;显示数据标志置1
         POP     DPL
         POP     DPH
         POP     PSW
         POP     A
         RETI
```

13.7 系统调试

高速数据采集系统是硬件和软件相结合,单片机系统、数字系统和模拟系统相结合的综合电子系统。调试时应遵循"硬件和软件相结合"、"各子系统单独调试和联合调试相结合"的原则。从硬件上高速数据采集系统由三部分组成:单片机子系统、FPGA 子系统以及高速数据采集子系统。

当设计完成以后,需要对整个系统进行调试和测试,验证系统是否达到设计的功能。调试一般先模块调试,后整机调试。

1. 单片机子系统调试

对单片机子系统来说,主要调试其软件功能是否正常。由于高速数据采集系统的软件比较简单,主要调试 LCD 显示功能是否正常。为了测试 LCD 能否正确显示波形曲线,可在单片机数据缓冲区设定 128 字节数据(数据最好有规律变化,如数值逐渐增加),运行波形显示程序,观察 LCD 上显示的曲线是否正确。由于单片机的并行总线与 FPGA 的 I/O 引脚直接相连,调试时特别要注意 FPGA I/O 引脚的状态对单片机工作的影响,建议将 FPGA 中与单片机相连的 I/O 引脚均设为输入引脚。

2. FPGA 子系统调试

对 FPGA 子系统的调试时,通过 Quartus Ⅱ 软件将图 13-4-3 所示的设计进行输入、编译、引脚锁定,下载到 FPGA 中。下载成功以后,可用示波器作以下测试:按单片机 K0 键,应在单片机的 INT1 脚检测到负脉冲,同时在 ADCCLK 引脚观测到时钟脉冲,基本上可以认为 FPGA 内部设计功能正常。

3. 高速 A/D 模块的调试

高速 A/D 转换模块主要测试信号调理电路和 A/D 转换器工作是否正常。信号调理电路输入端接入由信号发生器产生的峰-峰值为 0.5V、频率为 200kHz 的正弦波,使用示波器观察信号调理电路的输出信号波形。调节图 13-3-5 中电位器 RP_1 和 RP_2,观察放大器增益和直流偏移量能否调节。在工作正常的情况下,将信号调理电路输出的正弦信号幅值范围调节在 1～2V 之间。

将 A/D 转换器的 $\overline{OE}$ 脚接地,CLK 引脚加时钟信号(可由 FPGA 模块输出),用示波器观察 A/D 转换器数据输出端,如有信号输出,基本可判定 A/D 转换器工作正常。

4. 连机调试

整机连接后统一测试,由于数据采集系统功能比较简单,主要观察采集的模拟信号能否在 LCD 上正确显示。

13.8 设计训练题

设计训练题一:单路信号采集回放系统

1. 设计任务

采用本章介绍的 MCU 模块、键盘显示模块、FPGA 模块设计一个单路信号采集回放系统,其示意图如图 13-8-1 所示。

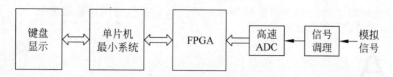

图 13-8-1　单路信号采集回放系统

2. 设计要求：

① 单路信号采集，记录长度：每路≥8 个周期；

② 被采集信号：

基频：2～50kHz；幅度：$V_{pp} \leqslant 1V$；

波形：方波、正弦波、三角波；

③ 用 LCD 回放显示波形，基本不失真；

④ 数字显示信号的基波频率、有效值、二次、三次谐波值。

设计训练题二：简易数字存储示波器

1. 设计任务

设计并制作一台用普通示波器显示被测波形的简易数字存储示波器，示意图如图 13-8-2 所示。

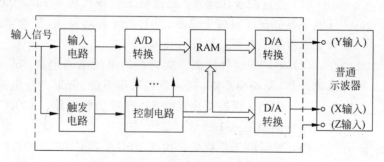

图 13-8-2　简易数字存储示波器示意图

2. 设计要求

① 要求仪器具有单次触发存储显示方式，即每按动一次"单次触发"键，仪器在满足触发条件时，能对被测周期信号或单次非周期信号进行一次采集与存储，然后连续显示。

② 要求仪器的输入阻抗大于 $10k\Omega$，垂直分辨率为 32 级/div，水平分辨率为 20 点/div；设示波器显示屏水平刻度为 10div，垂直刻度为 8div。

③ 要求设置 0.2s/div、0.2ms/div、$20\mu s$/div 三档扫描速度，仪器的频率范围为 DC～50kHz，误差≤5%。

④ 要求设置 0.1V/div、1V/div 二档垂直灵敏度，误差≤5%。

⑤ 仪器的触发电路采用内触发方式，要求上升沿触发、触发电平可调。

⑥ 观测波形无明显失真。

⑦ 测试过程中，不能对普通示波器进行操作和调整。

附录A

ESDM-3综合电子系统设计实验板简介

A.1 概述

　　ESDM-3综合电子设计实验板是专门为本教材配套而开发的实验板。该实验板将 SoC 单片机和 FPGA 相结合,配以高性能的数字、模拟单元电路,可实现或验证本教材设计示例和设计训练题中包含的大部分电子系统。实验板的主要特点有:

　　(1) 先进的设计理念。通过将 SoC 单片机和 FPGA 有机结合,引导电子系统设计向高集成度、片上系统方向发展,帮助学生掌握与业界主流接轨的电子系统设计技术。

　　(2) 丰富的硬件资源。实验板的单元电路包括 SoC 单片机最小系统、FPGA 最小系统、高速数据采集系统、波形产生电路、大容量串行 Flash ROM、程控低通滤波器、音频功放电路、DC/DC 单元电路。其功能框图如图 A-1 所示。

　　(3) 灵活的工作模式。由于 FPGA 和 C8051F360 单片机均为可编程器件,使实验板的使用十分灵活,具体地说,实验板可配置成以下三种工作模式:

　　① FPGA 工作模式。通过向单片机下载一段初始化程序将 C8051F360 单片机与 FPGA 相连的 I/O 引脚设置成高阻态,使得单片机与 FPGA 在电气上处于隔离状态,这时实验板工作在 FPGA 工作模式。在 FPGA 工作模式下,利用 Quartus Ⅱ 软件可以完成典型数字系统设计实验,如 4 位数字频率计、4×4 编码式键盘接口、波形发生器、基于 Nios Ⅱ 软核的 DDS 信号发生器等实验。

　　② 单片机工作模式。将包括 4×4 编码式键盘接口、LCD 模块接口、译码电路的 FPGA 设计代码下载到 FPGA 配置芯片中,实验板即工作在单片机工作模式中。在单片机工作模式下,可开展各种 SoC 单片机的实验,如人机接口(键盘和 LCD 显示)实验、片上 A/D 和 D/A 转换实验、大容量串行 Flash 存储器读写实验、语音存储回放实验等。

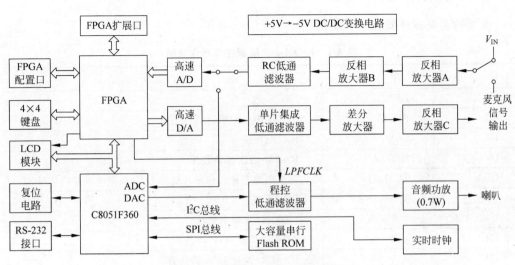

图 A-1 ESDM-3 实验板功能框图

在单片机工作模式中，FPGA 实际上已成为单片机的外设。由于 FPGA 的可编程特性，FPGA 可以构建各种单片机外设或外设接口，大大扩展单片机实验范围。

③ 单片机＋FPGA 工作模式。在这种工作模式下，单片机和 FPGA 均作为可编程器件协同工作，单片机可通过总线访问 FPGA 内部的各种资源，特别适用于高速电子系统设计实验，如高速数据采集系统、DDS 信号发生器等。

（4）齐全的实验资料。提供与实验板配套使用说明书、实验程序源代码等。

ESDM-3 实验板由主板、键盘 LCD 模块、LED 显示模块、CAN 总线接口模块组成，如图 A-2 所示。

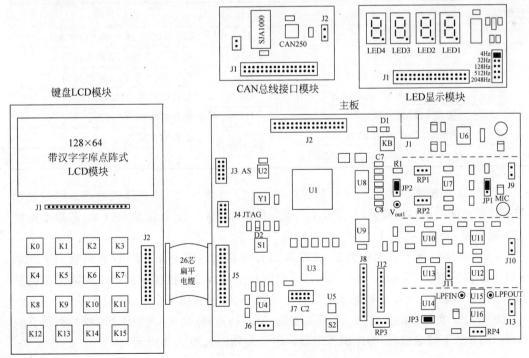

图 A-2 ESDM-3 综合电子设计实验板

主板的主要器件如表 A-1 所示。

表 A-1 ESDM-3 实验板主要器件说明

标　号	型　号	说　明
U1	EP2C5TC144	FPGA 芯片
U2	EPCS4	FPGA 串行配置芯片
U3	C8051F360	SoC 单片机
U4	SP3232	RS-232 通信接口芯片
U5	TCM811	复位电路芯片。向单片机和 LCD 模块提供复位信号
U6	TPS6735	DC-DC 芯片，+5V～−5V
U7,U11	MAX4016	150MHz 宽带双运放
U8	ADS930	30MHz 高速 A/D 转换器
U9	AD9708	100MHz 高速 D/A 转换器
U10	LT6600-5	单片集成低通滤波器，截止频率为 5MHz
U12	X9C103	10kΩ 数控电位器
U13	M41T0	实时时钟
U14	M25P16	2M×8 串行 Flash ROM
U15	TLC14	程控低通滤波器，截止频率 0.1Hz～30kHz
U16	TPA701	700mW 音频功放

主板上设有各种扩展接口，具体说明见表 A-2。

表 A-2 ESDM-3 实验板扩展口

标号	说　明	标号	说　明
J1	5V 电源输入口	J8	C8051F360 单片机 I/O 扩展口
J2	FPGA I/O 扩展口	J9	高速 A/D 模拟量输入接口
J3	FPGA 的 AS 配置接口	J10	高速 D/A 模拟量输出接口
J4	FPGA 的 JTAG 配置接口	J11	数控电位器(U12)串行接口
J5	键盘 LCD 显示接口	J12	串行总线接口
J6	RS-232 串行通信接口	J13	音频输出接口
J7	C8051F360 单片机 C2 调试接口		

键盘 LCD 模块包括 128×64 带汉字字库的 LCD 模块、4×4 矩阵式键盘。键盘显示与单片机之间的接口电路通过 FPGA 实现。使用时，键盘 LCD 模块通过 26 芯扁平电缆与主板相连。

LED 模块包括 4 只七段共阳 LED 数码管和晶体振荡电路。LED 数码管由 FPGA I/O 引脚直接驱动，可显示 0～9、A～F 等数字和字符。晶体振荡电路产生两路低频时钟信号。LED 模块主要用于数字系统设计实验，使用时直接插接在主板的 J2 口上。

ESDM-3 实验板附件包括 5V 开关电源、EC5 仿真器(用于 C8051F360 单片机仿真)、USB-Blaster 下载电缆(FPGA 编程下载)，附件实物图如图 A-3 所示。

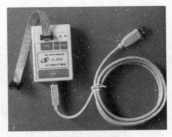
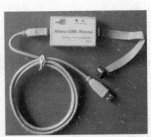

(a) 5V、2A开关电源　　　　　(b) EC5仿真器　　　　　(c) USB-Blaster下载电缆

图 A-3　实验板附件

A.2　实验板工作原理

1. 主板工作原理

主板工作原理分为数字模拟两部分来描述。数字部分的原理图如图 A-4 所示。C8051F360 单片机的数据总线（D0～D7）、地址总线（A8～A15）、控制总线（ALE、/RD、/WR、INT0、INT1）和通用 I/O 引脚（P3.0～P3.2）与 FPGA（EP2C5T144）I/O 引脚直接相连。上述信号线连接可以达到以下目的：

① 由于单片机的数据总线、地址总线、读写控制线与 FPGA 相连，使得单片机可以很方便地访问 FPGA 内部的存储器资源，如单口 RAM、双口 RAM 等。

② INT0 用于 FPGA 内部编码式键盘接口的中断请求输入引脚，INT1 可用于高速数据采集系统数据采集结束的中断请求输入引脚。

③ P3.0～P3.2 可用于单片机与 FPGA 之间开关量的输入输出。

FPGA 的 I/O 引脚除了与单片机相连之外，还与高速 A/D、高速 D/A、显示键盘接口等外部设备连接，剩余的 I/O 引脚全部引到主板的 J2 口，用于扩展其他外设。表 A-3 给出了 FPGA 所有 I/O 引脚功能定义。

图 A-4 所示的原理图剩余部分电路说明如下：

① LED 发光二极管 D1 为 FPGA 配置成功指示二极管，正在配置时，D1 熄灭，配置成功后，D1 点亮。注意，用 AS 模式配置时，应将电缆从 J2 口拔掉，D1 才点亮。D2 为电源指示二极管，按下 KB 开关后，D2 点亮，表示主板已供电。

② 按钮 MCURST 用于对单片机和 LCD 模块的复位。U5（TCM811）为复位芯片，具有上电复位和手动复位功能。复位时，输出低电平有效信号，向 C8051F360 单片机和 LCD 模块提供复位信号。按钮 FPGARST 用于对 FPGA 的复位。通过 FPGARST 按钮，可以启动一次 FPGA 配置，将 FPGA 配置芯片 EPCS4 中的配置数据装入 FPGA 中。

③ U4 为 RS-232 通信接口芯片，用于实验板与 PC 机、实验板与实验板之间的串行通信。

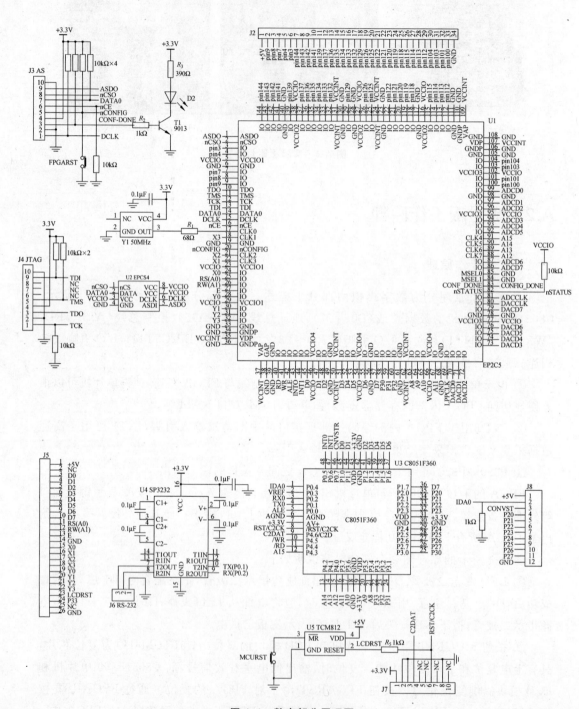

图 A-4　数字部分原理图

表 A-3　FPGA I/O 引脚功能定义

信号名	符号	FPGA 引脚号	信号名	符号	FPGA 引脚号	信号名	符号	FPGA 引脚号
LCD 模块接口信号	RS(A0)	PIN25	单片机 总线	/RD	PIN40	J4 扩展口	J4-5	PIN4
	RW(A1)	PIN26		/WR	PIN41		J4-6	PIN3
	E	PIN27		ALE	PIN42		J4-7	PIN144
键盘 行输入 信号	X0	PIN24		INT0	PIN43		J4-8	PIN143
	X1	PIN22		INT1	PIN44		J4-9	PIN142
	X2	PIN21		D0	PIN45		J4-10	PIN141
	X3	PIN18		D1	PIN47		J4-11	PIN139
键盘 列扫描 信号	Y0	PIN28		D2	PIN48		J4-12	PIN137
	Y1	PIN30		D3	PIN51		J4-13	PIN136
	Y2	PIN31		D4	PIN52		J4-14	PIN135
	Y3	PIN32		D5	PIN53		J4-15	PIN134
高速 D/A 信号	DACD0	PIN70		D6	PIN55		J4-16	PIN133
	DACD1	PIN71		D7	PIN57		J4-17	PIN132
	DACD2	PIN72		P30	PIN58		J4-18	PIN129
	DACD3	PIN73		P31	PIN59		J4-19	PIN126
	DACD4	PIN74		P32	PIN60		J4-20	PIN125
	DACD5	PIN75		A8	PIN63		J4-21	PIN122
	DACD6	PIN76		A9	PIN64		J4-22	PIN121
	DACD7	PIN79		A10	PIN65		J4-23	PIN120
	DACCLK	PIN80		A11	PIN67		J4-24	PIN119
高速 A/D 信号	ADCLK	PIN81		A12	PIN88		J4-25	PIN118
	ADCD0	PIN99		A13	PIN89		J4-26	PIN115
	ADCD1	PIN97		A14	PIN90		J4-27	PIN114
	ADCD2	PIN96		A15	PIN91		J4-28	PIN113
	ADCD3	PIN94	滤波器 时钟	LPFCLK	PIN69		J4-29	PIN112
	ADCD4	PIN93	FPGA 外部时钟	CLK0	PIN17		J4-30	PIN104
	ADCD5	PIN92	J4 扩展口	J4-2	PIN9		J4-31	PIN103
	ADCD6	PIN87		J4-3	PIN8		J4-32	PIN101
	ADCD7	PIN86		J4-4	PIN7		J4-33	PIN100

　　模拟部分原理图如图 A-5 所示,各单元电路说明如下:

　　DC-DC 电源电路:通过 DC-DC 专用芯片 TPS6735 将＋5V 电压转换成－5V 电压,为模拟电路提供±5V 电源。

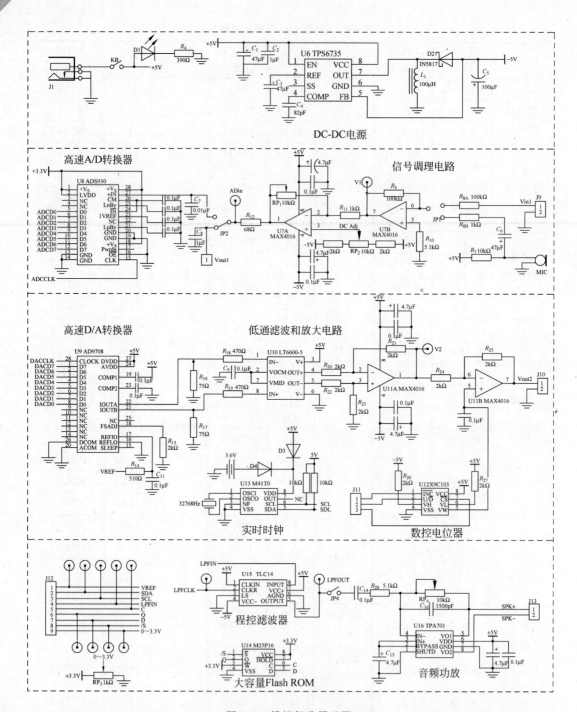

图 A-5　模拟部分原理图

　　高速 A/D 转换器：ADS930，采样速率为 30MHz，其输入模拟信号的电压范围为 1~2V。

　　ADS930 的转换速度取决于时钟 ADCCLK 的频率。注意实验板上 ADS930 的数据输出允许引脚/OE 直接接地，因此，ADS930 的数据直接输出到 FPGA 的 I/O 引脚。

　　信号调理电路：由反相放大器 A、反相放大器 B 和 RC 低通滤波电路构成。反相放大器 A（由 U7B 组成）的输入信号和放大倍数通过 JP1 短路块选择。当短路块置上方时，反相放大器 A 的输入信号来自 J9 插座输入，放大倍数为 $1(R_9/R_{8A})$。当短路块置下方时，反相放大器 A 的输入信号来自实验板上的麦克风（MIC），放大倍数为 $100(R_9/R_{8B})$。这是因为麦克风输出的信号十分微弱，因此反相放大器 A 的放大倍数设得比较大。反相放大器 B（由 U7A 组成）的增益和输出信号直流偏移量可通过 RP_1 和 RP_2 手动调节（顺时针增大）。通过调节 RP_1 和 RP_2，使反相放大器 B 的输出信号电压范围满足 A/D 转换器的要求。反相放大器 B 的输出信号既可送到高速 A/D 转换器 ADS930，也可送到 C8051F360 的片内 A/D 转换器，通过 JP2 选择。当 JP2 短路块置上方时，输出信号送高速 A/D 转换器 ADS930，这时，低通滤波电路由 R_{12}、C_7 构成时，其截止频率约为 234kHz；短路块置下方时，输出信号从 Vout1 输出，这时，低通滤波电路由 R_{12}、C_8 构成时，其截止频率约为 3.2kHz。Vout1 输出的模拟信号可以通过杜邦连接线送到 C8051F360 单片机的 A/D 输入引脚。注意，ADS930 模拟输入电压范围与 C8051F360 片内 A/D 转换器的模拟输入电压范围是不同的，实际调试时，一边用示波器观测反相放大器 B 的输出信号（ADin 测试点）波形，一边调节 RP_1 和 RP_2，使反相放大器 B 输出模拟信号的电压范围符合相应 A/D 转换器的电压范围。

　　高速 D/A 转换器：AD9708 为 100MHz 的 D/A 转换器，电流输出型，通过 R_{16}、R_{17} 电阻将电流转换为互补的电压信号。AD9708 的参考电压既可采用内部参考电压源，也可采用外部参考电压源。当 J12 的 VREF 插针悬空时，AD9708 采用内部参考电压源（1.2V）；当用杜邦线将 VREF 插针与 C8051F360 单片机的 D/A 输出引脚相连时，AD9708 的参考电压由 C8051F360 的 D/A 输出电压提供。当 AD9708 采用外部参考源时，可实现 D/A 输出模拟信号幅值的数控调节。

　　低通滤波器和放大电路：用于高速 D/A 转换器输出模拟信号的滤波和放大 LT6600-5（U10）为差分输入差分输出、截止频率为 5MHz 的四阶低通滤波器。放大电路由基本差分电路和反相放大器 C 组成，差分电路（U11A）将低通滤波器输出的差分信号转换成单端输出信号。反相放大器（U11B）对差分电路输出的信号进行放大。反相放大器放大倍数固定，其直流偏移量通过数控电位器 U12 调节。数控电位器可由单片机控制。

　　实时时钟（U13）：U13 为实时时钟芯片 M41T0，通过 I^2C 总线与单片机相连。

　　大容量 Flash ROM（U14）：U14 为 512KB 的大容量 Flash ROM，通过 SPI 总线与单片机相连，可作为语音存储回放电路的语音存储芯片。

　　程控低通滤波器（U15）：U15 为单片集成低通滤波器 TLC14，其截止频率由参考时钟信号 LPFCLK 的频率设定（两者之比为 1：100）。TLC14 既可用于程控滤波器实验，也可用于语音存储回放系统中，对 D/A 输出的语音信号的滤波。

　　音频功放电路（U16）：U16 采用集成音频功放 TPA701，在语音存储回放电路中作为输出级驱动喇叭（8Ω，0.7W）。

　　0～3.3V 模拟信号产生电路：为 C8051F360 单片机 A/D 转换器提供测试电压。

2. 键盘 LCD 模块工作原理

键盘 LCD 模块与 8.7.2 节介绍的并行总线单片机最小系统键盘显示模块完全相同，其工作原理在这里不再赘述。

3. LED 模块工作原理

LED 模块的原理图如图 A-6 所示，其原理说明参考 6.2.3 节。使用时，LED 模块直接插在主板的 J2 口上。LED 模块相关信号的管脚锁定如表 A-4 所示。

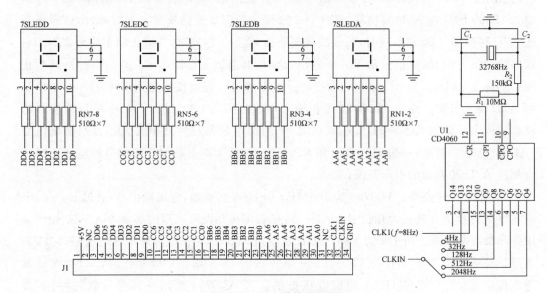

图 A-6　LED 模块原理图

表 A-4　LED 模块管脚锁定表

信号名	引脚号	信号名	引脚号	信号名	引脚号	信号名	引脚号
AA0	PIN104	BB0	PIN120	CC0	PIN133	DD0	PIN142
AA1	PIN112	BB1	PIN121	CC1	PIN134	DD1	PIN143
AA2	PIN113	BB2	PIN122	CC2	PIN135	DD2	PIN144
AA3	PIN114	BB3	PIN125	CC3	PIN136	DD3	PIN3
AA4	PIN115	BB4	PIN126	CC4	PIN137	DD4	PIN4
AA5	PIN118	BB5	PIN129	CC5	PIN139	DD5	PIN7
AA6	PIN119	BB6	PIN132	CC6	PIN141	DD6	PIN8
CLK1	PIN101	CLKIN	PIN100	CLK2	PIN9		

4. CAN 总线接口模块工作原理

为了在实验板之间构成 CAN 总线网络，可以将 CAN 接口模块插在主板的 J2 口实现。CAN 接口模块的原理图如图 A-7 所示。由于 CAN 接口模块是通过 FPGA 与单片机的并行总线相连的，因此，应在 FPGA 内部设计一接口电路，读者可参考 8.6 节中的例 8-6-2。CAN 模块相关信号的引脚锁定如表 A-5 所示。

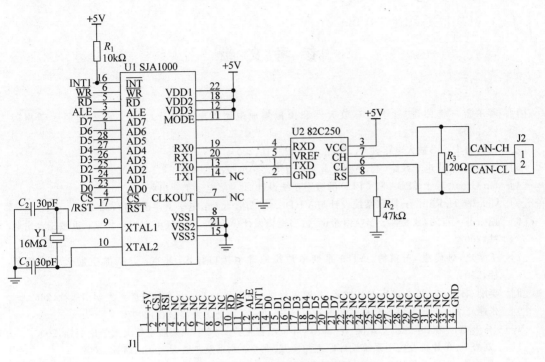

图 A-7　CAN 接口模块原理图

表 A-5　CAN 模块引脚锁定表

信　号　名	引　脚　号	信　号　名	引　脚　号
CS1	PIN9	D2	PIN133
$\overline{RD}$	PIN141	D3	PIN132
$\overline{WR}$	PIN139	D4	PIN129
ALE	PIN137	D5	PIN126
INT1	PIN136	D6	PIN125
D0	PIN135	D7	PIN122
D1	PIN134	RST	PIN8

参 考 文 献

[1] 赛尔吉·佛郎哥. 基于运算放大器和模拟集成电路的电路设计. 西安：西安交通大学出版社，2004.

[2] 冈村迪夫. OP 放大电路设计. 北京：科学出版社，2004.

[3] 王志刚. 现代电子线路(上、下册). 北京：清华大学出版社，2003.

[4] Ian Grout. 基于 FPGA 和 CPLD 的数字系统设计. 北京：电子工业出版社，2009.

[5] Charles H. Roth, Jr. 数字系统设计与 VHDL. 第二版. 北京：电子工业出版社，2008.

[6] 斯蒂芬·布朗，兹翁科·弗拉内希奇. 数字逻辑设计(VHDL)基础(英文版). 北京：机械工业出版社，2002.

[7] 王幸之，钟爱勤，王雷等. AT89 系列单片机原理与接口技术. 北京：北京航空航天大学出版社，2004.

[8] 李刚、林凌. 与 8051 兼容的高性能、高速单片机 C8051F. 北京：北京航空航天大学出版社，2002.

[9] 张迎新. C8051F 系列 SoC 单片机原理及应用. 北京：国防工业出版社，2005.

[10] 马忠梅，刘滨. 单片机 C 语言 Windows 环境编程宝典. 北京：北京航空航天大学出版社，2003.

[11] 刘海成. 单片机及应用系统设计原理与实践. 北京：北京航空航天大学出版社，2009.

[12] 阳宪惠. 现场总线技术及其应用. 北京：清华大学出版社，1999.

[13] I^2C 总线应用系统设计. 北京：北京航空航天大学出版社，1995.

[14] 田良. 综合电子设计与实践. 南京：东南大学出版社，2002.

[15] 陆坤. 电子设计技术. 成都：电子科技大学出版社，1997.

[16] Altera Corporation. Cyclone II Device handbook，2007.

[17] Altera Corporation. MAX3000A Programmable Logic Device Family Data Sheet，2006.

[18] Silicon Laboratories. C8051F360 Mixed Signal ISP Flash MCU Family，2007.

[19] 康华光. 电子技术基础(模拟部分)(第 5 版). 北京：高等教育出版社，2007.

教师反馈表

感谢您购买本书！清华大学出版社计算机与信息分社专心致力于为广大院校电子信息类及相关专业师生提供优质的教学用书及辅助教学资源。

我们十分重视对广大教师的服务，如果您确认将本书作为指定教材，请您务必填好以下表格并经系主任签字盖章后寄回我们的联系地址，我们将免费向您提供有关本书的其他教学资源。

您需要教辅的教材：	电子系统设计与实践(第 2 版)(贾立新　王　涌)
您的姓名：	
院系：	
院/校：	
您所教的课程名称：	
学生人数/所在年级：	＿＿＿＿＿＿人/　　1　2　3　4　硕士　博士
学时/学期	＿＿＿＿＿学时/＿＿＿＿＿学期
您目前采用的教材：	作者：＿＿＿＿＿＿＿＿＿＿＿＿＿＿＿ 书名：＿＿＿＿＿＿＿＿＿＿＿＿＿＿＿ 出版社：＿＿＿＿＿＿＿＿＿＿＿＿＿
您准备何时用此书授课：	
通信地址：	
邮政编码：	联系电话
E-mail：	
您对本书的意见/建议：	系主任签字 盖章

我们的联系地址：

清华大学出版社　学研大厦 A907 室
邮编：100084
Tel：010-62770175-4409，3208
Fax：010-62770278
E-mail：liuli@tup.tsinghua.edu.cn；hanbh@tup.tsinghua.edu.cn